U0230917

国家科学技术学术著作出版基金资助出版

黄土高原柳枝稷的生产力与生态适应性

徐炳成 著

科学出版社

北 京

内 容 简 介

加强对黄土高原地区引进草种生产力与生态适应性的系统研究，对合理利用引进草种，丰富栽培草种的种质资源，以及明确其生态入侵风险等具有重要意义。本书在总结国内外相关研究进展的基础上，通过试验研究，分析探讨了引种 C₄ 禾本科草柳枝稷的种子发芽特性、苗期生长和水分利用特征，田间不同生境条件下的生产力和生理生态特征，以及不同水肥供应条件下与主要栽培草种和乡土草种的种间关系，可为黄土高原半干旱地区柳枝稷的推广种植和栽培管理提供依据和指导，也可为开展优良乡土草种的选育、培育和利用提供参考和借鉴。

本书丰富和发展了引种植物抗旱生理生态学，可供生态学、草业科学、农业科学、作物栽培、园艺等领域的科研人员阅读，也可供高等院校相关专业师生参考。

图书在版编目（CIP）数据

黄土高原柳枝稷的生产力与生态适应性 / 徐炳成著. —北京：科学出版社，2024.3
ISBN 978-7-03-077391-3

Ⅰ.①黄… Ⅱ.①徐… Ⅲ.①黄土高原–草本植物–引种–研究 Ⅳ.①S812.8

中国国家版本馆 CIP 数据核字（2024）第 005755 号

责任编辑：罗 瑶 / 责任校对：崔向琳
责任印制：吴兆东 / 封面设计：陈 敬

科学出版社 出版
北京东黄城根北街 16 号
邮政编码：100717
http://www.sciencep.com
北京厚诚则铭印刷科技有限公司印刷
科学出版社发行 各地新华书店经销
*
2024 年 3 月第 一 版 开本：720×1000 1/16
2024 年 9 月第二次印刷 印张：24 1/2 插页：1
字数：490 000
定价：298.00 元
（如有印装质量问题，我社负责调换）

序

　　黄土高原半干旱地区生态恢复和农业发展的一个技术原则是在综合治理的基础上实现土地的合理利用，其中大力发展人工草地是达到土地合理利用目标的一个重要途径。作为一种独特的生态系统，人工草地在促进半干旱区退化天然草地恢复和草食畜牧业发展方面具有不可忽视的作用。多年来，黄土高原半干旱区的人工草地建设进程较为缓慢，在功能发挥和效益体现方面均不尽如人意，其中一个重要的原因是缺乏优良栽培草种，尤其是具有区域适应性和满足生产需求的优良禾本科草种。同时，人工草地建设中也存在草群结构较为单一，缺乏针对区域环境条件和特点的系统性栽培技术体系，特别是多样化的建植体系等问题。

　　解决人工草地建设实践和科学研究面临的问题，一是加速选育适宜在半干旱气候条件下广泛种植的新草种(包含引进、筛选和培育优良草种及有效利用乡土草种等)，二是尽快建立符合我国国情的人工种草技术体系和产业化体系。引种不仅可以解决生产中急需新品种的问题，还可丰富当地种质资源，扩大引进种的种植区域，对揭示引进种的潜在分布幅度和范围也具有重要理论和生产意义。

　　柳枝稷是原产中北美洲的禾本科黍属 C_4 草本植物，具有高生物量、大根系、强适应性等特性，对水分、养分需求量较小，能在不适合耕作的边际土地生长，可作为饲料作物、水土保持植物，以及生物质能材料。该书基于作者多年的研究积累，重点介绍柳枝稷的种子发芽特性、苗期生长与抗旱特征、田间不同种植方式下的生产力与水分利用效率，以及自然和模拟环境条件下与主要栽培草种和乡土草种的种间关系等。该书较为系统地揭示了柳枝稷这一优良禾本科草种不同生长阶段的生产力与水分适应性特征，为其在黄土高原半干旱地区的推广种植和合理利用奠定了基础。同时，也为开展优良乡土草种的选育、培育和开发利用提供了参考和借鉴。

山仑

中国工程院院士　山仑

2023 年 6 月 15 日

前　言

人工草地建设一直是我国黄土高原半干旱地区草地建设中的薄弱环节，其中一个重要的原因是缺乏适应该区自然环境条件的优良栽培草种，尤其是禾本科草。长期以来，开展优良禾本科草的选育是该地区草地建设的重要内容。从国外和其他地区引种优良植物种，不仅可丰富和扩展引进地的植物种质资源，也可为进一步揭示被引进种的分布幅度、分布范围和区域适应性奠定基础。

柳枝稷为禾本科黍属 C_4 草本植物，原产中北美洲，由于其生物量高、根系发达、水肥利用效率高、不同生境条件的适应性强，同时燃烧灰分含量低，被广泛用作水土保持植物和饲料作物，也用于生物质能材料。1999 年开始，在野外调查基础上，结合相关牧草引种和栽培专家的建议，选择柳枝稷、谷子、柠条、沙棘、白羊草、沙打旺、苜蓿、红豆草和达乌里胡枝子 9 种植物为试验材料，先后完成了包括种子发芽、苗期生长、田间生产与水分利用比较等研究，目的是揭示不同类型植物在不同生境和生长阶段的适应性表现与差异，从草种角度探讨黄土丘陵区人工草地建设迟缓、效益低下和持续性差等问题的解决途径。

从模拟干旱胁迫条件下种子发芽和苗期生长的试验结果来看，柳枝稷种子萌发存在深度休眠现象，成苗较为困难，这成为限制其大范围自然扩张的一个重要因素，也削弱了其生物入侵的风险。对柳枝稷苗期与在陕北安塞不同生长年限和不同立地条件下的光合生理、叶水势的测定和分析表明，柳枝稷与谷子具有相似的水分生态适应性特征，光合生理特征呈高光合速率、低蒸腾速率和高水分利用效率，抗旱特性属于高水势延迟脱水类；强大的根系和灵敏的气孔调节能力使其显示出"开源节流"的水资源利用潜力，这是其形成高生物量和较强抗旱性的生物学基础。成功建植后，柳枝稷能够持续生长 20 年以上，并具有一定的竞争能力。从山地和川地柳枝稷单播和混播草地来看，与其共生的杂草很少，其中柳枝稷与沙打旺或红豆草以 2:1 行比带状间作连续生长 5 年后，两种豆科草本植物均彻底消失，但柳枝稷并未显现出跨行距生境扩展迹象。

基于上述研究，围绕自然条件下梯田柳枝稷草地适度生产力及其生理生态基础、不同水肥供应条件下柳枝稷与乡土草种(白羊草和达乌里胡枝子)的根冠生长等，进一步探讨了柳枝稷种植密度(行距)对其生物量形成、水分利用和个体发育的影响，以及柳枝稷与白羊草、达乌里胡枝子在不同水分和氮磷供应条件下的生长、生理和种间关系，以期为明确未来气候变化下柳枝稷的生物入侵和自然扩展风险是否会增大提供试验依据。

全书共 7 章，主要是作者及其团队硕博士研究生的科研成果，覆盖了柳枝稷基本属性，包括种子发芽、苗期生长、光合生理、田间栽培的形态学与生理生态学特征，以及与主要豆科栽培草种和乡土草种的种间关系及其水肥效应。各章分工如下：第 1 章由黄瑾、许培丹和徐炳成撰写，第 2 章由徐炳成、徐伟洲和黄瑾撰写，第 3 章由徐炳成、高志娟、霍丽娟和黄瑾撰写，第 4 章由安勤勤、高志娟、黄瑾和徐炳成撰写，第 5 章由徐炳成和黄瑾撰写，第 6 章由高志娟、丁文利、徐伟洲和徐炳成撰写，第 7 章由刘金彪、王世琪和徐炳成撰写。简春霞参与部分插图绘制和完善，罗杨参与部分图表完善等。全书由徐炳成负责统稿。

作为一种具有较高利用价值的多年生禾草，国内外关于柳枝稷的研究方兴未艾，对系统揭示其多重适应性特征与机理、优良品种培育和合理利用具有重要意义。希望本书能为关注柳枝稷的科研人员提供参考，也希望能推动我国引种植物生态学研究，并为半干旱区优良乡土草种的开发利用提供借鉴和启示。

感谢黄土高原土壤侵蚀与旱地农业国家重点实验室对本书出版的支持。感谢国家重点研发计划"政府间国际科技创新合作"重点专项项目"北方农牧交错带优质牧草和能源草生态与经济效益评估、优良品种选育及分子育种技术创新"(2018YFE0112400)的资助。

本书内容虽经反复讨论和多次修改，限于作者水平，不足之处在所难免，恳请读者批评指正。

徐炳成

2023 年 7 月

目　　录

彩图

第1章 绪 论

柳枝稷(*Panicum virgatum* L.)为多年生暖季型禾本科 C_4 丛生草本植物，源于中美洲、北美洲，北纬 15°～55°均有分布，范围涵盖加拿大南部和东部(马尼托巴到纽芬兰)、墨西哥加利福尼亚半岛和墨西哥湾沿岸(墨西哥中部到美国佛罗里达州中部)，表明其具有广阔的地域适应性(Casler et al.，2012)。柳枝稷能适应干旱、极端高温、极端寒冷气候和适度酸性土壤，且主要病虫害较少，具有较强的适应不同生态区域、不同气候条件和管理方式的能力。相比其他多年生草本植物和传统的农作物，柳枝稷具有较高的净能源产出，较低的维护成本、营养需求和灰分含量等优点，因此柳枝稷作为一种新型的生物质能源植物备受关注(Larnaudie et al.，2022；Tulbure et al.，2012；Sanderson et al.，1996)。与作物每年需要翻耕土地和重新播种不同，柳枝稷种植成功后可收获 5～20 年，甚至更长。同时，柳枝稷具有能源高效、资源节约、环境友好等特性，包括广泛的生态适应性，在边际和侵蚀土地上的高生物量，可使用常规设备收获，以及相对容易的种子收获和加工过程，成为能源植物研究的典型模式植物。研究表明，种植柳枝稷可提高土壤有机质含量和土壤碳储量，缓解温室效应，其庞大根系可提升河岸抗冲刷能力，因此，其被广泛用于水土保持和退化土壤改良等(Wright and Turhollow，2010；Liebig et al.，2008；Jensen et al.，2007；Dewald et al.，1996)。

在北美洲、南美洲和非洲等地，柳枝稷已有 50 多年的种植和利用历史。在欧洲的研究表明，柳枝稷能适应多种地理环境条件，并表现出较高的生产力，其生物质已用于生产乙醇及纤维素造纸等(Elbersen et al.，2001；Piscioneri et al.，2001)。我国对柳枝稷的研究最早是基于生态恢复的引种草。自 20 世纪 90 年代引种到陕北黄土丘陵区，柳枝稷表现出适应不同的立地生境条件，具有较高的生物量和水肥利用效率，显示出较强的对半干旱生境的生态适应性及水土保持能力(徐炳成等，2005；李代琼等，1999)。广域的生态适应性和高地上生物量及地下生物量，种植成功后较低的维护成本，以及多元用途等，使得种植柳枝稷具有良好的社会效益与经济效益。

研究表明，柳枝稷的能量产投比可达 5.0。因此，早在 1978 年，美国能源部就启动生物质能发展计划项目，将柳枝稷列为理想的可再生生物质能源植物，并用于燃烧发电、气化和生产生物乙醇(Lewandowski et al.，2003；Sanderson et al.，1999)。1992 年，美国能源部又启动 6 个针对柳枝稷的专项研究；2000 年成立美国国家生物质能中心，主要从事生物质收集、运输、贮藏等方面的研发，以及对诸如柳枝稷等生物质能材料的性能评价(Li et al., 2022)。1988 年起, 欧盟开始资助对柳枝稷的研发, 并对其生产性能展开田间试验。20 世纪 90 年代开始, 美国和加拿大乙醇和电力生产企业广泛使用柳枝稷作为模式草本能源植物。

1.1 柳枝稷的生物学特性

柳枝稷具有"丛生"或呈束状的生长习性, 大部分生长时期在夏季, 一般在每年 4 月开始返青, 9 月下旬或 10 月上旬完成一年的生长。柳枝稷单株茎秆高 110～170cm, 草丛高 90～95cm, 主要靠种子繁殖, 种子细小、表面坚实光滑, 每克种子约 850 粒, 随生态型而异。根系具有较强的生长和分蘖能力, 其分布深、抗拉力强, 深可达 3.0 m, 并具横向根状茎。庞大的根系可有效地抗涝、抗旱和固土(Ma et al., 2000)。柳枝稷叶片扁平, 长 30～80cm, 宽 0.8～1.3cm, 被柔毛, 两面有蜡质, 圆锥花序长 15～50cm, 分枝末端有小穗, 叶与茎连接处有白色绒毛(Elbersen et al., 2001; Sanderson et al., 1996)。柳枝稷的光周期幅度可达 13～17h, 这是其生态型变化的主要驱动因素之一(Casler et al., 2012)。

根据形态学特征和起源的生态环境特点, 柳枝稷可分为低地型和高地型两种生态型。低地型起源于低纬度地区, 多生长于地势低洼的冲积平原及长期或者阶段遭受淹水的河边地带, 一般为四倍体, 其茎秆粗壮, 分蘖多, 丛生, 开花晚, 生长速度快, 株高一般为 2.1～3.0 m, 多用于生物质能源品种的选育; 高地型起源于较高纬度地区, 生长在地势较高、易遭受干旱的区域, 常为六倍体或八倍体, 以八倍体为主, 株高一般为 1.5～1.8 m, 其茎秆细矮, 叶片多, 生长较慢, 呈半匍匐状, 多用于饲草品种的选育(Smart et al., 2004; Hopkins et al., 1996)。高地型和低地型品种在形态和遗传性状方面也存在显著差异。一般来说, 低地型品种的抽穗期晚, 植株较高, 茎秆粗壮, 单株茎少, 叶片直立, 且较高地型品种多一层蓝膜, 比高地型品种的生物质产量高、灰分含量少, 因此更适合用于生物质燃烧或者发电 (Hulquist et al., 1996)。

尽管高地型与低地型的抽穗期差异很大, 自然生态系统中已出现高地型和低地型的杂交种, 即高地和低地中间型品种, 但异倍性主要出现于高倍型水平的柳枝稷品种。柳枝稷的基本染色体数 $x=9$, 但染色体数变化幅度很大, 有 18、36、54、72、90 和 108。多数柳枝稷品种属于四倍体($2n = 4x = 36$)或八倍体($2n = 8x = 72$), 脱氧核糖核酸(DNA)含量的平均值为 3.1pg/2C 和 6.1pg/2C(Casler et al., 2012)。根据叶绿体 DNA 多态性分析, 柳枝稷有两种细胞质类型, 且与低地型和高地型相联系, 四倍体为"L"型, 八倍体是"U"型。尽管同源, 但从叶绿体 DNA(cpDNA)标记来看, 高地型和低地型的遗传特性不同(Casler et al., 2012)。完全不同的抽穗期和开花期，加上碎片化生境的物理隔离，是高地型和低地型遗传隔离的重要原因，但高地型和低地型可共生，这利于保持和分离种质库，主要是柳枝稷具有较高自我不亲和性(Martinez-Reyna and Vogel，2002)。

柳枝稷的生物量高低主要受土壤类型和地理条件影响，最适宜生长环境为年降水量 381～762mm 的砂质土壤，一般年降水量应保持 600mm 以上(Mitchell et al.，2008)。研究表明，在我国陕北黄土丘陵区，川地生长第 5 年的柳枝稷草地地上生物量可达 16t/hm^2，坡地和山地梯田柳枝稷草地地上生物量约 2.65t/hm^2。在宁夏固原，生长第 5 年的‘Cave-in-Rock’和‘Illinois USA’品种柳枝稷柳草地生物量分别可达 12.3t/hm^2 和 10.93t/hm^2(Ma et al.，2011)。

1.2 柳枝稷的逆境生理生态适应性

柳枝稷对逆境条件的适应性一直是学者关注的热点。研究表明，柳枝稷具有对多重环境胁迫条件(干旱、盐碱化、重金属、低养分含量等)的广泛适应能力(Ding et al.，2021；Bona and Belesky，1992)。国内相关研究主要集中在对盐胁迫、干旱胁迫和重金属胁迫的响应和适应等方面，且多集中在低地型品种。

1) 盐胁迫

土壤盐碱化是影响作物生长和产量形成的主要因素之一。研究表明，随盐胁迫的加剧，柳枝稷成活率降低，单株分蘖数减少，株高降低，叶片变小，光合叶面积减少，光合速率下降(Kim et al.，2016；刘吉利和吴娜，2014；范希峰等，2010)。赵春桥等(2015a，2015b)研究认为，不同盐胁迫下气孔关闭是柳枝稷生物量降低的关键因素。外源硅添加能改善盐胁迫下柳枝稷植株的水分状况、增强抗氧化酶活性和渗透调节作用，有效调节根系离子平衡和生态化学计量学特征(李菁，2016)。不论是高地型还是低地型柳枝稷品种，都对土壤盐碱化程度的抗性均存在阈值，但这也与不同品种和生态型柳枝稷的生育期有关(Zanetti et al.，2019；Hu et al.，2015)。

2) 干旱胁迫

干旱胁迫下柳枝稷的株高和生物量均会显著降低，根冠比显著增加，光合作用及个体发育受到抑制(Arias et al.，2018；赵春桥等，2015a，2015b)。研究表明，干旱胁迫后柳枝稷幼苗叶片叶绿素 a 和总量明显减少，植株体内游离脯氨酸和可溶性糖含量显著升高，丙二醛(malondialdehyde，MDA)含量明显增加，说明柳枝稷幼苗能通过增加游离脯氨酸及提高可溶性糖含量来缓解土壤干旱胁迫的伤害(珊丹等，2014)。适量补铁有助于增强柳枝稷的抗旱能力。研究表明，200mg/L 的纳米 Fe_2O_3 可引发和提高柳枝稷抗氧化酶活性，减轻其幼苗氧化损伤，并维持更高的光合效率(孙运府,2021)。左海涛等(2009)和徐炳成等(2005)分别以北京潮褐土、兰州灰钙土和陕北黄绵土为生长基质,通过控制土壤水分模拟水分胁迫研究发现,干旱胁迫显著抑制了柳枝稷的生长,使其干物质积累下降,株高和分蘖数减少,光合速率下降,蒸腾速率降低。不同品种柳枝稷对干旱的耐受能力不同,如'Alamo''Cave-in-Rock''Bay Canada'3个品种均可在重度水分胁迫下生长,能保持较高的叶片光合能力和获得一定生物量(朱毅等,2012)。

3) 重金属胁迫

作为一种土壤修复植物,柳枝稷能吸收富集环境中的重金属离子,改善土壤污染和缓解重金属的毒害(Balsamo et al.,2015)。研究表明,柳枝稷能较好生长于重金属污染土壤中,在干旱半干旱地区可推广种植,可同时实现抵御干旱胁迫、治理土壤重金属污染及生物质生产(高伟等,2016)。丛枝菌根真菌(AMF)与柳枝稷共生,可影响植物体内重金属的富集和转移,进而提高柳枝稷对重金属污染程度的耐受性。徐鹏等(2017)研究表明,丛枝菌根真菌可侵入苗期柳枝稷根的内部形成共生菌根,丛枝菌根真菌与柳枝稷共生可抑制柳枝稷根系合成独脚金内酯(植物激素),解除独脚金内酯对柳枝稷分蘖的抑制作用,促进柳枝稷苗期生长,从而显著增加柳枝稷苗期的叶绿素含量、株高、叶片数和生物量。

4) 其他胁迫

虽然柳枝稷在肥沃土壤中生长表现最好,但其可适应于 pH 为 5.0~8.0 的土壤,以及低 P(P 含量 < 10mg/kg)或低 K(K 含量<90mg/kg)土壤环境,也能短期适应淹水环境。徐开杰等(2015)研究了不同模拟 pH 条件下柳枝稷的生长发育表明,随水培液 pH 增大,不同品种柳枝稷幼苗的分蘖数、株高、苗鲜重、根冠比、根系活力及光合速率都显著降低,而保护酶活性及丙二醛含量显著升高;与酸胁迫(pH<7.0)相比,柳枝稷对碱胁迫(pH>7.0)的适应能力更强。严重缺 K 胁迫下,柳枝稷地上部及地下部生长均会受到显著抑制,总生物量下降,但不同品种或不同基因型柳枝稷对低 K 胁迫的适应能力不同,如'Cave-in-Rock''Trailblazer'对缺 K 胁迫的适应性最强,属于耐 K 胁迫型品种(朱毅等,2014)。

1.3 柳枝稷的主要用途

除了牧场建造、收获干草、生物质能源材料、水土保持植物、碳封存植物和野生动物栖息地等用途外,柳枝稷也可作为一种观赏植物(Casler et al.,2012)。

1) 青饲料

尽管认为柳枝稷可作为生物燃料原料,但其也可作为饲料作物。像其他一些暖季型草种一样,柳枝稷可以生产高品质的饲料。研究表明,生长早期的柳枝稷可直接收获制成干草或放牧，后期生长累积的生物质可用于生物燃料原料。根据降水量和土壤类型，以及其他环境条件，每英亩①柳枝稷的生物量可达 2～5t，如果收割期得当，其饲草料的粗蛋白含量可达 16%～17%。一些重要属性使柳枝稷成为优良饲料植物：①**高生物量**。研究表明，一英亩土地上生产的饲料柳枝稷产量可达高羊茅的两倍，如在美国田纳西州，每英亩可收获柳枝稷干草生物量为 4～5t。②**夏季干草**。柳枝稷是一种暖季型草种，适应夏季的炎热条件。其中，5～9 月是生长高峰期，干燥条件较好，所以较易生产干草。柳枝稷干草质量优于一般高羊茅干草，这是因为在柳枝稷的主要生长季，雨水过多会延迟高羊茅的收获，高羊茅蛋白质和能量含量减少，但对柳枝稷的影响较小。③**夏季放牧**。柳枝稷主要生长季在夏季，这使其可作为放牧草种，由于其仅在生长季早期的营养价值较高，所以实际可放牧的时间较短。

2) 饲草

4 月下旬～5 月下旬，柳枝稷作为饲草的质量最高，粗蛋白含量在 14%～20%，可用于制作干草，然而，由于生长期较短，饲草产量相对较低。同时，柳枝稷生物量累积主要集中在生长季的前半段，约 56% 的年度生物量累积在每年 6 月下旬前；用于饲料干草生产的早期收割也会影响最终收获量，即收割期迟早会影响最终生物量，并影响来年生长。柳枝稷的生长点通常高于土壤表面 5 英寸②，留茬高度也影响柳枝稷的次年生产和返青期的萌发，从而影响其生长和生物量累积。

3) 水土保持植物

由于较高的地上和地下生物量，柳枝稷每年生物量的返还和降解均有利于增加土壤有机碳和土壤团聚体的含量(Zaibon et al.，2017)。同时，柳枝稷强大的根系有利于逐渐改变土壤生物性状与孔径大小，从而影响土壤水分的入渗速率、入渗量和土壤保水、持水能力。研究表明，柳枝稷绿篱的土壤入渗速率显著高于行播作物，其饱和导水率约是传统作物大豆(Glycine max)和玉米(Zea mays)的 7 倍，原因是柳枝稷地的土壤容重较低，饱和导水率较高，大孔隙比例高(Rachman et al.，2004)。与行播作物地相比，柳枝稷地的土壤容重约低 3%，导水率高 73%，土壤饱和含水量高 11%，土壤大孔隙比例高 53%(Zaibon et al.，2016)，因此种植柳枝稷可提高土壤水分入渗、蒸散和径流截留，深根可改善土壤结构和增加土壤有机质，更有助于利用深层土壤水，因此是一种优良的水土保持植物(Zaibon et al.，2017)。

4) 生物质能材料

柳枝稷的高生物量和环境适应性，使其成为生物质燃料原料的绝佳选择。农

---

① 1 英亩 ≈ 0.405hm²。

② 1 英寸 ≈ 2.45cm。

业投入和模拟产能模型估算显示，柳枝稷的能量产出可比投入高约 7 倍(Farrell et al.，2006)。柳枝稷生产乙醇的温室气体(greenhouse gas，GHG)排放量较传统的汽油排放量约低 94%(Schmer et al.，2008)。在美国内布拉斯加州边际土地连续 5 年的试验表明，种植柳枝稷生产的乙醇量等于或者超过免耕玉米生产的乙醇量 (Varvel et al.，2008)。

5) 改良土壤

在美国阿拉巴马州连续 3 年的研究表明，一年生行播作物改种柳枝稷后，土壤碳含量明显增加，土壤物理性质、土壤持水能力和土壤微生物量等也明显提升。与相邻的其他草本植物或者免耕地块比较，连续种植 6 年柳枝稷后改种玉米、大豆和棉花(Gossypium hirsutum)，种植过柳枝稷的地块玉米、大豆及棉花的产量分别比未种植过柳枝稷的相邻地块高 44%、26%和 3%；次年，种植过柳枝稷地块的地上总生物量分别比未种植过柳枝稷的地块高 34%、61%和 14%，玉米、大豆和棉花的产量分别增加了 129%、48%和 50%(Varvel et al.，2008)。

1.4　柳枝稷的育种

杂交育种，即利用杂种优势，是很多作物育种的首选方式(Juan et al.，2008)。分子标记技术显示，柳枝稷的四倍体具有高水平多态性，且具有异位显性基因和互补基因，因此常作为杂种优势群体(杜菲等，2010)。在实际育种实践过程中，充分利用两个生态型间的差异，配置不同的亲本组合，可达到利用杂种优势提高其生物量的目的。Vogel 等(2008)利用低地型四倍体'Kanlow'品种和高地型四倍体'Summer'品种产生的杂种 1 代表现出了明显的产量超亲优势，正交和反交杂种 1 代的生物量增加了 30%～38%。在纤维素转化为乙醇过程中，主要途径为稀酸预处理—分解细胞壁—酶作用糖化—转化为乙醇，因此提高纤维素的相对含量并降低木质素相对含量，是提高柳枝稷能源转化效率的主要途径之一(杜菲等，2010)。利用分子标记技术定位控制细胞壁合成与结构的全部基因，尤其是对控制木质素与纤维素合成起作用的基因，可最大化其乙醇生产潜力，也可通过改良木质素结构，使细胞壁更易于降解，实现易于糖化的目的(杜菲等，2010)。Boe 等(2008)研究表明，相对较高的消化率和纤维素含量与柳枝稷生物发酵获得的乙醇产量密切相关。

由于柳枝稷具有自交不亲和异源多倍体等遗传特性，传统的育种方法难以改良(Missaoui et al.，2006)。因此，分子标记技术和转基因技术已成为柳枝稷分子水平育种的新手段(Fu et al.，2011a)。通过收集和评价不同柳枝稷的种质资源特性，利用分子标记技术，开发表达序列标签(EST-SSR)、单核苷酸多态性(SNP)分子标记，尤其是低成本的标记构建遗传图谱，精确获得其基因序列信息，认识并利用柳枝稷遗传多态性，实现借助分子辅助选择育种，并进行品种和种质改良与培育新品种(Ersoz et al., 2012；Okada et al., 2011；杜菲等，2010)，如利用数量性状位点(quantitative trait locus，QTL)定位分析产量和抗病等性状表达基因在染色体上的数目、位置和遗传效应，是柳枝稷种质资源研究中的热点(Serba et al., 2015)。

研究表明，影响柳枝稷遗传转化的主要因素为转化技术和基因型特性(曹慧颖等，2019)。柳枝稷的遗传转化主要采用农杆菌介导法，也有采用一些辅助措施，以增加外源 DNA 进入宿主细胞的概率，如使用超声波、真空渗透、表面活性剂、碳化硅纤维等处理外植体，以及培养时使用半胱氨酸等巯基化合物等(Hiei et al., 2006)。Li 等(2011)将愈伤组织在不含筛选抗生素的培养基上稍作停留再筛选，同时在愈伤诱导和选择阶段添加脯氨酸，得出 48.5%的‘Alamo’愈伤组织和 90.3%的‘Performer’愈伤组织可检测出潮霉素抗性。刘燕蓉等(2016)在农杆菌侵染前将愈伤组织置于 3%麦芽糖和 300μmol/L 谷氨酰胺(Gln)溶液中冰浴 20min，转化过程中采取真空、干燥处理，结果表明‘AlamoⅡ’型愈伤组织转化效率可达 72%，‘Performer’转化效率高达 96%，即使是高地型品种的‘Blackwell’，也可实现成功转化。刘燕蓉和张万军(2014)对 11 个不同生态型柳枝稷品种进行组织培养，并统计分析其愈伤组织形态及比例，结果表明，低地型品种‘Alamo’‘Performer’的种子发芽率和愈伤诱导率均较低，但易分化、色泽鲜亮、结构松脆的‘AlamoⅡ’型愈伤组织比例高；高地型品种‘Dacotach’‘Blackwell’‘Nebraska28’的愈伤诱导率和种子发芽率较高，但‘AlamoⅡ’型愈伤组织较少，因此不易获得组培再生苗。

木质素难以被转化利用，影响纤维素生物降解是能源植物转化效率低下的重要因素。肉桂醇脱氢酶(cinnamyl-alcohol dehydrogenase，CAD)是将木质素前体转化成木质素单体的最后一步反应关键酶(Tobias et al., 2005)。研究表明，通过下调柳枝稷的 CAD 基因表达，降低柳枝稷体内木质素含量，可提高柳枝稷的糖化效率(Fu et al., 2011b)。咖啡酸-O-甲基转移酶(caffeic acid-O-methyltransferase，COMT)是木质素特异途径中的一个关键酶，Fu 等(2011b)通过下调 COMT 的基因表达，在没有进行酸预处理情况下，其糖化效率增加了 29.2%~38.3%。另有研究表明，MYB 家族转录因子(指含有 MYB 结构域的一类转录因子，MYB 结构域是一段 51或 52 个氨基酸的肽段，包含一系列高度保守的氨基酸残基和间隔序列)参与调控植物木质素的生物合成过程，对植物木质素含量及结构都起到了重要作用。Shen等(2013，2012)通过促进柳枝稷的 R2R3-MYB(植物基因组中最大的转录因子家族之一)转录因子家族的 PvMYB4 过表达，在未经酸预处理条件下，就可使糖化效率增加 300%，最终使纤维素乙醇产量比普通植株约提高 2.6 倍。

通过育种可提高柳枝稷的生物量。小分子 RNA(microRNA 或 miRNA)是真核生物及病毒中存在的由 19~24 nt 组成的一类内源性非编码的单链小 RNA，能够识别并指导靶基因的降解或者抑制靶基因的翻译。miR156 是植物中鉴定的第 1 个

miRNA，柳枝稷中 miR156 通过调控其特有的一类多功能转录因子家族 SPL 控制发育。Fu 等(2011a)利用基因工程促进了 miR156 前体基因的过表达，使得在较低的 miR156 表达水平下柳枝稷可正常开花，且生物量增加 58%~101%。柳枝稷的多倍体特性表明其储存了大量的遗传信息。Xie 等(2014)对柳枝稷进行了干旱和盐处理后，采用测序方法鉴定出 17 个与干旱有关的 miRNA，其中 4 个是保守的 miRNA，另外 13 个是柳枝稷特有的 miRNA。Xie 等(2017)从柳枝稷中克隆得到了 Pvi-MIR319a，并且用反向遗传学方法研究其功能，表明该基因对柳枝稷的植株发育具有重要调控作用，并得出 Pvi-MIR319a 是柳枝稷遗传改良的良好候选基因。

1.5　柳枝稷的栽培管理

科学合理的栽培体系和模式是实现柳枝稷大范围种植利用的先决条件，也是提高其产量和品质的基础(黄瑾等，2018)。当前，在柳枝稷引种栽培和推广种植方面主要存在两个障碍：一是缺乏优良品种，原因是柳枝稷为野生种，其种子具有深度休眠特性，种源不足和种子品质差是大规模种植的主要限制因子。因此，提高种子活力和培育无休眠特性品种，选育适合干旱、盐碱及寒冷等不同环境条件的高抗高产品种，是实现柳枝稷广泛利用的前提。二是缺乏针对不同区域特点的栽培与利用体系。柳枝稷品种较多，品种间抗逆性和生产潜力差异明显，实际生产中仍需根据不同区域气候和土壤环境特征选择相应的品种，并建立合理的栽培管理技术体系(Mitchell and Vogel，2012；Sanderson et al.，1996)。

1.5.1　土壤类型及苗床准备

柳枝稷能适应多种土壤类型，较适用于酸性土壤环境，其最适宜土壤 pH 为 4.9~7.6(Wolf and Fiske，1995)。柳枝稷较适应于一定含量的磷、钾和石灰性土壤中生长。实际生产中播前可检测土壤的 pH，若土壤的 pH < 5.0，应适当施碱石灰 (Xu and Cheng，2011)。柳枝稷可采用免耕播种，也可使用传统的苗床种植。种子埋土过深和过多的杂草竞争会影响柳枝稷建植当年甚至以后的生长和产量，其适宜的播种深度为 1.0~2.0cm，播种量为 8.0kg/hm²。若采用播种机播种，播前要适当硬化种床以防止播种过深。Monti 等(2001)在意大利南部对比 4 种苗床(常规耕作、播后碎土镇压、播前和播后均碎土镇压、免耕)对柳枝稷种子出苗率的影响发现，经过单次或双次镇压苗床的种子出苗率要比不碎土镇压(常规耕作或免耕)的苗床约高 20%，而免耕的出苗率相比其他三种苗床稍低。采用传统播种时，苗床须平整，土面紧实，土粒均一，应将苗床表层作物及杂草的残落物清理干净，播种后适当碎土镇压，使柳枝稷种子与土壤接触良好，以提高其建植成功率。实际生产中，具体采用何种播种方法，要结合当地条件特征，如免耕播种较适合于斜坡或是

水土流失严重地区(黄瑾等，2018)。正常播种以雨季前期较为合适，播种前要求精细整地，可以采用穴播或条播，深度 0.5~1.0cm，出苗后 6~8 周注意除草，还可在雨季采用分根方式移栽，并注意移栽后 1~2 周的水分供应。

1.5.2 品种选择

对特定地区来说，选育合适的柳枝稷品种，需充分考虑其在该地的生物量、品质和抗逆性表现。高地型品种往往较低地型品种耐旱、耐冷，但生物量潜力较低(Alexopoulou et al.，2008)。柳枝稷是一种光敏感型植物，只有种植在与其起源地纬度相近的地区才能获得高产量(Benedict，1990)。例如，起源于北方的品种种植在南方，生物量会下降，而起源于南方的品种种植在北移不超过 480km 范围内，却能表现更高的生物量，这主要是因为北移推迟了其花期，延长其营养生长期。对比研究发现，低地型品种如'Alamo''Kanlow'能更好地适应中纬和南纬地区气候；高地型品种，如'Cave-in-Rock''Sunburst''Forestberg'则在中纬和北纬地区生长良好(McLaughlin and Kszos，2005)。此外，通过基因育种培育新品种，如低地型品种的'EG1101''EG1102'和高地型品种的'EG2101'，分别为'Alamo''Kanlow''Cave-in-Rock'的改良品种，生物量比原品种约高 20%，并已成为首批商业化生产的品种(Wolf and Fiske，1995)。总体上，实际利用中尽可能选择低地型品种，或将适应于南方地区的品种适当北移，以延长其生长期和提高其生物量。

1.5.3 种子休眠破除

目前，由于柳枝稷仍属于野生的非驯化物种，其种子属深度休眠类，种子休眠和发芽率低是影响苗期建植的关键因素。种子收获后贮藏在干燥环境条件下，利于打破休眠和保持活力。新收获的柳枝稷种子具有深度休眠性，在实际生产中，一般利用收获后在自然状态下储存 2 年及以上的种子，或可选择在冬末春初播种，利用土壤本身的冷湿环境变化打破休眠。在室温条件下，储存 1 年以上的柳枝稷种子的休眠程度显著减弱。研究发现，储存超过 4 年柳枝稷种子活力会显著降低，因此为保证柳枝稷种子发芽率至少在 75%以上，其种龄的存放期不要超过 3 年(Wolf and Fiske，1995)。关于柳枝稷种子的休眠机制尚不完全清楚(Duclos et al.，2009；Sarath et al.，2006)。Duclos 等(2009)认为种皮过硬是柳枝稷种子休眠的主要原因。种子干藏、擦种、浸泡均对破除其休眠有不同程度的作用，其中以湿润冷冻层化最有效(谢正苗，1997)。湿润冷冻层化分为两种：一是人为使种子预先在一个寒冷潮湿的环境中经历 2 周的冷冻层化作用，并储存到播种时期，需注意的是，经冷冻层化作用处理的种子必须种植在一个温暖、潮湿的苗床中，否则可能会使破除休眠的种子再次进入休眠；二是通过自然冷冻层化作用，在一些寒冷地区的11 月或是 12 月进行免耕播种，通过土壤的自然湿冷环境条件，使种子经历一个自然的冷冻层化作用，打破休眠(Shen et al.，2001)。

1.5.4　播种管理

　　影响柳枝稷种子萌发的自然因素主要包括地理位置、土壤含水量，以及气温、地温等，需以此确定合适的播种量、播种时间、播种深度及种植行距等。从美国田纳西州的研究得出，相对其他环境因素，播种量对柳枝稷生物量影响不显著。West等(2011)对比 4 种播种量(4.48kg/hm^2、6.72kg/hm^2、8.96kg/hm^2 和 11.2kg/hm^2)后得出，4.48kg/hm^2 的播种量仅在建植当年的地上部分生物量最低，其后与其他播量间并无显著差异，并认为该播种量完全可实现柳枝稷的成功建植。低播种量虽可建植成功，但较高的播种量能确保出苗数和植株密度，这些是实现单位面积高产的基础。对多数土地来说，柳枝稷推荐的平均播种量为 5.6kg/hm^2，土壤肥沃地区可低至 2.24kg/hm^2，而土壤贫瘠恶劣地区则可高达 11.2kg/hm^2(Dhar et al.，2011)。实际上，播种量的确定不仅要考虑当地自然环境条件，还要考虑种子休眠性(即发芽率)，适当提高播种量利于建植的出苗率和成功率(高志娟，2013)。

　　柳枝稷种子萌发的最低温度是 10℃，最佳的萌发温度是 27～30℃。当土壤温度低于 20℃时，柳枝稷的种子萌发和幼苗生长均很慢，因此一般建议柳枝稷的播种时间与夏玉米同步(Casler et al.，2012)。当苗床表层土壤温度在 10℃以上，并且存在少量水分时为最佳播种时期，水分过多或苗床过干均会降低柳枝稷种子的发芽率(Aiken and Springer，1995)。在欧洲北部，播种时间一般在每年的 4 月末或 5月(Fan et al.，2012)。当柳枝稷种子的种龄不足一年，且没有经过冷冻层化处理，可在每年的 11 月中旬到次年的 4 月中旬播种，以通过自然冷冻层化作用打破种子休眠，提高发芽率(Danielf et al.，2009)。在我国西北地区，早春 4 月的土壤温度较低，土壤表层易干燥，此时播种后需适当覆膜或其他材料，以提高土壤温度，促进种子萌发。若选择在雨季前的 7 月播种，可采用干草等覆盖保存水分和避免高温灼烧，且播前适当灌溉提高土壤含水量，均能显著提高种子出苗率(Fan et al.，2012)。种子萌发时，柳枝稷具有黍属植物苗期的形态学特征，即通过中胚轴或胚芽鞘节间的伸长，将胚芽鞘和冠层生长点顶出土面，当胚芽鞘到达土壤表面时，阳光诱导中胚轴停止伸长生长，这时从土层表面胚芽鞘地上部分的冠层生长点生长出须根。因此，播种不宜过深，一般建议播种深度为 1.0cm。表层土壤过于干燥将不利于柳枝稷出苗时须根的生长，因此柳枝稷的播种需要充足的水分供应和合适的土壤温度条件(Smart and Moser，1997)。

　　柳枝稷播种深度需综合品种、土壤类型和环境因子确定。Berti 等(2013)分别对比了 4 种播种深度(13mm、19mm、30mm 和 38mm)下柳枝稷的出苗率，得出播种深度为 13mm 时出苗率最高(80%)，当播种深度超过 13mm 时，出苗率随播种深度增加而降低；同时，在室内比较了三种土壤类型及 0～64mm 的 7 种不同播种深度的出苗率,结果表明,播种深度对柳枝稷出苗率的影响不显著,但在黏质土壤中出苗率最高,认为在粗糙质地土壤中柳枝稷播种深度为 13mm。在我国半干旱地区的研究表明,浅播(播种深度 10~20mm)较深播(播种深度 30~40mm)的出苗率更高(Fan et al., 2012)。

合理的种植行距可改善冠层内的光照、温度、湿度和 CO_2 含量等微环境条件,影响作物群体光合效率和最终产量(李敏等,2017;杜菲等,2010)。关于播种行距对柳枝稷生物量的影响,有研究发现,当行距从 15cm 增加到 61cm 时,其生物量变化对行距变化并不敏感(Wullschleger et al., 2010)。Muir 等(2001)对比研究了从窄到宽的 4 种行距(25cm、50cm、75cm 和 100cm),表明柳枝稷的生物量随种植行距从宽到窄依次增加。就建植当年来说,窄行距较宽行距更利于柳枝稷迅速形成冠层,以及有效控制杂草生长。在黄土高原半干旱区,实行窄行播种不仅可迅速形成冠层控制杂草生长,而且在降低土壤水分蒸发和保证群丛生物量方面要优于宽行距。建植成功后,因柳枝稷存在自疏行为,行距并非影响柳枝稷生物量的关键因素(杨新国等,2015)。

水肥供应,特别是氮肥供应良好的情况下,播种行距对柳枝稷产草量的影响较小。研究认为,实行窄行播种(行距 20~30cm)可迅速形成冠层,保证生产力和控制杂草,美国一般采用行距 18~25cm 的窄行种植,但宽行距种植利于单丛分蘖。在黄土高原半干旱地区,川地单播行距建议为 50~70cm,山地条件下可实行窄行距(行距 20~40cm)种植或可考虑与豆科草本植物进行混播。

1.5.5 施肥管理

柳枝稷对氮肥较敏感,对其他肥料的要求不高,但合理的化肥施用量直接关系柳枝稷产草量和草品质。研究表明,柳枝稷的氮利用效率很高,其氮肥需求量仅为玉米的 1/3~1/2。柳枝稷对 P 肥和 K 肥反应不敏感,在草地建植期间,一般不需要施用 P 肥和 K 肥,除非土壤中的养分含量低于正常水平(如 K 含量低于 $202kg/hm^2$,P 含量低于 $22kg/hm^2$)(Mitchell et al., 2008)。关于柳枝稷生物量对于施氮响应的研究结果不尽相同,主要是因为影响氮肥施用效果的因素很多,如栽培品种、收割次数、收货时间与土壤类型等(Vogel et al., 2002;Muir et al., 2001)。Mulkey 等(2006)研究认为,随着施氮量从 $0kg/(hm^2·a)$ 逐渐增加到 $300kg/(hm^2·a)$,柳枝稷的生物量逐渐增加,但当施氮量超过 $120kg/(hm^2·a)$ 后,土壤中残留的氮素开始增加,此时柳枝稷的高生物量携带出的氮量可与补给的氮量相当。刘吉利等(2014)研究表明,施用较少的氮(施氮量 60~120kg/hm^2)即可满足柳枝稷生长对氮素的需求,当施氮量为 120kg/hm^2 时生物量最高,高氮输入(施氮量 240kg/hm^2)反而不利于氮素的吸收利用,并可能造成土壤硝酸盐累积污染。高丽欣等(2016)研究表明,在黄河三角洲盐碱土壤中,施氮量应该控制在 100~150kg/hm^2,并应选择冬季立枯期收获以减少氮素带出，在施氮量 100kg/hm² 水平时，柳枝稷的纤维素和半纤维素含量最大。

当柳枝稷用作能源植物生产资料时，收获期主要在生长季的末期，此时其茎部及叶片中的氮会通过内循环转移到根部，次年继续生长需要额外补充的氮较少(Sarath et al.，2006)。当柳枝稷用作饲草生产时，一般要在生长早期进行收获，这会从土壤中转移较多的营养元素到植物茎叶中，导致土壤氮素减少，需要在夏初到夏中适当补施氮肥。一般认为，建植当年不需施用氮肥，因施氮会促进杂草的生长，影响建植效果(Fike et al.，2006)。在美国东南部，种植在壤土、淤泥、黏土或每年一次收割情况下，从建植第二年起，为保证柳枝稷产量，每年需补施氮肥 56～112kg/hm²；当种植在浅滩、地表侵蚀等粗质土壤中或每年双次收割时，氮肥补施量需超过 112kg/hm²，为避免一次施肥过多烧苗，需分次施入(Lemus et al.，2009，2008)。侯新村等(2012)以沙土为基质，以柳枝稷品种'Alamo'的幼苗为对象，研究了不同氮、磷、钾配比对其幼苗生长的影响，得出其苗期最高生物量的需氮量为115.1mg/kg。

柳枝稷较适应于含有一定量磷、钾和石灰性的土壤，可以此为指导处理播前土壤。施氮对柳枝稷的增产效果明显，其原因是在施入一定量氮肥情况下，能够充分利用土壤中的磷。由于柳枝稷的氮利用效率很高，在没有氮肥供应且连续生长条件下，其产量较低且不稳定。例如，在收获两次的情况下，第一次刈割后按照45kgN/hm² 左右的标准补施氮肥利于保证秋季产草量和种子生产。一般来说，柳枝稷的氮肥需求量较低，如在欧洲西北部地区，施氮量为 0～50kg/(hm²·a)足够满足其氮素需求，而在欧洲南部高产地区，施氮量为 50～100kg/(hm²·a)才能达到生长的要求。柳枝稷虽适应较贫瘠的土壤，但生产大量的高质量牧草需要足够的氮、磷和钾供应。土壤 pH 的大小对柳枝稷生长的影响有限，pH 保持在 5.0 或稍高即可。

1.5.6 杂草与病虫害防治

在建植当年，由于柳枝稷苗期生长较慢，竞争能力很弱，杂草的良好控制与否，会显著影响其草地生长(Mitchell et al.，2008；Schmer et al.，2006)。研究发现，在柳枝稷建植前一年，种植前茬作物，如谷子(*Setaria italica*)和高粱(*Sorghum bicolor*)等，可明显抑制一些暖季型杂草的生长(West and Kincer，2011)。利用化学除草剂能显著提高柳枝稷建植成功率：2-4D 能显著抑制双子叶草类生长(Buhler et al.，1998)；阿特拉津能显著抑制阔叶草及 C_3 等冷季型杂草生长，但其对暖季型杂草影响甚微(Denchev and Conger，1995)。Mitchell 等(2010)对比不同类型除草剂得出，甲咪唑烟酸对柳枝稷有一定毒害作用，不能用作柳枝稷草地建植时的杂草防治，而快杀稗和阿特拉津联合使用有利于消灭杂草，可以促进柳枝稷的成功建植。在免耕播种条件下，可在柳枝稷播前或出苗前使用草甘膦抑制杂草生长

(Mitchell et al., 2010)。当杂草的生长高度大于柳枝稷幼苗高度时，可采用人工除草办法防治杂草(Sanderson et al., 2004)。焚烧也是控制柳枝稷草地杂草，尤其是多年生杂草的有效方法(Monti et al., 2001)。由于柳枝稷对病虫害的抵抗能力很强，一般不需要进行病虫害防治。

1.5.7 收获管理

提高生物质产量是能源草选育、栽培管理和收获最主要的目标。对柳枝稷来说，收割次数不仅影响其生物量还影响最终的生物质能源品质(Waramit et al., 2012)。Reynolds 等(2000)研究发现，双次收割较单次收割后柳枝稷植株的矿质元素含量更高。Monti 等(2008)研究了收割次数对高地型和低地型柳枝稷品种长期生产力的影响得出，双次收割只在建植前两年能够增加高地型品种的地上生物量，对低地型品种无显著影响，但会降低柳枝稷后续年份的生长活力和生产潜力。一般认为，双次收割对湿润和寒冷地区柳枝稷的生产较为合适，其中，第一次收割于夏中或夏末进行，第二次于秋季进行。一年一次收获对柳枝稷用作能源草生产最合适，收获时间一般在首次霜降后一个月左右进行(Parrish and Fike, 2005)。适当延迟收割不仅能保证高产，也能显著降低其含水量，以减少收割和干燥成本，还能降低其生物质灰分含量，改善燃烧品质和提高燃烧效率(Miles et al., 1996)。霜降后推迟收获时间会造成柳枝稷的生物量显著降低(Adler et al., 2006)。因此，生产中应根据不同品种的枯黄时期和最终利用目的来确定最佳的收割时间和收获次数。

适宜的留茬高度能够促进多年生禾草的分蘖与再生，保证产草量和营养价值。留茬高度过低会损害柳枝稷冠层结构，削弱次年再生长，但高留茬会增加地表粗糙度，有效降低近地表风速，对于防止坡地水土流失和冬季的蓄水保墒有明显效果。一般认为，不论采用何种收获方法，柳枝稷的留茬高度不得低于 10cm(Mitchell et al., 2008)，其原因是适宜留茬高度可避免损坏收获机械，还可在冬季截留雨雪保留水分，降低土壤侵蚀，且适当留茬还可使柳枝稷茎基部保存一定氮素和糖类，为来年再生长奠定营养和物质基础。

最大程度地保存干物质是能源草收获的主要目标。一般来说，能源草的生物量随生长期延长而增加，但生物质品质和糖含量的改良会影响乙醇发酵，因此需要找到干物质产量和乙醇转化效率的最佳拐点。柳枝稷应在霜冻后的 42 天内收获，否则会导致翌年的现存生物量下降。建植当年收获量和收获期对后续生长量的可持续性影响较大，研究表明，建植当年收获后现存量低于 40%时显著影响翌年生物量。如果收获时不考虑对翌年的影响，则可只留 25%的现存量。收获时植株含水量过高会影响打捆和贮藏，而植株含水量与收获期气温、相对湿度等环境条件关系密切，因此需根据天气变化确定合适的收获期(Cassida et al., 2005)。

柳枝稷是饲草两用型草本植物，多年生柳枝稷每年可以割 2 次，拔节期前进行的 1 次可以作为青饲料(饲草),秋季或生长季结束时刈割可以作为干草(生物质),每亩①可产干草 3000～5000kg,但早期的饲草生产会减少年度生物量生产。建植当年,柳枝稷的生长主要受土壤水分、土壤肥力,以及其他杂草和物种竞争影响,建植成功后 6 周内开始分蘖。柳枝稷的开花不需要春化作用。如果建植合适,柳枝稷当年能够完成全部生育期,开花结实,但第二年的开花期将推迟。相比其他物种,柳枝稷建植当年的生长较慢,其原因是柳枝稷将大量的资源用于建造强大的根系。柳枝稷的生长发育与生长环境密切有关,主要是其开花不仅与光周期有关,也与生长季天数有关(Casler et al.,2012)。柳枝稷的生物量较高,其在陕北安塞山坡地年产草量与谷子单位面积的地上生物量接近,川地年产草量与沙打旺相当。

1.6 研究意义

柳枝稷是一种优良的多年生禾本科草本植物,既可作为饲草植物,也可作为水土保持和风障植物,合理利用柳枝稷不仅能够丰富和拓宽我国黄土高原半干旱地区的饲草种质资源,还能发挥其防治水土流失和土壤荒漠化的作用(Liu et al.,2021;Cooney et al.,2017;Gao et al.,2017)。柳枝稷具有较强的抗旱性和耐寒性,种植管理良好的柳枝稷草地可持续几十年。柳枝稷强大的根系,良好的生产性能和广域适应性,使其具有较强的生境适应能力。柳枝稷一旦建植成功,丛生的生长习性使其相对其他杂草具有较强的竞争能力,但并不具有入侵性。

利用边际土地发展生物质燃料可有效避免与粮争田、与人争粮的矛盾,是发展生物质新能源非常可行的方式之一。据估算,黄土高原可以用来种植柳枝稷的边际土地为 2.8～4.7Mhm²,种植后的潜在生物量可达 44～77Tg(Liu et al.,2021)。若将这些边际土地种植像柳枝稷这样水肥需求量少、生产和维护成本低、多年生的抗逆能源植物,将可最大程度地利用土地资源,为发展生物质经济奠定基础,有利于推动区域生态、社会和经济的协调与可持续发展。

参 考 文 献

曹慧颖, 张立军, 阮燕晔, 等, 2019. 能源植物柳枝稷基因工程研究进展 [J]. 草业科学, 36(2): 394-401.
杜菲, 杨富裕, Casler M D, 等, 2010. 美国能源草柳枝稷的研究进展 [J]. 安徽农业科学, 38(35): 20334-20339.
范希峰, 侯新村, 左海涛, 等, 2010. 边际土地类型及移栽方式对柳枝稷苗期生长的影响 [J]. 草业科学, 27(1): 97-102.
高丽欣, 刘静, 邓波, 等, 2016. 施氮水平和收获时间对柳枝稷生物质产量和能源品质的影响 [J]. 草业科学, 33(1):

① 1 亩≈666.67m²。

110-115.

高伟, 归静, 刘娟, 等, 2016. 重金属 Cd、Cu 以及干旱胁迫对柳枝稷的影响分析 [J]. 家畜生态学报, 37(9): 65-70.

高志娟, 2013. 黄土丘陵区种植行距对柳枝稷生理生态特征与生物量的影响 [D]. 杨凌: 西北农林科技大学.

黄瑾, 高志娟, 丁文利, 等, 2018. 能源牧草柳枝稷栽培管理研究进展 [J]. 中国畜牧兽医文摘, 34(5): 236-239.

侯新村, 范希峰, 武菊英, 2012. 氮磷钾肥对能源草柳枝稷苗期生长的影响 [J]. 作物杂志, (3): 114-118.

李代琼, 刘国彬, 黄瑾, 等, 1999. 安塞黄土丘陵区柳枝稷的引种及生物生态学特性试验研究 [J]. 土壤侵蚀与水土
　　保持学报, 5: 125-128.

李敏, 王雨, 杨富裕, 2017. 栽培措施对柳枝稷产量与品质的影响研究进展 [J]. 草学, 2: 5-8, 15.

李菁, 2016. 外源硅对盐胁迫下柳枝稷幼苗生理特性及生态化学计量学特征的影响 [D]. 杨凌: 西北农林科技大学.

刘吉利, 吴娜, 2014. 自然盐碱胁迫对柳枝稷生物质生产和燃料品质的影响 [J]. 广东农业科学, 41(17): 25-28.

刘燕蓉, 岑慧芳, 严建萍, 等, 2016. 农杆菌介导的柳枝稷遗传转化体系的优化 [J]. 中国农业科学, 49(1): 80-89.

刘燕蓉, 张万军, 2014. 不同生态型的 11 个柳枝稷品种组织培养反应评价 [J]. 草地学报, 22(3): 579-585.

珊丹, 何京丽, 邢恩德, 等, 2014. 干旱胁迫对柳枝稷幼苗生理特征的影响 [J]. 国际沙棘研究与开发, 12(1): 33-38.

孙运府, 2021. 纳米铁引发对柳枝稷种子萌发特性及抗旱性的影响 [D]. 杨凌: 西北农林科技大学.

谢正苗, 1997. 柳枝稷种子休眠的回复与破除 [J]. 种子, (1): 57-59.

徐炳成, 山仑, 李凤民, 2005. 黄土丘陵半干旱区引种禾草柳枝稷的生物量与水分利用效率 [J]. 生态学报, 25(9):
　　2206-2213.

徐开杰, 史丽丽, 王勇锋, 等, 2015. 水培条件下 pH 值对柳枝稷幼苗生长发育的影响 [J]. 生态学报, 35(23): 7690-
　　7698.

徐鹏, 程亭亭, 张超, 等, 2017. 丛枝菌根真菌对柳枝稷苗期生长作用机制的研究 [J]. 草地学报, 25(5): 1097-1102.

杨新国, 曲文杰, 宋乃平, 2015. 柳枝稷无性分株种群的密度依赖调节机制 [J]. 西北农林科技大学学报(自然科学
　　版), 43(4): 171-178.

赵春桥, 陈敏, 侯新村, 等, 2015a. 干旱胁迫对柳枝稷生长与生理特性的影响 [J]. 干旱区资源与环境, 29(3): 126-
　　130.

赵春桥, 李继伟, 范希峰, 等, 2015b. 不同盐胁迫对柳枝稷生物量、品质和光合生理的影响 [J]. 生态学报, 35(19):
　　6489-6495.

朱毅, 范希峰, 侯新村, 等, 2014. 柳枝稷苗期对钾营养胁迫耐受性的综合评价 [J]. 农业资源与环境学报, 31(2):
　　140-145.

朱毅, 范希峰, 武菊英, 等, 2012. 水分胁迫对柳枝稷生长和生物质品质的影响 [J]. 中国农业大学学报, 17(2): 59-64.

左海涛, 李继伟, 郭斌, 等, 2009. 盐分和土壤含水量对营养生长期柳枝稷的影响 [J]. 草地学报, 17(6): 760-766.

Adler P R, Sanderson M A, Boateng A A, et al., 2006. Biomass yield and biofuel quality of switchgrass harvested in fall or
　　spring [J]. Agronomy Journal, 98: 1518-1525.

Aiken G E, Springer T L, 1995. Seed size distribution, germination, and emergence of six switchgrass cultivars [J]. Journal
　　of Range Management, 48(5): 455-458.

Alexopoulou E, Sharma N, Papatheoharic Y, et al., 2008. Biomass yields for upland and lowland switchgrass varieties grown
　　in the Mediterranean region [J]. Biomass and Bioenergy, 32: 926-933.

Arias A, Serrat X, Moysset L, et al., 2018. Morpho-physiological responses of Alamo switchgrass during germination and
　　early seedling stage under salinity or water stress conditions [J]. BioEnergy Research, 11: 677-688.

Balsamo R, Kelly W J, Satrio J A, et al., 2015. Utilization of grasses for potential biofuel production and phytoremediation
　　of heavy metal contaminated soils [J]. International Journal of Phytoremediation, 17(5): 448-455.

Benedict H M, 1990. Effect of day length and temperature on the flowering and growth of four species of grasses [J]. Journal
　　of Agriculture Research, 61: 661-672.

Berti M T, Johnson B L, 2013. Switchgrass establishment as affected by seeding depth and soil type [J]. Industrial Crops and
　　Products, 41: 289-293.

Buhler D D, Netzer D A, Riemenschneider D E, et al., 1998. Weed management in short rotation poplar and herbaceous
　　perennial crops grown for biofuel production [J]. Biomass and Bioenergy, 14: 385-394.

Boe A, Beck D L, 2008. Yield components of biomass in switchgrass [J]. Crop Science, 48: 1306-1311.

Bona L, Belesky D P, 1992. Evaluation of switchgrass entries for acid soil tolerance [J]. Communications in Soil Science and

Plant Analysis, 23(15-16): 1827-1841.

Casler M D, Mitchell R B, Vogel K P, 2012. Switchgrass[M]// Kole C, Joshi C P, Shonnard D R. Handbook of Bioenergy Crop Plant. Boca Rotan: CRC Press.

Cooney D, Kim H, Quinn L, et al. , 2017. Switchgrass as a bioenergy crop in the Loess Plateau, China: Potential lignocellulosic feedstock production and environmental conservation [J]. Journal of Integrative Agriculture, 16(6): 1211-1226.

Cassida K A, Muir J P, Hussey M A, et al. , 2005. Biofuel component concentrations and yields of switchgrass in South Central US [J]. Crop Science, 45: 682-692.

Danielf M, Rolandk R, Burtonc E, et al. , 2009. Yield and breakeven price of ' Alamo' switchgrass for biofuels in Tennessee [J]. Agronomy Journal, 1015: 1234-1242.

Denchev P D, Conger B V, 1995. In vitro culture of switchgrass: Influence of 2, 4-d and picloram in combination with benzyladenine on callus initiation and regeneration [J]. Plant Cell Tissue & Organ Culture, 40(1): 43-48.

Dewald C L, Henry J, Bruckerhoff S, et al. , 1996. Guidelines for the establishment of warm-season grass hedges for erosion control [J]. Journal of Soil and Water Conservation, 51(1): 16-20.

Dhar B R, Youssef E, Nakhla G, et al. , 2011. Pretreatment of municipal waste activated sludge for volatile sulfur compounds control in anaerobic digestion [J]. Bioresource Technology, 102: 3776-3782.

Ding N, Huertas R, Torres-Jerez I, et al. , 2021. Transcriptional, metabolic, physiological and developmental responses of switchgrass to phosphorus limitation [J]. Plant, Cell & Environment, 44: 186-202.

Duclos D V, Ray D T, Taylor A G, 2009. Understanding the physiology and mechanism of seed dormancy in switchgrass (*Panicum virgatum* L.)[C]//21st Annual AAIC Meeting-The Next Generation of Industrial Crops, Processes, and Products. Chile: Chillan.

Elbersen H W, Christian D G, Bassem N E, et al. , 2001. Switchgrass variety choice in Europe [J]. Aspects of Applied Biology, 65: 21-28.

Ersoz E S, Wright M H, Pangilinan J L, et al. , 2012. SNP discovery with EST and NextGen sequencing in switchgrass (*Panicum virgatum* L.) [J]. Plos One, 7(9): e44112.

Fan J W, Du Y L, Turner N C, et al. , 2012. Germination characteristics and seedling emergence of switchgrass with different agricultural practices under arid conditions in China [J]. Crop Science, 52: 2341-2350.

Farrell A E, Plevin R J, Turner B T, et al. , 2006. Ethanol can contribute to energy and environmental goals [J]. Science, 311: 506-508.

Fike J H, Parrish D J, Wolfe D D, et al. , 2006. Long-term yield potential of switchgrass for biofuel systems [J]. Biomass and Bioenergy, 30: 198-206.

Fu C, Mielenz J R, Xiao X, et al. , 2011a. Genetic manipulation of lignin reduces recalcitrance and improves ethanol production from switchgrass [J]. Proceedings of the National Academy of Sciences of the United States of America, 108(9): 3803-3808.

Fu C, Xiao X, Xi Y, et al. , 2011b. Downregulation of cinnamyl alcohol dehydrogenase (CAD) leads to improved saccharification efficiency in switchgrass [J]. BioEnergy Research, 4(3): 153-164.

Gao Z J, Liu J B, An Q Q, et al., 2017. Photosynthetic performance of switchgrass and its relation to field productivity: A three-year experimental appraisal in semiarid Loess Plateau [J]. Journal of Integrative Agriculture, 16(6): 1227-1235.

Hagemann R, Schroeder M, 1989. The cytological basis of plastid inheritance in angiosperms [J]. Protoplasma, 152: 57-64.

Hiei Y, Ishida Y, Kasaoka K, et al., 2006. Improved frequency of transformation in rice and maize by treatment of immature embryos with centrifugation and heat prior to infection with *Agrobacterium tumefaciens* [J]. Plant Cell, Tissue & Organ Culture, 87(3): 233-243.

Hopkins A A, Taliaferro C M, Murphy C D, 1996. Chromosome number and nuclear DNA content of several switch- grass populations [J]. Crop Science, 36:1192-1195.

Hu G, Liu Y, Zhang X, et al. , 2015. Physiological evaluation of alkali-salt tolerance of thirty switchgrass (*Panicum virgatum*) lines [J]. Plos One, 10(7): e0125305.

Hulquist S J, Vogel K P, Lee D J, et al. , 1996. Chloroplast DNA and nuclear DNA content variations among cultivars of switchgrass, *Panicum virgatum* L [J]. Crop Science, 36: 1049-1052.

Jensen K, Clark C D, Ellis P, et al. , 2007. Farmer willingness to grow switchgrass for energy production [J]. Biomass and Bioenergy, 31: 773-781.

Juan M M R, Vogel K P, 2008. Heterosis in switchgrass: spaced plants [J]. Crop Science, 48: 1312-1320.

Kausch A P, Hague J, Oliver M, et al. , 2010. Transgenic perennial biofuel feedstocks and strategies for bioconfinement [J]. Biofuel, 1: 163-176.

Kim J, Liu Y, Zhang X, et al. , 2016. Analysis of salt induced physiological and proline changes in 46 switchgrass *Panicum virgatum* lines indicates multiple response modes [J]. Plant Physiology and Biochemistry, 105: 203-212.

Larnaudie V, Ferrari M D, Lareo C, 2022. Switchgrass as an alternative biomass for ethanol production in a biorefinery: Perspectives on technology, economics and environmental sustainability [J]. Renewable and Sustainable Energy Reviews, 158: 112115.

Lemus R, Parrish D J, Abaye O, 2008. Nitrogen use dynamics in switchgrass grown for biomass [J]. Bioenergy Research, 1: 153-162.

Lemus R, Parrish D J, Wolfe D D, 2009. Nutrient uptake by 'Alamo' switchgrass used as an energy crop [J]. Bioenegy Resource, 2: 37-50.

Lewandowski I, Scurlock J M, Lindvall E, et al. , 2003. The development and current status of perennial rhizomatous grasses as energy crops in the US and Europe [J]. Biomass and Bioenergy, 25(4): 335-361.

Li R Y, Qu R D. 2011. High throuput Agrobacterium-mediated switchgrass transformation[J]. Biomass and Bioenergy, 35(3): 1046-1054.

Li X, Petipas R H, Antoch A A, et al. , 2022. Switchgrass cropping systems affect soil carbon and nitrogen and microbial diversity and activity on marginal lands [J]. GCB Bioenergy, 14: 918-940.

Liebig M A, Schmer M R, Vogel K P, et al. , 2008. Soil carbon storage by switchgrass grown for bioenergy [J]. Bioenergy Research, 1: 215-222.

Liu Y, Chen S, von Cossel M, et al. , 2021. Evaluating the suitability of marginal land for a perennial energy crop on the Loess Plateau of China [J]. GCB Bioenergy, 13: 1388-1406.

Ma Y Q, An Y, Shui J F, et al. , 2011. Adaptability evaluation of switchgrass (*Panicum virgatum* L.) cultivars on the Loess Plateau of China [J]. Plant Science, 181(6): 638-643.

Ma Z, Wood C W, Bransby D I, 2000. Impacts of soil management on root characteristics of switchgrass [J]. Biomass and Bioenergy, 182: 105-112.

Martinez-Reyna J M, Vogel K P, 2002. Incompatibility systems in switchgrass [J]. Crop Science, 42: 1800-1805.

McLaughlin S B, Kszos L A, 2005. Development of switchgrass (*Panicum virgatum*) as a bioenergy feedstock in the United States [J]. Biomass and Bioenergy, 28: 515-535.

Miles T R, Miles T R, Baxter L L, et al. , 1996. Boiler deposits from firing biomass fuels [J]. Biomass and Bioenergy, 10: 125-138.

Missaoui A M, Paterson A H, Bouton J H, 2006. Molecular markers for the classification of switchgrass (*Panicum virgatum* L.) germplasm and to assess genetic diversity in three synthetic switchgrass populations [J]. Genetic Resources and Crop Evolution, 53(6): 1291-1302.

Mitchell R B, Vogel K P, 2012. Germination and emergence tests for predicting switchgrass field establishment [J]. Agronomy Journal, 104: 458-465.

Mitchell R B, Vogel K P, Berdahl J, et al. , 2010. Herbicides for establishing switchgrass in the central and northern Great Plains [J]. Bioenergy Research, 3: 321-327.

Mitchell R, Vogel K P, Sarath G, 2008. Managing and enhancing switchgrass as a bioenergy feed stock [J]. Biofuels, Bioproducts and Biorefining, 2: 530-539.

Monti A, Bezzi G, Pritoni G, et al. , 2008. Long-term productivity of lowland and upland switchgrass cytotypes as affected by cutting frequency [J]. Bioresource Technology, 99: 7425-7432.

Monti A, Venturi P, Elbersen H W, 2001. Evaluation of the establishment of lowland and upland switchgrass (*Panicum virgatum* L.) varieties under different tillage and seedbed conditions in northern Italy [J]. Soil and Tillage Research, 63: 75-83.

Muir J P, Sanderson M A, Ocumpaugh W R, et al. , 2001. Biomass production of 'Alamo' switchgrass in response to nitrogen, phosphorus, and row spacing [J]. Agronomy Journal, 9(3): 896-901.

Mulkey V R, Owens V N, Lee D K, 2006. Management of switchgrass dominated conservation reserve program lands for biomass production in South Dakota [J]. Crop Science, 46: 712-720.

Okada M, Lanzatella C, Tobias C M, 2011. Single-locus EST-SSR markers for characterization of population genetic diversity and structure across ploidy levels in switchgrass (*Panicum virgatum* L.) [J]. Genetic Resources & Crop Evolution, 58(6): 919-931.

Parrish D J, Fike J H, 2005. The biology and agronomy of switchgrass for biofuels [J]. Critical Reviews in Plant Sciences, 24: 423-459.

Piscioneri I, Pignatelli V, Palazzo S, et al. , 2001. Switchgrass production and establishment in the Southern Italy climatic conditions [J]. Energy Conversion and Management, 42(18): 2071-2082.

Rachman A, Anderson S H, Gantzer C J, et al., 2004. Influence of stiff-stemmed grass hedge systems on infiltration [J]. Soil Science Society of America Journal, 68: 2000-2006.

Reynolds J H, Walke C L, Kirchner M J, 2000. Nitrogen removal in switchgrass biomass under two harvest systems [J]. Biomass and Bioenergy, 19: 281-286.

Sanderson M A, Reed R L, McLaughlin S B, et al. , 1996. Switchgrass as a sustainable bioenergy crop [J]. Bioenergy Technology, 56(1): 83-93.

Sanderson M A, Reed R L, Ocumpaugh W R, et al. , 1999. Switchgrass cultivars and germplasm for biomass feedback production in Texas [J]. Bioresource Technology, 67(3): 209-219.

Sanderson M A, Schnabel R R, Curran W S, et al. , 2004. Switchgrass and big bluestem hay, biomass, and seed yield response to fire and glyphosate treatment [J]. Agronomy Journal, 96: 1688-1692.

Sarath G, Bethke P C, Jones R, et al. , 2006. Nitric oxide accelerates germination in warm-season grasses [J]. Planta, 223: 1154-1164.

Schmer M R, Vogel K P, Mitchell R B, et al. , 2008. Net energy of cellulosic ethanol from switchgrass [J]. Proceedings of the National Academy of Sciences, 105: 464-469.

Schmer M R, Vogel K P, Mitchell R B, et al. , 2006. Establishment stand thresholds for switchgrass grown as a bioenergy crop [J]. Crop Science, 46: 157-161.

Serba D D, Daverdin G, Bouton J H, et al. , 2015. Quantitative trait loci (QTL) underlying biomass yield and plant height in switchgrass [J]. Bioenergy Research, 8(1): 307-324.

Shen H, He X, Poovaiah C R, et al. , 2012. Functional characterization of the switchgrass (*Panicum virgatum*) R2R3-MYB transcription factor PvMYB4 for improvement of lignocellulosic feedstocks [J]. New Phytologist, 193(1): 121-136.

Shen H, Poovaiah C R, Ziebell A, et al. , 2013. Enhanced characteristics of genetically modified switchgrass (*Panicum virgatum* L.) for high biofuel production [J]. Biotechnology for Biofuels, 6(1): 71-86.

Shen Z X, Parrish D J, Wolf D D, et al. , 2001. Stratification in switchgrass, seeds is reversed and hastened by drying [J]. Crop Science, 41: 1546-1551.

Smart A J, Moser L E, 1997. Morphological development of switchgrass as affected by planting date [J]. Agronomy Journal, 89: 958-962.

Smart A J, Moser L E, Vogel K P, 2004. Morphological characteristics of big bluestem and switchgrass plants divergently selected for seedling tiller number [J]. Crop Science, 44: 607-613.

Tobias C M, Chow E K, 2005. Structure of the cinnamyl-alcohol dehydrogenase gene family in rice and promoter activity of a member associated with lignification [J]. Planta, 220(5): 678-688.

Tulbure M G, Wimberly M C, Boe A, et al., 2012. Climatic and genetic controls of yields of switchgrass, a model bioenergy species [J]. Agriculture, Ecosystems and Environment, 146: 121-129.

Varvel G E, Vogel K P, Mitchell R B, et al., 2008. Comparison of corn and switchgrass on marginal soils for bioenergy [J]. Biomass and Bioenergy, 32: 18-21.

Vogel K P, Brejda J J, Walters D T, et al., 2002. Switchgrass biomass production in the Midwest USA: Harvest and nitrogen management [J]. Agronomy Journal, 94: 413-420.

Vogel K P, Mitchell R B, 2008. Heterosis in switchgrass: Biomass yield in swards [J]. Crop Science, 48: 2159-2164.

Waramit N, Moore K J, Fales S L, 2012. Forage quality of native warm-season grasses in response to nitrogen fertilization and harvest date [J]. Animal Feed Science and Technology, 174(1): 46-59.

West D R, Kincer D R, 2011. Yield of switchgrass as affected by seeding rates and dates [J]. Biomass and Bioenergy, 35: 4057-4059.

Wolf D D, Fiske D A, 1995. Planting and Managing Switchgrass for Forage, Wildlife and Conservation [M]. Virgnia: Virgnia Coopeartive Extention Publication.

Wright L, Turhollow A, 2010. Switchgrass selection as a "model" bioenergy crop: A history of the process [J]. Biomass and Bioenergy, 346: 851-868.

Wullschleger S D, Davis E B, Borsuk M E, et al. , 2010. Biomass production in switchgrass across the United States: Database description and determinants of yield [J]. Agronomy Journal, 102: 1158-1168.

Xie F, Stewart C N, Taki F A, et al. , 2014. High-throughput deep sequencing shows that microRNAs play important roles in switchgrass responses to drought and salinity stress [J]. Plant Biotechnology Journal, 12(3): 354-366.

Xie Q, Liu X, Zhang Y, et al. , 2017. Identification and characterization of microRNA319a and its putative target gene, PvPCF5, in the bioenergy grass switchgrass (*Panicum virgatum*) [J]. Frontiers in Plant Science, 8: 396.

Xu J, Cheng J J, 2011. Pretreatment of switchgrass for sugar production with the combination of sodium hydroxide and lime [J]. Bioresource Technology, 102(4): 3861-3968.

Zaibon S, Anderson S H, Kitchen N R, et al. , 2016. Hydraulic properties affected by topsoil thickness in switchgrass and corn-soybean cropping systems [J]. Soil Science Society of America Journal, 80: 1365-1376.

Zaibon S, Anderson S H, Thompson A L, et al. , 2017. Soil water infiltration affected by topsoil thickness in row crop and switchgrass production systems [J]. Geoderma, 286: 46-53.

Zanetti F, Zegada-Lizarazu W, Lambertini C, et al. , 2019. Salinity effects on germination, seedlings and full-grown plants of upland and lowland switchgrass cultivars [J]. Biomass and Bioenergy, 120: 273-280.

第2章 柳枝稷种子发芽特性与苗期水分利用

2.1 柳枝稷种子发芽特性

2.1.1 正常条件下柳枝稷与其他草种发芽特性比较

所有参试牧草种子在 1994～2000 年采于陕西安塞农田生态系统国家野外科学观测研究站山地或川地试验场(表 2-1)。牧草种子风干后装于纸袋在自然状态下实验室贮藏。

表 2-1 参试牧草种子发芽特征

牧草名称	科别	种子来源或采种时间	千粒重/mg	发芽率/%	发芽势/%	发芽指数
'彭阳早熟型'沙打旺 (Astragalus adsurgens cv. Pengyang)	豆科	1994 年 10 月	16433.00	86.5	84	57.90
白羊草 (Bothriochloa ischaemum)	禾本科	1998 年 9 月	920.15	1.5	0	0.38
无芒雀麦 (Bromus inermis)	禾本科	1995 年	3270.20	27.5	19	14.28
羊茅 (Festuca ovina)	禾本科	日本引进原种	4203.07	1	1	0.10
大托叶猪屎豆 (Crotalaria spectabilis)	豆科	日本引进原种	32801.52	100	99	65.50
柳枝稷	禾本科	1999 年日本供种 (种源美国)	1816.83	79	71.5	69.11
柳枝稷	禾本科	1998 年	1927.96	73	69	63.62
草木樨 (Melilotus officinalis)	豆科	1996 年	2019.28	35	30	30.14
柳枝稷	禾本科	2000 年日本供种 (种源美国)	1429.10	44.5	29	14.06
'彭阳早熟型'沙打旺	豆科	1998 年 10 月	15863.90	93	89.5	53.58
胡枝子 (Leapedeza bicolor)	豆科	2000 年	4636.92	0	0	0.50
串叶松香草 (Silphium perfoliatum)	豆科	1998 年 9 月	16266.30	100	94	36.76
苜蓿 (Medicago Sativa)	豆科	1996 年引种美国	1682.66	83	75	69.90

续表

牧草名称	科别	种子来源或采种时间	千粒重/mg	发芽率/%	发芽势/%	发芽指数
苇状羊茅 (*Festuca arundinacea*)	禾本科	1994 年	2408.61	81	0	18.52
大托叶猪屎豆	豆科	1998 年 10 月	33201.30	96	95	79.33
草木樨	豆科	1998 年	2237.66	29	28.5	26.13
红豆草 (*Onobrychis viciaefolia*)	豆科	1996 年	22401.62	78	53	25.45
苜蓿	豆科	1995 年 7 月 引种罗马尼亚	1925.54	96.5	95	93.92
无芒雀麦	禾本科	1997 年 7 月	3282.19	93.5	89.5	46.58
无芒雀麦	禾本科	1993 年 7 月	3411.15	15.5	4.5	3.89
柳枝稷	禾本科	2000 年	1807.42	1	0	0.17
红豆草	豆科	1997 年	21015.84	87	67	15.33
柳枝稷	禾本科	1999 年 10 月	1690.48	79	77	36.65
柳枝稷	禾本科	1997 年 7 月 采于川地	2003.19	61	58.5	27.30
柳枝稷	禾本科	1997 年 7 月 采于山地	1905.08	65.5	61.5	24.72
柳枝稷	禾本科	1996 年	2004.90	77.5	71.5	32.26
柳枝稷	禾本科	1999 年 10 月	1574.70	75.5	62.5	27.25
柳枝稷	禾本科	2000 年	1798.40	0	0	0
白羊草	禾本科	2000 年	884.70	2.5	0.5	0.67
林肯无芒雀麦 (*Bromus inermis* cv. Lincoln)	禾本科	1997 年 6 月	3310.30	96	88	78.00

注：沙打旺学名为直立黄芪；'彭阳早熟型'沙打旺为中国科学院水利部水土保持研究所采用辐射育种技术培育的品种(伊虎英, 1988)。

分别精选较饱满的种子，去颖壳后用 0.05% $HgCl_2$ 消毒 10 min，蒸馏水冲洗三次。采用纸上法发芽(TP)法，根据种子大小分别在每个培养皿放入 50 粒或 100 粒种子，由于种子量较少，所有植物种子的发芽试验均重复两次，置于 HH-B11-500 型电热恒温培养箱，昼夜温度设定为 25℃±1℃(8: 00～18: 00)和 20℃±1℃(18: 00～8: 00)。试验开始后第二天，每日上午 10: 00 统计各植物的发芽个数，统计时将已发芽的挑出。种子是否发芽以胚芽突破种皮或露白为标准，根据培养皿水分状况适时添加蒸馏水和更换发芽床。试验于 2000 年 12 月完成。

发芽率计算公式：发芽率(%)=(全部发芽种子数/供试种子数)×100%，以 7 天内统计。发芽势计算公式：发芽势(%)=(规定短期内的发芽数/供试种子数)×100%，以 3 天内统计(高素华等，2000)。发芽指数(G_i)=∑(第 i 日的发芽数/发芽日数)，i=1，2，3，4，…，15(Scott et al.，1984)。

所有采集年份豆科草种的发芽率和发芽势相关系数达 0.97，发芽势与发芽指数的相关系数为 0.80，均高于发芽率与发芽指数的相关系数(0.70)，说明豆科草种的发芽较快，即整个发芽过程在吸胀后的短期内可较快完成，短期内对水分条件的要求也相对较高。比较相同采集年份的不同豆科草种发芽特性或同种豆科植物不同采集年份的草种发芽特性得出，随贮藏年限延长，各草种的发芽活力降低，如红豆草 1997 年与 1996 年，沙打旺 1998 年与 1994 年，大托叶猪屎豆 1998 年采种与 2000 年供应原种相比。比较相同采集年份的不同豆科草种的发芽率表明，苜蓿种子能保持较高的发芽率(1995 年和 1996 年采集)，而草木樨种子发芽活力较低(1996 年和 1998 年采集)(表 2-1)。

禾本科草种的发芽率和发芽势相关系数达 0.88，发芽势与发芽指数的相关系数为 0.88，发芽率与发芽指数的相关系数为 0.86，三者的相关系数相近，说明与豆科草种相比，禾本科草种的发芽率较分散，即整个发芽过程的延续时间较长，需要较高水分条件的时间也相对较长。禾本科草种的发芽活力也随贮藏时间延长而降低，如 1993 年、1995 年和 1997 年采种无芒雀麦种子的发芽率分别为 15.5%、27.5%和 93.5%；1998 年和 2000 年采种的白羊草种子的发芽率分别为 1.5%和 2.5%；1996～1999 年采集的柳枝稷种子发芽率基本维持在 60%～80%，而 2000 年采种柳枝稷种子发芽率仅 0%～1%，这可能与其当年新采柳枝稷种子的深度休眠特性有关。

1997 年，陕北安塞为严重干旱年(年降水量不到 300mm)，若将 1997 年采集种子除外，不同年份采集的柳枝稷种子的千粒重与年降水量相关系数达 0.96，说明从种子繁育质量角度来看，应选择在较丰水年份收集柳枝稷种子。豆科草种的吸水速率较快，发芽期间的吸水量大，发芽势明显高于禾本科草种。根据陕北黄土丘陵区的气候环境特点，豆科草本植物应选择在雨季前播种较为合适，而禾本科草种由于发芽势低，应选择在雨季播种。

2.1.2　干旱条件下柳枝稷与其他植物种子发芽特性

选取黄土丘陵区四种代表性的植物种，分别为谷子(作物)、柠条(*Caragana korshinskii*，灌木)、草木樨(豆科草)和柳枝稷(禾草)。种子均为 1999 年采于安塞，自然晒干后正常条件下纸袋保存。试验时种子含水率分别为谷子 8.68%，柳枝稷 10.07%，柠条 5.89%和草木樨 5.55%。

按照 Burlyn 和 Kaufmann(1973)的方法，设置渗透势分别为 0MPa、−0.05MPa、−0.1MPa、−0.15MPa、−0.20MPa、−0.25MPa、−0.30MPa 和−0.35MPa、−0.50MPa、−0.70MPa、−1.00MPa、−1.20MPa 的培养液模拟干旱胁迫条件。发芽试验在发芽培

养箱内，于 2001 年 1 月进行，发芽温度统一设定为 25℃。发芽床采用 TP 法，试验前种子统一用 0.05%HgCl₂ 消毒 10min，蒸馏水冲洗三次。隔日统计发芽数目，每 8h 更换发芽溶液与发芽床，根据日发芽数计算发芽率与发芽势。

从表 2-2 可以看出，谷子的发芽率直到渗透势≤−0.30MPa 才出现稍微下降，在渗透势为−0.70MPa 培养液中的发芽率仍在 90%以上，说明谷子在萌发阶段具有较强的耐旱性。在陕北，有"干种谷子"(耕地土壤含水量较少的情况下播种谷子，一般指 5 月初播种)的说法。3 种草灌植物的发芽率随模拟干旱胁迫的加剧而降低，其中柳枝稷和柠条的发芽趋势相近，但随渗透胁迫程度的加剧，柠条种子相对较耐旱。草木樨的发芽率在渗透势为−0.15MPa 以前逐渐降低，在渗透势−0.25～−0.15MPa 时波动较小，而渗透势低于−0.25MPa 时逐渐降低，这些说明谷子种子萌发阶段的耐旱性最强，其次为柠条与草木樨，柳枝稷的最低，柳枝稷的低发芽率可能与其种子休眠有关。数据拟合结果显示，4 种植物达最佳发芽率的渗透势下限分别为−0.26MPa(谷子)<−0.20MPa(柠条)=−0.20MPa(草木樨)<−0.15MPa(柳枝稷)。在发芽势方面，谷子、柠条、柳枝稷和草木樨种子均随模拟干旱胁迫加剧而降低，发芽快慢顺序为谷子＞草木樨＞柠条＞柳枝稷，这也反映出 4 种不同植物播种时对土壤水分条件的要求存在差异，其中谷子在 5 月初土壤含水量较低情况下可以播种，而柠条和柳枝稷最好选择在雨季土壤墒情较好的时段播种。

表 2-2　模拟干旱胁迫下 4 种植物种子的发芽特性

渗透势/MPa	柠条		柳枝稷		草木樨		谷子	
	发芽率/%	发芽势/%	发芽率/%	发芽势/%	发芽率/%	发芽势/%	发芽率/%	发芽势/%
0	70	23.33	71	11.33	90	62.50	100	96.50
−0.05	65	19.17	65	10.17	75	60.00	100	94.50
−0.10	68	17.50	69	11.17	60	50.00	100	93.67
−0.15	75	18.33	77	9.67	60	46.67	100	89.50
−0.20	65	15.83	63	5.67	70	45.00	100	88.67
−0.25	65	12.50	56	5.17	60	45.83	100	79.00
−0.30	55	10.00	55	4.67	55	44.17	98	77.33
−0.35	50	8.33	54	4.33	55	42.50	97	76.00
−0.50	×	×	×	×	15	4.58	94	74.90
−0.70	×	×	×	×	12	3.57	92	58.67
−1.00	×	×	×	×	8	2.00	19	1.97
−1.20	×	×	×	×	5	1.25	9	1.63

注：× 表示未测定。

种子发芽能力的高低是评价种子品质优劣的重要指标，较好的种子发芽特性是其在田间达到较高出苗率的保证。曾彦军等(2002)比较三种旱生灌木，即柠条、花棒(学名为细枝岩黄芪，*Hedysarum scoparium*)和白沙蒿(*Artemisia sphaerocephala*)的种子萌发结果表明，干旱胁迫条件下种子的发芽特性和幼苗生长状况与其在自然条件下的建植成活率存在密切正向关系。种子大小和成分不同，如禾本科植物种子淀粉含量较高，豆科植物种子脂肪含量较高，均会对种子萌发过程中能量的供应和转化产生影响(Pearcy and Ehlerringer，1984)。豆科植物种子在吸胀后的短期内可以迅速萌发，种子发芽势较高，实际是其对半干旱区环境条件具有较强适应性的表现之一(Steinmaus et al.，2000)。

休眠是影响种子正常萌发较为复杂的因素之一。种子休眠可分为生理休眠、形态休眠、形态和生理休眠、物理休眠和复合休眠 5 种类型(Finch-Savage and Leubner-Metzger，2006；Baskin and Baskin，2004)。种子的深度休眠常被定义为在适宜的环境条件下种子缺乏发芽的能力。以柳枝稷为例，其种子属于深度休眠，自然状态下贮藏 1~2a 的种子发芽率很低，贮藏 5~6a 的种子发芽率也不到 80%，若要提高发芽率，必须人为处理种子或者发芽环境，一般通过湿润冷冻层化加干湿交替可破除休眠，明显提高发芽率，但过程中必须要控制好干燥时间和氧气浓度，否则会导致种子再次休眠(何学青等，2018；谢正苗等，1997)。有研究表明，柳枝稷种子不仅存在生理后熟，还存在形态后熟，这可能是其深度休眠的重要原因(张舒梦等，2017)。

关于贮藏期和贮藏方法对种子活力的影响，钱俊芝等(2000)对不同贮藏年限结缕草(*Zoysia japonica*)种子生理生化特性的研究得出，各生理生化指标(如葡萄糖含量、腺苷三磷酸含量、脱氢酶活性、酸性磷酸酶活性、过氧化物酶活性等)均与种子的贮藏年限呈显著相关关系，这会导致自然条件下贮藏种子的活力快速下降。本节结果表明，豆科与禾本科植物种子的发芽率在自然条件下均随着贮藏年限的延长而降低。但不同类型植物的种子萌发对逆境环境条件具有不同的敏感特性，模拟干旱胁迫下 4 种植物的最佳发芽的渗透势结果说明，种子萌发时的耐旱性表现为谷子>柠条≈草木樨>柳枝稷。不同玉米品种研究也表明，其种子在吸水萌动、萌发和成苗过程中能够承受的水分胁迫阈值不同，其大小往往与抗旱性强弱密切相关(苏佩和山仑，1996)。谷子在低水势下具有较高的萌发速率和胚根伸长长度，表明谷子萌发阶段耐旱性较草木樨强。王玮和邹琦(1997)研究不同抗旱性小麦品种的胚芽鞘长度对水分胁迫的响应表明，胚芽鞘的长度与不同品种小麦的抗旱性基本一致。在种子萌发过程中，吸胀过程有降低其本身水势的趋向，但首先必须有充分的可利用水分才能够实现完全吸胀，暂时中断或减少水分供应，将大大延长种子的吸胀，从而延长其萌发所需时间，干旱胁迫的加剧影响其种子的吸水量，必然影响其发芽进程，但其最终萌发率可能并不降低，只是达到充分萌发所需要的时间延长(何译瑛等，1982)。因此，良好的土壤水分条件是保证半干旱区植物种子萌发的重要前提。

2.2　三种禾草苗期生长和水分利用对土壤水分变化的反应

在黄土丘陵半干旱区,人工草地建设中长期存在禾草单一问题,迫切需要加强对优良禾本科草种的选育研究(山仑和陈国良,1993)。引进优良外来草种或选育优良乡土草种,不仅是丰富和扩大禾本科草种资源的重要途径(李代琼等,1999),还可为培育新品种创造条件,对草地生产和草种培育意义重大。谷子在我国黄土高原地区具有悠久的种植历史,在旱作农业中,谷子属于杂粮作物,同时也是很好的粮草兼用型饲料作物(陈卫军等,2000)。白羊草为多年生禾本科孔颖草属植物,是黄土丘陵区分布广泛的野生优良乡土牧草,具有很好的人工栽培驯化利用潜力(徐炳成和山仑,2004)。柳枝稷是中北美洲广泛分布的野生禾本科黍属多年生暖季型丛生草本,可用于生产饲料和用作水土保持植物(Sanderson et al.,1999;McLaughlin,1995)。引种后,柳枝稷在陕北半干旱黄土丘陵区不同立地条件下均表现出较好的生态适应性(徐炳成等,2005;李代琼等,1999)。关于其生物量和光合生理特性差异等已有研究,但从苗期生长与水分需求角度比较三种不同来源 C_4 禾草的水分生态适应性少有报道。

苗期是禾草植物生长发育的开始阶段,对水分亏缺较为敏感,此时的水分胁迫不仅威胁幼苗的生存,对其后期生长、生物量形成和累积,以及能否完成生育期和顺利越冬等都有影响(Olsson et al.,1996)。黄土高原半干旱地区气候干旱,降水量不足且季节分配不均,导致田间土壤水分环境处在不断变化之中,这种阶段性"干湿"变化和"多变低水"条件往往对植物苗期的生长发育产生严重影响(山仑和陈国良,1993)。因此,本节在植物生长箱内,通过盆栽控水试验模拟土壤水分阶段性变化,比较柳枝稷、白羊草与谷子苗期生长和水分利用反应和差异,探讨三种禾草成苗期间的生长、抗旱适应性和需水特性及其差异,为制订正确的苗期栽培和管理措施提供理论依据。

2.2.1　材料与方法

柳枝稷种子 2001 年从日本引种,种源美国,品种为'Alamo'。白羊草种子为2000 年 10 月采于陕北安塞天然草地,风干后装于纸袋在自然状态下实验室贮藏。谷子为黄土丘陵区当家品种'晋谷 7 号'。

控制试验在黄土高原土壤侵蚀与旱地农业国家重点实验室 PGV36 型步入式植物生长箱内进行。在黄土丘陵半干旱区,春夏种草成苗期间,为了避免高温、强光和高蒸散发造成的土壤和植物水分损失过快而烧苗(一种高温生理灾害,多发生在幼苗出土期和幼苗出土后的一段时间),常以枯草、作物秸秆覆盖或遮阳网遮阴,以确保苗期的良好生长,这使得牧草植物苗期通常生长在弱光条件下。因此,试验在水分处理前光照强度(光强)设为 $250\mu mol/(m^2\cdot s)$,昼夜温度分别设为 22℃(7:30~19:30)和 14℃(19:30~7:30);水分处理期间光强调为 $375\mu mol/(m^2\cdot s)$,昼夜温度分别调为 26℃和 18℃,对应时段不变;整个试验期间相对湿度均控制在 75%±5%。

采用盆栽种植,塑料盆内径上为 17cm、下为 10.5cm,高 16cm,每盆装风干土 2500g,供试土壤为黄土正常新成土(黄绵土,容重为 $1.1g/cm^3$),取自陕北安塞农田耕层,自然状态下田间持水量(FC,质量含水量)为 18.4%,凋萎含水量为 3.8%(杨文治和邵明安,2000),装盆时土壤质量含水量为 4.2%。

土壤的基础养分含量分别为有机质含量 3.18g/kg(重铬酸钾外加热氧化法),全氮含量 0.26 g/kg(半微量凯氏蒸馏法),有效氮含量 12.69mg/kg(碱解扩散法),全磷含量 0.57g/kg(硫酸-高氯酸消煮-钼锑抗比色法),速效磷含量 0.64mg/kg(碳酸氢钠浸提-钼锑抗比色法),速效钾含量 83.6mg/kg(醋酸铵浸提-原子吸收法)。由于养分含量较低,装土时按每千克干土补施 0.1g 纯 N、0.08g 纯 K 和 0.04g 纯 P 的标准,即每盆施尿素 0.55g(46%N)和 KH_2PO_4 1.0g(10.48% P,22.82%K)。

种子精选、消毒和浸种后,直接播种于塑料盆内的土壤中,出苗期间土壤含水量维持在田间持水量的 80%以上。水分处理和间苗在三种植物处于 3 叶 1 心期开始,每盆留苗 10 株。水分设定为高水(HW)和低水(LW)2 个水平,土壤含水量分别为田间持水量的 80%(实际含水量 14.72%)和 50%(实际含水量 9.2%)。每盆土壤表面撒 15g 珍珠岩,保证厚度大于 1.0cm,以阻断土面蒸发。HW 和 LW 处理 12d 后,此时 3 种禾草均处于 5 叶 1 心期,分别从 HW 和 LW 停止供水,让土壤逐渐自然干旱,分别称为高水自降(DHW)和低水自降(DLW),土壤水分自然干旱持续时间为 15d。在 DLW 持续 12d 后复水到 50%FC(低降复,RLW),此时约 50%的植物叶片出现萎蔫。所有水分处理持续的时间相同,水分处理结束时高水处理为 7 叶 1 心,低水处理为 6 叶 1 心,具体土壤水分处理示意图见图 2-1。

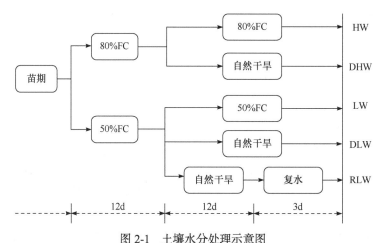

图 2-1　土壤水分处理示意图

HW-高水;DHW-高水自降;LW-低水;DLW-低水自降;RLW-低降复

基于水量平衡法计算各处理下每盆日耗水量,每日于 15:00 后按既定水分水平加水,水从盆内侧塑料管加入盆的中下部。日蒸散耗水量为称量值与标准值之差,减去对照无植株盆的质量变化量(土面蒸发量),即每盆日蒸腾耗水量(假设植物的日生长量无变化,根据植株生长阶段校准生物量的变化)。降水处理盆只称重,其质量变化量与对照盆减少量差为日蒸腾耗水量。由于植株质量随生长而增加,每一阶段结束时测定的单盆全部植株鲜重计入下一阶段控水期间的单桶质量。

水分处理前和结束后,将根部泥土冲洗干净,再将植株按照地上部与地下部分开后装入纸袋,80℃恒温下烘至恒重(感量为 0.01g)。每盆植株地上与地下部分生物量之和为单盆总生物量。生物量根冠比为地下部分与地上部分生物量干重之比。蒸腾效率(transpiration water use efficiency,TWUE)为水分处理期间每盆植株生物量增加量/总蒸腾耗水量。

2.2.2 苗期生物量

各水分处理下,谷子的苗期生物量均显著高于柳枝稷和白羊草,显示出较强的苗期生长优势,除 LW 外,其他水分处理下白羊草的生物量均显著大于柳枝稷

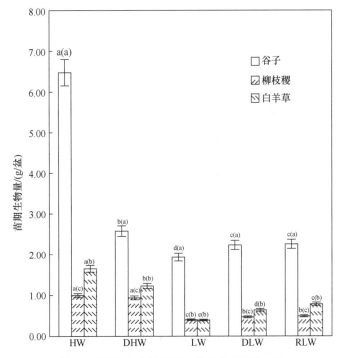

图 2-2 不同水分处理下 3 种禾草苗期生物量

柱上不同小写字母表示同一物种不同水分处理间差异显著;括号内不同小写字母表示同一水分处理不同物种间
差异显著;本节同

(图 2-2)。LW 处理后,谷子、柳枝稷和白羊草的生物量分别较 HW 显著下降了 64.7%、59.5% 和 76.1%,说明充分的水分供应对 3 种禾草苗期良好生长更为有利。DHW 处理后,谷子和白羊草的生物量较 HW 处理分别显著减少了 53.0% 和 25.6%,柳枝稷的变化不显著。DLW 处理后,谷子、柳枝稷和白羊草的生物量分别较 LW 显著增加了 15.4%、16.7% 和 61.5%,表明适当加剧干旱胁迫的程度比相对稳定的土壤水分亏缺,有利于促进 3 种禾草苗期生物量形成。在经历 LW-DLW-RLW 处理过程后,谷子和柳枝稷的生物量较 LW 分别显著增加了 16.7% 和 21.9%,而白羊草高出近 1 倍(98.7%)。

2.2.3　根冠生物量分配

5 种水分处理下,柳枝稷均具有最大的苗期根冠比,并显著高于白羊草和谷子,且白羊草的苗期根冠比均显著高于谷子(图 2-3)。HW 处理下,3 种禾草各自的苗期根冠比与 LW 处理下均无显著差异,说明在一定水分胁迫条件下,3 种禾草均能够维持一定的苗期根冠生物量分配比例。

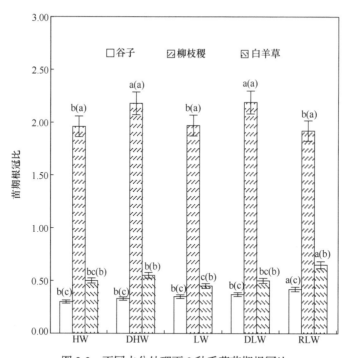

图 2-3　不同水分处理下 3 种禾草苗期根冠比

与 HW 和 LW 相比,DHW 和 DLW 处理后柳枝稷苗期根冠比均显著提高了 11.20%,谷子和白羊草的无显著变化(图 2-3)。RLW 处理后谷子和白羊草的苗期根冠比分别较 LW 显著高出了 20.00% 和 44.44%($p<0.05$),柳枝稷无显著变化,这表

明谷子和白羊草的根系生长对旱后复水的反应强于柳枝稷。

2.2.4　耗水量

各水分处理后，谷子的耗水量均显著高于柳枝稷和白羊草($p<0.05$) (图 2-4)。HW 处理下，白羊草的耗水量显著高于柳枝稷，而 DLW 处理下二者基本相同。LW 处理下，柳枝稷耗水量显著高于白羊草($p<0.05$)，而 RLW 处理下则相反。DLW 和 RLW 处理后，3 种禾草的耗水量均较 LW 显著提高($p<0.05$)。

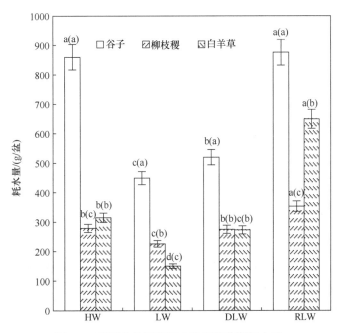

图 2-4　不同水分处理下 3 种禾草苗期耗水量

2.2.5　蒸腾效率

HW 处理下，3 种禾草均具有最高的蒸腾效率(TWUE)(图 2-5)。不同水分处理下，谷子的 TWUE 均显著高于白羊草和柳枝稷($p<0.05$)。除 LW 处理外，其他处理下白羊草的 TWUE 均显著高于柳枝稷。LW 处理下，谷子、柳枝稷和白羊草的 TWUE 分别较 HW 显著下降了 65.7%、60.9% 和 76.9%。3 种禾草在适当水分亏缺下的 TWUE 均较稳定水分供应显著增加($p<0.05$)，其中，谷子在 DLW 和 RLW 处理后的 TWUE 分别较 LW 提高了 66.3% 和 59.7%，柳枝稷和白羊草在 DLW、RLW 处理后分别提高了 23.0%、28.2% 和 93.4%、118.2%(图 2-5)。

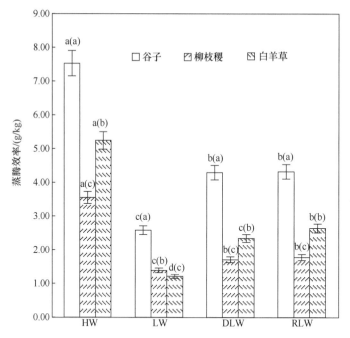

图 2-5　不同水分处理下 3 种禾草苗期蒸腾效率

2.2.6　讨论与结论

在半干旱环境条件下，植物生物量向根系分配比例增大，一方面是为了增加土壤水吸收，满足地上部的蒸腾需求，另一方面也可使根系保持一定活力(James，2002)。但根系也是光合同化产物主要消耗器官之一，生产单位根系所需光合同化物约是形成单位地上生物量干重的 2 倍(Passioura，1983)。因此，当植物在基本满足地上部的水分需求时，维持一定的根冠比例，将利于降低光合产物消耗和提高水分利用效率(刘洪升和李凤民，2003；李凤民等，2000)。在禾本科植物苗期，地上生物量以叶片为主，因而地下生物量与地上生物量之比可用来表示吸收水分与蒸散水分生物量的比较指数(Ranney et al.，1990)。结果表明，谷子、白羊草和柳枝稷各自 LW 处理下的苗期根冠比较 HW 处理均无显著变化，3 种禾草的苗期根冠比分别维持在 0.32～0.37、0.42～0.53 和 1.99～2.01，说明维持一定的苗期根冠比可能是禾本科植物的一种适应策略。

在经历阶段干旱胁迫再复水(RLW)后，3 种禾草苗期根冠生长量和总耗水量均较 LW 处理显著增加，这可能是由于根系的恢复性生长(Hunt et al.，1987；Bios and Couchat，1983)，以及新生根量增加和导水率增大(吕金印等，2004)。由于总生物量增加的幅度大于总耗水量，RLW 处理后 3 种禾草的 TWUE 均较 LW 显著增加，显示出了水分利用的补偿效应(山仑等，2000a；关义新等，1997)。补偿效应是植物抵御难以预料阶段性干旱胁迫的一种策略，其强弱与植物的生存能力密切联系(山仑等, 2000b)。研究表明, 补偿效应与植物在水分胁迫期间的渗透调节能力有关(关义新等, 1997), 渗透调节能力在禾本科植物, 尤其是 C_4 植物中较为突出(郭贤仕, 1999; Asseng et al., 1998; Barker et al., 1993)。植物的渗透调节能力与干旱胁迫发生速率有关(Thomas, 1991), 本试验中土壤含水量平均每天的降低量小于 1.0%, 属于缓慢降低范围(Arndt et al., 2000)。因此, 作为 C_4 植物的谷子、柳枝稷和白羊草, 当土壤水分从 LW 处理下逐渐缓慢降低, 水分胁迫的逐渐加剧使其渗透调节能力增强, 3 种禾草植物在经历阶段干旱复水后的生物量和水分利用效率均显著提高(Byrd and May, 2000; Szente et al., 1996)。

充足的水分供应虽然有利于植物苗期的生长和生物量形成, 但适当的水分胁迫可使植物水分利用效率提高, 根冠比增大, 抗旱性提高, 为后期土壤水分状况改善下的良好生长奠定基础, 因此"炼苗"一直是半干旱区黄土高原旱作农业中重要栽培管理措施之一(山仑和陈国良, 1993)。本节结果说明, 这一措施也适用于这 3 种禾草的苗期管理。

虽然旱后复水后 3 种禾草苗期生物量和 TWUE 均产生补偿效应, 但相互间存在较大差异。其中, 白羊草旱后复水后生物量增加近 1 倍, 苗期根冠比和 TWUE 提高幅度均最大, 这与其为黄土丘陵半干旱区天然草地群落野生优势种, 根系主要分布层浅, 长期适应不断变化的浅层土壤水分环境条件有关(张娜和梁一民, 2002; Bios and Couchat, 1983)。虽然旱后复水后谷子苗期生物量和 TWUE 提高幅度均小于白羊草, 但不同处理下二者均以谷子的最高, 表明谷子苗期对土壤水分环境变化的适应性最强。柳枝稷苗期生长缓慢, 生物量和 TWUE 都很低, 但不同水分处理下的根冠比均最高(各处理达到 2.0 左右), 旱后复水后 TWUE 增加幅度最小, 说明柳枝稷苗期抗旱性较弱, 但一旦成苗, 其强大的根系就是其抵御干旱胁迫的保证。

白羊草、谷子和柳枝稷在不同土壤水分条件下的根冠生长和水分利用差异, 从侧面反映了野生种、栽培种和引进种禾草苗期对半干旱环境水分生态适应性的异同。

2.3　水分胁迫下三种禾草苗期气体交换、生物量分配和水分关系

水分是制约半干旱黄土高原地区作物生产的主要因素。由于年降水量变化较大(300~500mm), 7~9 月的降水量占全年降水量的 70%~80%(山仑和陈国良, 1993), 该区田间土壤水分状况可统称为"多变低水"(山仑等, 2000a)。由于环境

条件恶劣,永久性人工草地建设一直是农业发展中的薄弱环节(李代琼等,1999),同时存在草种单一,尤其是禾本科草种缺乏等问题。解决这些问题的途径包括加强优良乡土和野生草种的研究和培育,合理引进优良的禾草品种,并加强其生态适应性研究。

柳枝稷是一种暖季型草,可用作饲料或干草作物,或用于水土保持(Ichizen et al.,2005;Sanderson et al.,1999)。1990~1995 年引种美国,在黄土丘陵沟壑区不同立地条件下均显示出良好的生态适应性,但苗期建植较难(李代琼等,1999)。白羊草主要分布在世界各地的温带地区,是一种优良的天然牧草,其广泛分布于半干旱黄土丘陵沟壑区。谷子是我国传统作物,也被用作饲草,主要种植在半干旱丘陵区。由于这三种植物通常种植或生长在肥料投入少和降水量低的边际土地上,有必要在水分胁迫条件下对其早期生长进行评估和比较。

在草地建设管理体系中,了解不同草种植物的土壤-植物-水分关系、形态建成和生物量累积至关重要(Frank and Bauer,1991)。学者针对水分胁迫对不同类型植物成熟组织生长发育的影响已开展了多年研究,但对幼苗发育阶段的关注相对较少。在许多地区尤其是雨养区,水分胁迫条件下幼苗的存活率和存活质量是其能否成功建植的主要限制因素之一(Olsson et al.,1996)。在半干旱黄土丘陵沟壑区,与豆科植物相比,禾本科植物通常较难建植,有句农谚语是"春播见苗收一半"(山仑和陈国良,1993)。

气孔是植物通过土壤-植物-大气连续体,调节水分流动的主要器官(Saliendra et al.,1995)。当植物根系受到水分胁迫时,气孔导度(G_s)的降低可能与叶水势(ψ_L)的降低有关,也可能无关,这取决于是否存在非水力(化学)信号调节或水力信号调节控制气孔关闭(Comstock,2002;李凤民等,2000)。在土壤含水量逐渐减少情况下,植物叶片 G_s 降低时,地上部分水分状况可能维持不变,这种情况下 G_s 的下降是由于植物感知和响应土壤干旱的非水力信号机制(Zhang and Davies,1989)。土壤干燥化过程中的非水力、根茎信号是一个关于植物调控气孔行为的假说(Croker et al.,1998)。土壤干旱过程中,非水力信号在很多植物中均已发现,如玉米(Zhang and Davies,1989)、豇豆(Vigna unguiculata)(Bates and Hall,1981)、高粱(Auge and Moore,2002)、向日葵(Helianthus annuus)(Neales et al.,1989)、水稻(Oryza sativa)(Bano et al.,1993)和小麦(Triticum aestivum)(李凤民等,2000;Blum et al.,1991);木本植物,如苹果(Gowing et al.,1990)、针叶树(Jackson et al.,1995)和落叶乔木树(Auge and Moore,2002;Croker et al.,1998)。气孔关闭的水力控制主要在木本物种中被报道(李凤民等,2000)。非水力和水力信号的出现,通常基于土壤逐渐干旱条件下,充分供水和干旱处理下的植物叶片 G_s 和 ψ_L 值是否表现出显著差异(Mencuccini et al.,2000;Croker et al.,1998)。

关于干旱胁迫下非水力和水力信号的研究在禾本科草种开展很少,尤其是在苗期。因此,本节以这三种禾草为对象,通过揭示其水分胁迫下苗期形态和生理响应的差异,量化三种禾草苗期在土壤自然干旱过程中非水力和水力信号出现时的土壤含水量,为选择合适的措施提高播种成苗提供建议和参考。

2.3.1 材料与方法

1. 植物材料与生长条件

三种禾草的种子均采于陕西安塞农田生态系统国家野外科学观测研究站山地试验场($36°51'30''N$, $109°19'23''E$)。该站位于半干旱黄土丘陵沟壑区,海拔 1068～1309m,气候属暖温带大陆性半干旱气候,年均气温和年均降水量分别为 8.8℃和 530mm。种子采集后在实验室常温干燥环境下保存。试验开始前,柳枝稷、谷子和白羊草种子含水率分别为 8.68%、10.07%和 8.46%。所有种子的 7 天发芽率均在 90%以上(Scott et al., 1984)。

盆栽试验在黄土高原土壤侵蚀与旱地农业国家重点实验室盆栽试验场进行。土壤取自安塞农田耕层 0～20cm。土壤为沙壤质,孔隙度约 55%,土壤容重约 1.2g/cm³。土壤田间持水量和萎蔫湿度分别为土壤质量含水量(SGMC,简称"土壤含水量")的 18.4%和 3.8%(杨文治和邵明安,2000)。盆栽试验开始前,每盆施 0.1g 纯氮(尿素)、0.1gK_2O 和 0.1gP_2O_5(KH_2PO_4)为底肥,均一次性混于土壤中。

所有供试草种播前用去离子水浸泡 24h,然后播于高×上口径×下口径为 16cm×17cm × 10.6cm 的塑料桶中。桶内侧安装一个直通桶底部的塑料管,用于补水。土壤表层覆盖 15g 珍珠岩,以阻断土面蒸发和防止土面板结。所有盆置于 PGV36 步入式生长箱。在成苗阶段,生长箱内盆栽顶上 1m 处的光合有效辐射(PAR)为 250μmol/(m² · s),白天和日间的温度分别设置为 22℃(7:30～19: 30)和 14℃(19: 30～7: 30)。自水分处理开始,光合有效辐射调整为 375μmol/(m² · s),昼夜温度分别调整为 26℃和 18℃,时长均为 12h。整个试验期间生长箱内的大气相对湿度保持在 75%±5%。

2. 植物蒸腾

试验开始时,土壤含水量维持在(80% ± 5%)FC。在建苗期间,总共开展两次间苗,在水分处理开始前,每桶保留 10 株健壮一致的幼苗。蒸散量根据每日 17:00 的称重确定,随后 18:00 灌水至设定水分水平。每个处理设置 3 个没有种植植物的空白桶作为对照,也按照同样的频率和方法控制水分水平,用作估算日土面蒸发。当植物长至 5～6 片叶时,自然干旱处理的桶停止水分供应,让土壤自然逐渐干旱 15d，即干旱处理(DWW)。继续按照既定水平维持土壤水分供应的为对照处理(WW)，每天持续维持在(80%±5%)FC 的土壤含水量水平。

3. 叶片气体交换参数

采用 Licor-6400 便携式光合仪测定，主要包括光合速率[P_n, μmol/(m²·s)]、蒸腾速率[T_r, mmol/(m²·s)]和气孔导度[G_s, mmol/(m²·s)]等，于水分处理开始后的每日上午 10: 00～10: 30 测定。仪器在生长箱内适应约 1h 后开始测定，并保持手柄与叶片的自然角度一致。每桶植物选择最新充分展开叶片，随机选择 5 株植物开展测定。植物叶片水分利用效率(WUE$_i$)为 P_n 与 T_r 的比值。

4. 叶水势和叶片相对含水量

光合气体参数测定的同时，测定叶水势(ψ_L)和叶片相对含水量(relative water content，RWC)。ψ_L 采用 Model 3005 压力室测定。每种植物充分供水和自然干旱处理下各测定 5 次重复。叶片 RWC 测定选取每桶中各植物旗叶。叶片采集后迅速称鲜重(0.0001g)，然后浸泡于盛满蒸馏水的试管中，室温(约 20℃)下静置 24h，称重获得饱和重，70℃下烘干 48 h 后称重得到干重。RWC 的计算公式为 RWC(%) = (鲜重–干重)/(饱和重–鲜重) × 100%。

5. 生物量根冠分配

植物生物量在水分处理前后分别采样和称重。每次收获 5 桶中的所有(10 株)植物。各株植物分为地上和地下部分，并分别称重获得鲜重。所用植物样品在 70℃下烘干 48h 后获得干重。根冠比=地下生物量干重/地上生物量干重。

6. 数据统计与分析

本试验为三物种和两因素设计，重复 5 次。所用试验桶随机排列成 5 个区，每区中的各物种随机排放。所有试验获取的指标均值，采用双因素方差分析检验差异显著性(p=0.05)。自然干旱条件下，叶片气体交换参数随土壤含水量的变化，采用线性和回归方程进行拟合分析。

2.3.2　土壤含水量和叶片相对含水量

自然干旱处理下，三种草本植物的土壤含水量(SGMC)随灌水停止的天数均呈线性下降趋势(图 2-6)。其中，谷子的关系式为 $Y = -0.78X+15(R^2 = 0.9819)$，柳枝稷的关系式为 $Y = -0.58X+14.88(R^2 = 0.9847)$，白羊草的关系式为 $Y = -0.66X + 15.06 (R^2 = 0.9856)$

(X 为灌水停止的天数，Y 为 SGMC)。三种植物中，谷子的土壤含水量下降速度最快。水分停止供应后的第 16d，柳枝稷、白羊草和谷子的土壤含水量分别为 6.8%、5.4% 和 4.0%。在土壤含水量逐渐降低期间，三种植物的 RWC 值均出现明显的阈值变化，其中谷子和白羊草的阈值位于 6.0%～7.0%，而柳枝稷的阈值大约为 9.5%。在相同的土壤含水量时，柳枝稷的叶片 RWC 最高，谷子的最低；谷子和白羊草间的 RWC 存在显著差异($p < 0.05$)，而柳枝稷与白羊草间无差异($p > 0.05$)(图 2-6)。

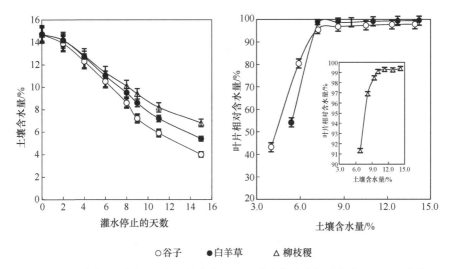

○谷子　　●白羊草　　△柳枝稷

图 2-6　土壤自然干旱过程中土壤含水量和三种禾草叶片相对含水量(RWC)变化

2.3.3　叶片气体交换参数与土壤含水量关系

三种植物的光合速率(P_n)、蒸腾速率(T_r)和气孔导度(G_s)均随土壤含水量的降低而逐渐下降(图 2-7)。柳枝稷三参数的变化曲线呈抛物线，而谷子和白羊草的均呈直线变化。总的来说，在土壤自然干旱过程中，柳枝稷具有相比白羊草和谷子显著较高的平均 P_n，三者平均 P_n 分别为 8.42μmol/(m²·s)、4.44μmol/(m²·s) 和 5.01μmol/(m²·s)($p < 0.05$)。谷子具有最小的平均 T_r[1.25mmol/(m²·s)]和 G_s。干旱处理下，谷子、柳枝稷和白羊草的平均水分利用效率(WUEi)分别是 3.48μmol/mmol、2.50μmol/mmol 和 1.53μmol/mmol。当土壤含水量下降到大约 10.5% 的时候，谷子叶片的 G_s 值与充分供水下的差异显著($p < 0.05$)，而柳枝稷和白羊草对应的 SGMC 值分别为 11.3% 和 11.0%(图 2-7 中充分供水下的 G_s 值未显示)，此时各植物两种水分条件下的叶水势均未表现出显著差异($p > 0.05$)。

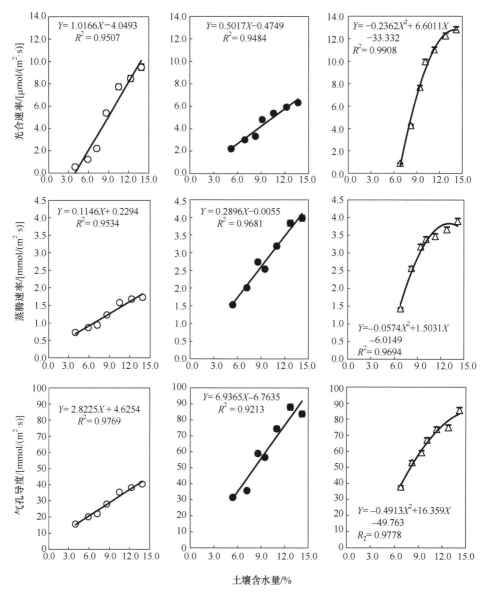

○ 谷子 ● 白羊草 △ 柳枝稷

图 2-7 土壤自然干旱过程中三种禾草叶片光合速率、蒸腾速率和气孔导度变化

2.3.4 叶水势与土壤含水量关系

充分供水条件下，白羊草、谷子和柳枝稷的叶水势(ψ_L)分别为$-0.12\sim$ -0.09MPa、$-0.09\sim-0.07$MPa 和$-0.10\sim-0.08$MPa，且相互间无显著差异。在自然干旱处理下，三种植物叶水势(ψ_L)随着土壤含水量的逐渐下降均呈幂函数曲线变化(图 2-8)。当土壤含水量逐渐下降至约 4.97%，谷子的叶水势出现迅速降低，

而柳枝稷和白羊草叶水势迅速降低对应的土壤含水量分别为 6.0%和 10.1%。三种植物(柳枝稷、白羊草和谷子)土壤含水量分别降为 11.0%、9.5%和 8.6%时,各植物叶片叶水势与充分供水条件时均出现显著差异($p<0.05$)。

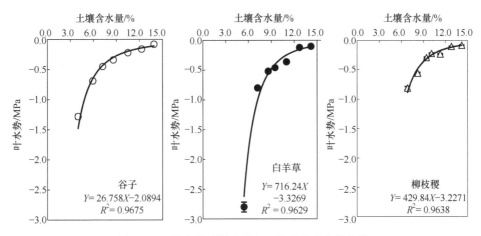

图 2-8　土壤自然干旱过程中三种禾草叶水势变化

2.3.5　生物量和根冠比

干旱处理后,与充分供水相比,柳枝稷的整株生物量显著减小了44%($p<0.05$),而谷子和白羊草分别显著减少了 51%和 34%($p<0.05$)。当水分供水停止后,随着茎叶部分生物量的下降和地下根系生物量的增加,自然干旱处理下三种植物的根冠比(R/S)均增大(图 2-9)。柳枝稷的根冠比最大,而谷子的最小。15d 的自然干旱处理后,柳枝稷的根冠比显著增加了 11.0%,而谷子和白羊草均大约增加 10.0%,但不显著($p>0.05$)。

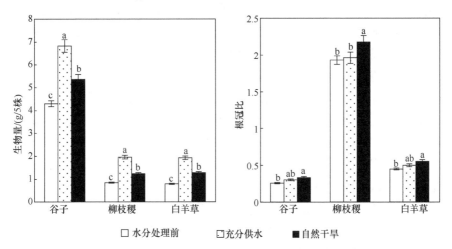

图 2-9　土壤自然干旱前和 15d 后三种禾草的生物量及根冠比

不同小写字母表示各草种在不同水分处理下差异显著 ($p<0.05$)

2.3.6　水分利用效率

三种植物的生物量水分利用效率(WUE$_B$，g/kg，DW 为生物量干重)分别依据各植物整株生物量和地上部分生物量两种方法计算。结果表明，谷子具有最高的整株和地上生物量 WUE$_B$($p < 0.05$)，而柳枝稷的整株和地上生物量 WUE$_B$ 均显著低于白羊草($p < 0.05$)(表 2-3)。与充分供水(WW)处理相比，土壤自然干旱(DWW)处理后谷子、白羊草和柳枝稷的 WUE$_B$ 分别减少了 6.49%、1.27%和 3.96%，但差异均不显著($p > 0.05$)；地上生物量 WUE$_B$ 分别显著降低了 17.73%、10.31%和21.14%，且均差异显著($p < 0.05$)。

表 2-3　三种禾草苗期水分利用效率

植物类型	整株水分利用效率/(g/kg)		地上生物量水分利用效率/(g/kg)	
	充分供水(WW)	自然干旱(DWW)	充分供水(WW)	自然干旱(DWW)
谷子	8.67±0.05a	8.11±0.03a (−6.49%)*	6.65±0.03a	5.47±0.04a (−17.73%)*
白羊草	6.43±0.03b	6.35±0.02b (−1.27%)	4.29±0.02b	3.85±0.02b (−10.31%)*
柳枝稷	5.46±0.06c	5.24±0.05c (−3.96%)	1.84±0.04c	1.45±0.05c (−21.14%)*

注：同列数字后不同小写字母表示差异显著($p = 0.05$)；括号内数值表示相对充分供水的变化率；*表示变化显著。

2.3.7　讨论与结论

三种禾草的叶水势(ψ_l)在土壤含水量未下降到一定阈值时，均与充分供水条件时未表现出显著差异($p > 0.05$)(图 2-8)。研究表明，当植物叶水势出现显著下降时的土壤含水量越低，表明植物的抗旱能力越强。不同植物间存在差异，与其维持水分平衡的能力和根系下扎速率，以及根系从土壤中吸收水分的能力有关(Huang，1999)。三种禾草中，谷子的叶水势在土壤含水量下降至 4.97%前，与充分供水下的叶水势未出现显著变化，其该土壤含水量值低于柳枝稷和白羊草；同时，谷子的RWC 较高，说明谷子苗期的耐旱性强于柳枝稷和白羊草(Markhart，1985)。

植物对水分亏缺的响应是动态变化的，干旱胁迫下植物通常协调根冠关系来适应。因此，土壤含水量的变化不仅影响植物生物量，也影响根冠间生物量分配(Ranney et al.，1990)。土壤自然干旱后，植物的根冠比增加是其适应干旱环境的重要特征，其中柳枝稷具有最大的根冠比，这将有利于其苗期建植成功后的良好生长(图 2-9)(李代琼等，1999)。

干旱环境条件下气孔对水分胁迫的敏感度，是判断植物抵抗干旱胁迫的重要参数之一。植物具有较敏感的气孔调节能力，不仅能够限制蒸腾，而且能够影响植物光合作用，从而影响植物的发育和生长(Croker et al.，1998)。本节中，在土壤含水量下降过程中，谷子具有最小的平均 G_s 值和最大的 WUE$_i$(表 2-3)，尤其是低水分条件下的高气孔敏感性，即较低的土壤含水量条件下才出现的非水力信号(表 2-4 和图 2-7)，说明其具有最强的适应水分胁迫环境的气孔调节能力。两种水分处理下，白羊草和柳枝稷的生物量相近，但与充分供水相比，自然干旱处理后白羊草 WUE$_i$ 的降幅减少，这与其长期适应黄土丘陵区多变的浅层低土壤含水环境有关，也是其适应该地区不同生境的重要机制。

表 2-4　三种禾草苗期自然干旱过程中根系非水力和水力信号出现时土壤含水量 (单位：%)

植物类型	非水力信号出现	水力信号出现	含水量差值
谷子	10.5	8.6	1.9
白羊草	11.0	9.5	1.5
柳枝稷	11.3	11.0	0.3

研究表明，植物叶片 G_s 对土壤水分变化的敏感性，不仅受叶片水分状况的单独影响，在逐渐干旱土壤中，植物气孔行为还受长距离化学信号的调节，而这可以作为判定植物地上部水分有效性的重要参考(Croker et al.，1998；Zhang and Davies，1989；Passioura，1988)。非水力信号对气孔的调节随物种而异，如渗透调节和耐脱水等其他抗旱特征一样，避旱植物即具有脱水敏感组织(叶片在相对较高 ψ_L 下死亡)的植物，主要依赖于根冠信号调节，以避免干旱加剧过程中水分过度损失和叶片死亡。相反，具有耐旱特性的植物，相对较耐脱水，即植物叶片在较低的叶水势下才出现脱水死亡，由于能忍耐组织脱水，将对非水力信号更不敏感(Auge and Moore，2002)。本节中，土壤自然干旱处理下的叶片气孔导度与充分供水处理下出现显著差异，此时的土壤含水量能够用来解释苗期的抗旱策略，这也与各植物种的形态和生理特征相呼应。化学信号(即非水力信号)和水力信号是多数植物气孔调节的重要机理，叶水势是水力信号的最佳证据(Comstock，2002)。化学信号和水力信号是最可能说明植物生长环境条件以及植物内部传输系统的状况，因此两者是调节植物气孔行为的重要组分(Comstock，2002)。植物非水力信号出现的土壤含水量及其非水力信号与水力信号出现的土壤含水量差值，被作为比较植物气孔敏感度和抗旱性的判断依据，与植物抗脱水能力显著相关。因此，谷子和白羊草相比柳枝稷具有较强的忍耐土壤干旱胁迫的能力(表 2-4)。在半干旱地区，即使在湿润季节或者年份，土壤表层常常处于不断的干湿交替过程中，本节结果说明，即使稍微短期的致死土壤干旱，也可能导致柳枝稷苗期死亡，这也可能是其苗期建植困难的因素之一。

一般认为，适度的水分亏缺会导致气孔部分关闭，其体现在气孔导度和光合速率的非线性关系，而这有利于提高水分利用效率(Turner，1997)。在水分亏缺条件下，由于资源分配的变化偏向于生殖部分的生长，水分利用效率的提高将影响脱落酸(ABA)的产生水平(Yang et al.，2001)。本节中，相比充分供水，三种禾草的整株生物量水分利用效率在土壤自然干旱后稍微下降($p > 0.05$)，但地上生物量水分利用效率显著下降($p<0.05$)(表2-3)，说明干旱胁迫下其均增加了根系的生物量分配。

在干旱条件下，过量光照会加剧干旱的程度，会对植物生长产生交互影响，但光照不足也会产生光饥饿效应，如遮阴或者冠层下部，但这方面的研究相对较少(Valladares and Pearcy，2002)。在地中海气候类型地区的生态系统中，遮阴对植物苗期建植具有重要促进作用。黄土高原半干旱地区种草成苗时，常采用遮阳(如植物干草、遮阳网或者遮阳塑料布)的方式，以避免高温灼烧和水分过快损失(山仑和陈国良，1993)，这往往会导致遮阴和干旱条件下植物苗期光合碳累积严重受限。大量研究证实，植物叶片的光合速率和耐遮阴性存在相关性，生长在遮阴条件下的高光需求植物，通常表现出较低的光合速率、较大的比叶面积(叶面积/叶干重)和叶面积比(叶面积/总干重)，这是以减少根系分配增大光照获取面积，并导致其对干旱更敏感(Smith and Huston，1989)。本节中干旱和低光强的交互作用可能是三种草本植物地上部水分利用效率显著下降的主要原因之一(Sack and Grubb，2002)。

随着土壤干燥化程度的加剧，生长在田间的植物偏向于根系生长，向土壤深层扩展，以增加水分吸收。在盆栽的有限土壤空间环境和水分条件下，植物通常具有两种关键的抗旱途径：保持水分(避脱水型)和忍耐脱水(耐脱水型)(Auge et al.，2003)。本节从非水力(化学)信号和水力信号出现的土壤含水量阈值角度，分析了三种不同类型禾草苗期的特征和差异，这为揭示引进种、栽培种和乡土种苗期耐脱水机制提供了依据。

2.4 柳枝稷与沙打旺混播下苗期阶段性水分利用和根冠生长

在黄土高原半干旱区，恶劣的环境条件加之降水季节分配不均，导致季节性干旱时有发生，使植物从播种开始就可能遇到干旱威胁，而苗期的良好生长发育对植物后期的生长至关重要，因而植物种植当年的抗旱适应性就较受关注(山仑和陈国良，1993)。

半干旱黄土丘陵区草地建设严重滞后，人工草地建设中长期存在成活率和保存率低及效益低下等问题，使得种植面积一直难以扩大，并造成在农林牧的发展方向和粮草比例上存在争议。这种结果的原因之一是社会经济因素和干旱少雨的自然条件，另一原因是缺乏对不同牧草栽培品种抗旱适应性的系统研究，在种植栽培方面还带有一定的盲目性。加强草地建设，尤其是建立稳定高产的人工草地，对于保证退化草地恢复和发展草地畜牧业更具有实际意义。

研究表明,在黄土高原半干旱区,单一种植高产豆科牧草往往会导致土壤水分的过多消耗,由此影响生产力的提高和生态环境的良性发展(李玉山,2002)。与单一种植牧草相比,混播草地特别是豆禾混播具有许多优势,诸如充分利用生长空间,提高资源利用效率,延长草地使用年限,提高草地的产量、质量及牧草的能量结构与水平(宝音陶格涛,2001);改善土壤结构和水分状况等(韩永伟等,2002)。另外,豆科/非豆科植物混播下非豆科植物可获得较多的氮素养分供应,以及活化土壤中的无效磷等,因此豆禾混播是一直较为提倡利用的播种方式,尤其在土壤水分和养分较差的地块(Li et al.,2001;Stern,1993)。

为了避免高温、强光和高蒸散发造成的土壤和植物水分损失过快而烧苗(山仑和陈国良,1993),在该地区春夏播种的植物成苗期间,常以枯草、作物秸秆或遮阳网覆盖遮阴,以确保苗期的良好生长和发育,这使得牧草植物苗期通常生长在弱光条件下。综上,本节通过室内生长箱设置弱光生长条件,采用盆栽控水试验,比较沙打旺和柳枝稷在单播与混播下苗期的抗旱生理、水分利用及根冠生长差别,以期为该地区建立柳枝稷和沙打旺禾豆混播草地提供依据和参考。

2.4.1 材料与方法

沙打旺为中国科学院水利部水土保持研究所辐射育种的'彭阳早熟型'。柳枝稷'Alamo'种子 2001 年从日本引种,种源美国。试验在黄土高原土壤侵蚀与旱地农业国家重点实验室 PGV36 型步入式模拟生长箱内进行,水分处理前光照强度设置为 250μmol/(m²·s),昼夜温度设为 22℃(7:30～19:30)和 14℃(19:30～7:30);水分处理期间光照强度调为 375μmol/(m²·s),昼夜温度调为 26℃和 18℃,时段不变;相对湿度一直控制在 75%±5%。

采用塑料桶(内径上为 17cm,下为 10.5cm,高 16cm)种植,每桶装干土 2 500 g(风干土为 2605g),土壤为黄绵土,取自陕北安塞耕地耕层(田间持水量为 18.4%,凋萎湿度为 3.8%)。装桶时土壤含水量为 4.2%。土壤基础养分含量分别如下:有机质含量 3.182g/kg,全氮含量 0.257g/kg,速效氮含量 12.690mg/kg,全磷含量 0.566g/kg,速效磷含量 0.641mg/kg,速效钾含量 83.600mg/kg。由于本底养分含量状况较差,因而装桶时按照每千克干土施 0.1g 纯氮、0.1g 纯 K_2O 和 0.1g 纯 P_2O_5 的标准,每桶补施尿素 0.55g(纯氮含量 46%)和 KH_2PO_4 1.0g(P_2O_5 含量 24%,K_2O 含量 27.5%)。

播种方式分柳枝稷和沙打旺单播,以及二者混播三种。每种方式各播种 9 桶,合计 27 桶,其中每种方式各 3 桶用于水分处理前的生物量和根冠比等指标测定。种子精选后,于 2002 年 1 月 22 日播种,出苗期间土壤含水量维持在田间持水量的 80%以上。由于苗期生长较慢,试验于 2002 年 3 月 3 日开始水分处理,处理前单播每桶间苗剩余 10 株,混播下柳枝稷和沙打旺各留苗 5 株。将生物量等测定后,水分设定为两个水平,分别为田间持水量的 80%(高水-HW)和 50%(低水-LW),每种水分处理 6 桶。水分处理时在每桶土壤表面撒上 15g 珍珠岩,确保其厚度>1.0cm。各处理同时用初始土壤装土 3 桶,撒上同量珍珠岩,作相同的水分处理,用以标定土壤表面蒸发量和种植植物下的蒸腾量。为准确控制土壤含水量,总试验时间根据植株生长分为两个阶段:3 月 5 日~3 月 16 日为阶段 1(播种后的第 43~54 天),3 月 17 日~3 月 30 日为阶段 2(播种后的第 55~68 天)。

叶片光合生理测定在每次水分标定后的第二天上午 10:00 左右进行,采用 CI-301PS 光合测定系统开路测定,选取最上部新近充分展开完整叶片,主要测定指标包括叶片光合速率[P_n, μmol/(m² · s)]、蒸腾速率[T_r, mmol/(m² · s)]等指标。根据获得的叶片光合速率和蒸腾速率计算叶片水分利用效率,计算公式为 $WUE_i[μmol/(m² · s)]=P_n/T_r$,重复 3 次。

根系长度(根长)和植株高度(株高):在各处理期间,测量每株(植株)绝对高度(PH)。处理阶段结束后,用水冲洗根系后立即测量单株根系绝对长度(RL),根长/株高=根系绝对长度/植株绝对高度。株高测定每种植物随机选择 6 株,根长测定选择至少 10 株,共测定 3 次。

蒸腾耗水量:采用水量平衡法。于每日 15:00 按照既定两种控水水平灌水,水从桶内侧塑料管加入。称量值与标准值之间差值为当日蒸散耗水量,再减去对照桶质量减少量,即为每桶全部植株的日蒸腾耗水量。由于植株质量随着生长时间延长而增大,每一处理阶段结束时测定的全部植株鲜重计入下一阶段控水期间单桶的基础质量。

阶段生物量根冠比及水分利用效率:根长测定完后,将地上、地下部分分开,分别放于烘箱烘干至恒重,计算出每一阶段生物量净增量。阶段生物量根冠比=地下部分净增量/地上部分净增量。阶段生物量水分利用效率(WUE$_B$)=地上地下部分总生物量净增量干重/阶段植物蒸腾耗水量。

2.4.2 叶片光合速率、蒸腾速率与水分利用效率

混播沙打旺在阶段 1 的光合速率(P_n)低于单播沙打旺,其中高水下较单播低 17.34%,低水下低 4.47%;阶段 2 混播沙打旺光合速率却相比单播要高,其中高水下较单播高 4.30%,低水下高 7.57%(图 2-10)。混播沙打旺叶片蒸腾速率(T_r)除高水阶段 2 较单播增加 13.11%,其他均较单播降低 5.29%~22.54%。受 P_n 和 T_r 变化的不同步影响,混播沙打旺叶片水分利用效率(WUE$_i$)在高水下的两个阶段分别比单播低 4.75%和 8.64%,但在低水下有所增大(阶段 1 较单播提高 3.84%)或基本未变(图 2-10)。对柳枝稷来说,混播明显提高了叶片的 P_n,如高水下两阶段分别较单播提高 35.26% 和 6.50%,而低水下分别高出 83.32%和 1.52%(图 2-10);混播降低了叶片的 T_r,达到 7.05%~18.69%;因而,较大程度地提高了 WUE$_i$(图 2-10),其中,混播柳枝稷高水下

两阶段的 WUE_i 分别较单播提高 60.04% 和 11.46%，低水下分别较单播提高 105.01% 和 18.98%。可以看出，柳枝稷在低水下混播的 WUE_i 提高幅度要大于高水下混播。

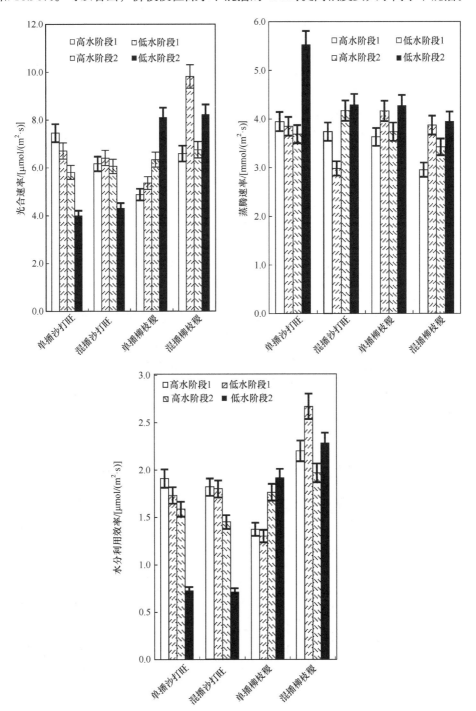

图 2-10　单混播下沙打旺与柳枝稷叶片光合速率、蒸腾速率及水分利用效率

2.4.3　根长与根长/株高

　　不同土壤水分处理下,沙打旺与柳枝稷的植株高度和根长均随着生长时间延长而增加。土壤含水量的降低同时影响植株高度和根长(图 2-11)。其中,高水混播下沙打旺的根长较单播两阶段分别增加了13.33%和20.97%,低水下分别为14.43%和16.89%;混播下柳枝稷的根长较单播缩短,其中高水下两阶段分别减少了4.71%和13.01%,低水下分别减少 21.46%和12.88%,混播促使沙打旺的根系向下延长生长,但柳枝稷的根系偏向表层聚集。在植株高度方面,混播下柳枝稷地上部植株高度生长速度逐渐快于单播,而沙打旺生长速度逐渐低于单播(图 2-11)。

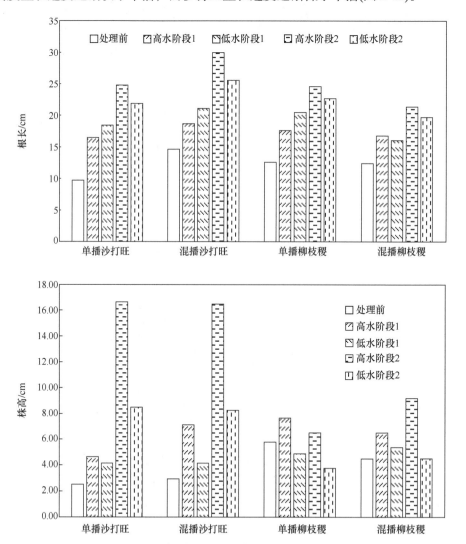

图 2-11　单混播下沙打旺与柳枝稷根长及株高

2.4.4　阶段生物量水分利用效率

从表 2-5 可以看出，除阶段 1 单播低水沙打旺的阶段生物量水分利用效率(WUE_B)高出高水 44.89%外，其他处理下均显著低于高水。相比高水减少的幅度来说，二者低水混播下 WUE_B 减少最小(0.81%)，而单播沙打旺和柳枝稷的 WUE_B 分别较高水降低了 4.91%和45.49%。

表 2-5　单混播下柳枝稷与沙打旺不同水分处理及生长阶段生物量水分利用效率(单位：g/kg)

种植方式	高水处理		低水处理		全阶段	
	阶段 1	阶段 2	阶段 1	阶段 2	高水	低水
单播沙打旺	1.76b(c)	2.90b(a)	2.55a(b)	2.52a(b)	2.65a	2.52a
单播柳枝稷	2.36a(b)	5.46a(a)	2.07a(b)	0.87c(c)	2.55a	1.39b
混播	1.71b(b)	2.59b(a)	1.29b(c)	1.55b(b)	2.46a	2.44a

注：同列数字后不同小写字母表示不同播种方式相同水分处理下差异显著($p<0.05$)，括号内不同小写字母表示同一播种方式不同水分处理下生长阶段间差异显著性($p<0.05$)。

高水下，沙打旺和柳枝稷在单播或混播下的 WUE_B 均随生长阶段延长而增大，其中单播沙打旺和单播柳枝稷阶段 2 的 WUE_B 分别较阶段 1 提高 64.77%和131.35%，但二者混播仅增加了 51.46%。低水下，二者单播的 WUE_B 随生长阶段延长，分别减小了 1.18%和58.00%，但二者混播的 WUE_B 却较阶段 1 提高 20.16%，说明低水条件下混播有利于提高水分利用效率。

2.4.5　根冠比

水分处理前，沙打旺和柳枝稷单混播下的根冠比均较高，且混播下的根冠比均大于各自单播。随着生长阶段的延长，二者在单混播下的根冠比均有所降低，但在低水处理下减小速度相对较慢。与高水相比，各阶段低水处理可明显提高地下部分生物量的分配比例。总体上，混播下沙打旺的根冠比均小于单播，而混播下柳枝稷的根冠比要高于单播(表 2-6)。

表 2-6　单混播下柳枝稷与沙打旺生物量根冠比随水分处理和生长阶段变化

种植方式	水分处理前	高水处理		低水处理	
		阶段 1	阶段 2	阶段 1	阶段 2
单播沙打旺	1.908	0.812	0.321	1.154	0.849
混播沙打旺	2.023	0.773	0.259	1.074	0.447
混播较单播减小率/%	−6.03	4.80	19.31	6.93	47.35
单播柳枝稷	2.406	1.235	1.962	1.257	1.974
混播柳枝稷	4.698	1.825	1.994	4.595	2.272
混播较单播增加率/%	95.26	47.77	1.63	265.55	15.10

2.4.6　讨论与结论

通过影响植物叶片的光合生理特性、地上部和地下部生长与分配,以及水分利用效率,混播种植可以减小低土壤含水量对沙打旺和柳枝稷苗期生长的影响,主要包括高土壤水分供应(80%FC)混播条件下沙打旺叶片水分利用效率比单播低4.75%~8.64%,但在低水分供应条件下有所增大。两种水分供应下,混播均可明显提高柳枝稷的叶片水分利用效率,以低土壤水分供应条件(50%FC)下提高的幅度更大。

在根冠生长方面,混播促进了柳枝稷地上部高度生长,使地下部干物质分配比重增大,根系绝对长度缩短;沙打旺根系绝对长度在混播下增加,地下部干物质分配比有所减小。低水供应条件下,混播促使沙打旺根系不断向下生长,而柳枝稷根系偏于向表层集中,这将有利于土壤深层水分和土壤表层来水的全面利用。同时,沙打旺和柳枝稷地上部高度随混播表现出不同的生长速率,这将更有利于对光照资源的充分和高效利用。在整体水分利用效率方面,与单播相比,混播并没有显著提高两种植物混播群体的阶段水分利用效率。与高水相比,低水下混播群体的阶段水分利用效率降低幅度最小,并趋于水分高效利用。在整个试验阶段,高水条件单混播下的阶段生物量水分利用效率接近,低水条件下混播的阶段生物量水分利用效率显著高于单播柳枝稷。因此,混播使得沙打旺和柳枝稷的根冠生长趋于资源的充分合理利用,尤其是在低水供应条件下。

2.5　不同水分供应条件下柳枝稷与沙打旺混播苗期生长及种间关系

由于年降水量相对较低(300~500mm),且季节分配不均(6~9 月占年度总降水量的 60%~80%),半干旱黄土丘陵区土壤水分环境的实际状况可归结为“多变低水”(山仑等,2000a)。在这种环境条件下,引种植物的建植较为困难(李代琼等,1999)。同时,草种单一和结构简单,生态系统景观同质化,加剧了系统结构和功能的均一化,包括系统在物种构成、土壤水肥循环,以及抵抗外界干扰的能力等方面表现的归一属性(Western,2001)。解决这些问题的重要途径之一是引种适合的优良草种,培育、选育及改良现有的品种,并构建不同类型的草种组合群体,以增强草地环境适应能力(Xu et al.,2006b)。

柳枝稷为暖季型禾草,可用作饲料、干草和水土保持植物(Ichizen et al.,2005;Sanderson et al.,1999)。由于其具有较高的生产力、较宽的生态分布幅度,以及相比传统生物质作物的经济和生态等优势,柳枝稷越来越被认为是良好的生物质能植物(Monti et al.,2008,2007;Varvela et al.,2008;Nelson et al.,

2006)。作为一种引种禾草，柳枝稷的生态学和生物学特性使其能够广泛适应于黄土丘陵区的环境条件。沙打旺是一种多年生豆科饲草，在我国西北干旱半干旱区广泛种植，除了作为豆科饲料作物和防风固沙等水土保持植物外，由于较强的生态适应性和较高的生物量，沙打旺也被用作能源植物(山仑和陈国良，1993)。

关于水分亏缺对植物生长和生理影响的研究已开展多年，特别是水分胁迫条件下成熟组织的生长和发育，但是有关苗期建植阶段的研究相对较少(Bi and Turvey，1994；Frank and Bauer，1991)。然而，水分亏缺条件下苗期能否成活是影响作物建植的主要因素之一，特别是在雨养地区(Olsson et al.，1996)。在半干旱黄土丘陵区，草本植物尤其是禾本科草本往往较难建植，且不断发生的阶段性干旱，导致植物苗期的成活率很低，这会造成后期严重的缺苗和减产(山仑和陈国良，1993)。由于柳枝稷和沙打旺通常种植在边际土地等地块，具有较少的肥料投入，水分条件较差，有必要开展水分亏缺条件下的生长和生理响应评价，为合理种植和苗期管理提供依据。基于此，本节通过比较不同水分供应条件下两种草本植物苗期的根冠生长响应差异，明确两种草本植物苗期的种间关系，以期为促进二者在自然环境条件下的成苗提供指导。

2.5.1　材料与方法

1. 植物材料与生长条件

柳枝稷(‘Alamo’)和沙打旺(‘彭阳早熟型’)种子采集于陕西安塞农田生态系统国家野外科学观测研究站。种子采集后室温下存放 2 年，试验开始前 25℃下培养皿法测定发芽率，二者 7 天种子发芽率均大于 85%。

试验用土采自陕北安塞农田耕层 0~20cm，土质为黄绵土。风干土壤过 2mm 筛后，按照每桶混入 0.1g 纯氮、0.1g K_2O 和 0.1g P_2O_5 施入底肥，氮以尿素形式，磷和钾以 KH_2PO_4 形式施入。盆栽塑料桶大小为 16cm×17cm×10.6cm(高×上口径×下口径)，装桶时土壤容重为 1.2 g/cm³。田间持水量和萎蔫系数的土壤质量含水量(SGMC)分别为 18.4%和 3.8%。所有种子在去离子水中浸泡 24h 后播种。每桶内侧安装一根塑料管用于补充灌水。每桶土壤表层覆盖厚约 1cm，质量 15 g 的珍珠岩，用来阻断土面蒸发。

试验在 PGV36 步入式生长箱内进行。为保证种子萌发和成苗，避免高温导致的烧苗等，采用秸秆和遮阳网等覆盖遮阳，以减少阳光照射和增加土面湿度，是半干旱地区播种成苗期间常用的方法(山仑和陈国良，1993)。因此，成苗阶段的光照强度设定为 250 μmol/(m²·s)，生长箱内温度设定为 22℃(7: 30~19: 30)和 14℃(19: 30~7: 30)。当水分处理开始后，光照强度调整为 375μmol/(m²·s)，生长箱内昼夜温度调整为 26℃/18℃。整个试验期间的相对湿度(relative humidity，RH)维持在 75% ± 5%。

2. 试验设计

在 40 天的成苗过程中，土壤含水量一直维持在(80%±5%)FC，所有桶于每日下午的 18：00 称重后补水。其间共开展了两次间苗，最终获得每桶 10 株相对一致且健康的植株。播种方式包括单播柳枝稷、单播沙打旺，以及柳枝稷与沙打旺混播，每种播种方式 50 桶。由于柳枝稷苗期生长速度显著慢于沙打旺，因此这里以其生长阶段作为水分处理的划分参考依据。当柳枝稷大概为 3 叶期时，每种播种方式中的 30 桶调整为低水平处理[LW，(50%±5%)FC]。通过停止灌溉补水后植物耗水，使得土壤含水量自然下降到控制水平。剩余的 20 桶每天继续称重补水，持续保持高水平处理[HW，(80%±5%)FC]。在低含水量达到设置的控制水平后，保持低水 12 天后，每种播种方式随机选择 10 桶，分别从 HW 和 LW 水平下自然干旱 15 天，即分别为 DHW 和 DLW 处理。另外 10 桶 LW 自然干旱 12 天后复水至 LW，为 RLW 处理。整个水分处理试验持续 27 天，具体水分处理时间和过程如图 2-1 所示。

3. 蒸腾耗水量

每天 17：00 称重各处理下盆栽桶的质量，获得其与水分控制水平对应的质量差，即为日蒸散耗水量。每个水分处理额外设置 3 桶未种植柳枝稷和沙打旺的空白桶，作为估算土面蒸发量的对照桶。对照桶每天以同样的方式称重。水分处理下的日蒸散耗水量与对照桶的土面蒸发量差即为日蒸腾耗水量。

4. 根冠生物量

试验结束时，采集所有播种方式和水分处理下植物地上和地下生物量。所有盆栽桶根系用自来水冲洗干净，采取在水中分离的方式分开柳枝稷与沙打旺混播根系。各植物根冠分开后，在 70℃下烘干 48 h 后获得干重。根冠比为植物根系与地上生物量干重的比值。

5. 竞争指数

在混播研究中，关于植物种间作用的参数很多(Ghosh，2004)。Weigelt 和 Jolliffe (2003)将植物种间关系指数整理并分成三类，即竞争强度、竞争效应和竞争产出。本节主要利用两个重要的判别竞争强度的指数(即竞争比率和竞争攻击力系数)和两个分析竞争效应的指数(即相对产量和相对产量总和)。

竞争比率(competitive ratio，CR)是一种测量混播竞争强度的参数，用来比较不同植物的种间竞争能力，分析在一定混播比例(组合比例)下的竞争指数变化，并可

判别植物属性与其竞争能力的关系(Wiley and Rao，1980)。其计算式为

$$CR_{ab} = \frac{Y_{ab}/Y_{aa}}{Y_{ba}/Y_{bb}} \tag{2-1}$$

式中，Y_{aa} 和 Y_{bb} 分别代表单播柳枝稷和沙打旺的地上、根系或者总生物量；Y_{ab} 和 Y_{ba} 表示在混播下两种植物对应的生物量。

竞争攻击力系数(A)表示混播下作物'a'较作物'b'相对产量的增加幅度(Ghosh，2004)。其将种间竞争与混播植物的产量或生物量变化相联系(Willey and Rao，1980)。本节中，竞争攻击力系数用来评价柳枝稷(a)和沙打旺(b)在单播与混播下的生物量的波动幅度。

$$A_{ab} = \frac{Y_{ab}}{Y_{aa}} - \frac{Y_{ba}}{Y_{bb}} \tag{2-2}$$

式中，竞争攻击力系数 A_{ab} 定义为柳枝稷在混播下的生物量相比单播下变化及其与沙打旺变化的差异。如果 $A_{ab}=0$，表示两种植物具有相同的竞争攻击力系数；如果 $A_{ab}>0$，表示柳枝稷是混播群体中的优势种(支配种)；如果 $A_{ab}<0$，表示柳枝稷是混播群体中的被支配种。

相对产量总量(relative yield total，RYT)是准确评估混播生物学效率的重要参数。RYT=1.0 表示两个混播植物对相同的有限环境资源具有相同的需求；RYT>1.0 表示虽然物种间存在资源竞争，但对不同资源的需求不同；RYT<1.0 表示相互间存在资源的利用对抗(Bi and Turvey，1994；Keddy et al.，1994)。RYT 采用式(2-3)计算：

$$RYT = RY_a + RY_b = \frac{Y_{ab}}{Y_{aa}} + \frac{Y_{ba}}{Y_{bb}} \tag{2-3}$$

式中，RY_a 和 RY_b 分别表示柳枝稷和沙打旺的相对产量分值。RYT > 1.0，说明两植物种在混播下相比各自单播具有生物量优势。

6. 数据统计

所有盆栽试验桶根据水分处理划分为 5 个排列区，每个区内根据播种方式随机排放。每个水分处理和播种方式分别设置 10 个重复。所有数据采用标准的单因素方差分析进行差异显著性检验($p = 0.05$)。数据结果采用均值±标准误显示。

2.5.2　生物量

不同播种方式下，HW 处理的苗期生物量均显著最高($p < 0.05$)(图 2-12)。五种不同水分处理下，单播沙打旺的生物量均显著高于单播柳枝稷或柳枝稷与沙打旺混播的生物量。与充分供水(高水，HW)相比，适度的水分亏缺(低水，LW)均降低了三种播种方式下的生物量，其中单播柳枝稷、单播沙打旺和二者混播分别下降

了 48.5%、49.7%和 46.2%。与 HW 相比，高水自降(DHW)处理下单播柳枝稷、单播沙打旺和二者混播的生物量分别减少了 5.1%、62.1%和 39.5%。与 LW 相比，低水自降(DLW)处理下单播柳枝稷、单播沙打旺和二者混播的生物量分别减少了 2.1%、49.1%和 23.6%。在经历 12 天的土壤自然干旱和 3 天的复水处理(低降复，RLW)后，单播柳枝稷及二者混播的生物量分别增加了 2.1%和 7.5%，而单播沙打旺的生物量降低了 27.8%(图 2-12)。HW 处理下，柳枝稷与沙打旺在混播下生物量比值为 0.11，显著低于其他四种水分处理下二者生物量的比值，其他四种水分处理下二者生物量比值为 0.16~0.19，均值为 0.18，且相互间无显著差异($p > 0.05$)(图 2-13)。

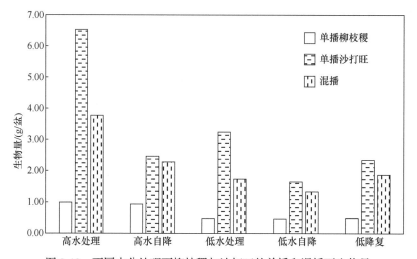

图 2-12　不同水分处理下柳枝稷与沙打旺的单播和混播下生物量

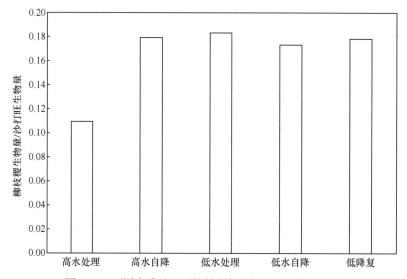

图 2-13　不同水分处理下柳枝稷与沙打旺的生物量比值

2.5.3　根冠比

不论在单播或者二者混播条件下，各水分处理柳枝稷的根冠比均显著高于沙打旺($p < 0.05$)(图 2-14)。单播沙打旺的根冠比显著高于混播沙打旺的根冠比($p < 0.05$)，且随着水分胁迫程度的加剧，沙打旺的根冠比增大。在经历阶段水分胁迫复水后(低降复，RLW)，单播柳枝稷或者沙打旺的根冠比显著下降，而二者混播下仅柳枝稷的根冠比显著增加。在 DHW 处理下，柳枝稷与沙打旺的根冠比均增加，相反，DLW 处理后仅混播柳枝稷的根冠比显著下降。在混播条件下，沙打旺的根冠比显著小于单播($p < 0.05$)，除在 HW 和 DLW 处理下，柳枝稷在混播下根冠比均显著大于单播($p < 0.05$)(图 2-14)。

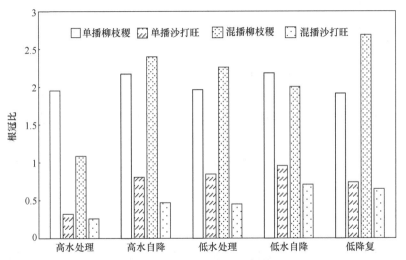

图 2-14　不同水分处理下柳枝稷与沙打旺在单播与混播下的根冠比

2.5.4　水分利用效率

耗水量中的土面蒸发量已从总蒸散发量中扣除，因此得到的植物苗期耗水量为植物蒸腾实际利用的水分，因此水分利用效率实际是植物蒸腾效率(TWUE)，定义为植物蒸腾单位水量所生产的生物量。在 HW 和 DHW 处理下，三种播种方式中，以单播柳枝稷的 TWUE 显著最高($p < 0.05$)。柳枝稷与沙打旺混播的 TWUE 仅仅数值上高于单播沙打旺，但并不显著(图 2-15)。在 LW、DLW 和 RLW 处理下，单播柳枝稷的 TWUE 均显著低于单播沙打旺或者二者混播($p < 0.05$)，在 DLW 和 RLW 下，混播具有显著最高的 TWUE($p < 0.05$)；在 LW 处理下，单播沙打旺与二者混播具有相近的 TWUE($p > 0.05$)。

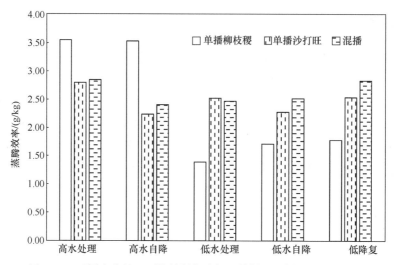

图 2-15　不同水分处理下柳枝稷与沙打旺单播和混播下的蒸腾效率

土壤自 HW 自然干旱(高水自降，DHW)处理下，单播沙打旺和二者混播的 TWUE 显著降低，而单播柳枝稷无显著变化($p > 0.05$)。土壤自 LW 自然干旱(低水自降，DLW)后，单播沙打旺的 TWUE 显著降低，但二者混播尤其是单播柳枝稷 TWUE 增加(图 2-15)。在 RLW 处理下，单播柳枝稷和二者混播的 TWUE，相比 LW 处理分别增加约 28%和 14%，但单播沙打旺的 TWUE 未发生明显变化。

2.5.5　竞争指数

在 LW 处理下，柳枝稷是混播群体的支配种($A_{ab}>0$)，但在其他四种水分处理后，其为被支配种($A_{ab} <0$)，尤其是在土壤经历阶段自然干旱，即在 DHW 和 DLW 处理下，柳枝稷的 A_{ab} 值更小(表 2-7)。在 LW 处理下，柳枝稷具有更高的 CR 值，而在其他四种水分处理下沙打旺的 CR 更大，表明沙打旺总体较柳枝稷具有更强的苗期竞争能力(表 2-7)。随着土壤含水量的下降，柳枝稷的 CR 值逐渐下降，而沙打旺的 CR 逐渐增大。在 LW 处理下，柳枝稷相对产量(RY_a)高于沙打旺，但在其他四种水分处理下，沙打旺相对产量较柳枝稷高。除了 LW 处理外，沙打旺相对产量(RY_b)均大于 0.5，在 HW 和 LW 条件下基于根系生物量获得了相同的结果(表 2-8)。

表 2-7　不同水分处理下柳枝稷(a)与沙打旺(b)的竞争指数

水分处理	柳枝稷竞争比率(CR$_{ab}$)			沙打旺竞争比率(CR$_{ba}$)			柳枝稷竞争攻击力系数(A$_{ab}$)		
	总生物量	地上部	根系	总生物量	地上部	根系	总生物量	地上部	根系
HW	0.72±0.10bc	0.98±0.11a	0.67±0.08c	1.38±0.21bc	1.02±0.12d	1.49±0.23a	-0.16±0.05d	-0.01±0.06a	-0.15±0.03c
DHW	0.47±0.04d	0.36±0.04d	0.68±0.05c	2.11±0.17a	2.79±0.33a	1.46±0.12a	-0.42±0.02a	-0.62±0.06d	-0.18±0.03c
LW	1.48±0.08a	1.06±0.09a	2.30±0.13a	0.67±0.04d	0.95±0.09d	0.43±0.03c	0.19±0.04c	0.01±0.01a	0.40±0.03a
DLW	0.61±0.03c	0.57±0.02c	0.70±0.04c	1.64±0.08b	1.77±0.07b	1.43±0.08a	-0.29±0.02b	-0.34±0.02c	-0.17±0.02c
RLW	0.85±0.08b	0.64±0.04b	1.02±0.13b	1.17±0.12c	1.56±0.11b	0.98±0.14b	-0.11±0.05d	-0.26±0.02b	-0.01±0.01b

注: 同列数字后不同小写字母表示差异显著($p < 0.05$)。

表 2-8　不同水分处理下柳枝稷(a)与沙打旺(b)混播下的相对生物量

水分处理	柳枝稷相对生物量(RY$_a$)			沙打旺相对生物量(RY$_b$)			相对总生物量(RY$_a$+RY$_b$)		
	总生物量	地上部	根系	总生物量	地上部	根系	总生物量	地上部	根系
HW	0.38±0.04b	0.53±0.04ab	0.30±0.04c	0.52±0.02c	0.55±0.02c	0.44±0.01c	0.90±0.04c	1.08±0.03b	0.74±0.06c
DHW	0.37±0.04b	0.35±0.05c	0.38±0.04b	0.78±0.03a	0.96±0.06a	0.56±0.02b	1.15±0.07ab	1.31±0.09a	0.94±0.06b
LW	0.67±0.05a	0.61±0.06a	0.70±0.05a	0.45±0.01d	0.58±0.02c	0.31±0.02d	1.12±0.06b	1.19±0.08ab	1.01±0.06b
DLW	0.42±0.03b	0.45±0.04bc	0.41±0.03b	0.69±0.04b	0.79±0.05b	0.58±0.03ab	1.11±0.07b	1.24±0.08a	1.00±0.06b
RLW	0.58±0.06a	0.46±0.04b	0.64±0.06a	0.68±0.04b	0.71±0.02b	0.63±0.02a	1.26±0.06a	1.17±0.07ab	1.27±0.05a

注: 同列数字后不同小写字母表示差异显著($p < 0.05$)。

2.5.6 讨论与结论

1. 苗期生物量与蒸散效率

水分胁迫是植物苗期生长一个非常重要的影响因子，而植物对水分亏缺的响应是动态和变化的，需要协调根冠生长(Ranney et al., 1990)。本节结果验证了在其他植物上的研究结论，即水分亏缺降低了柳枝稷苗期的生物量，且向根系的分配增加，导致在胁迫条件下更大的根冠比(图 2-12 和图 2-14)(Li et al., 2008; Fotelli et al., 2001)。在水分供应相对充足条件下(即 HW 和 DHW 处理)，两草种混播下的 TWUE 稍高于单播沙打旺($p > 0.05$)(图 2-15)，而在低水尤其是低水波动条件下，二者混播的 TWUE 显著高于各自单播($p < 0.05$)，说明混播提高了低水分供应条件下的水分利用效率。

根系的生长依赖于地上部冠层的碳水化合物供应，并显著受到土壤环境条件，如土壤水分、土壤养分、土壤温度及种间作用的影响(Zobel and Zobel, 2002; Fotelli et al., 2001; Weih and Karlsson, 2001)。混播下的高根冠比可以补偿干旱条件造成的负效应，有利于维持适度水分亏缺条件下的水分吸收(Susiluoto and Beringer, 2007)。在不同水分供应条件下，混播均引起沙打旺的根冠比下降，但除了 HW 和 DLW 两水分处理，柳枝稷的根冠比均增大(图 2-14)。尽管生物量较小，不同水分处理和不同播种方式下其根冠比均较高，这对于柳枝稷苗期建植成功后在干旱条件下的生长有利(Xu et al., 2006b)。在 LW 处理下，混播柳枝稷的根冠比约是单播的 1.2 倍，而混播沙打旺的根冠比约是单播的 50%，这将有利于柳枝稷成为混播群体中的优势种，也将加剧二者在低水供应条件混播下的竞争，但这有利于沙打旺在经历短期干旱后的补偿生长(即 RLW 处理)(图 2-12)。虽然不同水分处理下，单播沙打旺较单播柳枝稷具有较高的生物量累积速率，在水分亏缺条件下二者对群体生物量的贡献率基本相同(图 2-13)，说明水分条件对二者苗期生物量的影响程度基本相同。然而，二者在混播下生物量及其根冠分配的变化趋势不一致(图 2-13 和图 2-14)，其原因是根冠比变化受到很多因素影响，包括竞争强度和混播物种类型等(Zobel and Zobel, 2002)。

2. 补偿效应

与 LW 处理相比，RLW 处理后柳枝稷单播及两草种混播下均具有较高的 TWUE(图 2-12 和图 2-15)，说明产生了水分利用的补偿效应(胡田田和康绍忠，2005；赵丽英等，2004；黄占斌，2000)。补偿是一种植物经历环境胁迫后常见的现象，环境胁迫包括干旱、缺氧、盐分与养分亏缺及机械伤害等(Bai et al., 2004；赵丽英等，2004)。经历短期干旱胁迫后，植物生物量和水分利用效率的补偿性增加已在许多一年生作物中被发现，如冬小麦(*Triticum aestivum*)(赵丽英等，2004；

山仑等，2000b)、玉米(黄占斌，2000；关义新等，1997)、马铃薯(*Solanum tuberosum*)(山仑等，2000b)和谷子(郭贤仕，1999)。短期干旱胁迫解除后，补偿性生长也出现在一些多年生草本植物中，如多年生黑麦草(*Lolium perenne*)、高羊茅(*Festuca arundinacea*)、白三叶(*Trifolium repens*)、羊草和大针茅(Staalduinen and Anten，2005；Karsten and MacAdam，2001)、紫花苜蓿(*Medicago sativa*)(南思睿等，2022)等。本节中，单播沙打旺在生物量和 TWUE 方面均没有表现出补偿效应，但在混播条件下，RLW 处理后其生物量相比持续 LW 处理增大了约 8%。相反，混播下柳枝稷生物量增加了 5%，而 TWUE 增大了约 15%，即柳枝稷表现得更加明显(图 2-12 和图 2-15)。关于旱后植物生物量和水分利用效率补偿性增加的解释机理很多，但多认为补偿效应的大小取决于许多因子，包括干旱阶段、干旱程度和持续时间，以及物种属性(Wang et al.，2020；Zewdie et al.，2007；胡田田和康绍忠，2005；Wang and Huang，2004；赵丽英等，2004)。研究认为，干旱胁迫条件下，具有较强渗透调节能力的物种，尤其是在茎秆和叶片中存储超过均值的碳水化合物的植物种，往往在干旱胁迫解除后表现出更快的生长速率，干旱胁迫的条件包括控制条件下的旱后补水和自然条件下的阶段干旱后的自然降水(Staalduinen and Anten，2005)。本节中，关于沙打旺和柳枝稷在不同播种方式和阶段干旱胁迫解除后的生长和水分利用效率补偿及其差异，有待进一步深入系统研究。

3. 竞争效应

不同水分供应条件下，两种植物的竞争攻击力系数(*A*)没有明显的变化趋势(表 2-7)。在 LW 处理下，柳枝稷是混播群体的支配种，具有较强的竞争攻击力系数，而在其他四种水分处理下，沙打旺具有较大的竞争攻击力系数，说明其是混播群体的支配种(Dhima et al.，2007)。本节结果还显示，在相对稳定的水分供应条件下(即 HW 和 LW 处理)，物种的竞争攻击力系数大小与根系生长有关，而在变水环境条件下，竞争攻击力系数与地上部的生长有关(表 2-7)。除了在 LW 处理下，沙打旺均较柳枝稷具有较高的竞争比率(CR)(表 2-7)。在混播群体中，CR 和 *A* 大小清楚地说明，沙打旺具有较柳枝稷更强的竞争能力(Dhima et al.，2007)。土壤水分逐渐降低减小了柳枝稷的 CR，但提升了沙打旺的 CR，说明在土壤水分亏缺加剧情况下，柳枝稷更易受到影响，即沙打旺具有更强的竞争力(表 2-7)。

影响物种对物种竞争力的因素包括基因型和生理特征等，尤其是竞争条件下有关资源获取的属性(Bi and Turvey，1994)。沙打旺具有在资源获取尤其是土壤低含水量方面已有大量报道(Xu et al.，2006a；山仑和陈国良，1993)。不论在单播或者混播条件下，柳枝稷的根冠比均大于沙打旺的根冠比，即对于同等质量的根系来说，沙打旺单位根系将能够支持更多的地上部生长(图 2-12 和图 2-14)，也说明沙打旺苗期的根系在水分和养分吸收方面较柳枝稷更强更高效，这可能与沙打旺为豆科植物,具有生物固氮功能有关。同时,水分吸收和竞争能力方面的差异,也与二者的根系结构差异有关,如沙打旺是直根系,柳枝稷为须根系。

在 HW 和 DHW 处理下,根据根系生物量计算的 RYT 值均小于 1.0,说明二者混播下地下部存在较强的竞争(Jose et al.,2006;Bi and Turvey,1994)。在低水处理下,混播群体下的 RYT 值均大于 1.0,说明虽然两种植物间存在竞争,但仍然存在一定的资源互补效应(Fetene,2003;Bi and Turvey,1994)。LW 处理下,柳枝稷的竞争攻击力系数(A_{ab})、CR 和 RY 分量值均大于沙打旺,说明柳枝稷具有较沙打旺更强的竞争能力(表 2-7 和表 2-8)。本节中,不同水分处理下二者混播时的竞争能力存在差异,不仅与土壤水分条件密切相关,也与两种植物在包括形态学、生理学以及养分需求等差异有关(Dhima et al.,2007)。

在黄土高原半干旱地区,寻求合理且可持续的不同草种的混播群体,是人工草地建设和推广的主要目标之一(山仑和陈国良,1993)。由于年降水量较低且多变,选择适应于变水环境条件,具有较高的生物量和水分利用效率物种或者物种组合至关重要。本节结果显示,两种植物苗期生长主要受限于土壤水分亏缺,土壤水分条件显著影响单播或者混播下两种植物的苗期生物量。充分供水条件下较高的生物量和蒸腾效率说明应该选择在雨季播种。虽然二者混播下的生物量低于单播沙打旺,两种植物混播在水分利用效率方面仍具有明显优势,尤其是在较低且波动水分条件下。另外,虽然混播下柳枝稷的生长受限,但其根冠比在与沙打旺混播后显著增加。因此,可以考虑在二者混播的次年将沙打旺去除,以促进柳枝稷的建植生长。

该试验是在盆栽控制条件下进行的,且密度较为单一,对于田间条件下生长表现的解释有限,也缺乏有关单播和混播下的生理生态学机制差异的探讨。有必要在自然条件下,对二者在不同混播比例下不同生长阶段的生长与生理表现与差异等开展深入研究。

参 考 文 献

宝音陶格涛,2001. 无芒雀麦与苜蓿混播试验 [J]. 草地学报,9(1): 73-76.
陈卫军,魏益民,张国权,等,2000. 国内外谷子的研究现状 [J]. 杂粮作物,20(3):27-29.
高素华,郭建平,毛飞,等,2000. CO_2 浓度升高对植物种子发芽及叶片的影响 [J]. 资源科学,22(6): 18-21.
关义新,戴俊英,徐世昌,等,1997. 玉米花期干旱及复水对植株补偿生长及产量的影响 [J]. 作物学报,23(6): 740-745.
郭贤仕,1999. 谷子旱后的补偿效应研究 [J]. 应用生态学报,10(5): 563-566.
韩永伟,韩建国,张蕴薇,2002. 农牧交错带退耕还草对土壤物理性状的影响 [J]. 草地学报,10(2): 100-105.
何学青,沙亚·海拉提,张依凡,等,2018. 不同外源植物生长物质对柳枝稷种子萌发特性的影响 [J]. 草地学报,26(3): 684-690.
何泽瑛,许定发,袁以苇,等,1982. 种子萌发的生理生化. I 发育,萌发和生长 [M]. 南京: 江苏科学技术出版社.
胡田田,康绍忠,2005. 植物抗旱性中的补偿效应及其在农业节水中的应用 [J]. 生态学报,25(4): 885-890.
黄占斌,2000. 干湿变化与作物补偿效应规律研究 [J]. 生态农业研究,8(1): 30-33.

李代琼, 刘国彬, 黄瑾, 等, 1999. 安塞黄土丘陵区柳枝稷的引种及生物生态学特性试验研究 [J]. 土壤侵蚀与水土保持学报, 5: 125-128.

李凤民, 鄢珣, 郭安红, 等, 2000. 试论麦类作物非水力根信号与生活史对策 [J]. 生态学报, 20(3): 510-513.

李玉山, 2002. 苜蓿生产力动态及其水分生态环境效应 [J]. 土壤学报, 39(3): 404-411.

刘洪升, 李凤民, 2003. 水分胁迫下春小麦根系吸水功能效率的研究 [J]. 西北植物学报, 23(6): 942-948.

吕金印, 山仑, 高俊凤, 2004. 土壤干湿交替对小麦花前碳同化物分配的影响 [J]. 西北植物学报, 24(96): 1565-1569.

南思睿, 罗永忠, 于思敏, 等, 2022. 干旱胁迫后复水对新疆大叶苜蓿幼苗光合和叶绿素荧光的影响 [J]. 草地学报, 30(5): 1141-1149.

南思睿, 罗永忠, 于思敏, 等, 2022. 干旱胁迫后复水对新疆大叶苜蓿幼苗光合和叶绿素荧光的影响 [J]. 草地学报, 30(5): 1141-1149.

钱俊芝, 韩建国, 倪小琴, 等, 2000. 贮藏期对结缕草种子生理生化的影响 [J]. 草地学报, 8(3): 177-185.

山仑, 陈国良, 1993. 黄土高原旱地农业的理论与实践 [M]. 北京: 科学出版社.

山仑, 邓西平, 苏佩, 等, 2000a. 挖掘作物抗旱节水潜力-作物对多变低水环境的适应与调节 [J]. 中国农业科技导报, 2: 66-70.

山仑, 苏佩, 郭礼坤, 等, 2000b. 不同类型作物对干湿交替环境的反应 [J]. 西北植物学报, 20(2): 164-170.

苏佩, 山仑, 1996. 玉米种子萌发成苗不同阶段需水阈值的研究 [J]. 西北植物学报, 16(1): 34-37.

王玮, 邹琦, 1997. 胚芽鞘长度作为冬小麦抗旱性鉴定指标的研究 [J]. 作物学报, 23(4): 459-467.

谢正苗, Parrish D J, Wolf D D, 1997. 柳枝稷种子休眠的回复与破除 [J]. 种子, 1: 57-59.

徐炳成, 山仑, 2004. 半干旱黄土丘陵区白羊草人工草地生产力和土壤水分特征研究 [J]. 草业科学, 21(6): 6-10.

徐炳成, 山仑, 李凤民, 2005. 黄土丘陵半干旱区引种禾草柳枝稷的生物量与水分利用效率 [J]. 生态学报, 25 (9): 2206-2213.

杨文治, 邵明安, 2000. 黄土高原土壤水分研究 [M]. 北京: 科学出版社.

伊虎英, 1988. 旱熟沙打旺品系的选育及引种情况简介 [J]. 宁夏农林科技, 2: 56.

曾彦军, 王彦荣, 萨仁, 等, 2002. 几种旱生灌木种子萌发对干旱胁迫的响应 [J]. 应用生态学报, 13(8): 953-956.

张娜, 梁一民, 2002. 干旱气候对白羊草群落地下部生长影响的初步观察 [J]. 应用生态学报, 13(7): 827-832.

张舒梦, 王勇锋, 张超, 等, 2017. 不同贮藏温度对柳枝稷种子萌发的影响 [J]. 西北农业学报, 26(3): 355-362.

赵丽英, 邓西平, 山仑, 2004. 水分亏缺下作物补偿效应类型及机制研究概述 [J]. 应用生态学报, 15(3): 523-526.

Arndt A K, Wanek W, Clifford S C, et al., 2000. Contrasting adaptations to drought stress in field-grown *Ziziphus mauritiana* and *Prunus persica* trees: Water relations, osmotic adjustment and carbon isotope composition[J]. Australia Journal Plant Physiology, 27: 985-996.

Asseng S, Ritchie J T, Smucker A J M, et al., 1998. Root growth and water uptake during water deficit and recovering in wheat[J]. Plant and Soil, 201: 265-273.

Auge R M, Moore J L, 2002. Stomatal response to nonhydraulic root-to-shoot communication of partial soil drying in relation to foliar dehydration tolerance[J]. Environmental and Experimental Botany, 47: 217-229.

Auge R M, Stodola A J W, Moore J L, et al., 2003. Comparative dehydration tolerance of foliage of several ornamental crops [J]. Scientia Horticulturae, 98: 511-516.

Baskin J M, Baskin C C , 2004. A classification system for seed dormancy [J]. Seed Science Research, 14: 1-16.

Bai Y F, Han X G, Wu J G, et al., 2004. Ecosystem stability and compensatory effects in the Inner Mongolia grassland [J]. Nature, 431(9): 181-184.

Barker D J, Sullivan C Y, Moser L E, 1993. Water effects on osmotic potential, cell wall elasticity, and proline in five forage grasses [J]. Agronomy Journal, 2: 270-275.

Bano A, Dorffing K, Bettin D, et al., 1993. Abascisic acid and cytokinins as possible root-to-shoot signals in xylem sap of rice plants in drying soil [J]. Australian Journal of Plant Physiology, 20: 109-115.

Bates L M, Hall A E, 1981. Stomatal closure with soil water depletion not associated with changes in bulk leaf water status [J]. Oecologia, 50: 52-65.

Bi H Q, Turvey N D, 1994. Inter-specific competition between seedlings of *Pinus radiata*, *Eucalyptus regnans* and *Acacia melanoxylon* [J]. Australian Journal of Botany, 42: 61-70.

Bios J F, Couchat P H, 1983. Comparison of the effects of water stress on the root systems of two cultivars of upland rice

(*Oryza sativa* L.) [J]. Annals of Botany, 52: 479-487.

Blum A, Johnson J W, Ramseur E L, et al., 1991. The effect of a drying top soil and a possible non-hydraulic root signal on wheat growth and yield [J]. Journal of Experimental Botany, 42: 1225-1231.

Burlyn E M, Kaufmann M R, 1973. The osmotic potential of polyethylene glycol 6000 [J]. Plant Physiology, 51: 914-916.

Byrd G T, May P A , 2000. Physiological comparisons of switchgrass cultivars differing in transpiration efficiency [J]. Crop Science, 40: 1271-1277.

Comstock J P, 2002. Hydraulic and chemical signaling in the control of stomatal conductance and transpiration [J]. Journal of Experimental Botany, 53: 195-200.

Croker J L, Witte W T, Auge R M, 1998. Stomatal sensitivity of six temperate, deciduous tree species to non-hydraulic root-to-shoot signalling of partial soil drying [J]. Journal of Experimental Botany, 49: 761-774.

Dhima K V, Lithourgidis A S, Vasilakoglou I B, et al., 2007. Competition indices of common vetch and cereal intercrops in two seeding ratio [J]. Field Crops Research, 100: 249-256.

Fetene M, 2003. Intra- and inter-specific competition between seedlings of Acacia etbaica and a perennial grass (*Hyparrenia hirta*) [J]. Journal of Arid Environments, 55: 441-451.

Finch-Savage W E, Leubner-Metzger G, 2006. Seed dormancy and the control of germination [J]. New Phytologist, 171: 501-523.

Fotelli M N, Geßler A, Peuke A D, et al., 2001. Drought affects the competitive interactions between *Fagus sylvatica* seedlings and an early successional species, *Rubus fruticosus*: Responses of growth, water status and δ^{13}C composition [J]. New Phytologist, 151: 427-435.

Frank A B, Bauer A, 1991. Rooting activity and water use during vegetation development of crested and western wheatgrass [J]. Crop Science, 83: 906-910.

Ghosh P K, 2004. Growth, yield, competition and economics of groundnut/cereal fodder intercropping systems in the semi-arid tropics of India [J]. Field Crop Research ,88: 227-237.

Gowing D J G, Davies W J, Jones H G, 1990. A positive root sourced signal as an indicator of soil drying in apple, Malus × domestica Borkh [J]. Journal of Experimental Botany, 41: 1535-1540.

Hunt E R, Zakir J N J D, Nobel P S, 1987. Water cost and water revenues for established and rain-induced roots of *Agave deserti* [J]. Functional Ecology, 1: 125-129.

Huang B R, 1999. Water relations and root activities of *Buchloe dactyloides* and *Zoysia japonica* in response to localized soil drying[J]. Plant and Soil, 208: 179-186.

Ichizen N, Takahashi H, Nishio T, et al., 2005. Impacts of switchgrass (*Panicum virgatum* L.) planting on soil erosion in the hills of the Loess Plateau in China [J]. Weed Biology and Management, 5: 31-34.

Jackson G E, Irvine J, Grace J, et al. , 1995. Abascisic acid concentrations and fluxes in drought conifer saplings [J]. Plant, Cell & Environment, 18: 13-22.

James F C, 2002. Interactions between root and shoot competition vary among species [J]. OIKOS, 99: 101-112.

Jose S, Williams R, Zamora D, 2006. Belowground ecological interactions in mixed-species forest plantations [J]. Forest Ecology and Management, 233: 231-239.

Karsten H D, MacAdam J W, 2001. Effect of drought on growth, carbohydrates, and soil water use by perennial ryegrass, tall Fescue, and white clover [J]. Crop Science, 41: 156-166.

Keddy P A, Twolan-Strutt L, Wisheu I, 1994. Competitive effect and response rankings in 20 wetland plants: Are they consistent across three environments? [J]. Journal of Ecology, 82(3): 635-643.

Li F L, Bao W K, Wu N, et al., 2008. Growth, biomass partitioning, and water-use efficiency of a leguminous shrub (*Bauhinia faberi* var. microphylla) in response to various water availabilities [J]. New Forests, 36: 53-65.

Li L, Sun J H, Zhang F S, et al., 2001. Wheat/maize or wheat/soybean strip intercropping. I. Yield advantage and interspecific interactions on nutrients [J]. Field Crops Research, 71(2): 123-137.

Markhart A H, 1985. Comparative water relations of *Phaseolus vulgaris* L. and *Phaseolus acutifolius* Gray [J]. Plant Physiology, 7: 113-117.

McLaughlin S B, 1995. Evaluating environmental consequences of producing herbaceous crops for bioenergy [R]. Washington, D C: Oak Ridge National Lab. , Department of Energy.

Mencuccini M, Mambelli S, Comstock J, 2000. Stomatal responses to leaf water status in common bean (*Phaseolus vulgaris* L.) is a function of time of day [J]. Plant, Cell & Environment, 23: 1109-1118.

Monti A, Bezzi G, Pritoni G, et al., 2008. Long-term productivity of lowland and upland switchgrass cytotypes as affected by cutting frequency [J]. Bioresource Technology, 99: 7425-7432.

Monti A, Fazio S, Lychnaras V, et al., 2007. A full economic analysis of switchgrass under different scenarios in Italy estimated by BEE model [J]. Biomass and Bioenergy, 31: 177-185.

Neales T F, Masia A, Zhang J, et al., 1989. The effects of partially drying part of the root system of *Helianthus annuus* on the abascisic acid content of the roots, xylem sap and leaves [J]. Journal of Experimental Botany, 40: 1113-1120.

Nelson R G, Ascough J C, Langemeier M R, 2006. Environmental and economic analysis of switchgrass production for water quality improvement in northeast Kansas [J]. Journal of Environmental Management, 79: 336-347.

Olsson M, Nilsson K, Liljenberg C, et al., 1996. Drought stress in seedlings: Lipid metabolism and lipid peroxidation during recovery from drought in *Lotus corniculatus* and *Cerastim fontanum* [J]. Physiologia Plantarum, 96: 577-584.

Passioura J B, 1988. Root signals control leaf expansion in wheat seedlings growing in drying soil [J]. Australian Journal of Plant Physiology, 15: 687-693.

Passioura J B, 1983. Roots and drought resistance [J]. Agricultural Water Management, 7: 265-280.

Pearcy R W, Ehlerringer L, 1984. Comparative ecophysiology of C_3 and C_4 plants [J]. Plant, Cell & Environment, 7: 1-13.

Ranney T G, Whilow T H, Bassuk N L, 1990. Response of five temperate deciduous tree species to water stress [J]. Tree Physiology, 6: 439-448.

Sack L, Grubb P J, 2002. The combined impacts of deep shade and drought on the growth and biomass allocation of shade-tolerant woody seedlings [J]. Oecologia, 131: 175-185.

Saliendra N Z, Sperry J S, Comstock J P, 1995. Influence of leaf water status on stomatal response to humidity, hydraulic conductance, and soil drought in *Betula occidentalis* [J]. Planta, 196: 357-366.

Sanderson M A, Read J C, Read R L, 1999. Harvest management of switchgrass for biomass feedback and forage productions[J]. Agronomy Journal, 91: 5-10.

Scott S J, Jones R A, Williams W A, 1984. Review of data analysis methods for seed germination [J]. Crop Science, 24: 1192-1199.

Smith T, Huston M, 1989. A theory of the spatial and temporal dynamics of plant-communities [J]. Vegetation, 83: 49-69.

Staalduinen M A V, Anten N P R, 2005. Differences in the compensatory growth of two co-occurring grass species in relation to water availability [J]. Oecologia, 146: 190-199.

Steinmaus S J, Prather T S, Holt J S, 2000. Estimation of base temperature for nine weed species [J]. Journal of Experimental Botany, 51(343): 275-286.

Stern W R,1993. Nitrogen fixation and transfer in intercrop systems [J]. Field Crops Research, 34: 335-356.

Szente K, Nagy Z, Tuba Z, et al., 1996. Photosynthesis of *Festuca rupicola* and *Bothriochloa ischaemum* under degradation and cutting pressure in a semiarid loess grassland [J]. Photosynthetica, 32: 399-407.

Susiluoto S, Berninger F, 2007. Interactions between Morphological and Physiological Drought Responses in *Eucalyptus microtheca* [J]. Silva Fennica, 41(2): 221-233.

Thomas H, 1991. Accumulation of and consumption of solutes in swards of *Lolium perenne* during drought and after rewatering [J]. New Phytologist, 118: 35-48.

Turner N C, 1997. Further progress in crop water relations [J]. Advances in Agronomy, 58: 293-338.

Valladares F, Pearcy R W, 2002. Drought can be more critical in the shade than in the sun: A field study of carbon gain and photo-inhibition in a Californian shrub during a dry El Niño year [J]. Plant, Cell & Environment, 25: 749-759.

Varvela G E, Vogela K P, Mitchella R B, et al., 2008. Comparison of corn and switchgrass on marginal soils for bioenergy [J]. Biomass and Bioenergy, 32: 18-21.

Wang X L, Duan P L, Yang S J, et al. , 2020. Corn compensatory growth upon post-drought rewatering based on the effects of rhizosphere soil nitrification on cytokinin [J]. Agricultural Water Management, 241: 106436.

Wang Z L, Huang B R, 2004. Physiological recovery of Kentucky bluegrass from simultaneous drought and heat stress [J]. Crop Science, 44: 1729-1736.

Weigelt A, Jolliffe P, 2003. Indices of plant competition [J]. Journal of Ecology, 91: 707-720.

Weih M, Karlsson P S, 2001. Growth response of Mountain birch to air and soil temperature: Is increasing leaf nitrogen content an acclimation to lower air temperature? [J]. New Phytologist, 150: 147-155.

Western D, 2001. Human-modified ecosystems and future evolution [J]. Proc. Natl. Acad. Sci. USA, 98(10): 5458-5465.

Willey R W, Rao M R, 1980. A Competitive ratio for quantifying competition between intercrops [J]. Experimental Agriculture, 16: 117-125.

Xu B C, Gichuki P, Shan L, et al., 2006a. Aboveground biomass production and soil water dynamics of four leguminous forages in semiarid region, northwest China [J]. South African Journal of Botany, 72: 507-516.

Xu B C, Li F M, Shan L, et al. , 2006b. Gas exchange, biomass partition, and water relations of three grass seedlings under water stress [J]. Weed Biology and Management, 6: 79-88.

Yang J, Zhang J, Wang Z, et al. , 2001. Hormonal changes in the grains of rice subjected to water stress during grain filling [J]. Plant Physiology, 127: 315-323.

Zhang J, Davies W J, 1989. Abscisic acid produced in dehydrating roots may enable the plant to measure the water status of the soil [J]. Plant, Cell & Environment, 12: 73-81.

Zewdie S, Olsson M, Fetene M, 2007. Growth, gas exchange, chlorophyll a fluorescence, biomass accumulation and partitioning in droughted and irrigated plants of two enset (*Ensete ventricosum* Welw. Cheesman) clones [J]. Journal of Agronomy, 6(4): 499-508.

Zobel M, Zobel K, 2002. Studying plant competition: From root biomass to general aims [J]. Journal of Ecology, 90: 578-580.

第3章　柳枝稷光合生理生态特征

3.1　黄土丘陵区柳枝稷不同叶位叶片光合生理生态特征

根据在黄土丘陵区多年引种表现来看，柳枝稷不仅在川地生长良好，在荒山坡地的长势也很好，而且高产，根系发达，是人工草地建设的优良禾本科多年生草种。植物的光合生理生态特性反映其光合作用和呼吸作用与光照强度、大气温度、大气湿度、大气 CO_2 浓度及土壤水分和营养元素含量等生态因子之间的关系。研究植物的光合生理生态特征，对评价引种禾草柳枝稷的光合生产能力，分析其生物质累积过程，具有重要的指示意义(徐炳成等，2001)。通过对其光合生理生态特性的研究，可以分析其光合生产过程中光合生产力与环境因子的相互关系，探明其在半干旱黄土丘陵区的生态适应性特点，为大面积扩种和人工栽培提供理论依据。

植物的光合能力，因叶龄、生长发育及发育阶段而异(杜占池和杨宗贵，1988)。本节重点分析和比较生长盛期柳枝稷不同叶位叶片的光合生理生态特征，一方面是揭示不同叶龄叶片的光合能力差异，另一方面是探讨柳枝稷整株水平的光合作用特征(徐炳成等，2001)。

3.1.1　材料与方法

试验地位于陕西安塞农田生态系统国家野外科学观测研究站川地试验场。对象为种植生长一年的柳枝稷，品种为'Alamo'，于 2000 年 6 月播种，采用条播，行距 20～30cm，光合生理生态指标测定于 2001 年 8 月下旬柳枝稷的抽穗期进行。

光合生理生态特征参数采用 CI-301PS 气体分析仪测定。以开放式气流于晴朗无云条件下，分别测定选定植株不同叶位的叶片。试验测定时，植株一般为 5 片叶，最上叶为非充分展开叶，其他 4 片为充分展开叶，自上往下，分别记为第 1、2、3、4 和 5 叶片。测定时叶室与太阳光线垂直，8:00～18:00 每 2h 测定 1 次，重复 3 次。主要指标包括光合速率[P_n，$\mu mol/(m^2 \cdot s)$]、蒸腾速率[T_r，$mmol/(m^2 \cdot s)$]、叶温(T_{leaf}，℃)、大气相对湿度(RH，%)、气温(T_a，℃)、光合有效辐射[PAR，$\mu mol/(m^2 \cdot s)$]等。叶片水分利用效率[WUE，$\mu mol/mmol$]以各叶片每时刻的平均光合速率与蒸腾速率的比值(P_n/T_r)表示。

3.1.2 光合速率日变化

植物光合速率的日进程，根据其变化曲线峰、谷的变化可分为单峰型、双峰型、多峰型(波动型)和平坦型(杜占池和杨宗贵，1992)。柳枝稷光合速率的日变化基本为双峰型(图 3-1)，各叶位叶片日变化曲线不尽相同。第 1 和第 2 叶片的光合速率在10:00 和 16:00 各出现一峰值，第 4 和第 5 叶片在 10:00 和 14:00 出现峰值。在两个峰值出现之间，大约在中午 12:00 左右，第 1、2、4 和 5 叶片的光合速率出现了"午间降低"现象。第 3 叶片的"午间降低"现象不太明显，日变化曲线较为平缓。

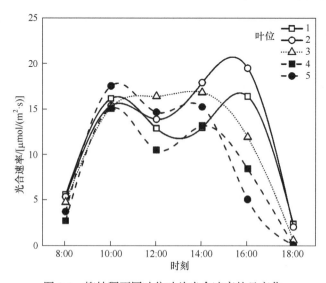

图 3-1　柳枝稷不同叶位叶片光合速率的日变化

不同叶位的叶片自上往下为非充分展开叶、充分展开叶和已充分展开叶，同样可以将其划分为幼龄叶(第 1 和第 2 叶片)、中龄叶(壮龄叶)(第 3 叶片)和老龄叶(第 4 和第 5 叶片)。从图 3-1 可以看出，各叶位叶片光合速率的日变化趋势在10:00 以前基本相同，主要是随着气温升高，光强增大，各叶片的光合速率迅速增大。9:00 以前，第 1、2 和 3 叶片的光合速率相对较高，但第 5 叶片上升较快，在10:00 左右最高。15:00 以后，随着第 3、4 和 5 叶片达到第 2 峰值后逐渐降低，而第 1 和第 2 叶片仍继续增大，各叶片光合速率差别加大，各叶位的顺序呈现为2>1>3>4>5 的变化趋势。从变化强度来看，第 1 和第 2 叶片(幼龄叶)的变化较为剧烈，第 4 和第 5 叶片(老龄叶)则较为平缓，第 3 叶片(壮龄叶)的变化最为平缓。

3.1.3 蒸腾速率日变化

蒸腾是植物体内水分以气体状态向外散失的过程，蒸腾作用的强弱是反映植物水分代谢的一个重要生理指标。从图 3-2 中可以看出，第 1 和第 2 叶片蒸腾速率的日变化呈双峰型曲线，两峰值分别在 12:00 和 16:00，在 14:00 左右出现低谷；第 3、4 和 5 叶片的蒸腾速率仅在 12:00 出现一峰值，为单峰型日变化曲线。12:00 以前，随着气温上升、光强增强、气孔导度增大，各叶位叶片的蒸腾速率逐渐升高，其中第 3、4 和 5 叶片的上升相对较快。12:00 以后，随着蒸腾量的加大，叶水势降低使气孔导度变小，加之气温逐步下降，各叶片的蒸腾速率有所降低。对比各个叶位叶片的蒸腾速率日变化，第 1 和第 2 叶片的蒸腾速率在 15:00 以前较第 3、4 和 5 叶片的低，15:00 以后较第 3、4 和 5 叶片高，二者的日变化较为剧烈，而第 3、4 和 5 叶片的日变化相对较为平缓。

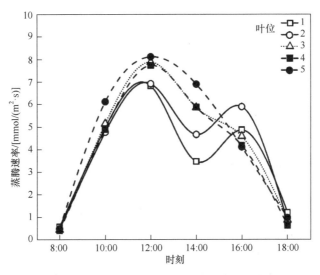

图 3-2　柳枝稷不同叶位叶片蒸腾速率的日变化

3.1.4　水分利用效率日变化

水分利用效率(WUE)是深入研究植物高效利用水资源的一个核心问题，通常将其作为评价植物生长适宜程度的综合指标被广泛应用(山仑，1994；山仑和徐萌，1991)。一天中，环境因子的不断变化，直接或间接影响植物的水分利用效率。植株叶片叶位不同，其水分利用效率的日变化也不同。从图 3-3 中可以得出，柳枝稷不同叶位叶片的水分利用效率在早晨 8:00 最高，随着时间推移均逐渐降低，这主要是蒸腾速率相对光合速率上升过快的结果(Hirasawa and Hsiao，1999)。在 12:00 左右，各叶片 WUE 均达到较低值，下午则出现波动现象，故可将一天中叶片水分利用效率的变化划分为两个阶段，即 8:00～12:00 的上午段和 12:00～18:00 的下午段，其中 8:00～12:00 阶段各叶片 WUE 为缓慢降低阶段，不同叶位的大小顺序为 2≥3>1>5>4；在 12:00～18:00 为波动阶段，不同叶位的顺序为 2≥1>3>4>5。第 2 叶片(即旗叶)的水分利用效率在日变化的各时刻均最高。

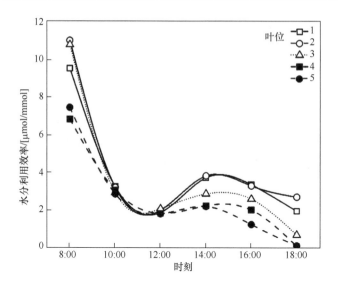

图 3-3　柳枝稷不同叶位叶片水分利用效率的日变化

3.1.5　叶温日变化及其与光合速率和蒸腾速率的关系

不同叶位叶片的叶面温度(叶温)日变化曲线表现为第 1、2 和 3 叶片呈双峰型,第 1 峰值出现在中午 12:00,第 2 峰值出现在 16:00 且较上午的值低,在 14:00 左右出现一低谷(图 3-4)。第 4 和 5 叶片温度日变化为单峰型曲线,最高值在中午 12:00。通过与各叶片光合速率日变化的比较可以看出,在一定范围内,光合速率随叶温上升而升高,在到达一定温度后(大气温度在 38~42℃),随叶温升高而下降,可能是叶温过高导致呼吸增强而降低了光合产物积累,使光合速率降低(图 3-1)。与羊草的 31℃相比,柳枝稷较能忍耐高温环境(王德利等,1999)。与蒸腾速率的日变化比较发现(图 3-2),两者基本同步,说明叶温是影响柳枝稷叶片蒸腾速率的重要因素。相关分析表明,各叶位叶片的蒸腾速率与叶温均呈线性正相关关系,第 1~5 叶片的相关系数分别为 0.96、0.92、0.93、0.89 和 0.96,叶温上升导致叶片的气孔导度提高,饱和水汽压增大,从而提高蒸发力,致使蒸腾速率升高(王德利等,1999)。

3.1.6　气孔导度日变化及其与光合速率和蒸腾速率的关系

各叶位叶片气孔导度的日变化曲线均呈双峰型(图 3-5),第 1 峰值出现在上午的 10:00 左右,第 2 峰值出现在 14:00~16:00。第 1 和第 2 叶片第 2 峰值较第 1 峰值高,第 3、第 4 和第 5 叶片的第 2 峰值小于或约等于第 1 峰值。相比之下,第 4 和第 5 叶片的气孔导度较小且日变化较平缓。

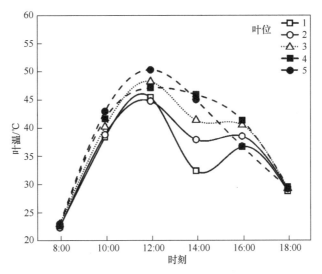

图 3-4　柳枝稷不同叶位叶片叶温的日变化

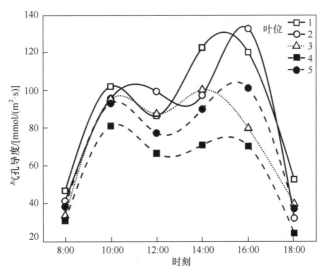

图 3-5　柳枝稷不同叶位叶片气孔导度的日变化

气孔导度的变化直接影响 P_n，中午光合速率降低时，不同叶位叶片的气孔导度也出现不同程度的降低，说明光合"午休"可能与气孔关闭有关(高伟刚，1986)。12:00 的气孔导度最小，T_r 却处于日变化的峰值，16:00 气孔导度与 T_r 正好相反，说明中午光合"午休"不是完全由于气孔关闭。不同叶位叶片气孔导度与 P_n、T_r 的关系不尽相同，第 1 和第 2 叶片气孔导度与二者关系较好，说明叶龄越小，气孔对光合速率和蒸腾速率的调节能力越强。随着叶位下降，叶龄增加，这种调节能力逐渐降低。

3.1.7　环境因子日变化及其与叶片光合特性的关系

植物光合作用的日变化特征不仅受植物本身特性的影响，也受外界环境因子的作用。光合有效辐射(PAR)、大气相对湿度(RH)和气温(T_a)的日变化均表现出一定的规律性，呈 V 或倒 V 字形，即午间 12:00 的 PAR 和 T_a 最高，RH 最低，而气温与大气相对湿度日变化正好相反，中午 12:00 光合"午休"和蒸腾最强时正是气温最高且相对湿度最低的时刻。PAR 的日变化曲线呈单峰型，最高值在中午 12:00左右，两边呈不均匀对称(黄占斌和山仑，1997)。9:00 以前和 16:00 以后光强较弱，各叶位叶片光合速率变化趋势基本相同，光合速率以第 1、第 2 和第 3 叶较高，说明相对幼龄的叶片对弱光的利用能力较强(杜占池和杨宗贵，1988)。在 9:00～17:00，光强较强，各叶片光合速率均变化较大，不同叶位叶片间的差异也变大。对多花黑麦草(*Lolium multiflorum*)和鸭茅(*Dactylis glomerata*)的研究表明，上位叶与下位叶之间光合速率的差别在强光下大，在弱光下变小，说明这些草本植物较适应于强光环境条件(杜占池和杨宗贵，1988)。

3.1.8　讨论与结论

植物的光合"午休"是植物适应干旱环境而产生的一种生理现象，按其影响因素可以分为外部生态因素，如低湿高温引起的高饱和差，大气 CO_2 浓度降低等；植物本身的生理特性，如气孔关闭，叶温升高，光合产物的积累及水分亏缺等(廖建雄和王根轩，1999)。一般来说，植物叶片蒸腾对气孔大小的依赖大于光合速率对气孔大小的依赖。本节中，禾本科草本植物柳枝稷的光合"午休"出现在中午的12:00，此时蒸腾速率最大、气孔导度最小、叶温最高、光强最大、相对湿度最低、气温最高，因而其光合"午休"不是气孔关闭引起的，也不是光合产物的积累与水分亏缺造成的(廖建雄和王根轩，1999)，可能的解释是叶温过高引起植株本身呼吸消耗过大而导致光合速率减小。

不同叶龄叶片的光合生理生态参数日变化特征比较表明，幼龄叶表现为明显的双峰型且变化较为剧烈，而壮龄叶和老龄叶倾向单峰型且变化较平缓，说明叶龄不同，叶片光合器官对环境条件变化的调节能力和适应性不同。幼龄叶片的气孔对光合、蒸腾的调节能力较强，对弱光的利用能力较强，水分利用效率等均较老龄叶强。

柳枝稷光合速率日变化的峰值一般出现在 10:00 左右和 14:00～16:00，而蒸腾速率的峰值出现在中午 12:00 和 16:00 左右，二者的变化不同步，正是这种非同步性导致不同叶位叶片的 WUE 日变化特征呈现出两个阶段，这种非同步性主要是大气环境因子的日变化非对称性(上午、下午不同变化)所致，也与植物本身光合生理特性紧密相关(廖建雄和王根轩，1999)。上午叶片 WUE 的缓慢下降主要是由于蒸腾速率增加值相对快于光合速率(Hirasawa and Hsiao，1999)，下午叶片 WUE 的波动是环境因子对光合速率和蒸腾速率影响不一致的表现。一天中，最上充分展开叶(旗叶)的 WUE 均最高，说明在与其他植物比较时，柳枝稷旗叶的 WUE 可用作其水分利用效率大小的代表。

3.2　黄土丘陵区柳枝稷与白羊草光合生理生态特征比较

白羊草是多年生禾本科孔颖草属野生草本植物，我国北方大部分地区均有分布，为优良的天然牧草(李兰芳等，1996)。柳枝稷为禾本科黍属的多年生牧草，可作为生产饲料和生物质能的原料(Sanderson et al.，2000)。在黄土丘陵沟壑区，白羊草广泛分布于路边、山坡，在土壤水分和养分条件较差的红胶土壤上也有生长，证明其在该地区具有较强的生态适应性。柳枝稷作为引进牧草种，也能较好地生长与适应于黄土丘陵区不同立地环境条件，其生物学特性、生产力形成、水分利用特征及营养成分等均已有研究(李代琼等，1999)。白羊草和柳枝稷均是 C4 多年生草本植物，但对二者在黄土丘陵区的光合生理特性比较研究少有报道。本节在干旱季节里，测定了这两种植物的光合生理与气体交换特性，以期了解引进种和乡土种的环境生理生态适应性特征和差异(徐炳成等，2003a，2003b)。

3.2.1　材料与方法

测定于 2001 年在陕西安塞农田生态系统国家野外科学观测研究站山地梯田进行，地理位置为东经 109°13′33″，北纬 36°41′49″。年均气温 8.8℃，年均降水量 530mm，年内分布不均，其中 7~9 月占全年降水量的 60%~80%。年均水面蒸发量为降水量的 3~5 倍，干燥度 1.14，主要土壤类型为黄绵土。

白羊草与柳枝稷均于 1996 年夏季播种，无灌溉条件，海拔约 1300m，单播播种行距为 70cm，东西走向。由于白羊草为根茎型牧草，现草带宽度约 50cm，而柳枝稷为直立型牧草。2001 年，该地区的气候为明显的春夏连旱，测定前已近 2 月无降水，天气晴朗。测定时二者均处于拔节期，下部叶片有枯死现象，选取顶端新近充分展开叶片于 7 月 16~18 日连续测定。

在自然环境条件下，使用 CI-301PS 光合测定系统开路测定，主要包括光合速率[P_n，μmol/(m²·s)]、蒸腾速率[T_r，mmol/(m²·s)]、气孔导度[G_s，mmol/(m²·s)]、叶温(T_{leaf}，℃)等，同步测定有关大气因子如气温(T_a，℃)、相对湿度(RH，%)和光合有效辐射[PAR，μmol/(m²·s)]。测定自早晨 7:30 开始，每 2h 测定 1 次，3 次重复。叶片水分利用效率 WUE= P_n/T_r；气孔限制值 $L_s=1-C_i/C_a$，C_i 为胞间 CO_2 浓度，C_a 为大气 CO_2 浓度。

0~2m 土层土壤质量含水量采用土钻-烘干法测定，测定于 2001 年 7 月 17 日完成，每 10cm 取样一次。

3.2.2　环境条件日变化

2001 年 7 月试验期间天气连续晴朗，测定每日的大气因子如气温(T_a)、光合有效辐射(PAR)和大气相对湿度(RH，%)日变化趋势基本相同。从早晨(7:30)到傍晚(17:30)，T_a 和 PAR 为单峰曲线，日最高值均出现 11:30。RH 的变化为随着 T_a 和 PAR 的增高而持续下降，直至下午的 13:30 左右达到日最低瞬时值，之后又逐渐回升。其中 T_a 的变化在 26~42℃，RH 变化在 23%~54%(图 3-6)。0~2 m 土层土壤平均质量含水量为 7%~8%，介于田间持水量(18.4%)和凋萎湿度(3.8%)。

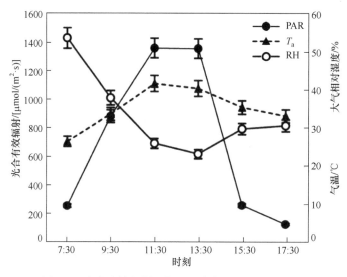

图 3-6　光合有效辐射、气温和大气相对湿度日变化

3.2.3　光合速率、蒸腾速率与水分利用效率日变化

柳枝稷旗叶的光合速率(P_n)日变化为单峰曲线，在上午的 9:30 达到日最大值(11.85μmol/(m²·s))，随后持续下降(图 3-7)。白羊草的 P_n 日变化为双峰曲线，两峰值出现在上午的 9:30 和下午的 13:30,分别为 8.55 μmol/(m²·s)和 12.33 μmol/(m²·s)，在中午的 11:30 左右出现峰谷，即光合"午休"现象(图 3-7)。从日变化曲线可以看出，柳枝稷上午的 P_n 相对较大，与白羊草相比，平均约高出 40%以上，尤其是在白羊草出现光合"午休"时(约高出 120%)，白羊草在 13:30 达到日最高 P_n 值，以后二者基本相当，柳枝稷的日均 P_n 值比白羊草约高 20%。

柳枝稷与白羊草的蒸腾速率(T_r)日变化均为单峰曲线(图 3-7)，其中柳枝稷的日峰值约比白羊草早 1h 出现，白羊草的日平均 T_r 约高出柳枝稷 35%。正是柳枝稷在各时刻相对较低的 T_r 值和较高的 P_n 值，导致其具有较高的叶片水分利用效率(图 3-7)。

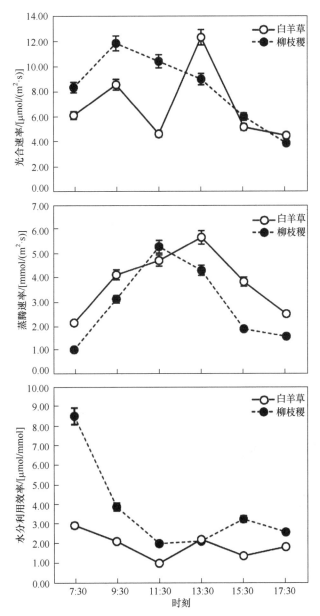

图 3-7　白羊草和柳枝稷叶片光合速率、蒸腾速率与水分利用效率日变化

3.2.4　气孔导度和气孔限制值日变化

柳枝稷与白羊草的叶片气孔导度(G_s)的日变化趋势基本与各自的 P_n 日变化一致。相比之下，柳枝稷的 G_s 日变化过程较为平缓，而白羊草的 G_s 日变化过程较剧烈。除 11:30 以外，白羊草各时刻 G_s 值均大于柳枝稷，尤其是在早晨和傍晚，说

明这些时段其气孔仍保持较大的开放状态(图 3-8)。

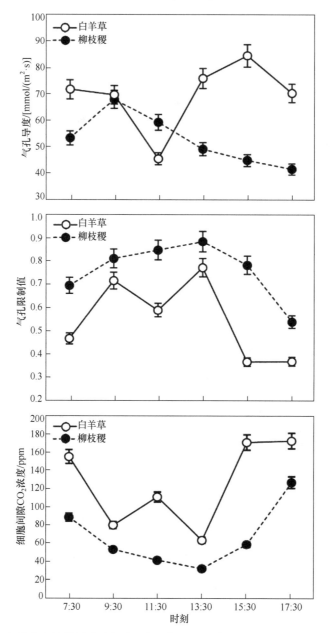

图 3-8　白羊草和柳枝稷叶片气孔导度、气孔限制值与细胞间隙 CO$_2$ 浓度日变化

1ppm=0.7724mg/m^3

　　气孔限制值(L_s)能反映植物叶片对大气 CO$_2$ 相对利用效率的大小。柳枝稷叶片 L_s 的日变化过程较平缓且各时刻值均较白羊草的高，这与其具有相对较低的细胞间隙(胞间)CO$_2$ 浓度、较高的光合速率和较小的气孔导度相呼应(图 3-8)，说明柳枝

稷比白羊草具有更强的叶肉细胞羧化能力。

3.2.5　讨论与结论

在干旱季节里,生长在相同环境条件下的引种禾草柳枝稷,相对于人工驯化种植的白羊草来说,具有较高的 P_n、较小的 G_s 和较大的 L_s 值,这反映其叶片具有较强的光合羧化能力。与柳枝稷相比,白羊草的 P_n 日变化曲线呈现明显的光合"午休"现象,虽然此时光合速率降低与气孔导度变化方向相同(图 3-7、图 3-8),但与胞间 CO_2 浓度变化相反,伴随气孔限制值升高而下降(图 3-8),显示其午间光合速率的降低主要受非气孔因素的影响(Farquhar and Sharkey,1982),这可能是白羊草在高蒸气压亏缺(VPD)下长时间保持较高的蒸腾速率,从而导致叶片水分胁迫,引起叶肉细胞光合能力的降低(图 3-7)。柳枝稷呈现较低的蒸腾速率主要是其具有较小的气孔导度,而白羊草则在长时间内呈现较高的气孔导度,以致水分过多散失。正是由于柳枝稷各时刻相对较高的光合速率和较低的蒸腾速率,水分利用效率比白羊草高,尤其是在早晨时段。

在中午时分(11:30),白羊草的气孔导度降低,但蒸腾速率并未减小,可能是强光照导致叶片升温,叶-气温差的加剧导致气孔导度的作用降低(图 3-9);当叶-气温差减小(13:30),气孔导度增大(图 3-8),光合速率大幅度提高(图 3-7)。柳枝稷的 P_n 日变化在 9:30 达到日最大值后开始降低,主要是光照强度增大和大气湿度降低导致气孔导度减小,这期间叶肉细胞仍保持较强的羧化能力;13:30 以后的光合速率降低,从表面上看可能是由于非气孔因素,此时的大气蒸气压亏缺明显比中午低,说明其光合速率的降低可能是由于前期高光合速率形成的碳水化合物累积和下午输出量降低(廖建雄和王根轩,1999;Vadell et al.,1995)(图 3-7)。

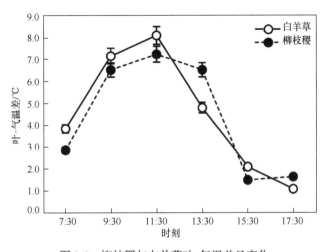

图 3-9　柳枝稷与白羊草叶-气温差日变化

综上所述，与白羊草相比，柳枝稷具有较高的光合速率，较低的蒸腾速率和气孔导度，并具有较高的水分利用效率和较低的胞间 CO_2 浓度，这可能是它虽为引进种但仍能在陕北黄土丘陵区的川地、梯田和坡地种植且较好生长的光合生理生态基础。

3.3　黄土丘陵区七种植物生理生态特征比较

黄土丘陵半干旱区是我国典型的生态脆弱带，在促进农林牧业综合发展和人工植被建设中，如何根据区域地形、土壤和水分条件的多样性特点，做到不同类型植物的合理布局，以达到尽可能高的生态效益与经济效益，做到防护性与开发性的有机结合，以提高资源的利用效率等问题仍没有得到很好的解决(徐炳成和山仑，2004b)。通过比较不同类型植物的水分利用特点及生态适应性差异，探明不同类型植物的水分生态适应性特征及其生理生态学机理，是在植被建设中针对该区不同立地环境条件，科学合理选择植物类型并进行配置的基础。

植物对半干旱环境的适应，具有不同的策略和表现方式，其中水分生理生态过程和特征是研究的重点和基础，对比研究植物在不同立地环境条件下的水分生理生态适应性差异为采用较多的一种研究方式(牛书丽等，2003；邓雄等，2002；Petric and Hall，1992)。比较研究不同类型植物气体交换特点等来探讨植物对立地环境条件的适应性特征，国内外已有大量报道(徐炳成和山仑，2004b；周海燕和赵爱芬，2002；张利平等，1998)，而在自然条件下比较不同类型植物的气体交换特征及其随立地条件变化的差异研究开展相对较少(蒋高明和何维明，1999)。本节选择黄土丘陵半干旱区几种主要植物类型，通过比较各类型植物的光合速率、蒸腾速率、水分利用效率及叶水势的日变化特征，分析与比较各种植物在该地区的抗旱适应性特征，以期为区域植被建设和农业生产中植物合理利用和布局提供依据和指导(徐炳成等，2007)。

3.3.1　研究区概况

试验于陕西安塞农田生态系统国家野外科学观测研究站(109°19′23″E，36°51′30″N)进行，海拔 1068～1309m，年均气温 8.8℃，≥10℃积温 3100～3200℃/a，无霜期 159d，年平均总日照 2415h。多年平均降水量约 530mm，其中 7～9 月占 60%～80%，年均水面蒸发量 1800～2200mm。坡地占总土地面积的 80%以上，川地约占 10%，主要土壤类型为黄绵土。该区气候属暖温带半干旱气候，植被地带属暖温带半干旱森林草原区，处于暖温带落叶阔叶林区向暖温带草原区的过渡带。天然植被类型以草本植物群落为主，主要由白羊草、达乌里胡枝子(*Lespedeza davurica*)、白莲蒿(*Artemisia stechmanniana*)、长芒草(*Stipa bungeana*)、菊叶委陵菜(*Potentilla tanacetifolia*)等组成。

主要作物类型包括谷子、玉米、马铃薯、大豆和糜子(*Panicum miliaceum*)等。人工灌木林的建造树种主要为沙棘(*Hippophae rhamnoides*)与柠条。人工草地建设的主要种是苜蓿和沙打旺，其中苜蓿以紫花苜蓿为主，并多为引进种。

3.3.2　材料与方法

1. 试验材料

在川地和山地，分别选择谷子(作物)、沙棘(灌木)、沙打旺(人工草地栽培种)、达乌里胡枝子和白羊草(野生乡土豆科和禾本科草种)、苜蓿和柳枝稷(引进的豆科和禾本科草种)等 7 种植物为供试材料。其中，谷子为该地当家品种'晋谷 7 号'。苜蓿为引自加拿大的'阿尔冈金紫花苜蓿'(*Medicago sativa* L. cv. Algonquin)。柳枝稷引自美国，品种为'Alamo'。沙打旺为中国科学院水利部水土保持研究所辐射育种的'彭阳早熟沙打旺'(*Astragalus adsurgens* Pall. cv. Pengyang)。除柳枝稷和两个野生种外，其他均是该地区目前较为广泛利用的植物类型。各类型植物基本属性见表 3-1。

表 3-1　试验各植物基本属性

物种	科别	来源	生活型
谷子	禾本科	栽培种	草本
沙棘	豆科	栽培种	灌木
沙打旺	豆科	栽培种	草本
达乌里胡枝子	豆科	野生种	草本状半灌木
白羊草	禾本科	野生种	草本
苜蓿	豆科	引进种	草本
柳枝稷	禾本科	引进种	草本

2. 测定项目及方法

植物叶片光合生理生态特征及叶水势于 2002 年 8 月 6～8 日测定。其中，光合生理特征采用 CI-301PS 便携式光合仪开路测定，测定时采气口用相同口径塑料管连接，塑料管另一端置于 3m 竹竿顶端的 2.5L 开口塑料瓶中，每次测定响应时间设为 16s。

为比较川地和山地各类型植物的日变化特征，两种立地条件下测定时的泵流量和 CO_2 等预设参数设置相同。叶室尺寸为 2.0cm × 5.5cm，当叶片能夹满者直接夹入叶室，直接以 11.0cm² 作为测定面积，当叶片面积小于 11.0cm²，则用 CI-203 手持式激光叶面积仪先测定叶面积，取 5 次叶面积平均值为测定面积，再输入 CI-301PS。测定于 6:00～18:00 进行，每隔 2h 测定 1 次，直接输出的测定指标有气温 (T_a，℃)、光合有效辐射[PAR，μmol/(m²·s)]、大气相对湿度(RH，%)、光合速率[P_n，μmol/(m²·s)]、蒸腾速率[T_r，mmol/(m²·s)]等。

叶水势(Ψ_L，MPa)采用 PMS 公司压力室水势仪测定，与光合生理生态指标的测定日期相同。根据前期测定结果，所有植物叶水势日变化的关键点主要在 6:00、10:00、14:00 和 18:00 这 4 个时刻，因此叶水势日变化测定从 6:00～18:00 每隔 4h 测定 1 次。测定均选择最上部新近充分展开叶片，每种植物重复 5 次。

在水分亏缺环境条件下，植物适应能力不仅取决于植物净光合同化速率的大小，也取决于植物在光合作用过程中水分利用效率的高低(Winslow et al.，2003)。通过比较植物日间光合净同化量和水分散失量，可以判断和比较植物对不同立地生态条件适应性的高低(Winslow et al.，2003；Ghannoum et al.，2001)。根据测定各时刻植物的叶片光合速率和蒸腾速率值，估算在川地和山地条件下各植物种单位叶面积日平均光合同化量、水分散失量和日水分利用效率。由于测定时段为 6:00～18:00，测定频率为每隔 2h 测定 1 次，所以单位面积叶片日同化量计算公式为 $[(P_{n6:00} + P_{n18:00}) + (P_{n8:00} + P_{n10:00} + P_{n12:00} + P_{n14:00} + P_{n16:00}) \times 2] \times 3600$，3600 为时间单位换算系数(黄占斌和山仑，1997)。单位面积叶片日蒸腾量计算方法雷同，日水分利用效率(WUE)=日同化量/日蒸腾量(徐炳成和山仑，2004b；郭俊荣等，1997)。

测定数据采用 Microsoft Excel 2003 绘图与制表。单位面积叶片日均光合速率、蒸腾速率和水分利用效率比较运用单因素方差分析(one-way ANOVA)进行差异显著性检验(p=0.05)。

3.3.3　大气因子日变化

2002 年，陕西安塞年降水量为 541.1mm，其中 8 月份降水量为 149.4mm，占全年降水量的 27.6%，高于多年平均值的 22.8%(图 3-10)。虽然测定期间的 8 月上旬无降水，但 6～7 月的降水量充足，8 月属于大气相对湿度较高月份。在试验测定的同一天里，山地条件下日最大和日平均光合有效辐射均高于川地，但山地日均温度低于川地 1.5～2.5℃，而山地日平均相对湿度绝对值约高出川地 0.5%～3.0%(图 3-11)。

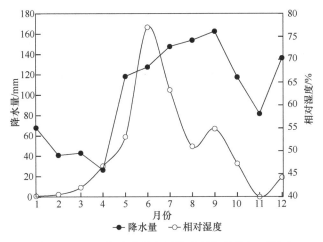

图 3-10 2002 年安塞站各月降水量与月均相对湿度

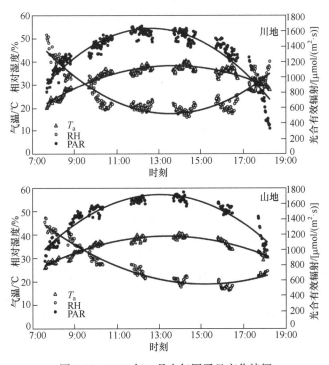

图 3-11 2002 年 8 月大气因子日变化特征

3.3.4 光合生理特征及类型

表 3-2 和表 3-3 是各种植物在川地与山地条件下单位叶面积的日光合、蒸腾及水分利用效率特征。可以看出，测定的不同植物的日水分利用效率高低顺序在川地和山地相似，但同一种植物在川地条件下的单位叶面积日最高光合速率、日同化量和水分利用效率大多显著高于在山地条件下($p<0.05$)。

表3-2　川地各植物的单位叶面积日光合、蒸腾及水分利用效率特征

物种	日最高光合速率/[μmol/(m²·s)]	日最高蒸腾速率/[mmol/(m²·s)]	日同化量/(mmol/m²)	日蒸腾量/(mmol/m²)	日水分利用效率/(mmol/m²)
谷子	24.98±0.09	8.59±0.04	765.29±2.82	245.84±0.88	3.11±0.01
沙棘	19.77±0.05	9.28±0.07	504.04±2.11	242.10±1.12	2.08±0.00
沙打旺	22.20±0.07	11.59±0.03	613.40±1.53	293.33±1.05	2.09±0.01
达乌里胡枝子	14.01±0.05	11.91±0.08	325.55±2.96	262.15±1.02	1.24±0.01
白羊草	25.27±0.09	11.36±0.07	645.05±1.27	308.02±0.59	2.09±0.01
苜蓿	22.86±0.04	15.06±0.05	749.30±1.68	472.82±1.61	1.58±0.01
柳枝稷	23.44±0.11	7.34±0.08	657.97±1.30	218.74±1.10	3.01±0.02

表3-3　山地各植物的单位叶面积日光合、蒸腾及水分利用效率特征

物种	日最高光合速率/[μmol/(m²·s)]	日最高蒸腾速率/[mmol/(m²·s)]	日同化量/(mmol/m²)	日蒸腾量/(mmol/m²)	日水分利用效率/(mmol/m²)
谷子	21.00±0.10	9.37±0.05	650.99±2.22	268.99±1.11	2.42±0.00
沙棘	15.25±0.10	7.15±0.02	398.59±1.21	206.06±0.83	1.93±0.01
沙打旺	20.40±0.10	10.51±0.09	488.70±1.48	329.90±2.01	1.48±0.01
达乌里胡枝子	10.77±0.11	8.71±0.04	266.29±1.88	236.16±1.99	1.13±0.01
白羊草	22.89±0.88	13.25±0.40	540.07±2.03	339.95±1.80	1.59±0.01
苜蓿	26.52±0.71	17.27±0.06	758.52±1.56	540.68±1.01	1.40±0.01
柳枝稷	21.33±0.32	9.22±0.04	540.43±1.61	208.22±1.35	2.60±0.01

根据获得的各植物叶片光合速率日变化特征，通过比较川地和山地两种生境条件下各植物单位叶面积的日最高光合速率和单位叶面积日同化量(邓雄等，2002)，可将这些植物初步分别划分为高光合速率类型，即日最高光合速率>20μmol/(m²·s)和单位叶面积日同化量>500mmol/m²，包括谷子、柳枝稷、白羊草、苜蓿和沙打旺；中等光合速率类型，即日最高光合速率在15~20μmol/(m²·s)和单位面积日同化量在350~500mmol/m²，主要为沙棘；低光合速率类型，即日最高光合速率<15 μmol/(m²·s)和单位叶面积日同化量<350mmol/m²，属本类型的为达乌里胡枝子。同样，根据蒸腾速率日变化特征，可将这些植物划分为高蒸腾速率类型，即日最高蒸腾速率>15 mmol/(m²·s)和单位叶面积日蒸腾量>400mmol/m²，主要为苜蓿；中蒸腾速率类型，即日最高蒸腾速率 10~15mmol/(m²·s)和单位叶面积日蒸腾量300~400mmol/m²，主要为白羊草和沙打旺；低蒸腾速率类型，即日最高蒸腾速率<10mmol/(m²·s)和单位叶面积日蒸腾

量<300mmol/m²，包括谷子、柳枝稷、达乌里胡枝子和沙棘。

将川地与山地植物日水分利用效率整体取平均值，按照其值的大小分布区间，可将这些植物划分为不同的水分利用效率类型，即日水分利用效率在 2.5～3.5mmol/m² 的为高水分利用效率类型，包括谷子和柳枝稷；日水分利用效率在 1.5～2.5mmol/m² 的为中水分利用效率类型，主要为沙棘、沙打旺和白羊草；日水分利用效率<1.5mmol/m² 的为低水分利用效率型，包括达乌里胡枝子和苜蓿。

3.3.5 叶水势

表 3-4 和表 3-5 显示的是各植物在川地和山地条件下各时刻叶水势日变化过程。所有参试植物的叶水势值均以清晨 6:00 最高，14:00 最低。川地各植物在清晨 6:00 的叶水势值高低顺序为柳枝稷>谷子>苜蓿>沙棘>达乌里胡枝子>沙打旺>白羊草；日均值大小顺序为苜蓿>谷子>柳枝稷>沙棘>达乌里胡枝子>沙打旺>白羊草；日变化幅度大小顺序为柳枝稷>苜蓿>谷子>沙棘>沙打旺>白羊草>达乌里胡枝子表(3-4)。山地各植物清晨叶水势的大小顺序为达乌里胡枝子>苜蓿>沙棘>谷子>沙打旺>白羊草>柳枝稷；日均值大小顺序为达乌里胡枝子>谷子>苜蓿>沙棘≈柳枝稷>白羊草>沙打旺；日变化幅度大小顺序为沙棘≈沙打旺>苜蓿>白羊草>谷子>柳枝稷>达乌里胡枝子(表 3-5)。可以看出，川地只有白羊草和达乌里胡枝子清晨叶水势较山地条件下的低，其他植物均为山地的较川地叶水势低。

表 3-4 川地一天中不同时刻各植物叶水势比较 (单位：MPa)

物种	测定时刻				18:00 与 14:00 叶水势差	日均值	日变化幅度
	6:00	10:00	14:00	18:00			
谷子	−2.53±0.03	−3.67±0.02	−4.13±0.03	−3.93±0.05	0.20±0.06	−3.57±0.06	1.60±0.01
沙棘	−3.10±0.14	−4.13±0.03	−4.27±0.01	−4.00±0.05	0.27±0.06	−3.93±0.06	1.17±0.15
沙打旺	−3.73±0.03	−4.73±0.04	−4.83±0.06	−4.57±0.08	0.25±0.04	−4.47±0.04	1.10±0.03
达乌里胡枝子	−3.67±0.01	−4.13±0.03	−4.20±0.13	−3.80±0.03	0.40±0.09	−3.95±0.05	0.53±0.12
白羊草	−4.27±0.01	−4.93±0.03	−5.13±0.08	−4.80±0.04	0.33±0.09	−4.78±0.11	0.87±0.07
苜蓿	−2.67±0.03	−3.60±0.06	−4.47±0.07	−3.47±0.08	1.00±0.15	−3.55±0.06	1.80±0.09
柳枝稷	−2.31±0.03	−3.83±0.08	−4.27±0.08	−4.24±0.08	0.03±0.03	−3.66±0.06	1.96±0.07

表 3-5 山地一天中不同时刻各植物叶水势比较 (单位：MPa)

物种	测定时刻				18:00 与 14:00 叶水势差	日均值	日变化幅度
	6:00	10:00	14:00	18:00			
谷子	−3.80±0.04	−4.63±0.03	−5.73±0.06	−4.80±0.05	0.93±0.03	−4.74±0.04	1.93±0.04
沙棘	−3.67±0.06	−5.80±0.04	−6.40±0.11	−5.40±0.06	1.00±0.11	−5.32±0.06	2.73±0.10
沙打旺	−4.00±0.05	−6.40±0.07	−6.73±0.08	−6.13±0.06	0.60±0.11	−5.82±0.03	2.73± 0.09

续表

物种	测定时刻				18:00 与 14:00 叶水势差	日均值	日变化 幅度
	6:00	10:00	14:00	18:00			
达乌里 胡枝子	−2.80±0.05	−3.20±0.07	−3.46±0.07	−3.36±0.11	0.10±0.04	−3.21±0.04	0.66±0.04
白羊草	−4.20±0.03	−6.40±0.05	−6.30±0.11	−5.20±0.07	1.09±0.19	−5.53±0.03	2.20±0.12
苜蓿	−3.20±0.03	−5.07±0.04	−5.86±0.12	−5.28±0.07	0.58±0.11	−4.85±0.05	2.66±0.10
柳枝稷	−4.67±0.08	−5.00±0.05	−5.93±0.05	−5.73±0.07	0.22±0.03	−5.33±0.04	1.27±0.03

根据水势日变化过程中川地和山地平均叶水势日变化幅度划分，可以得出日变化幅度最大型，叶水势日变化幅度>2.0MPa，为苜蓿(2.23MPa)；日变化幅度较大型，叶水势日变化幅度在1.8～2.0MPa，包括沙棘(1.95MPa)和沙打旺(1.92MPa)；日变化幅度一般型，叶水势日变化幅度在1.5～1.8MPa，为谷子(1.77MPa)、柳枝稷(1.61MPa)和白羊草(1.54MPa)；日变化幅度最小型，达乌里胡枝子(0.60MPa)(表3-6)。按照川地和山地平均叶水势日均值高低分别划分为最低型，即叶水势日均值<−5.0MPa，为白羊草(−5.20MPa)和沙打旺(−5.14MPa)；较低型，即叶水势日均值在−5.0～−4.5MPa，为沙棘(−4.62MPa)；较高型，即叶水势日均值在−4.5～−4.0MPa，为柳枝稷(−4.5MPa)、苜蓿(−4.20MPa)和谷子(−4.15MPa)；最高型，即叶水势日均值>−4.0MPa，为达乌里胡枝子(−3.58MPa)。

表 3-6　山地和川地各植物叶水势比较　　　　　(单位：MPa)

物种	测定时刻				18:00 与 14:00 叶水势差	日均值	日变化 幅度
	6:00	10:00	14:00	18:00			
谷子	−3.17±0.04	−4.15±0.03	−4.93±0.06	−4.37±0.09	0.56±0.09	−4.15±0.05	1.77±0.05
沙棘	−3.39±0.03	−5.07±0.07	−5.34±0.05	−4.70±0.04	0.63±0.08	−4.62±0.02	1.95±0.07
沙打旺	−3.87±0.09	−5.57±0.08	−5.78±0.09	−5.35±0.08	0.43±0.05	−5.14±0.06	1.92±0.15
达乌里 胡枝子	−3.24±0.06	−3.67±0.10	−3.83±0.07	−3.58±0.06	0.25±0.13	−3.58±0.02	0.60±0.09
白羊草	−4.24±0.07	−5.67±0.09	−5.72±0.07	−5.00±0.09	0.72±0.15	−5.20±0.02	1.54±0.11
苜蓿	−2.94±0.04	−4.34±0.05	−5.17±0.07	−4.38±0.08	0.80±0.03	−4.20±0.06	2.23±0.04
柳枝稷	−3.49±0.03	−4.42±0.09	−5.10±0.04	−4.99±0.04	0.11±0.02	−4.50±0.03	1.61±0.07

从表3-4和表3-5可以看出，川地和山地条件下各植物叶水势均以14:00最低，到18:00均不同程度地增加，但变化幅度存在较大差异。川地18:00与14:00叶水势差值最大的为苜蓿，柳枝稷的最小。山地以白羊草和沙棘18:00与14:00时刻的叶水势差最大，柳枝稷的最小。综合川地和山地来看，苜蓿和白羊草18:00

与 14:00 的叶水势差较大，柳枝稷的最小。

3.3.6 讨论与结论

在干旱环境条件下，植物清晨叶水势通常被认为是植物在经历一夜根冠水分平衡与恢复后，与根区平均土壤水势相近或与根区最湿部分水势接近，因而可以作为判断植物所处环境土壤水分状况的指标(Sato et al.，2006；Jones，1990)。除达乌里胡枝子和白羊草外，其他各植物均以山地条件下清晨叶水势较低，这与同期测定的山地条件下各植物较低土壤含水量情况一致(黄瑾等，2005)。各植物在山地条件下叶水势日变化幅度较大(表 3-5)，说明植物在山地环境下面临的失水压力更大，这与植物在山地条件下较高的日蒸腾量结果相一致。各植物在川地水分利用效率较高，这与川地较高的日均气温、较低的日均相对湿度，以及高生物量条件下较低的土壤温度等环境条件有一定关系。

18:00 和 14:00 水势差大小表示植物在强烈的蒸气压亏缺解除后植物补充水分的能力大小，其值越大表明植物自身水分平衡能力越强(Singsaas et al.，2000)。其中，沙棘和白羊草的这一能力较强，而柳枝稷的恢复能力最弱(表 3-5)。综合各植物在山地与川地光合生理(表 3-2 和表 3-3)及叶水势日变化特征(表 3-4、表 3-5 和表 3-6)，可以得出各植物抗旱生理生态适应性总体特征(表 3-7)。在光合生理特征方面，高光合速率、低蒸腾速率和高水分利用效率植物一般具有较强气孔调节能力，如谷子和柳枝稷。高光合速率、高蒸腾速率和高水分利用效率植物实际是一种高耗高效型，对水肥条件有较高要求，在条件满足情况下生产力和效率能够显著提高。中水分利用效率类型的植物，如沙棘和沙打旺在水分条件较好时能够快速生长，在水分条件较差时由于用水相对经济，也能够保证一定的生产力。低光合速率、低蒸腾速率、低水分利用效率类型植物，如达乌里胡枝子在半干旱环境中能够保持一定生长和耗水速度，高光合速率、中等水分利用效率的白羊草在高温强光下保持较快生长，由于水分利用效率较低，高生物量容易造成土壤深层水分旱化(黄瑾等，2005；徐炳成和山仑，2004a)。

表 3-7 山地和川地各植物光合生理与叶水势变化特征比较

物种	光合速率	蒸腾速率	水分利用效率	叶水势日均值	叶水势日变化幅度
谷子	高	低	高	高	一般
沙棘	中	低	中	低	较大
沙打旺	高	中	中	低	较大
达乌里胡枝子	低	低	低	最高	最小
白羊草	高	中	中	最低	一般
苜蓿	高	高	低	高	最大
柳枝稷	高	低	高	高	一般

　　按照植物抗旱适应性定义(Carrow，1995)和植物耐旱适应性机理的划分原则(徐炳成和山仑，2004a；邓雄等，2002)：达乌里胡枝子叶水势日均值最高、日变化幅度最小，光合速率、蒸腾速率与水分利用效率均很低，具有维持高水势、低蒸腾耗水和高水势延迟脱水等耐旱性特征。叶水势日变化幅度小说明其对外界因子变化的敏感性最低，受大气和土壤环境因子的影响最小，抗旱性最强(杨吉华等，2002；李洪建等，2001)，这是其长期适应黄土丘陵区半干旱环境的结果。苜蓿叶水势日变化幅度最大，受环境条件变化影响较大，它主要通过发达根系生长加快对水分的吸收，具有典型的御旱性特征，其维持较高的叶水势是其具有较强水分吸收与传输能力的表现；在耐旱性方面，主要通过加强根系吸水以延迟脱水，属于高水势延迟脱水型。有研究表明，苜蓿在水分条件较好时通过高光合贮藏非结构性碳水化合物，对它在长时间干旱环境下维持呼吸消耗有一定作用，说明其具有耐旱性，还具有一定的避饥饿特征(Sato et al.，2006)。白羊草水分利用效率中等，叶水势日均值和日变化幅度均较小，有研究显示，它叶片内含有大量氨基酸及生物活性物质(张娜和梁一民，2002；李兰芳等，2000，1997)，它可能利用这些物质进行渗透调节而维持低水势，从而防止脱水，其耐旱性机理属于低水势忍耐脱水类。谷子与柳枝稷具有相似的生理生态特征，二者均具有高蒸腾效率的生理御旱性特征，但后者在根系方面的形态抗旱适应性强于前者，因前者具有气孔调节限制水分损失与利用根系吸水相结合的抗旱方式。沙打旺光合生理特征与叶水势日变化与沙棘基本相似，但前者在维持低水势方面要强于后者，在限制水分损失和水分利用效率方面要弱于前者。

　　谷子在大田条件下的叶片光合生理表现为高水分利用效率，川地和山地均具有较高生物量和水分利用效率，说明其在该地区植物布局中应占有重要位置。与牧草相比，谷子存在土壤水分利用不充分，冠层盖度小和休闲期较长等问题，需加强对无效蒸发的控制以保墒和提高土壤水分利用效率。发达的根系是沙棘适应半干旱地区不同立地条件的基础，与柠条相比，其抗旱性表现为根系吸水与地上部分高效用水相结合(徐炳成和山仑，2004b)，说明沙棘可用作人工植被建设中的先锋物种。由于沙棘叶片 T_r 较高、绿期长和枯水季节叶量大，高密度种植容易造成对土壤水分的过度消耗，利用时应根据立地环境水分条件选择合理密度。苜蓿根系发达，叶水势较高，这对其维持正常生长有利，但由于耗水量较大、水分利用效率低，应注意保持土壤含水量稳定，可适当增加灌溉以充分发挥其生产潜力。沙打旺不仅根系发达，对低含量土壤水分利用能力强，水分生态适应性与沙棘相似。由于深层水分利用能力强和水分利用效率高，在高密度种植下会造成土壤水分的过快消耗，可与禾本科牧草混播或适当降低种植密度。柳枝稷发达根系在苗期就有表现，水分利用效率高，迄今没有发现不同立地下和不同生长年限的柳枝稷草地土壤出现低湿层，抗旱性表现为高效率用水与发达根系吸水相结合的方式，说明其可以在该地区大范围推广利用(徐炳成等，2005)。在 7 种植物中，达乌里胡枝子叶水势日均值最高、日变化幅度最小,在不同立地条件下光合生理有近似"休眠"状特征,人工栽培种植能显著提高其生产力,由于水分利用效率很低,高产易导致土壤水分大量消耗。人工栽培种植可大幅度提高白羊草的年度生产力,除了生理与形态抗旱性外,白羊草还具有物候学方面的避旱性,即在短时间迅速完成生长发育与根茎繁殖,非常合适作为水土保持植物。

虽然不同类型植物具有不同抗旱适应方式与途径,但其抗旱机理与生产力关系并不简单对应,具有发达的根系对植物适应黄土丘陵半干旱区不同立地环境条件较为重要,但要达到生产力稳定必须同时要求地上部分水分利用效率高,这正是谷子、沙打旺、沙棘、白羊草和柳枝稷在山地与川地均具有较强的适应性与较高生产力,而苜蓿和达乌里胡枝子虽然能够保持生长,但生产效率相对较低的原因之一。

3.4　黄土丘陵区不同种植行距下柳枝稷光合生理特征

半干旱黄土丘陵区降水量少,水土流失严重,土壤贫瘠,是我国生态环境十分脆弱的地区之一,土壤水分是该地区植被恢复和生态建设的关键制约因子(程序和毛留喜,2003)。长期以来,该区在植被建设过程中,一方面,不合理的植被配置模式,包括物种选择不当、密度过大及过度追求高生产力等,使该地区植被对土壤水分的消耗超过了降水的补给程度,导致各层次土壤水分出现不同程度的亏缺现象(杨磊等,2011)。另一方面,在多年的人工草地建设中,禾本科牧草栽培品种单一,推广面积范围小,迫切需要加强对优良禾草栽培种的选育研究(李代琼等,1999)。因此,引进和选育需水量较少,水分利用效率高,且具有生态、经济、社会效益的优良禾草,丰富人工草地的建设选择种和人工草地类型,一直是该区生态建设面临的主要任务之一。

植物生产是一个种群过程,而非个体表现,不同种植行距配置可引起植物群体冠层结构差异(杨文平等,2008),直接影响植株空间分布和群体内部的小气候环境(de Bruin and Pedersen,2008;Sangoi et al.,2002;Cook et al.,2000;Jost and Cothren,2000;Bullock et al.,1988),并对冠层光能利用和群体光合效率,以及水肥利用起决定性作用(杨国敏等,2009)。因此,合理的种植行距能协调好植物个体与群体间的关系,是发挥植物生长潜力的关键措施之一。

柳枝稷为禾本科黍属多年生 C_4 草本能源植物(Wright and Turhollow,2010;Boylan et al.,2000)。与传统作物相比,柳枝稷抗旱能力强、需肥量少、虫害少、产量高。国际上对其进行了深入研究,将其用于生产燃料乙醇、造纸和生态环境保护等方面(Garten and Wullschleger,2000;Fox et al.,1999;Hopkins et al.,1996)。

柳枝稷不仅是一种能源植物，而且是一种优良的饲草和水土保持植物(Bouton，2007)。20 世纪 90 年代引种到陕北安塞以来，柳枝稷表现出较强的生态适应性和生物质生产潜力，具有优良的水土保持能力(李代琼等，1999)。

光合作用是植物生长发育和产量形成的基础，植物不同生育期叶片光合作用的变化，是评价植株光合生产能力的一个重要理论依据(Guo et al.，2002；Catsky and Sestak，1997)。国内外对柳枝稷研究主要集中在柳枝稷品种筛选培育、种植管理和引种表现等方面。有关于柳枝稷光合生理生态和水分利用特征的研究(李继伟等，2011)，但针对不同种植行距下柳枝稷的光合生理生态特征及水分利用等方面的研究少有报道。因不同种植行距下可形成植株不同群体分布，对植株个体形态、光合生理、土壤水分均会造成影响(郭天财等，2009；孙淑娟等，2008；陈素英等，2006；王之杰等，2001；于振文等，1995)。通过改变种植行距，能够调节群体结构，协调植物需求与水分供应的矛盾，实现水分平衡和高效利用，是建设可持续草地亟待解决的重要问题。因此，本节通过在梯田设置柳枝稷不同种植行距，探讨其光合速率和水分利用特性的变化特征及影响因素，以寻求柳枝稷合理的种植行距，为该区柳枝稷的合理利用及大范围推广种植提供依据和指导。

3.4.1　材料与方法

试验位于陕西安塞农田生态系统国家野外科学观测研究站山地梯田，共设 3 个行距处理，分别为 20cm (L20)、40cm (L40)和 60cm (L60)。试验采用完全随机区组排列，每处理重复 3 次，共 9 个小区。每个小区面积为 12 m²(3m × 4m)，每小区中央预埋一根 380cm 深度中子管，用于土壤水分测定。试验于 2009 年 7 月 15 日播种，每行播种量均为 20g，播种方式为条播，采用南北走向。重点测定各行距下柳枝稷草地的土壤水分月动态和年度生物量。每年在生育期末全部刈割收获，留茬 2cm。试验期间不浇水，不施肥，人工适时除草。

光合气体交换参数：采用 CIRAS-2 便携式光合仪测定，于 2012 年柳枝稷生长的各关键生育期进行。随机选取柳枝稷顶端新近充分展开叶片，选择无云的晴朗天气，8:00～18:00 每 2h 测定一次。测定获得光合速率[P_n，μmol/(m²·s)]、蒸腾速率[T_r，mmol/(m²·s)]、气孔导度[G_s，mmol/(m²·s)]、胞间 CO_2 浓度(C_i，μmol/mol)等光合作用气体交换参数，以及光合有效辐射[PAR，μmol/(m²·s)]、大气温度(T_a，℃)和相对湿度(RH，%)等环境因子参数。每个小区重复 3 次，连续测定 3 天。气孔限制值 $L_s = 1 - C_i/C_a$ (Berry and Downton，1982)。叶片水分利用效率 $WUE_i = P_n/T_r$ (Fischer and Turner，1978)。

光合-光响应曲线：利用 CIRAS-2 便携式光合仪测定系统，分别于 2012 年 5 月、6 月、8 月，选择典型晴天的 8:30～11:30 进行不同光强环境光合-光响应曲线测定。每个小区中选取 3 棵长势均匀的植株，选取上部新近充分展开叶片进行测定。采用仪器自备红蓝光源开路系统测定柳枝稷叶片的光合-光响应曲线。测定时光强由强到弱，依次设定光合有效辐射为 2000μmol/(m²·s)、1600μmol/(m²·s)、1200μmol/(m²·s)、800μmol/(m²·s)、600μmol/(m²·s)、400μmol/(m²·s)、300μmol/(m²·s)、200μmol/(m²·s)、160μmol/(m²·s)、120μmol/(m²·s)、80μmol/(m²·s)、40μmol/(m²·s)、0μmol/(m²·s)。将测定的光合有效辐射经光合助手软件进行光响应曲线拟合，得出最高光合速率 P_{max}[μmol/(m²·s)]、暗呼吸速率 R_d[μmol/(m²·s)]、光补偿点(light compensation point，LCP)[μmol/(m²·s)] 及光饱和点(light saturation point，LSP)[μmol/(m²·s)]等参数。光合助手拟合时采用直角双曲线修正模型(叶子飘和于强，2007)，其拟合方程为

$$P_n = \alpha \frac{1 - \beta PAR}{1 + \gamma PAR} PAR - R_d \tag{3-1}$$

数据采用 Sigmaplot 11.0 和 Office Excel 2010 进行绘图与制表。采用 SPSS 16.0 进行数据统计分析。各气体交换参数日均值为 6 个测定时刻的平均值。不同种植行距下柳枝稷的光合生理参数、水分利用效率及光响应曲线参数的差异显著性均采用单因素方差分析进行检验(p=0.05)。

3.4.2　环境因子日变化

试验测定期间，光合有效辐射(PAR)和气温(T_a)的日变化均呈单峰曲线，日最高值分别出现在 10:00~14:00 和 12:00~14:00；T_a 与 PAR 日变化趋势基本一致，即随着光照强度增强，气温相应逐渐升高。大气相对湿度(RH)的日变化幅度较小，整体呈一条直线缓慢波动，日均气温最高出现在 6 月，为 32.1℃，最低出现在 9 月，为 22.05℃；日均大气相对湿度最高的是 5 月，为 15.98%，其次为 8 月(15.16%)，较低的是 9 月(9.68%)和 6 月(10.78%)(图 3-12)。

3.4.3　光合速率日变化

不同行距下柳枝稷的光合速率(P_n)日变化均呈双峰曲线，具有明显的光合"午休"现象(图 3-13)。生育期不同，P_n 出现高峰和低谷的时刻和值具有明显差异。在 5 月、6 月和 9 月，第一峰值出现在 10:00，L20、L40 和 L60 行距下的峰值大小分别为 18.94μmol/(m²·s)、22.21μmol/(m²·s) 和 22.89 μmol/(m²·s)(5 月)；11.27μmol/(m²·s)、12.71μmol/(m²·s)和 13.36μmol/(m²·s)(6 月)；10.35μmol/(m²·s)、9.32μmol/(m²·s)和 12.02μmol/(m²·s)(9 月)；8 月的第一峰值出现在 12:00，P_n 大小分别为 14.69μmol/(m²·s)、13.93μmol/(m²·s)和 15.77μmol/(m²·s)。5 月、8 月和 9 月第二高峰出现在 16:00，P_n 大小分别为 19.71μmol/(m²·s)、20.64μmol/(m²·s)和 20.34μmol/(m²·s)(5 月)；13.17μmol/(m²·s)、14.01μmol/(m²·s)和 14.19μmol/(m²·s)(8 月)，

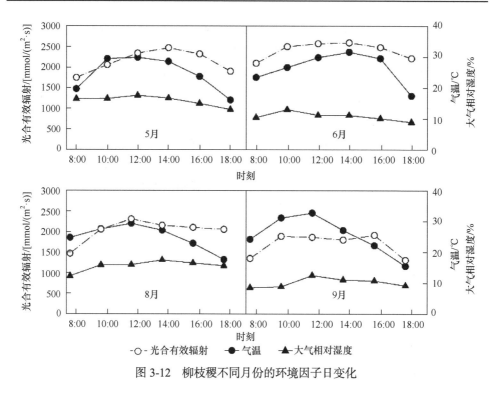

图 3-12　柳枝稷不同月份的环境因子日变化

以及 10.08μmol/(m²·s)、10.54μmol/(m²·s)和 11.60μmol/(m²·s)(9 月)。在 6 月，不同行距下的第二高峰均出现在 14:00，分别为 12.20μmol/(m²·s)、13.12μmol/(m²·s)和14.19μmol/(m²·s)。行距对柳枝稷 P_n 有明显影响，其均随着种植行距的增大而增大，表现为 L60>L40>L20。在 5 月，L40 和 L60 行距下的 P_n 差异不显著，但均显著高于 L20($p<0.05$)。在 6 月、8 月和 9 月，L60 均显著高于 L20 和 L40，而后两者间差异不显著(表 3-8)。L20 和 L40 在 5 月的 P_n 值显著大于 6 月和 8 月，6 月与 8 月的差异不显著，但均显著大于 9 月。L60 行距下的 P_n 显著性差异顺序为 5 月>8月>6 月>9 月($p<0.05$)。

3.4.4　气孔导度日变化

柳枝稷的气孔导度(G_s)具有明显的季节变化特征。在 8 月，G_s 日变化呈现单峰曲线，峰值出现在 12:00 左右；在 5 月、6 月和 9 月，G_s 日变化曲线具有一定相似性，从清晨开始，随着 PAR 和 T_a 的逐渐增加，叶片 G_s 值迅速增加，于 10:00 左右达到第一个峰值，其后受高温低湿的环境影响，G_s 迅速降低，到 12:00 左右出现低谷，5 月和 6 月第二峰值出现在 14:00，9 月第二峰值出现在 16:00 左右(图 3-13)。不同种植行距下，G_s 日均值的高低顺序为 L60>L40>L20；在 5 月，L60 和 L40 行

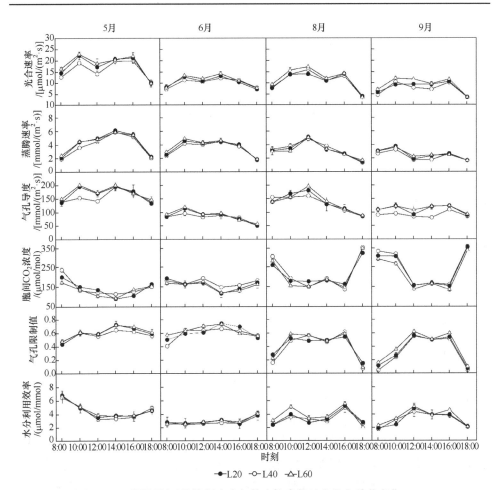

图 3-13　不同行距下柳枝稷光合气体交换参数日变化和季节变化(*n*=5)

表 3-8　不同行距下柳枝稷光合气体交换参数的日变化和季节变化(均值±标准误)(2012 年)

参数	行距	5月	6月	8月	9月
光合速率 P_n/[μmol/(m^2·s)]	L20	15.95±0.50 b(a)	10.05±0.06 b(b)	10.68±0.17 b(b)	7.21±0.17 b(c)
	L40	17.60±0.49 a(a)	10.35±0.06 b(b)	10.72±0.31 b(b)	7.90±0.11 b(c)
	L60	18.35±0.15 a(a)	10.97±0.20 a(c)	12.01±0.03 a(b)	9.18±0.47 a(d)
蒸腾速率 T_r/[mmol/(m^2·s)]	L20	3.96±0.07 b(a)	3.55±0.04 a(b)	3.37±0.10 a(b)	2.37±0.03 b(c)
	L40	4.32±0.10 a(a)	3.69±0.05 a(b)	3.28±0.05 a(c)	2.64±0.07 a(d)
	L60	4.29±0.09 a(a)	3.81±0.11 a(b)	3.20±0.06 a(c)	2.66±0.05 a(d)
气孔导度 G_s/[mmol/(m^2·s)]	L20	157.31±4.18 b(a)	80.83±0.17 a(d)	133.08±0.87 a(b)	90.85±0.77 b(c)
	L40	173.24±2.74 a(a)	84.92±1.32 a(d)	136.72±2.70 a(b)	110.01±5.29 a (c)
	L60	172.84±1.06 a(a)	88.63±3.06 a(d)	138.71±3.06 a(b)	113.21±3.39 a(c)
胞间 CO_2 浓度 C_i/(μmol/mol)	L20	147.77±3.18 a(d)	173.42±6.60 a(c)	223.72±3.53 a(b)	250.78±3.78 a(a)
	L40	141.71±0.56 ab(d)	161.08±8.24 a(c)	216.85±4.39 a(b)	243.56±2.93 a(a)
	L60	133.73±3.58 b(c)	155.82±6.62 a(b)	213.65±4.36 a(a)	224.43±3.07 b(a)

续表

参数	行距	5月	6月	8月	9月
气孔限制值 L_s	L20	0.581±0.020b(a)	0.565±0.021 b(a)	0.396±0.008 a(b)	0.319±0.011 b(c)
	L40	0.593±0.011ab(a)	0.595±0.021 a(a)	0.409±0.012 a(b)	0.341±0.015 b(c)
	L60	0.613±0.002 a(a)	0.610±0.031 a(a)	0.418±0.012 a(b)	0.390±0.010 a(b)
水分利用效率 $WUE_i/(\mu mol/mmol)$	L20	4.46±0.06 a(a)	2.95±0.06 a(c)	3.22±0.05 b(b)	3.08±0.05 b(bc)
	L40	4.46±0.03a(a)	2.92±0.05 a(c)	3.32±0.04 b(b)	3.07±0.15 b(bc)
	L60	4.52±0.03a(a)	2.96±0.06 a(d)	3.70±0.06 a(b)	3.46±0.06 a(c)

注: 括号里不同小写字母表示同一行距处理下不同月份间差异显著, 括号外的不同小写字母表示同一月份不同行距间差异显著($p < 0.05$)。

距下的 G_s 值显著大于 L20, 而 L40 和 L60 间差异不显著; 在 9 月, L60 行距下的 G_s 值显著大于 L20, 此外, 其他处理间差异不显著(表 3-8)。不同月份 G_s 日均值存在显著性差异, 其高低顺序表现为 5 月>8 月>9 月>6 月($p<0.05$)。

3.4.5 蒸腾速率日变化

三种行距下, 柳枝稷叶片蒸腾速率(T_r)日均值均随着生育期而逐渐下降。方差分析结果表明, 除了 L20 行距下的 T_r 日均值在 5 月和 6 月间差异不显著外, 不同月份间的 T_r 值均存在显著差异。各月份里, 柳枝稷的叶片 T_r 日变化具有一定差异。在 5 月和 8 月, T_r 日变化呈单峰曲线变化, 峰值分别出现在 14:00 和 12:00; 在 6 月和 9 月, T_r 日变化呈现双峰曲线, 第一峰值均出现在 10:00, 6 月第二峰值出现在 14:00, 9 月出现在 16:00(图 3-13)。在 6 月和 8 月, 行距对 T_r 日均值无显著影响, 各行距处理间差异不显著, 在 5 月和 9 月, L40 和 L60 行距间 T_r 日均值无显著差异, 但均显著高于 L20 行距(表 3-8)。

3.4.6 胞间 CO_2 浓度日变化

三种行距下, 柳枝稷叶片胞间 CO_2 浓度(C_i)日均值随着生育期进行而增加, 表现为 5 月<6 月<8 月<9 月。除了 L60 行距下 C_i 日均值在 8 月和 9 月间差异不显著外, 其他月份间均存在显著差异(图 3-13)。不同月份柳枝稷 C_i 日变化呈现规律性变化, 均为两头高, 中间低的形态。三个种植行距下, 柳枝稷的叶片 C_i 值均在 8:00 处于较高水平, 随着时间推移逐渐降低, 在 14:00~16:00 左右达到最低, 然后又逐渐回升。在不同月份, C_i 日变化呈现出与 P_n 相反的趋势, 随着种植行距的增大而减小, 表现为 L20>L40>L60。在 5 月和 9 月, L20 行距下的 C_i 均值显著大于 L60, 其他两个月份行距间差异不显著(表 3-8)。

3.4.7　叶片水分利用效率日变化

柳枝稷的叶片水分利用效率(WUE$_i$)具有明显的季节差异。在 5 月,WUE$_i$日变化呈明显的 "L" 型曲线,早上 8:00 为日最高值,然后缓慢下降,到 14:00 左右出现日最低值,随后逐渐回升。在 6 月,柳枝稷的 WUE$_i$日变化幅度很小,只在 16:00之后才开始迅速增大。在 8 月和 9 月,WUE$_i$ 则呈现出双峰的变化趋势(图 3-13)。三种行距下,柳枝稷的 WUE$_i$日均值均为 5 月>8 月>9 月>6 月。在 5 月,三种行距下 WUE$_i$日均值差异不显著;在 6 月,L20、L40 和 L60 行距间 WUE$_i$均值差异不显著,在 8 月和 9 月,L20 和 L40 行距间差异不显著,但均显著低于 L60(表 3-8)。

3.4.8　叶片光合–光响应曲线

柳枝稷在不同月份光合速率(P_n)随光合有效辐射(PAR)变化趋势很相似,表现为在低光照强度范围时,P_n随着 PAR 呈线性增长,随着光照强度的继续增加,P_n增长速度减缓,当光照强度达到柳枝稷光饱和点时,P_n几乎不再变化,基本呈一条直线,没有表现出明显的光抑制现象(图 3-14)。三种行距下,柳枝稷叶片的光合–光响应曲线表现出明显的季节变化。

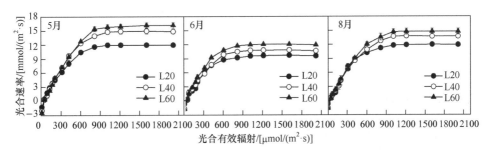

图 3-14　不同行距下柳枝稷光合–光响应曲线

行距对柳枝稷的光合特征参数无显著影响。三种行距下,柳枝稷的光补偿点(LCP)均表现为 L20 显著低于 L40 和 L60 行距,但 L40 和 L60 行距间无差异。光饱和点(LSP)仅在 6 月显著低于 5 月和 8 月,其他月份间和行距间均无显著差异。随着生育期的进行,LCP 有降低趋势,L40 行距下 5 月和 8 月的 LCP 显著大于 6 月,L20 行距下各月份间无显著差异,L60 行距下表现为 5 月显著大于 6 月和 8 月,6 月和 8 月各处理间差异不显著。在 6 月,受到干旱胁迫,三种行距下的 LSP 值均显著降低,8 月 LSP 出现不同程度的回升,且与 5 月相比差异不显著。随生长发育的进行,柳枝稷叶片的 LCP 值降低,LSP 值升高,表明其光能利用范围增大,对环境适应能力增强。不同生长月份里,柳枝稷的 P_{max} 和 R_d 大多表现为 L60 行距下显著最高(表 3-9)。

表 3-9　不同行距下柳枝稷光合-光响应参数比较(2012 年)

参数	行距	5 月	6 月	8 月
暗呼吸速率 R_d/[μmol/(m²·s)]	L20	1.49±0.10 b(a)	1.16±0.01 c(b)	1.27±0.14 c(b)
	L40	1.98±0.06 a(a)	1.42±0.04 b(b)	1.48±0.09 b(b)
	L60	2.05±0.43 a(a)	1.64±0.09 a(a)	1.71±0.09 a(a)
最高光合速率 P_{max}/[μmol/(m²·s)]	L20	12.31±0.58 c(a)	11.03±0.05 b(a)	12.04±0.56 b(a)
	L40	15.29±0.56 b(a)	11.49±0.06 b(b)	14.69±0.40 a(a)
	L60	16.62±0.67 a(a)	12.43±0.01 a(c)	15.17±0.63 a(b)
光补偿点 LCP/[mmol/(m²·s)]	L20	35.75±2.03 b(a)	32.55.7±1.46b(a)	33.79±4.96 b(a)
	L40	46.39±2.51 a(a)	39.09±1.89 a(b)	43.10±0.71 a(a)
	L60	51.20±3.20 a(a)	45.01±1.61 a(b)	46.52±3.20 a(b)
光饱和点 LSP/[mmol/(m²·s)]	L20	1398.7±0.89 a(a)	1249.5±30.86 a(b)	1418.7±10.83 a(a)
	L40	1410.5±24.76 a(a)	1269.3±14.56 a(b)	1430.0±22.13 a(a)
	L60	1442.3±24.65 a(a)	1255.7±32.23 a(b)	1453.3±31.15 a(a)
R^2	L20	0.997	0.992	0.997
	L40	0.998	0.997	0.996
	L60	0.996	0.992	0.994

注: 括号里不同小写字母表示同一行距处理下不同月份间差异显著, 括号外的不同小写字母表示同一月份不同行距间差异显著($p < 0.05$)。

3.4.9　讨论与结论

1. 行距对柳枝稷光合速率日变化的影响

种植行距的大小关系到田间植物群体密度和冠层的通风透光, 进而影响植株长势、光合生理、产量和土壤水分利用。在不同种植密度下小麦光合生理研究方面, 于振文等(1995)研究得出小麦旗叶 P_n 随着种植密度增加而降低, 也有研究认为种植密度对小麦旗叶 P_n 影响不显著(王之杰等, 2001)。柳枝稷光合速率随种植行距增加而升高, 其原因可能是在行距增大时, 光照和 CO_2 资源更加充分, 有利于 C_4 植物柳枝稷的单株发育(高亚男等, 2010)。

柳枝稷在不同生育期叶片光合速率日变化均呈双峰曲线, 表现出明显的光合"午休"现象。光合"午休"是植物对炎热夏季的一种有益的生态适应和自我调节机制的表现(温达志等, 2000)。植物叶片 P_n 午间降低的因素主要有气孔限制和非气孔限制(许大全, 1997)。前者是中午田间光照、温度和湿度等环境因子的变化引起植物部分气孔的关闭, CO_2 进入叶片叶肉细胞受阻而使光合速率下降, 而后者是叶肉细胞自身羧化酶活性的下降引起光合速率的降低(杜占池和杨宗贵, 1990)。

根据 Farquhar 和 Sharkey(1982)的观点,只有当 P_n 和 C_i 值同时减小,且 L_s 值增大,才可认为 P_n 的下降主要由气孔因素引起,否则 P_n 的下降归因于非气孔因素。然而,在多数情况下,光合速率的下降是气孔因素和非气孔因素共同作用的结果,只是在某一时刻为气孔因素或非气孔因素起主导作用(齐华等,2003)。通过对 P_n、C_i 和 L_s 值的变化分析得知,本节中,5 月光合"午休"是以气孔限制为主,主要原因是中午高光强、高温、叶片内外饱和蒸气压差下降,导致气孔关闭。6 月和 8 月的光合"午休"为非气孔限制,而在 9 月,光合"午休"是由气孔因素和非气孔因素共同作用的结果。

不同生长月份柳枝稷光合速率日均值表现为 5 月 > 8 月 > 6 月 > 9 月,主要是由于在 5 月柳枝稷刚返青,气温和光照比较适宜,叶片叶绿素含量处于季节动态变化的峰值,且土壤水分条件较好。水分是光合作用的主要影响因素之一,水分亏缺会导致植物的光合速率下降。在 6 月,由于降水量较少,大气干旱,气温较高,植物光合器官的相关酶活性受到影响,会限制植物的光合作用(邵玺文等,2009)。在 9 月,柳枝稷叶片开始或已经进入衰老阶段,这是该阶段光合速率显著降低的主要原因。

气孔是植物进行水分和二氧化碳交换的主要通道,气孔导度是反映植物气体交换能力的重要指标。不同生长月份,柳枝稷的气孔导度与蒸腾速率日变化曲线基本一致,均呈双峰型。在 8 月,蒸腾速率与气孔导度呈单峰型,这可能是由于草群冠层空气湿度较高(测定前有降水),因此气孔导度的日变化趋势有所不同。6 月的气孔导度显著低于其他月份,主要是由于柳枝稷处于拔节期,水分需求较高,而本月降水量较少,为了适应高温干旱环境,柳枝稷通过降低气孔导度,减少蒸腾速率,避免高温引起的伤害。研究表明,几乎所有的中生和旱生植物,都可以通过关闭气孔来适应午间叶片过度蒸腾失水或低水势的土壤环境(温达志等,2000)。

蒸腾速率(T_r)随着生育期的进行而逐渐降低,在 6 月和 9 月呈现双峰变化,其午间降低是因为高光辐射和高温,RH 明显降低和 VPD 增大,植物叶面部分气孔关闭或缩小使 G_s 变小,这种现象是植物对自然条件的一种适应。在 5 月和 8 月,T_r 呈单峰变化趋势,可能是因为这两月的土壤水分比较充足,空气湿度较高,植株不会发生强烈的蒸腾失水导致气孔关闭,说明充足的水分可有效地消除植物叶片蒸腾的光合"午休"现象(肖春旺和周广胜,2001)。

叶片水分利用效率(WUE_i)是由植物的 P_n 和 T_r 共同决定的,即消耗单位质量的水,植物所固定的 CO_2,WUE_i 的大小可以反映植物对逆境适应能力的强弱(刘玉华等,2006)。WUE_i 日变化具有明显的季节差异,在 5 月呈"L"型变化,在 8 月和 9 月则呈双峰变化,且峰值出现的时间和大小也不同,这可能与植株自身固有的生理特性或不同季节的气候条件差异,导致 P_n 和 T_r 不同步变化等有关。P_n 和 T_r 都与 G_s 的变化密切相关,G_s 在 6 月的显著降低导致 P_n 与 T_r 也出现不同程度的降低，但 P_n 降低的幅度大于 T_r 降低的幅度，因此 6 月柳枝稷的 WUE_i 显著降低。正午时分，气孔全部或部分关闭的同时，P_n 与 T_r 会出现不同程度的下降，这是植物为适应高温高光强免受损害的一种策略，也是提高 WUE_i 的途径之一(温达志等，2000)。

2. 行距对柳枝稷光合-光响应曲线的影响

采用叶子飘的新光合模型对三种种植行距下柳枝稷的光合-光响应曲线进行拟合，不仅可以获得多项光合特征参数，而且还可以解决植物叶片在低光合有效辐射和光抑制条件下的光响应问题(叶子飘 2008；叶子飘和于强，2007)。采用直角双曲线修正模型拟合显示，R^2 达到 0.992 以上，拟合效果较好。

最高光合速率(P_{max})是反映植物光合能力大小的一个重要指标。张小全和徐德应(2000)通过对杉木叶片光合特性季节动态研究得出，杉木叶片的 P_{max} 具有明显的季节动态，从生长盛期到中期到后期，P_{max} 呈下降趋势。三种种植行距下，柳枝稷的 P_{max} 均在 5 月最大，其次 8 月，6 月最低，这是因为 5 月柳枝稷正处于生长旺期，叶片结构和生理功能均达到完善，光合能力比较旺盛，这种明显的季节变化与柳枝稷的生长节律基本一致。在 6 月，植物的 P_{max} 和 LSP 值均显著降低，这主要是因为植株受到干旱胁迫，其光合能力下降，光照强度利用范围发生变化(李林芝等，2009)。

暗呼吸速率(R_d)反映的是植物在没有光照条件下的呼吸速率(Coley，1983)。R_d 不仅与植物的生理活动有关，还与其所处的光环境密切相关(薛伟等，2011)。由于幼嫩组织的呼吸速率大于老组织，所以 5 月的 R_d 最高。有研究表明，R_d 随着光照强度的降低而降低。本节中，L20 行距下的 R_d 最低，其次为 L40，L60行距下最高，表明随着行距减小，植株叶片相互郁闭，受光条件变差，植物通过降低 R_d 来减少对光合同化物的消耗，这是植物进行自身保护的一种机制(Miao et al.，2009)。

光补偿点(LCP)和光饱和点(LSP)是反映植物需光能力的两个重要指标。LCP是植物利用弱光能力大小的重要指标，该值越小表明植物利用弱光能力越强。LSP是植物利用强光能力大小的指标。行距改变了光在柳枝稷群体中的分布。L20 行距下由于植株密度高，种内竞争激烈，植株整体偏矮，其 LCP 值较 L40 和 L60 行距下低，表明该行距下柳枝稷对弱光的利用能力较强，可能是长期处于光照劣势，激活了其对弱光的吸收和转化效率，导致其向阴性植物光合特性转化，以提高对弱光的利用(焦念元等，2006)。6 月由于干旱，三种种植行距下柳枝稷的 P_{max}、LSP和 R_d 值均显著较低。由前面的分析得出，随着土壤含水量的降低，植物的光合能力减弱，光利用范围变窄，生物量累积速率减慢(李林芝等，2009)。随着生育期的进行，柳枝稷的 LSP 值在 8 月有不同程度的回升，但与 5 月相比，差异不大。LCP

值在 8 月呈现下降，表明随着生长发育的进行，柳枝稷光利用范围增大，对环境的适应能力增强。上述结果说明，行距会造成柳枝稷草地内通风和透光条件的改变，使植株的光强利用范围发生变化，增大行距有利于改善通风和透光条件，促进柳枝稷单株的生长发育，进而提高柳枝稷叶片光合速率、水分利用效率和光饱和点。

3.5　与白羊草混播下柳枝稷叶绿素荧光特性及其对水氮条件的响应

　　光合作用是影响植物生长和生态适应性的关键生理过程之一。较高的光能利用能力能够提高植物生长速率，促进生物量累积，进而提高植物在群落中的竞争能力(Susan and Mcdowel，2002；Durand and Goldstein，2001)。植物光合能力的强弱不仅取决于其自身的遗传学特性，也与外界环境密切相关。在光照条件相对充足的干旱或半干旱地区，水分和养分条件是影响植物生长的关键因素(黎蕾等，2010；Xu et al.，2009)。水分胁迫往往会降低植物叶片的光合能力，短期胁迫后复水下植物光合能力能够恢复，但其恢复程度与遭受的水分胁迫程度、胁迫持续时间有关(Xu et al.，2009)。在全球大气氮沉降增加的背景下，黄土丘陵区氮沉降也有不同程度的增加(梁婷等，2014；周晓兵和张元明，2009)。研究认为，增加氮肥可提高禾本科植物的株高、叶面积、根冠比及光合能力等，促进其生长，增强其对环境资源的竞争能力(Poorter et al.，1990)，但氮素营养对植物光合能力的影响与水分胁迫的速度和程度密切相关(薛青武和陈培元，1990)。在不同类型植物的组合群体中，物种的种内竞争和种间竞争均与种群密度有关，不同类型植物常因密度等差异表现出生长和竞争能力的改变，环境营养条件和外界干扰也可能使混播物种间形成相似的竞争力而达到共存(Goldberg and Barton，1992)。

　　建设稳定高产的人工草地是促进黄土丘陵半干旱区退化草地恢复和生态环境改善的重要措施之一。该区在长期的人工草地建设中，一直存在着优良草种缺乏，以及禾本科草种单一、草群结构不合理等问题。因此，选择合适草种建立混播草地，是提高人工草地生产力和稳定性的关键措施之一(王平等，2009；Grevilliot and Muller，2002)。草种的来源主要包括引进外来种和利用乡土种。与引进种相比，乡土种具有较强的区域生态适应性(马杰等，2010)，而引进种可能存在生态入侵风险(Grevilliot and Muller，2002)。因此，在植物引种利用过程中，需明确其生物入侵特性及生态适应性，以判断其生态入侵风险程度。柳枝稷是多年生禾本科 C_4 植物，植株高大、根系发达，具有适应性广、抗逆能力强等特点，在黄土丘陵区表现出良好的水土保持效益和生产潜力。白羊草是多年生禾本科植物，在黄土丘陵区分布广泛，具有分蘖力强、须根发达等特点，是优良的天然牧草。对柳枝稷的研究主要集中在作为能源作物的栽培管理措施、生态适应性、生产力、水分利用等方面(林长松等，2008；李高扬等，2008；徐炳成等，2004，2003b)，而与白羊草在不同水肥条件下的种间关系少有报道。因此，本试验通过研究与白羊草混播下柳枝稷叶绿素荧光参数特征，及其对土壤水分和氮肥供应的响应特征，为正确分析评价柳枝稷的生态风险性提供光合生理依据。

3.5.1　材料与方法

1. 试验设计

采用盆栽控制试验，生态替代法设计，按白羊草 (B) 和柳枝稷 (L) 株数比，设置 5 种组合比例 (即 B 和 L 株数比为 0∶8、2∶6、4∶4、6∶2 和 8∶0 分别对应 B_0L_8、B_2L_6、B_4L_4、B_6L_2 和 B_8L_0 处理)，两个氮肥处理(即不施氮-N_0 和施氮-N_1)和两个水分水平处理 (即充分供水-WW 和阶段干旱后复水处理-DRW)，共组成 20 个处理组合，即 5 (比例) × 2 (养分) × 2 (水分) ，每处理 3 次重复，共 60 盆。

试验土壤为陕北天然草地耕层 (0~30cm)黄绵土。土壤养分含量分别为有机质含量 0.27%、速效氮含量 11.22mg/kg、速效磷含量 6.55mg/kg、速效钾含量 94.85mg/kg、全氮含量 0.017%、全磷含量 0.063%、全钾含量 1.97%，土壤 pH 为 8.21，土壤田间持水量(field capacity，FC)为 20%。盆钵使用高 16cm、内径 20cm 的聚氯乙烯(PVC)管，底部封堵。装桶时桶底铺碎石子，桶内壁放置内径为 2cm 的 PVC 管 1 根作为灌水管。

试验于 2013 年在黄土高原土壤侵蚀与旱地农业国家重点试验室外防雨棚下进行。施氮处理按照每千克干土施 0.1g 纯氮标准，以尿素[分子式为 $CO(NH_2)_2$，有效氮含量为 46.7%]形式装桶时一次性施入。于 2013 年 4 月初采用种子播种建植，播前萌发试验表明种子发芽率均为 90%以上。苗期土壤水分含量维持在 80%FC 以上。待大部分幼苗长到 5 叶时，间苗并在各桶上均匀覆盖 2mm 厚的珍珠岩以抑制土面蒸发。于 7 月 25 日开始自然干旱，此时白羊草和柳枝稷均处于抽穗期，白羊草的株高显著高于柳枝稷。在整个试验期间，充分灌水处理盆的土壤含水量维持在(80%±5%)FC，盆栽土壤含水量采用称重法进行测定与控制，每天 18:00 进行。当土壤含水量降到 20%FC 左右时复水至 80%FC，由于各处理土壤含水量下降速率不同，分别于干旱胁迫后第 4 天(7 月 29 日)和第 6 天(7 月 31 日)18:00 开始复水，并保持到 8 月 4 日试验测定结束。

2. 测定项目与方法

叶绿素荧光参数采用 Imaging-PAM 测定。7 月 25 日起每 2d 测定一次，测定当日上午 6:00 在室内暗适应 30min 后，选择新近充分展开叶进行测定，每盆测定 1 次，重复 3 次。参照 Schreiber(2004)方法，采用测量光强[0.5μmol/(m²·s)]测得初始荧光参数(F_o)，饱和脉冲光强[1580μmol/(m²·s)，0.8″] 测得最大荧光参数(F_m)，光化光强[200μmol/(m²·s)]进行光诱导。光照期间每隔 20s 触发一次饱和脉冲，持续 5min 测定稳定荧光参数。测定项目主要包括 F_o、F_m、最大光化学效率(F_v/F_m)、实际光化学效率(Φ_{PSII})、表观光合量子传递速率(ETR)、光化学淬灭系数(qP)、非光化学淬灭系数(NPQ)。

试验数据采用 SPSS 17.0 进行统计分析。采用 Origin8.0 和 Excel 2007 绘制图表。水分、氮肥、混播比例及各因素间交互作用下不同参数均值间差异显著性采用一般线性模型进行检验($p=0.05$)。

3.5.2 土壤含水量变化

试验期间，充分供水(WW)处理下的土壤含水量基本维持在(80%±5%)FC (图 3-15)。N_0 处理下，各比例间土壤含水量随时间变化无显著差异。N_1 处理下，B_0L_8、B_2L_6 和 B_4L_4 比例间的土壤含水量随时间变化也无显著差异，故两处理下的土壤含水量以各混播比例的土壤含水量均值表示，B_6L_2 比例土壤含水量变化较为特殊，单独说明和展示。

自然干旱处理开始第一天(7 月 25 日)，N_0 处理下土壤含水量为 77.70%，N_1 处理下 B_0L_8、B_2L_6 和 B_4L_4 比例土壤含水量均值为 79.18%；B_6L_2 比例下土壤含水量为 78.66%。自然干旱 6d 后，N_0 处理下土壤含水量下降至 20.49%(图 3-15)，N_1 处理下，B_0L_8、B_2L_6 和 B_4L_4 比例土壤含水量均值为 19.36% (图 3-15)，而 B_6L_2 比例下 4d 后土壤含水量降至最低值(22.32%)(图 3-15)。总体上，N_1 处理下土壤含水量下降速度快于 N_0 处理。

3.5.3 充分供水条件下叶绿素荧光参数

充分供水(WW)处理下，两氮肥处理及各混播比例下，柳枝稷的叶绿素荧光参数值基本稳定。N_0 处理下，F_v/F_m 值以单播 (B_0L_8 比例) 显著高于 B_6L_2。Φ_{PSII} 值以单播显著高于 B_4L_4 和 B_6L_2 比例，B_2L_6 显著高于 B_6L_2 比例。ETR 值以单播及 B_2L_6 比例下显著高于其他比例。qP 值以 B_4L_4 比例下显著最低。NPQ 值以 B_6L_2 比例显著高于单播及 B_2L_6。N_1 处理下，ETR 值以单播显著高于 B_4L_4 和 B_6L_2 比例，B_2L_6 显著高于 B_6L_2 比例。qP 值以单播显著高于 B_6L_2 比例。NPQ 值以单播显著最低，其他比例间无显著差异。N_1 处理下各比例 NPQ 值显著高于 N_0 处理下的对应比例($p<0.05$)(表 3-10)。

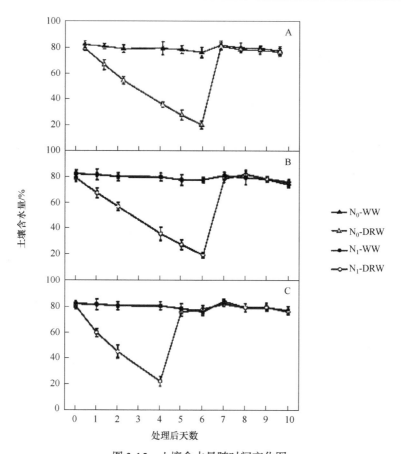

图 3-15　土壤含水量随时间变化图

A-N$_0$ 处理；B-N$_1$ 处理下的 B$_0$L$_8$、B$_2$L$_6$ 和 B$_4$L$_4$ 的平均值；C-N$_1$ 处理下的 B$_6$L$_2$；处理后 0d 代表 7 月 25 日

表 3-10　充分供水条件下不同混播比例中柳枝稷叶绿素荧光参数

叶绿素荧光参数	B$_0$L$_8$		B$_2$L$_6$		B$_4$L$_4$		B$_6$L$_2$	
	N$_0$	N$_1$	N$_0$	N$_1$	N$_0$	N$_1$	N$_0$	N$_1$
F_o	0.08±0.01 a(a)	0.09±0.01 a(a)	0.07±0.01 a(ab)	0.08±0.01 a(ab)	0.08±0.01 a(a)	0.09±0.01 a(a)	0.06±0.01 a(b)	0.07±0.01 a(b)
F_m	0.37±0.01 b(a)	0.43±0.01 a(a)	0.30±0.01 b(b)	0.35±0.01 a(b)	0.37±0.01 b(a)	0.42±0.01 a(a)	0.26±0.01 b(c)	0.32±0.01 a(c)
F_v/F_m	0.79±0.01 a(a)	0.79±0.01 a(a)	0.77±0.01 a(a)	0.77±0.01 a(b)	0.79±0.01 a(a)	0.79±0.01 a(a)	0.76±0.01 b(c)	0.78±0.01 a(b)
qP	0.62±0.01 a(a)	0.63±0.01 a(a)	0.62±0.02 a(a)	0.62±0.01 a(a)	0.57±0.01 b(b)	0.61±0.01 a(a)	0.60±0.01 a(a)	0.60±0.01 a(a)
NPQ	0.62±0.02 a(a)	0.55±0.01 b(b)	0.62±0.01 a(a)	0.58±0.01 b(ab)	0.63±0.01 a(a)	0.59±0.01 b(a)	0.65±0.01 a(a)	0.60±0.01 b(a)
Φ_{PSII}	0.33±0.02 a(a)	0.34±0.01 a(a)	0.32±0.01 a(a)	0.33±0.01 a(ab)	0.30±0.02 b(b)	0.32±0.01 a(ab)	0.28±0.01 a(b)	0.32±0.01 b(b)
ETR	29.30±1.58 b(a)	31.29±1.45 a(a)	28.43±1.42 a(a)	29.67±1.32 a(ab)	25.89±1.35 b(b)	27.99±1.35 a(b)	23.87±1.28 a(c)	25.59±1.15 a(c)

注：同一比例下同行数字后不同小写字母表示养分处理间差异显著，括号内不同小写字母表示同一养分处理下组合比例间差异显著($p<0.05$)，下同。

3.5.4　旱后复水下最大光化学效率

旱后复水(DRW)处理下,各组合比例中柳枝稷的最大光化学效率(F_v/F_m)值随干旱胁迫加剧逐渐下降,其中 N_0 处理下,各比例的 F_v/F_m 值均于自然干旱后 6d 降至最低值,以 B_0L_8、B_4L_4 显著高于 B_6L_2 比例,较 WW 处理显著降低了 6.33%~7.89%。N_1 处理下,各比例的 F_v/F_m 值分别于自然干旱后 6d(B_0L_8、B_2L_6、B_4L_4)和 4d(B_6L_2) 降至最低值,B_0L_8 显著高于 B_6L_2 比例,较 WW 处理显著降低了 3.80%~6.41%。

复水后恢复至 WW 水平,两氮肥处理间无显著差异。复水后第 2 天的 F_v/F_m 值达到了 WW 的 98.69%~100.58%。土壤含水量最低时,施氮显著提高了 B_6L_2 比例的 F_v/F_m 值,约提高了 4.29%。土壤含水量、氮肥含量以及混播比例对柳枝稷的 F_v/F_m 值有显著影响($p<0.05$)(表 3-11、表 3-12、图 3-16)。

表 3-11　阶段干旱及复水处理下土壤含水量最低时不同混播比例中柳枝稷叶绿素荧光参数

叶绿素荧光参数	B_0L_8		B_2L_6		B_4L_4		B_6L_2	
	N_0	N_1	N_0	N_1	N_0	N_1	N_0	N_1
F_o	0.09±0.01 a(a)	0.09±0.01 a(a)	0.10±0.01 a(a)	0.10±0.01 a(a)	0.09±0.01 a(a)	0.09±0.01 a(a)	0.09±0.01 a(a)	0.09±0.01 a(a)
F_m	0.35±0.01 b(a)	0.39±0.01 a(a)	0.34±0.01 b(ab)	0.37±0.01 a(ab)	0.32±0.01 b(bc)	0.36±0.01 a(b)	0.31±0.01 a(c)	0.32±0.01 a(c)
F_v/F_m	0.74±0.01 a(a)	0.76±0.01 a(a)	0.72±0.01 a(ab)	0.74±0.01 a(ab)	0.73±0.01 a(a)	0.75±0.01 a(ab)	0.70±0.01 b(b)	0.73±0.01 a(b)
qP	0.50±0.01 b(a)	0.55±0.02 a(a)	0.49±0.01 b(a)	0.52±0.01 a(b)	0.45±0.01 b(b)	0.50±0.01 a(b)	0.43±0.01 b(b)	0.47±0.01 a(c)
NPQ	0.78±0.01 a(c)	0.68±0.01 b(d)	0.79±0.01 a(c)	0.71±0.01 b(c)	0.82±0.01 a(b)	0.74±0.02 b(b)	0.86±0.01 a(a)	0.77±0.02 b(a)
Φ_{PSII}	0.22±0.01 b(a)	0.27±0.01 a(a)	0.22±0.01 b(a)	0.25±0.01 a(ab)	0.20±0.01 b(a)	0.23±0.01 a(bc)	0.17±0.01 b(b)	0.21±0.01 a(c)
ETR	20.35±1.55 b(a)	23.65±1.42 a(a)	17.50±1.54 b(a)	19.50±1.35 a(b)	15.30±1.35 a(bc)	17.35±1.42 a(bc)	13.20±1.14 a(c)	15.50±1.57 a(c)

表 3-12　土壤含水量、氮肥含量和混播比例及其交互作用对柳枝稷叶绿素荧光参数的影响

变异来源	df	F_v/F_m	qP	NPQ	Φ_{PSII}	ETR
土壤含水量	1	67.997**	402.066**	779.126**	472.749**	856.865**
氮肥含量	1	4.496*	21.613**	137.604**	41.538**	36.986**
混播比例	3	4.698**	16.387**	20.130**	19.376**	71.733**
土壤含水量×氮肥含量	1	2.798	6.446*	10.357**	4.201*	0.792
土壤含水量×混播比例	3	0.369	3.061*	2.939*	0.819	3.189*
氮肥含量×混播比例	3	0.394	1.215	1.424	1.227	0.274
氮肥含量×土壤含水量×混播比例	3	0.251	0.302	0.047	0.970	0.075

注:*表示差异显著($p<0.05$),**表示差异极显著($p<0.01$),df 表示自由度。

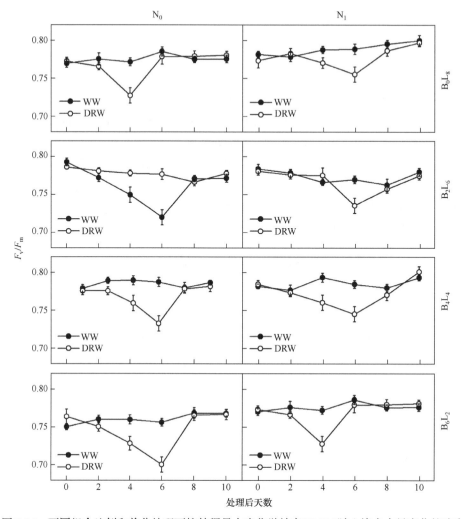

图 3-16　不同组合比例和养分处理下柳枝稷最大光化学效率(F_v/F_m)随土壤含水量变化的响应

3.5.5　旱后复水下实际光化学效率

旱后复水(DRW)处理下,各组合比例中柳枝稷的实际光化学效率(Φ_{PSII})值先表现出短暂的升高,但与 WW 无显著差异,之后随干旱胁迫的加剧逐渐下降。其中 N_0 处理下,各比例下柳枝稷的 Φ_{PSII} 值均于自然干旱后 6d 降至最低值,以 B_6L_2 比例显著最低,较 WW 处理显著降低了 31.25%~39.29%。N_1 处理下,各比例的 Φ_{PSII} 值分别于自然干旱后 6d (B_0L_8、B_2L_6、B_4L_4) 或 4d (B_6L_2) 降至最低值,以 B_0L_8 显著高于 B_4L_4 和 B_6L_2 比例,B_2L_6 显著高于 B_6L_2 比例,较 WW 处理显著降低了 23.53%~34.38%。复水后含水量恢复至 WW 水平,两氮肥处理间无显著差异。复水后第 2 天的 Φ_{PSII} 值相当于 WW 水平下的 95.09%~105.00%。

当土壤含水量最低时,施氮显著提高了各比例下柳枝稷的 Φ_{PSII} 值,四种比例下分别提高了 22.73%、13.64%、15.00%和 23.53%。土壤含水量、氮肥含量、混播比例以及氮肥含量和土壤水量交互作用显著影响柳枝稷的 Φ_{PSII}值($p<0.05$)(表 3-11、表 3-12 和图 3-17)。

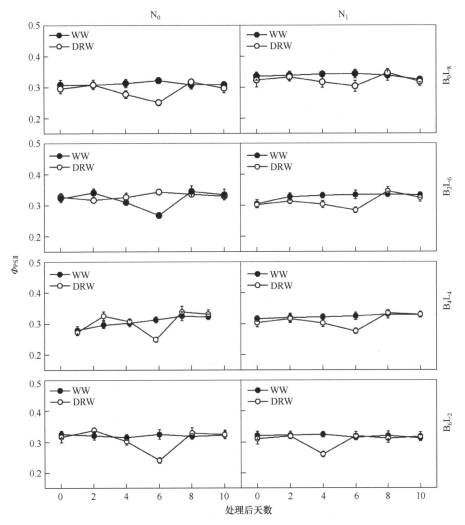

图 3-17　不同组合比例和养分处理下柳枝稷实际光化学效率(Φ_{PSII})随土壤含水量变化的响应

3.5.6　旱后复水下表观光合量子传递速率

　　旱后复水(DRW)处理下,各组合比例中柳枝稷的表观光合量子传递速率(ETR)值表现出短暂的升高,但与 WW 无显著差异,之后随干旱胁迫的加剧逐渐下降,其中 N_0 处理下,各比例下柳枝稷的 ETR 值均于自然干旱后 6d 降至最低值,以 B_0L_8 比例下显著最高,B_2L_6 显著高于 B_6L_2 比例,较 WW 处理显著降低了 30.55%～44.70%。N_1 处理下,各比例的 ETR 值分别于自然干旱后 6d (B_0L_8、B_2L_6、B_4L_4)或

4d (B_6L_2)降至最低值，以 B_0L_8 比例下显著最高，B_2L_6 显著高于 B_6L_2 比例，较 WW 处理显著降低了 24.42%～39.43%。

复水后含水量恢复至 WW 水平，两氮肥处理间无显著差异。复水后第 2 天的 ETR 值相当于 WW 的 94.14%～110.98%。土壤含水量最低时，施氮显著提高了 B_0L_8 比例下柳枝稷的 ETR，约提高了 16.22%。土壤含水量、氮肥含量、混播比例以及土壤含水量和混播比例的交互作用对柳枝稷的 ETR 值均有显著影响（$p<0.05$）(表 3-11、表 3-12 和图 3-18)。

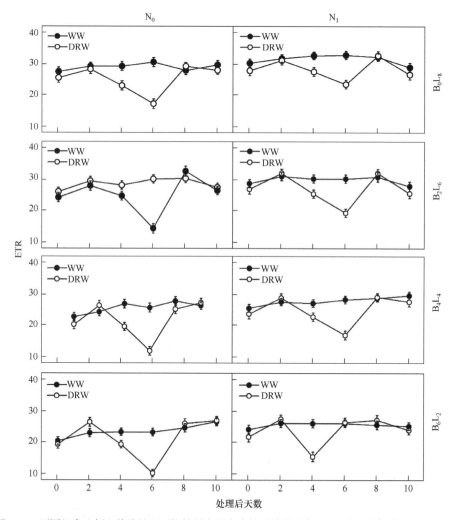

图 3-18　不同组合比例和养分处理下柳枝稷表观光合量子传递速率(ETR)随土壤含水量变化的响应

3.5.7　旱后复水下光化学猝灭

旱后复水(DRW)处理下，各组合比例中柳枝稷的光化学猝灭系数(qP)表现出短暂的升高，且与 WW 出现显著差异，之后随干旱胁迫加剧逐渐下降，胁迫 2d 是变化拐点，其中 N_0 处理下，各比例的 qP 均于自然干旱后 6d 降至最低值，B_0L_8 和 B_2L_6 比例显著高于 B_4L_4 和 B_6L_2 比例，较 WW 处理显著降低了 19.35%～28.33%。N_1 处理下，各比例的 qP 分别于自然干旱后 6d (B_0L_8、B_2L_6、B_4L_4)或 4d (B_6L_2)降至最低值，以 B_0L_8 比例下显著最高，B_6L_2 比例下显著最低，较 WW 处理显著降低 12.70%～21.67%。复水后土壤含水量恢复至 WW 水平，两氮肥处理间无显著差异。复水后第 2 天的 qP 相当于 WW 水平的 101.59%～104.80%。

　　土壤含水量最低时，施氮显著提高了各比例下柳枝稷的 qP，四种比例下分别提高了 10.00%、6.12%、11.11% 和 9.30%。土壤含水量、氮肥含量、混播比例、氮肥含量和土壤含水量交互作用、土壤含水量和混播比例交互作用对柳枝稷的 qP 均有显著影响($p<0.05$)(表 3-11、表 3-12 和图 3-19)。

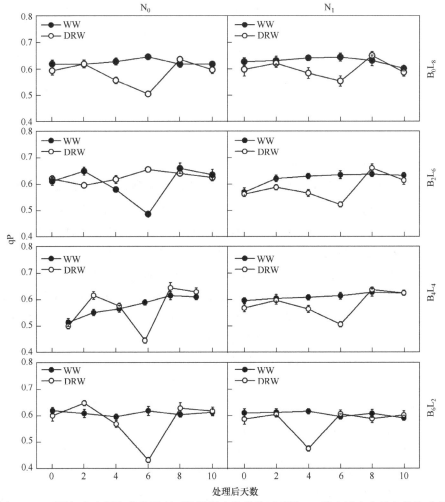

图 3-19　不同组合比例和养分处理下柳枝稷光化学猝灭系数(qP)随土壤含水量变化的响应

3.5.8 旱后复水下非光化学猝灭

旱后复水(DRW)处理下，各组合比例中柳枝稷的非光化学猝灭系数(NPQ)表现出短暂的降低且与 WW 出现显著差异，之后随干旱胁迫加剧逐渐升高。除 N_0 处理下的 B_0L_8 比例，在胁迫 4d 是变化拐点，其他均在胁迫 2d 出现变化拐点。N_0 处理下，各比例的 NPQ 值均于自然干旱后 6d 升至最高值，以 B_6L_2 和 B_4L_4 显著高于 B_0L_8 和 B_2L_6，较 WW 处理显著升高了 25.81%~32.31%。N_1 处理下，各比例的 NPQ 值分别于自然干旱后 6d(B_0L_8、B_2L_6、B_4L_4)或 4d (B_6L_2)升至最高值，B_6L_2 和 B_4L_4 比例显著高于 B_0L_8 和 B_2L_6 比例，分别较 WW 处理显著升高了 22.41%~28.33%。

复水后土壤水分案例恢复至 WW 水平，两氮肥处理间无显著差异。复水后第 2 天的 NPQ 值相当于 WW 水平的 91.08%~104.88%。

土壤含水量最低时，施氮显著降低了各比例下柳枝稷的 NPQ 值，四种比例分别降低了 12.82%、10.13%、9.76%和 10.47%。土壤含水量、氮肥含量、混播比例、氮肥含量和土壤含水量交互作用、土壤含水量和混播比例的交互作用对柳枝稷的 NPQ 值均有显著影响($p<0.05$)(表 3-11、表 3-12 和图 3-20)。

3.5.9 讨论与结论

水肥条件及其交互作用对植物生理及生长的影响是植物抗旱研究的重要内容(Woo et al., 2008；Shangguan et al., 2000；薛青武和陈培元，1990)。叶绿素荧光参数由于其"内在性"特点，常用于评价环境胁迫对植物光合作用的影响以及植物抗旱性特征(Long et al., 2013；Li et al., 2006；Genty et al., 1989)。研究表明，水分胁迫对植物光合能力的影响与胁迫程度及植物对干旱的敏感性有关(Xu et al., 2014)。植物在适度水分胁迫及复水过程中，会产生适应、伤害、修复及补偿等阶段性反应(赵丽英等，2004；Koblizek et al., 2001)。Shangguan 等(2000)对水氮互作下冬小麦叶片荧光动力学的研究得出，水分胁迫对冬小麦 F_v/F_m 值没有影响，但显著降低了 qP 和 NPQ 值。研究表明，水分胁迫下柳枝稷的 F_v/F_m 和 qP 值以及最大相对电子传递速率(r_{ETRmax})显著降低，而 NPQ 值显著提高(Xu et al., 2014)。本试验中，水分对柳枝稷所有叶绿素荧光参数均有显著影响 (表 3-12)。随水分胁迫的加剧，各比例中柳枝稷的 F_v/F_m、qP、Φ_{PSII} 和 ETR 值逐渐下降，表明干旱胁迫导致光系统Ⅱ(PSⅡ)反应中心开放比例和潜在活性下降，光合电子传递受到抑制，使得光能转换率降低。在干旱条件下，适量施氮可缓解干旱对植物生长的限制，对复水后光合恢复也有一定促进作用(薛青武和陈培元，1990)。Shangguan 等(2000)研究发现，适当增施氮肥可提高冬小麦 F_v/F_m，降低 qP 和 NPQ 值。本试验中，水氮互作虽然对 F_v/F_m 及 ETR 的作用不显著，但对 Φ_{PSII}、qP 及 NPQ 有显著影响 (表 3-12)，且对

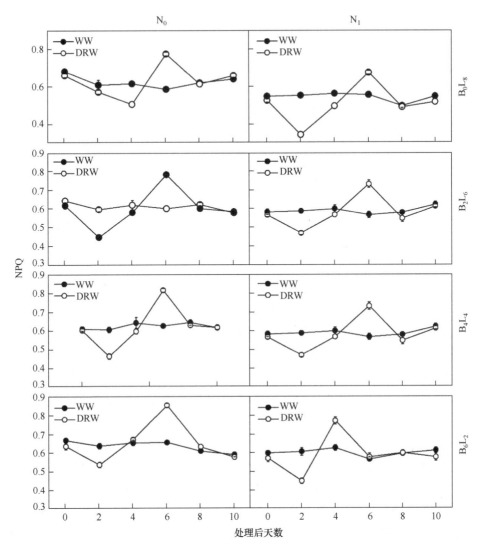

图 3-20　不同组合比例和养分处理下柳枝稷非光化学猝灭系数(NPQ)随土壤含水量变化的响应

$\Phi_{PS\,II}$和 qP 表现为正效应，对 NPQ 表现为负效应 (表 3-11)。干旱胁迫下，施氮显著提高了土壤含水量最低时各比例下柳枝稷的 $\Phi_{PS\,II}$ (13.64%～23.53%) 和 qP (6.12%～11.11%)，降低了 9.76%～12.82%的 NPQ，且施氮下各叶绿素荧光参数的变化幅度相对不施氮较小(表 3-11)，表明在水分胁迫条件下，施氮虽然没有提高柳枝稷 PS II 反应中心活性，但提高了反应中心开放比例，从而提高其原初光能转换效率，减少对吸收光能的热耗散，说明适当施氮能够提高柳枝稷的光合能力，从而增强其抗旱生态适应性，这将有利于提高其与白羊草的竞争能力。

　　混播比例不同将直接影响植物的光合生理特性，进而影响植物种间竞争关系。王平等(2009)通过对羊草与沙打旺、杂花苜蓿混播的研究表明，豆科牧草的混播比例越高，其对羊草的抑制作用越强。前期的研究显示，混播对白羊草和达乌里胡枝子的 F_v/F_m 值无影响，但两者的 Φ_{PSII} 和 qP 值在混播中均显著低于单播，混播中达乌里胡枝子的 qP 值显著高于单播(丁文利等，2014)。本节试验中，土壤含水量和混播比例的交互作用对 ETR 及 qP 值的影响显著(表 3-12)，且对 ETR 及 qP 表现为负效应。干旱胁迫下，N_0 处理下单播柳枝稷的 ETR 最低值显著高于混播，N_1 处理下单播的 ETR、qP 最低值显著高于混播，且同一氮素水平下柳枝稷比例越少，F_v/F_m、Φ_{PSII}、ETR 和 qP 的值降幅越大(表 3-11)，表明单播柳枝稷的电子传递速率及光能利用能力显著强于混播，混播后柳枝稷光合电子传递受阻，PS II 反应中心活性下降，且其比例越小，PS II 活性下降程度越大，这可能是因为混播条件下受到白羊草的竞争影响柳枝稷的光合能力。另外，试验期间白羊草个体株高显著高于柳枝稷，可能造成遮阴作用进而影响其光合作用(Fang et al.，2014)。氮肥含量和混播比例及土壤含水量、氮肥含量和混播比例三者交互作用对各参数均无显著影响(表 3-12)，可能是因为各处理互作产生了拮抗作用。当土壤含水量阶段降低再复水后，柳枝稷的叶片叶绿素荧光参数能够迅速恢复，且复水后第 2 天与对照水平相当，表明干旱胁迫后柳枝稷 PS II 反应中心未受到严重损伤，具有较强的抗旱适应性(Xu et al.，2014)。

　　光化学淬灭系数(qP)表示用于光化学电子传递的光能，与电子传递和初始电子受体(QA)有关，反映反应中心的开放比例。非光化学淬灭系数(NPQ)则反映不能用于光化学电子传递而以热的形式耗散的光能(柴胜丰等，2015；杨志晓等，2015)。多数研究认为，干旱胁迫下植物 PS II 光化学量子产量下降，用于光化学反应的能量减少，植物叶片吸收的光能主要通过非光化过程散失，这是植物保护光合机构的方式之一(杨志晓等，2015；徐伟洲等，2011)。本节试验中，土壤含水量下降第 2 天(除 N_0 处理下单播 NPQ 为第 4 天)，各比例中 qP 值出现短暂升高而 NPQ 值短暂降低，这可能是因为适度干旱胁迫有利于提高 PS II 反应中心开放比例(徐伟洲等，2011)。随胁迫程度加剧，qP 值下降而 NPQ 上升，Φ_{PSII} 值也有所下降，表明干旱胁迫下 QA 氧化态数量减少，导致 PS II 反应中心开放比例下降，使 QA 向泛醌 QB 光合电子传递受到抑制，造成激发能过剩积累，通过 NPQ 的方式将其耗散以保护光合机构免受水分胁迫伤害，表现出柳枝稷较好的自我保护机制(柴胜丰等，2015)，这与 ETR 随干旱胁迫加剧而降低相吻合。N_0 处理下，单播柳枝稷的 qP 和 NPQ 值均显著高于和低于除 B_2L_6 外其他混播比例；N_1 处理下，单播的 qP 和 NPQ 值分别显著高于和低于混播($p<0.05$) (表 3-11)，表明混播后柳枝稷通过耗散过剩的光能保护光合机构，显示了柳枝稷对混播竞争的适应，也表明施氮对单播下柳枝稷 NPQ 的影响程度大于混播。

　　综上所述，干旱胁迫下，柳枝稷的 F_v/F_m、qP、Φ_{PSII} 和 ETR 值均逐渐下降，复水后第 2 天各指标可恢复到对照水平，表明柳枝稷具有较强的阶段抗旱适应性。

土壤含水量降至最低时，单播柳枝稷的 ETR 值显著高于混播，施氮处理下单播的 qP 值显著高于混播，NPQ 值则相反($p<0.05$)，表明混播下柳枝稷 PSⅡ 反应中心活性下降，且混播比例越小下降程度越大，显示了其对混播竞争的适应。土壤含水量最低时，施氮显著提高了各比例下柳枝稷的 $\Phi_{PSⅡ}$ (13.64%～23.53%) 和 qP 值 (6.12%～11.11%)，降低了 NPQ 值(9.76%～12.82%)($p<0.05$)，表明施氮能提高其光合能力，增强与白羊草的竞争能力。这些结果说明，在不同水氮供应条件下，柳枝稷表现出较强的混播竞争适应性，适当施氮会提高其对白羊草的竞争能力。

3.6　氮素对分蘖期干旱及复水柳枝稷光合生理特性的影响

在陕北黄土丘陵半干旱区，加强对引进禾草生产力及生态适应性的认识，对扩大供选优良禾草草种类型，提高人工草地建设成效具有重要意义(山仑和徐炳成，2009)。水分是影响该区植物生长和分布的主要环境要素。降水是该区土壤水分的主要来源，由于年降水量低且季节分配不均，其土壤水分环境处于不断的"干湿交替"变化中。

光合作用是影响植物生长发育及产量形成的关键生理过程，对干旱胁迫非常敏感。适度的干旱胁迫会导致植物气孔关闭和光合速率降低；严重干旱胁迫会导致光合器官受损，引起光合速率下降(厉广辉等，2014)。植物在经历短期干旱后复水，在生长和生理方面会产生一定的补偿效应，而这与植物种类及受到的干旱胁迫程度有关。阶段干旱后复水条件下植物的恢复能力可反映其对干旱胁迫的适应能力(郭文琦等，2010)。

除水分条件外，土壤氮素含量也是影响黄土丘陵区植物生长的重要因子。随着矿物燃料燃烧和人类对化肥等的大量使用，空气中含氮化合物浓度激增，从而引起大气氮沉降的浓度和范围均迅速扩大(吕超群等，2007)。大气氮沉降的增加会降低本地种的竞争性而提高外来种入侵性，不同植物种对氮沉降导致的土壤氮素增加响应不同，这会打破群落中不同物种的种间平衡关系，从而影响陆地生态系统的主要生态学过程及系统的结构和稳定(全晗等，2016)。例如，外来入侵种马缨丹(*Lantana camara*)的根系发达，在受到水分胁迫时仍能维持较高的光合速率，进一步促进了其向干旱和半干旱地区入侵；入侵种三裂叶蟛蜞菊(*Wedelia trilobata*)在受到干旱胁迫时，气孔导度较本地近缘种蟛蜞菊(*Wedelia chinensis*)更大，导致其失水较快，显著抑制了其生长和扩散(宋莉英等，2009)。研究表明，氮沉降在一定量范围内有利于入侵植物的光合作用和生产力，促进其入侵成功(Feng，2008)。因此，加强对引种植物在不同水分和氮素供应条件下的光合生理特征研究，有利于全面认识引种植物的区域环境适应能力及其特征。

柳枝稷根系发达，植株较高，富含纤维素，既可作为饲草，也可作为水土保持和风障植物，同时也是很好的生物燃料(Wright and Turhollow，2010)。相比其他多年生草本植物和传统农作物，柳枝稷能够适应黏壤土、砂壤土等多种土壤类型，具有较低维护成本和投入，较高的净能源产出，一旦建植成功可持续利用15年以上(刘吉利等，2009)。调查显示，在陕北黄土丘陵区的安塞，柳枝稷生长20年以上，仍然具有一定的生物量。因此，柳枝稷是适合用于生态脆弱区边际土地生态恢复和提高植被盖度的优良物种(Cooney et al.，2017)。以往在品种选育、生物学特性、产量及品质等方面对柳枝稷已经开展了较多研究。关于干旱胁迫的响应主要体现在体内抗氧化系统等方面，而对水分亏缺及复水过程中柳枝稷的光合生理生态的研究较少。本节选择在柳枝稷的重要生育期——分蘖期，通过设置不同的土壤水分供应条件，比较了施氮和不施氮下柳枝稷叶片光合生理生态特征与差异，以期揭示柳枝稷对水氮供应条件变化的生理生态适应机制，为阐明柳枝稷对水氮条件的响应提供依据。

3.6.1　材料与方法

试验植物柳枝稷品种为'Blackwell'，种源美国。试验土壤来自陕北安塞的天然草地耕层(0~30cm)。土壤类型为黄绵土，田间持水量(field capacity，FC)为20.0%，pH为8.77。土壤有机质含量为0.36%，总N含量为0.025%，总P含量为0.066%，总K含量为1.90%，有效N含量为19.62mg/kg，有效P含量为50.78mg/kg，有效K含量为101.55mg/kg。盆钵规格为30cm(高度)×20cm(内径)，底部封堵PVC管，可装干土9.0kg。

设不施氮(N_0)和施氮(0.1g N/kg 干土，N_1)两个氮肥处理。氮素以尿素形式在装桶的时候均匀拌土。种子于2015年4月7日播种，齐苗后每盆定苗12株。苗期土壤含水量维持在80%FC以上。从拔节期开始，将土壤水分控制为高水(HW，80%FC)、中水(MW，60%FC)和低水(LW，40%FC)三个水平。达到各水分水平后，继续保持一个月后开始干旱处理，此时柳枝稷处于分蘖期。每个水分水平9桶，其中3桶保持原水分水平，6桶进行干旱处理，自然干旱持续8d，当天傍晚复水到降低前水分水平直至收获期。每天18:00，采用称重法进行土壤含水量的测定与控制。试验于黄土高原土壤侵蚀与旱地农业国家实验室试验场的室外防雨棚下进行。

光合气体交换特征：采用Licor-6400便携式光合仪测定。测定日期为7月14日~7月29日，于每日上午9:20~11:30测定。每处理随机选取3桶，每桶选择长势一致的5株柳枝稷顶端新近充分展开叶片。测定光照为自带红蓝光源，光量子强度(PAR)设置为1200μmol/(m²·s)。主要测定指标包括叶片光合速率[P_n，μmol/(m²·s)]、蒸腾速率[T_r，mmol/(m²·s)]，以及叶片气孔导度[G_s，mmol/(m²·s)]等。叶片水分利用效率[WUE_i，μmol/mmol]为各时刻P_n与T_r的比值。

叶绿素荧光特征：采用 Imaging-PAM 叶绿素荧光仪测定，与光合气体交换参数测定同步。于每日上午 6:00～8:00，随机选取充分展开的新生叶，3 次重复，主要指标包括最大光化学效率(F_v/F_m)，非光化学淬灭系数(NPQ)，以及光化学淬灭系数(qP)等。

叶片相对含水量：测定日期选择在自然干旱处理后的第 1 天、第 5 天、第 8 天和复水后的第 7 天，均选择在当日的上午 9:00 进行，按照鲜重—饱和重—烘干重的称量顺序测定并计算。

叶绿素含量：采用分光光度计测定。测定日期与叶片相对含水量同步。各处理取鲜叶 0.2g，切碎后浸入 5mL95%乙醇，密闭后置黑暗处 24h 后摇匀，分别在 470nm、649nm 和 665nm 下测定光密度值。叶绿素含量(mg/g)=色素浓度(mg/mL)×提取液体积(mL)×稀释倍数/样品质量(g)。

数据处理和绘图分别采用 Microsoft Excel 2010 和 Origin8.0 软件，统计分析采用 SPSS16.0 软件。采用单因素方差(ANOVA)分析不同水氮处理及其随干旱和复水时间变化，各个叶绿素荧光参数指标间的差异显著性。

3.6.2 土壤含水量

高、中、低三个水分处理的土壤含水量分别从 80.0%±2.0%、60.5%±2.0%和 40.5%±2.0%开始逐渐下降。随着干旱处理时间的延长，各处理下的土壤含水量下降速度变慢，其中施氮处理的土壤含水量下降速度快于不施氮处理。在土壤自然干旱处理的第 8 天，各个处理下的土壤含水量均降到最低值。降幅最大为高水施氮处理(HWN$_1$)，为 32.8%；降幅最小的是低水不施氮处理(LWN$_0$)，为 15.7%(图 3-21)。

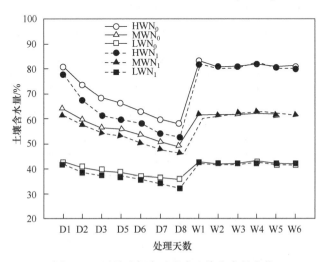

图 3-21 干旱及复水过程中土壤含水量变化
横坐标中 Di 和 Wi 分别表示自然干旱天数和旱后复水天数

3.6.3　叶绿素荧光参数

在自然干旱开始前，各水分处理下，柳枝稷叶片 F_v/F_m 值为 0.75～0.78，其中施氮处理均略高于对应的不施氮处理，但各处理间未达到显著差异。随着土壤含水量的逐渐降低，柳枝稷叶片的 F_v/F_m 值均逐渐下降，三种水分处理下无明显差异（表 3-13）。自然干旱后的第 8 天，F_v/F_m 值降至 0.70～0.72，显著低于自然干旱前的水平（$p<0.05$），其中施氮处理较不施氮处理下降幅度更大。施氮处理下，柳枝稷叶片的 F_v/F_m 值在 HW、MW 和 LW 水平下分别显著下降了 7.9%、7.0% 和 4.8%，不施氮处理的显著下降了 0.04%～0.05%。在复水 7 天后，F_v/F_m 的值均恢复到自然土壤干旱前的水平（表 3-13）。

表 3-13　土壤水分变化过程下柳枝稷叶片最大光化学量子效率、相对含水量和叶绿素含量

处理天数	水分处理	最大光化学量子效率(F_v/F_m)		相对含水量/%		叶绿素含量/(mg/g)	
		不施氮	施氮 0.1g	不施氮	施氮 0.1g	不施氮	施氮 0.1g
	HW	0.76±0.01a(a)	0.78±0.04a(a)	88±4 a(a)	90±2a(a)	2.39±0.16a(b)	3.23±0.15a(a)
D1	MW	0.76±0.02a(a)	0.77±0.02a(a)	88±1a(a)	89±4a(a)	2.22±0.04a(b)	2.89±0.13b(a)
	LW	0.75±0.04a(a)	0.75±0.02a(a)	87±4a(a)	88±2b(a)	1.92±0.13b(b)	2.41±0.06c(a)
	HW	0.75±0.03a(a)	0.75±0.02a(a)	87±5a(a)	86±2a(a)	2.69±0.09a(b)	3.46±0.14a(a)
D5	MW	0.75±0.04a(a)	0.75±0.02a(a)	86±2a(a)	84±1b(a)	2.49±0.12a(b)	3.32±0.08a(a)
	LW	0.73±0.04a(a)	0.73±0.04a(a)	83±4b(a)	84±2b(a)	1.98±0.05b(b)	2.83±0.07b(a)
	HW	0.72±0.01a(a)	0.71±0.01a(a)	85±2a(a)	79±1a(b)	2.26±0.09a(b)	3.12±0.08a(a)
D8	MW	0.71±0.04a(a)	0.71±0.03a(a)	84±1a(a)	80±2a(b)	2.30±0.07a(b)	2.98±0.09b(a)
	LW	0.71±0.01a(a)	0.70±0.04a(a)	83±3a(a)	80±1a(b)	1.41±0.03b(b)	2.71±0.13c(a)
	HW	0.76±0.02a(a)	0.77±0.02a(a)	89±4a(b)	90±4a(a)	2.89±0.04b(b)	3.65±0.14a(a)
W7	MW	0.76±0.01a(a)	0.76±0.02a(a)	87±2a(a)	90±2a(b)	3.17±0.11a(a)	3.10±0.10b(a)
	LW	0.75±0.04a (a)	0.75±0.03a(a)	87±4a(a)	88±3a(a)	1.78±0.07c(b)	2.92±0.08c(a)

注：同一列数字后括号内不同小写字母表示施氮与不施氮间差异显著；同一行数字后不同小写字母表示水分水平间差异显著（$p<0.05$）。

在自然干旱处理前，各处理下柳枝稷叶片 qP 值均随水分和氮素水平增加而增大，但均未达到显著差异，而 NPQ 值变化趋势则相反。随土壤水分逐渐降低，qP 值整体呈下降趋势，自然干旱后的第 8 天，qP 值降到最低，施氮处理较不施氮处理的 qP 下降幅度显著更大。三种水分水平下，施氮处理下 qP 值分

别显著下降了 14.56%、15.90%和 16.21%，而不施氮处理的下降幅度分别为
13.53%、11.65%和 11.53%。各处理下的 qP 值均在复水 7 天后恢复到自然干旱
前的水平(图 3-22)。

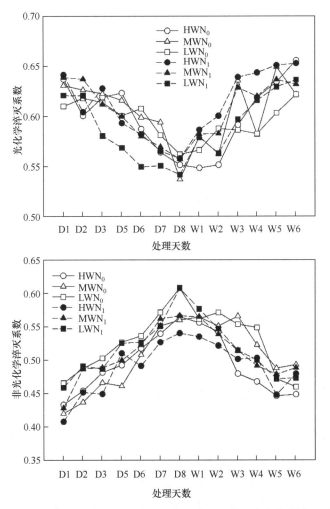

图 3-22　自然干旱及复水过程中柳枝稷光化学淬灭系数和非光化学淬灭系数变化
横坐标中 Di 和 Wi 分别表示自然干旱天数和旱后复水天数

随土壤水分逐渐降低，NPQ 值表现为逐渐增大，自然干旱后第 8 天，NPQ 值
达到最大值。在 HW、MW 和 LW 水平下，施氮处理的 NPQ 值分别增加了 32.44%、
32.18%和 32.35% ($p <0.05$)，不施氮处理分别下降了 30.81%、31.32%和 30.41%，
施氮较不施氮处理 NPQ 增幅更大。复水 7 天后，NPQ 值也恢复到自然土壤干旱实
施前的水平(图 3-22)。

3.6.4 叶片相对含水量

自然干旱开始时，柳枝稷叶片相对含水量(RWC)值维持在 88%±1%。在 8 天的自然干旱过程中，柳枝稷叶片 RWC 值呈缓慢降低趋势。在自然干旱后的第 5 天，RWC 值降至 85%±3%，各水分水平下施氮与不施氮处理间无显著差异。在自然干旱后的第 8 天，RWC 值降至 82%±2%，各水分水平处理间无差异，但施氮处理显著低于不施氮处理(p <0.05)复水后第 7 天，各水氮处理下叶片 RWC 均恢复到自然干旱前水平(表 3-13)。

3.6.5 叶片叶绿素含量

施氮处理的柳枝稷叶片叶绿素含量显著高于不施氮处理(表 3-13)(p <0.05)。在自然干旱过程中，各处理下柳枝稷叶片叶绿素含量随时间呈先升后降趋势。在自然干旱的第 8 天，柳枝稷叶片叶绿素含量降到最低，施氮处理降幅小于不施氮处理。在 HW、MW 和 LW 三个水分处理下，与自然干旱开始时相比，施氮处理下叶片叶绿素含量分别下降了 3.2%、3.7%和 16.3%；不施氮处理下叶片叶绿素含量分别下降了 5.8%、7.9%和 26.7%。复水后第 7 天，除低水不施氮处理外，其他各处理下的叶片叶绿素含量均显著高于土壤自然干旱开始时的值(p <0.05)(表 3-13)。

3.6.6 光合气体交换参数

土壤自然干旱开始前，高水施氮处理下柳枝稷叶片的光合速率(P_n)显著最高，为 24.28 μmol/(m²·s)。同一水分处理下，施氮处理的 P_n 值均显著高于不施氮处理(p <0.05)(图 3-23)。在自然干旱过程中，柳枝稷叶片 P_n 值逐渐降低，在第 3 天显著低于干旱前，第 8 天达最低值，施氮处理下降幅度更大。HW、MW 和 LW 水平下，施氮处理的 P_n 分别显著下降了 48.35%、50.52%和 54.93%；不施氮处理分别为 43.45%、44.74%和 47.76%。自 HW、MW 和 LW 水平自然干旱复水后第 3 天，施氮处理的 P_n 值分别恢复到干旱前的 86.30%、83.61%和 83.33%；不施氮处理的 P_n 分别达到干旱前的 81.52%、80.58%和 79.82%。复水后第 6 天各处理叶片叶绿素含量均恢复到干旱前的水平(图 3-23)。

柳枝稷叶片蒸腾速率(T_r)值表现为 HW 和 MW 显著大于 LW 水平，其中 HW 和 MW 间差异不显著。施氮处理的 T_r 值显著高于不施氮处理。随自然干旱时间延长，T_r 呈现与 P_n 相似的降低变化趋势(图 3-23)。自 HW、MW 和 LW 水平自然干旱后第 8 天，施氮处理 T_r 分别显著下降了 55.66%、57.05%和 60.46%；不施氮处理 T_r 分别显著下降了 43.45%、51.58%和 48.65%。复水后 3d，施氮处理 T_r 值分别恢复到自 HW、MW 和 LW 水平干旱前的 80.05%、78.31%和 75.25%；不施氮处理 T_r 则分别恢复 75.15%、73.44%和 72.97%。复水后第 6 天均恢复到自然干旱开始时的水平(图 3-23)。

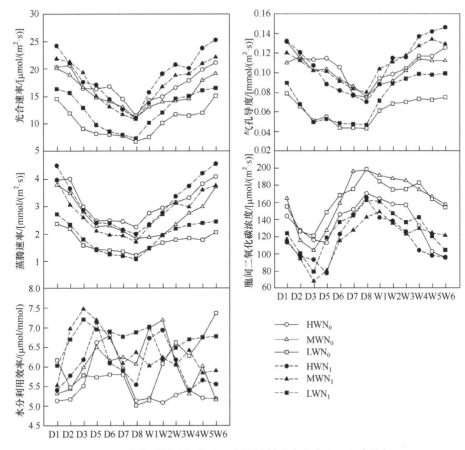

图 3-23　自然干旱及复水过程中柳枝稷叶片光合生理生态特征
横坐标中 Di 和 Wi 分别表示自然干旱天数和旱后复水天数

　　在自然干旱处理前，柳枝稷叶片气孔导度(G_s)值表现为 HW 和 MW 显著大于 LW 水平，HW 和 MW 间无差异。随土壤含水量的逐渐降低，G_s 值呈下降趋势。在自然干旱后第 3 天，各处理下的 G_s 值均显著低于自然干旱开始前的对应值（$p<0.05$），在干旱后的第 8 天达最低值(图 3-23)。施氮处理的 G_s 值下降幅度更大，HW、MW 和 LW 水平下，施氮处理的 G_s 值分别较干旱前显著下降了 42.97%、31.49% 和 45.15%，不施氮处理的 G_s 值分别下降了 46.91%、33.47% 和 47.56%。复水后，各处理下柳枝稷叶片 G_s 均逐渐升高，以施氮处理升幅更大和升速更快(图 3-23)。自然干旱过程中，三个水分水平下施氮与不施氮处理间的 G_s 值无显著差异，复水 2 天后，均表现为施氮处理的 G_s 显著高于不施氮处理。

　　在不同土壤水分水平开始的自然干旱过程中，柳枝稷叶片 C_i 值呈先降后升的变化趋势。自然干旱后第 3 天，各处理下的 C_i 值均较干旱前极显著降低($p<0.01$)，其中，自 MW 和 LW 水平干旱的 C_i 值在第 3 天降到最低，第 4 天开始上升，而 HW 的在第 5 天开始升高。复水后各处理下 C_i 值仍逐渐下降，至第 7 天均达到干

旱开始前的水平。

在自然干旱过程中，柳枝稷叶片 WUE_i 值总体呈升高趋势。复水前，HW、MW 和 LW 水分下，不施氮处理的 WUE_i 均值分别为 5.77μmol/mmol、5.96μmol/mmol 和 5.96μmol/mmol，施氮处理的分别为 6.01μmol/mmol、6.63μmol/mmol 和 6.79μmol/mmol。复水后第 6 天，不施氮和施氮处理 WUE_i 均值分别为 5.23μmol/mmol、6.13μmol/mmol、6.38μmol/mmol，以及 6.08μmol/mmol、6.08μmol/mmol、6.66μmol/mmol。在整个 15 天的处理周期内，即自 HW、MW 和 LW 水分水平干旱和复水的 15 天中，不施氮处理的 WUE_i 均值分别为 5.52μmol/mmol、6.04μmol/mmol 和 6.01μmol/mmol，施氮处理的 WUE_i 均值分别为 6.05μmol/mmol、6.38μmol/mmol 和 6.73μmol/mmol(图 3-23)。

3.6.7 讨论与结论

植物光合速率降低的原因主要可分为气孔限制和非气孔限制。植物叶片 C_i 和 G_s 值的大小和变化趋势为区分和判断光合速率下降的气孔或非气孔因素的主要判据(Franquar and Sharkey，1982)。土壤自然干旱开始后的前 3 天，不同处理下柳枝稷叶片 G_s、C_i 和 P_n 值均同时降低，说明 P_n 的下降主要由于气孔限制；干旱 3 天后，MW 和 LW 处理下柳枝稷叶片的 C_i 值呈上升趋势，表明 P_n 下降主要由于非气孔因素限制；HW 处理下，柳枝稷叶片 C_i 值在第 5 天才开始回升，说明充足水分供应可缓解或降低叶肉细胞活性受到的伤害(Ashraf and Harris，2013)。阶段干旱复水后，柳枝稷叶片的 P_n 和 G_s 值呈近直线上升，主要是由于水分状况改善后叶片细胞渗透调节能力增强(王磊等，2006)。

氮素直接影响植物叶绿素和可溶性蛋白水平，以及参与光合作用与光呼吸相关酶的合成与活性(Amy et al.，2006)。叶绿素含量的高低直接影响植物光合速率，且易受环境条件的改变而变化(刘瑞显等，2008)。在土壤逐渐干旱过程中，叶绿素含量呈先增加再降低的变化趋势，复水后叶绿素含量均恢复到或高于干旱前水平，说明叶绿素含量升高与叶片含水量降低有关，是对柳枝稷叶片面积减小的补偿，这是植物维持正常光合速率的重要生理机制(李芳兰等，2009)。各水分水平下，施氮柳枝稷叶片的叶绿素含量显著高于不施氮处理，说明氮素添加有利于促进叶肉细胞光合活性和提高光合速率。在干旱条件下，氮素有利于改善水分亏缺对植物光合和生长发育的不利影响，合理的水氮条件可提高植物光能利用率(王茜等，2018)。自然干旱过程中，柳枝稷叶片的 P_n 和 G_s 值在施氮处理下降幅更大，其原因是施氮增加了植株蒸腾耗水量，加重叶片受水分胁迫的程度(刘瑞显等，2008)。

在未受到环境胁迫时，植物叶片最大光化学效率(F_v/F_m)值一般稳定在 0.75~0.85，且不受物种和生长条件影响(宋航等，2017；牛富荣等，2011)。本试验中，柳枝稷叶片 F_v/F_m 值在干旱后第 5 天时出现极显著下降，干旱第 8 天降至最低，表明干旱胁迫导致其 PSⅡ反应中心开放比例和潜在活性下降(焦娟玉等，2011)。
三种水分水平下，NPQ 值均随水分水平降低而显著增大，表明水分胁迫条件下柳
枝稷 PSⅡ反应中心的光能过剩和开放程度降低，光合电子传递速率下降(宋航等，
2017；杨文权等，2013)。研究表明，施氮能提高 PSⅡ反应中心的光能转换效率、
光化学活性及 F_v/F_m 值，也有认为 F_v/F_m 值不受氮素亏缺影响，这种差异与氮素对
植物的效应及生长环境差异有关(Shangguan et al.，2000)。自然干旱过程中，施氮
处理的 P_n 值和 qP 值的降幅均大于不施氮处理，NPQ 值则相反，表明随着水分胁
迫加剧，施氮会导致柳枝稷叶片光化学效率降低，捕获光能的有效利用率低，这是
干旱胁迫下适量施氮降低光合速率的内在原因。与前期研究结果一致，施氮虽未
提高柳枝稷叶片 PSⅡ反应中心活性，但增大了其反应中心开放比例和原初光能转
换效率，说明施氮有利于提高柳枝稷的光合能力，增强其抗旱适应性(霍丽娟等，
2016)。旱后复水后叶片光合活性的恢复不仅与干旱胁迫期间受到的胁迫程度有
关，也受到植物本身的抗逆能力和胁迫时间的影响(吴甘霖等，2010)。各处理 F_v/F_m
值在复水后第 7 天均完全恢复到自然干旱前水平，说明其对短期水分胁迫具有较
强适应性。

　　土壤含水量和氮肥显著影响柳枝稷光合生理特征参数。在自然干旱前各土壤含水
量水平下，施氮可提高柳枝稷叶片叶绿素含量、叶片光合和荧光参数特征。在自然干
旱过程中，柳枝稷叶片主要光合参数与荧光参数均表现为下降，且施氮处理下各光合
参数和荧光参数的降幅均大于未添加氮素的处理；在经历阶段自然干旱后复水，各水
分和氮素处理下柳枝稷叶片气体交换参数和叶绿素荧光参数均能恢复到原有水平，且
施氮处理恢复速度大于不施氮处理。这些表明，柳枝稷具有较强适应低水分条件的能
力，一定土壤含水量条件下施氮有利于提高其光合能力及复水后的恢复能力；在土壤
含水量低于40%FC 施氮则加重柳枝稷受胁迫程度，降低其光合性能。

3.7　黄土丘陵区柳枝稷光合表现与生产力的关系

　　半干旱黄土高原丘陵沟壑区土壤侵蚀严重，生态环境脆弱。20 世纪 50 年代末
开始，为了恢复植被，控制水土流失，在坡地上开展大规模的植树种草(Chen et al.，
2008)。然而，由于环境恶劣和适应性强的草种缺乏，建设的人工草地持久性较差
(李代琼等，1999；山仑和陈国良，1993)。从国外或其他地方引进优良草种，是
丰富植被建设和人工草地建设植物种类和品种的一条良好途径(Xu et al.，
2006b)。柳枝稷是原产于中北美洲的一种暖季多年生 C_4 草本植物，可作为饲料作
物和水土保持作物，被作为生物质能源植物(Wright and Turhollow，2010；Sanderson
et al.，1996)，1990 年引入半干旱黄土丘陵沟壑区以来，表现出了良好的生态适应

性(Gao et al., 2015；Xu et al., 2008)。

光合作用是植物形成有机产量的重要过程，它与植物生长发育的阶段和环境条件密切相关，而光合速率与植物产量或生物量的关系较为复杂(Song et al., 2012；Wei et al., 2009)。研究表明，碳同化速率通常与作物产量呈正相关，但受生长阶段和气候条件的影响(Li et al., 2013；Guo et al., 2002)。研究植物的光合特性，对于选择和评价植物的立地适应性尤为重要(山仑和陈国良，1993)。行距被认为是控制植物密度的重要农艺实践指标，它显著影响冠层微环境，如光照、通风、空气温度和相对湿度等，从而影响植物的光合作用和产量(Gao et al., 2015；Yang et al., 2014；Sharratt and McWilliams，2005)。生长在较宽行距中的植株可能不能充分有效利用现有资源，而过窄的行距可能会加剧种内竞争(Yang et al., 2014)。有研究表明，缩小行距可提高植物叶片的光合作用和抑制杂草生长，因为窄行距会提高单位面积上的叶片盖度，从而形成较高的叶面积指数(leaf area index，LAI)，这将有利于提高植物对光的利用和生物量(Wang et al., 2015；Liu et al., 2011)。

对柳枝稷叶片的光合特性与可能的限制因素(如品种、叶片形态和环境条件)等已有研究(Gao et al., 2015；Ma et al., 2011)。在这些试验研究中，气体交换测量只在柳枝稷的一个生长阶段或单一年份进行。并未对光合速率的年内和年际变化及其与生物量和气候条件的关系开展充分分析。因此，本节研究的主要目标是评估田间条件下不同降水年份连续三年(2011~2013 年)的叶片光合作用的年季变化和差异，分析柳枝稷的光合特性与年度生物量的关系，以揭示行距对柳枝稷光合特性和产量形成的影响，为柳枝稷在该地区的合理栽培利用提供依据。

3.7.1　材料与方法

1. 试验设计

本试验于2011~2013 年在陕西安塞农田生态系统国家野外科学观测研究站进行。共设三个行距处理，分别为行距 20cm、40cm 和 60cm。试验采用完全随机区组排列，每处理有 3 个重复，共 9 个小区，每小区规格为 3m×4m。试验 2009 年 7 月 15 日播种，每行的播种量相同，为 20g/行，即 20cm、40cm 和 60cm 行距各小区播种量分别为 255kg/hm^2、170 kg/hm^2 和 85kg/hm^2 (Gao et al., 2015)。

播种方式为条播，采用南北走向，播种深度为 2cm，在生育期末全部刈割收获，留茬 2cm。试验期间不浇水，不施肥，人工适时除草。

2. 土壤储水量

于 2010 年在每小区中间埋设一根 400cm 深度的铝制中子管，用于土壤水分测定。土壤体积含水量采用 CNC503B 型中子仪测定，0~200cm 土层每 10cm 测定 1 次，200cm 以下每 20cm 测定 1 次，每小区测定 1 次。

土壤储水量(soil water storage，SWS)计算公式为

$$SWS = \sum_{i=1}^{20} \theta_{vi} \times h_i \times 10$$

式中，i 为采样土层数；θ_{vi} 为第 i 层土壤体积含水量(cm³/cm³)；h_i 为各采样土层深度(cm)；10 为转换系数。

3. 植株高度与生物量

每个小区随机选取 10 株植物，于 9 月用直尺测量株高、叶长和叶宽。在生长季结束的 10 月，采集地上生物量，每个小区随机选择 3 个 50cm 的行段，采用刈割收获-烘干称重法。同时统计单丛分蘖数。地上生物量干重先在 105℃下杀青 30 min 后在 80℃下烘干 48 h 至恒重获得。

4. 气体交换参数

在 2011～2013 年的两个生长月份(6 月和 8 月)进行了气体交换参数测量。使用 CIRAS-2 便携式光合作用测定系统测定，主要指标包括叶片光合速率[P_n，μmol/(m²·s)]、蒸腾速率[T_r，mmol/(m²·s)]、气孔导度[G_s，mmol/(m²·s)]、空气温度(简称"气温"，T_a，℃)、光合有效辐射[PAR，mmol/(m²·s)]、蒸气压亏缺(VPD，kPa)和大气相对湿度(RH，%)等。测定选择在晴天自然条件下进行，自 8:00～18:00 每隔 2h 测定 1 次。叶片选择单蘖最上部新近完全展开叶。叶片水分利用效率(WUE$_i$，μmol /mmol)为各时刻 P_n 与 T_r 的比值(Fischer and Turner，1978)。

5. 数据统计与分析

采用单因素方差分析(one-way ANOVA)分析不同处理间气体交换参数、土壤储水量和地上生物量的差异显著性。三个种植行距、两个生长月份和三个测定年份的均值在 5%水平下采用 LSD 检验差异显著性。生物量与光合参数间关系采用 Pearson 检验。所有统计分析均采用 SPSS 16.0 软件进行。

3.7.2 环境因子

光合有效辐射(PAR)、蒸气压亏缺(VPD)和气温(T_a)在不同生长季节间存在显著差异(表 3-14)，这些环境因子在 6 月均显著高于 8 月。最高气温和蒸气压亏缺出现在 2012 年的 6 月，分别为 32.21℃和 4.02kPa，而最低值分别出现在 2012 年 8 月和 2013 年 8 月，为 26.50℃和 1.50kPa。大气相对湿度(RH)与 VPD 表现出相反的趋势，其日均值表现为 8 月大于 6 月。2012 年 6 月的 RH 日均值为最低(30.03%)，最高值出现在 2013 年的 8 月，为 70.02% (表 3-14)。

表 3-14　2011～2013 年光合有效辐射、气温、蒸气压亏缺和大气相对湿度的日均值(*n* = 5)

时间	光合有效辐射/[mmol/(m²·s)]	气温/℃	蒸气压亏缺/kPa	相对湿度/%
2011 年 6 月	2151.68±79.00	31.17±2.30	3.33±0.30	32.27±3.20
2011 年 8 月	1808.97±68.00	29.36±3.10	1.78±0.20	61.52±4.80
2012 年 6 月	1982.94±91.00	32.21±3.30	4.02±0.30	30.03±2.10
2012 年 8 月	1830.11±59.00	26.50±1.90	1.99±0.10	53.38±5.10
2013 年 6 月	1829.69±47.00	31.00±2.50	3.93±0.40	31.48±2.50
2013 年 8 月	1798.80±38.00	29.73±1.50	1.50±0.20	70.02±6.70

3.7.3　降水量和土壤储水量月动态

1951～2000 年的 4～10 月以及 5 月和 8 月，降水量分别为 501.70mm、75.27 mm 和 123.55 mm (表 3-15)。 2011～2013 年的 4～10 月，降水量分别为 588.4mm、442.2mm 和 787.6mm，分别较 50 年(1951～2000 年)平均值高 17.28%、低 11.85% 和高 56.9%。

表 3-15　2011～2013 年和 1951～2000 年 5 月、8 月和 4～10 月降水量 (单位：mm)

月份	1951～2000 年平均值	2011 年	2012 年	2013 年
5	75.27	75.6(+0.04%)	33.4(−55.6%)	24.4(−67.5%)
8	123.55	143.6(+16.22%)	117.6(−0.05%)	355.2(+187.5%)
4～10	501.70	588.4(+17.28%)	442.2(−11.85%)	787.6(+56.9%)

注：括号内数据表示当年降水量与 1951～2000 年平均降水量的差异百分比。

2011 年，5 月和 8 月的降水量分别高出 50 年均值的 0.04%和 16.22%，而 2012 年 5 月和 8 月的降水量分别较 1951～2000 年平均降水量降低 55.6%和 0.05%。 2013 年，5 月降水量低于 50 年均值的 67.5%，而 8 月高出 187.5%。2013 年 8 月 的降水量最高，达到 355.2mm，而最低的降水量出现在 2013 年的 5 月，仅 24.4mm (表 3-15)。

土壤储水量(SWS)随生长年份而变。总的来说，三年中 6 月的土壤储水量低于 8 月(图 3-24)。在 6 月，最低的土壤储水量出现在 2011 年，20cm、40cm 和 60cm 行距下分别为 186.6mm、177.7mm 和 170.3mm，而 8 月的最高值出现在 2013 年，三个行距下分别为 344.5mm、340.0mm 和 329.5mm。除 2011 年 6 月外，20cm 和 40cm 行距下的土壤储水量无显著差异；除了 2012 年的 6 月外，20cm 行距下的土壤储水量显著高于 60cm 行距(图 3-24)。

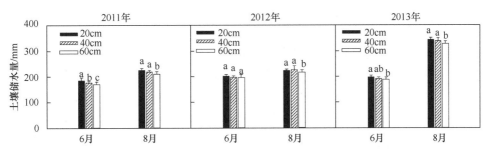

图 3-24　2011～2013 年 6 月和 8 月各行距下柳枝稷土壤储水量(SWS)

不同小写字母表示每年同月差异显著，$n=5$

3.7.4　植物生长状况及生物量

行距显著影响柳枝稷的株高、叶长、叶宽及单蘖生物量($p < 0.05$)，且这些指标均随行距的增大呈现一致的变化趋势（表 3-16）。从三年的均值来看，60cm 行距下的株高分别较 40cm 和 20cm 行距高 19.82% 和 34.90%，叶长分别高 8.40% 和 25.34%，叶宽分别高 3.40% 和 18.18%，单蘖生物量分别高 12.50% 和 35.00%。单位面积分蘖数随着行距增大呈相反的变化趋势，与 20cm 行距相比，40cm 和 60cm 行距下分别减小了 34.14% 和 67.60%（表 3-16）。单位面积的分蘖数与地上生物量呈显著的正相关关系($r = 0.907$，$p < 0.01$)。株高和叶长与地上生物量呈负相关关系，其中株高和地上生物量显著相关，而二者与单蘖生物量呈显著的正相关关系（表 3-17）。

表 3-16　2011～2013 年各行距下柳枝稷平均株高、叶长、叶宽、单位面积分蘖数和单蘖生物量 ($n = 5$)

行距/cm	株高/cm	叶长/cm	叶宽/cm	单位面积分蘖数	单蘖生物量/g
20	68.91±6.70c	26.56±2.00c	0.77±0.05c	1145±87a	0.60±0.08c
40	77.58±8.90b	30.71±2.10b	0.88±0.06ab	754±54b	0.72±0.05b
60	92.96±7.60a	33.29±3.40a	0.91±0.10a	371±43c	0.81±0.04a

注：同列不同小写字母表示行距间差异显著($p=0.05$)。

表 3-17　不同种植行距下柳枝稷地上生物量与其构成间的关系 (2011～2013 年)

项目	株高	叶长	叶宽	单位面积分蘖数	单蘖生物量	地上生物量
株高	1	0.905**	0.885**	−0.911**	0.902**	−0.710*
叶长	—	1	0.959**	−0.724*	0.756*	−0.551
叶宽	—	—	1	−0.797*	0.856**	−0.662
单位面积分蘖数	—	—	—	1	−0.984**	0.907**
单蘖生物量	—	—	—	—	1	−0.886**

注：*表示 $p=0.05$ 水平显著，**表示 $p=0.01$ 水平显著。

3.7.5 光合生理生态特征

不同年份光合参数的日均值差异很大，2011～2013 年，以 2011 年的 P_n、T_r 和 G_s 值最高。2012 年和 2013 年 6 月的结果总体没有差异。在 8 月，2013 年的 P_n 和 G_s 的日均值均显著高于 2012 年，而 T_r 无显著差异。日均最大 WUE_i 值出现在 2013 年的 6 月和 8 月，且两月里均显著高于 2011 年和 2012 年($p < 0.05$)。2011 年，8 月 P_n 的日均值显著低于 6 月，而 2012 年和 2013 年相反 ($p < 0.05$)。P_n 日最大值出现在 2011 年的 6 月，20cm、40cm 和 60cm 行距下分别为 17.9μmol/(m²·s)、18.4μmol/(m²·s) 和 19.7μmol/(m²·s)，相比 2012 年 6 月出现的最低值[10.0μmol/(m²·s)、10.4μmol/(m²·s) 和 11.0μmol/(m²·s)]，分别高出了 79.0%、76.9%和 79.0%。行距显著影响柳枝稷的 P_n，三年里 60cm 行距下 6 月和 8 月的 P_n 值均显著高于 20cm 和 40cm 行距($p < 0.05$)。除了 2013 年的 8 月 40cm 行距的 P_n 日均值显著高于 20cm 行距，其他月份 20cm 和 40cm 行距下的 P_n 值无显著差异(图 3-25)。

三年中，6 月 T_r 的日均值均高于 8 月，但只有 2011 年存在显著差异 ($p < 0.05$) (图 3-25)。T_r 的日最大值出现在 2011 年的 6 月，20cm、40cm 和 60cm 行距下分别为 6.4 mmol/(m²·s)、6.3mmol/(m²·s)和 6.8mmol/(m²·s)，分别较 2012 年 8 月的最低值[3.3mmol/(m²·s)、3.3mmol/(m²·s)和 3.4mmol/(m²·s)]高 93.9%、90.9%和 100%。

G_s 最大值出现在 2011 年的 6 月，20cm、40cm 和 60cm 行距下分别为 192.4mmol/(m²·s)、195.6mmol/(m²·s)和 206.4mmol/(m²·s)，较 2012 年的 G_s 分别高出 138.1%、129.8%和 132.9%，较 2013 年分别高出约 116.9%、104.8% 和 114.7%。随着行距的增加，G_s 日均值逐渐减小，三年中 60cm 行距下的 G_s 值显著高于 20cm 和 40cm 行距($p < 0.05$) (图 3-25)。

除了 2011 年，WUE_i 的日均值均以 6 月显著低于 8 月。WUE_i 日均最大值出现在 2013 年的 8 月，20cm、40cm 和 60cm 行距下分别为 3.69μmol/mmol、3.71μmol/mmol 和 4.13μmol/mmol。总的来说，WUE_i 日均值随行距增加而增大，但无明显的差异性($p > 0.05$) (图 3-25)。

3.7.6 地上生物量与水分利用效率

种植行距显著影响柳枝稷草地的地上生物量和水分利用效率(WUE_B) (图 3-26)。不同生长年份的地上生物量变化较大，以 2012 年的显著最高，20cm、40cm 和 60cm 行距下分别为 7771.8kg/hm²、6976.8kg/hm² 和 6609.2kg/hm²。2011 年，20cm 行距下的地上生物量较 40cm 和 60cm 行距下分别高出 22.2% 和 28.8%，2012 年分别高出 11.4%和 17.5%，2013 年分别高出 10.7% 和 11.2%。不同年份和行距下的 WUE_B 与地上生物量表现出相同的趋势($p < 0.05$)。2011 年，20cm 行距下的 WUE_B 较 40cm 和 60cm 显著高出 19.4%和 24.1%，2012 年分别高出 12.17%和 19.8%，

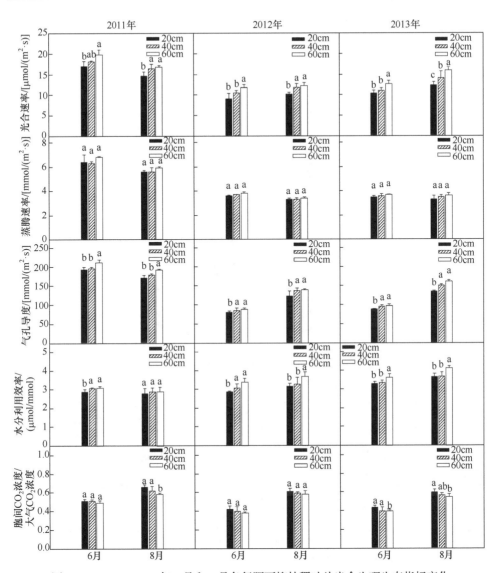

图 3-25　2011～2013 年 6 月和 8 月各行距下柳枝稷叶片光合生理生态指标变化

柱上不同小写字母表示同一月份不同行距间差异显著，$n=5$

2013 年分别高出 10.2%和 9.4% ($p < 0.05$) (图 3-26)。

3.7.7　光合速率与生物量的关系

　　柳枝稷的单蘖生物量与叶片光合速率(P_n)随种植行距表现出相同的变化趋势，均随行距的增大而增加(图 3-27)。P_n 和单蘖生物量间存在显著的正相关关系，但不同年份存在差异。P_n 与地上生物量间存在负相关关系，但随生长年份的波动很小(图 3-27)。

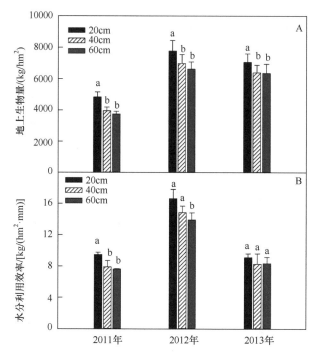

图 3-26　2011～2013 年各行距下地上生物量和水分利用效率
柱上不同小写字母表示同一年份不同行距间差异显著，$n=5$

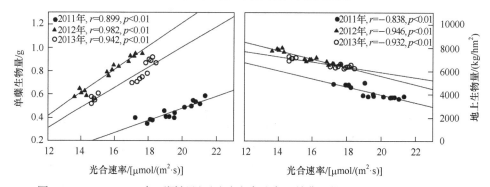

图 3-27　2011～2013 年不同行距下叶片光合速率和单蘖生物量及地上生物量的关系

3.7.8　讨论与结论

合适的种植行距通过改善资源有效性，有利于提高植物的生物量或者生产力，被认为是一项提高作物产量的重要农业措施(Wang et al., 2015; Mao et al., 2014; Mattera et al., 2013)。研究表明，窄行距会加剧植株间对资源的竞争，限制植株个体发育，但可提高分蘖数和地上生物量(Mao et al., 2014; Yang et al., 2014; Gwathmey and Clement, 2010)。另外，窄行距种植可以在冠层发育的早期快速覆盖地表，减少行间土壤表面的水分蒸发，因而相比宽行利于提高土壤储水量(Wang et al.,

2015)。本节结果表明，种植行距显著影响柳枝稷的光合作用、植株高度、叶长、叶宽及单蘖生物量，其中 60cm 行距下的各指标均显著最高(表 3-16)。

种植密度是影响植物生长和光合特征的重要因素(Andrade et al.，2002)。研究报道，增加种植密度对提高单位叶面积指数和作物产量具有积极效应，但会降低单株个体大小(Gwathmey and Clement，2010)。冠层的光合作用受到冠层结构的显著影响，叶片光合作用与植株个体发育间也存在密切关系。研究认为，冠层群体的光合速率随着种植密度的增加而增大，但在高密度下由于穿透光的衰减更快，光合速率到达最大值后的下降速度也更快，因此在高密度下的叶片光合作用显著低于低密度(Yang et al.，2014)。不同生长年份的两个月份里，随着种植行距的增大，柳枝稷的 P_n、T_r、G_s 和 WUE_i 逐渐升高，这可能是窄行距加剧了植株间对营养、光照和空间的竞争所致，而宽行距有利于植株的个体发育(图 3-25)。

叶片光合速率受叶龄、叶片结构和生理、生长阶段和环境条件的共同影响(Gao et al.，2015；Song et al.，2012)。在不同生长年份里，柳枝稷的光合速率波动较大，其中最大的 P_n 值出现在 2011 年，分别较 2012 年和 2013 年高出 40%～80% 和 12%～70%，这种差异与不同叶龄的光反应系统的光化学效率有关(Ding et al.，2006)。P_n 也表现出较大的季节差异，如 2011 年的 6 月高于 8 月，这与 6 月较优的环境条件尤其是充足的降水量有关，另外，6 月柳枝稷处在拔节期，是营养生长阶段最旺盛的时期，此时对碳水化合物的需求最高(Gao et al.，2015)。然而，2012 年和 2013 年的结果却相反，两年里均是 6 月的 P_n 显著最低，这与较低的降水量、高 VPD 和高温有关(表 3-14 和表 3-15)。此外，在 2012 年和 2013 年的 6 月，柳枝稷经历了较严重的干旱，降水量大约比 1951～2000 年的同期低 55.6% 和 67.5%，两年的蒸气压亏缺(VPD)也显著高于 2011 年($p<0.05$)(表 3-14)。这些说明，土壤干旱和大气干旱均可显著降低柳枝稷在干旱环境条件下的光合作用(Xu et al.，2006a)。

C_i/C_a 比是一个有效的评价植物叶片气孔对环境条件和植物生长状况的参数。研究表明，该参数随着 VPD 的升高和土壤水分亏缺的加剧而降低，且与叶片衰老相联系(Bertamini and Nedunchezhina，2003；Guo et al.，2002)。本节中，柳枝稷的 C_i/C_a 值在 8 月高于 6 月，说明 6 月 P_n 的下降主要受气孔因素影响，因为较低的 C_i/C_a 值与干旱导致的气孔关闭相反(图 3-27)(Pons and Welschen，2003；Sage，1994)。有研究表明，柳枝稷具有较强的气孔调节能力，在干旱条件下可以通过增大气孔导度，以减少脱水导致的组织伤害。

植株单叶水平的光合速率(P_n)是影响最终产量的因素之一，且光合速率与植物产量间的关系随着植物类型和生长阶段表现出较大的差异(Wei et al.，2009)。Song 等(2012)报道赤豆(*Vigna angularis*)的产量与其叶片 P_n、T_r 和 G_s 显著正相关，而与 C_i 呈负相关关系。李娜娜等(2010)认为生物量与总冠层光合作用相关，而非单叶的光合速率。柳枝稷单株叶片的 P_n 与地上生物量呈负相关关系，这可能与上述提到的环境因子有关(图 3-27)(李娜娜等，2010；Peng et al.，1991)，而单位面积分蘖数与地上生物量间的正相关关系，证实分蘖数是影响柳枝稷生物量的基本因素之一(表 3-17)(Boe，2007)。

　　综上所述，在半干旱黄土丘陵区，柳枝稷的叶片光合速率、植株高度、叶长、叶宽及单蘖生物量均在 60cm 行距下显著最高，而地上生物量及其水分利用效率在 20cm 行距下显著最高。柳枝稷分蘖数与地上生物量间存在显著正相关关系。叶片光合速率与单株生物量的关系高于与地上生物量的关系，且这种关系随生长年份而变，这些证实宽行距有利于柳枝稷的个体生长发育，而窄行距有利于提高地上生物量及其水分利用效率，也表明单叶水平的生长和表现可解释柳枝稷群体密度的差异，但无法说明地上生物量的异同。

参 考 文 献

柴胜丰，唐健民，王满莲，等，2015. 干旱胁迫对金花茶幼苗光合生理特性的影响 [J]. 西北植物学报, 35(2): 322-328.

程序，毛留喜，2003. 农牧交错带系统生产力概念及其对生态重建的意义 [J]. 应用生态学报, 14 (12): 2311-2315.

陈素英，张喜英，陈四龙，等，2006. 种植行距对冬小麦田土壤蒸发与水分利用的影响 [J]. 中国生态农业学报, 14(3): 86-89.

邓雄，李小明，张希明，等，2002. 4 种荒漠植物气体交换特征的研究 [J]. 植物生态学报, 26(5): 605-612.

丁文利，舒佳礼，徐伟洲，等，2014. 水分胁迫和组合比例对白羊草与达乌里胡枝子叶绿素荧光参数的影响 [J]. 草地学报, 222(1): 94-99.

杜占池，杨宗贵，1992. 羊草光合作用日进程类型的研究 [J]. 自然资源, 6: 32-37.

杜占池，杨宗贵，1990. 羊草和大针茅光合作用午间降低与生态因子关系的研究 [J]. 自然资源学报, 1990, 5(2): 177-188.

杜占池，杨宗贵，1988. 羊草不同叶龄叶片光-光合特性的初步研究 [J]. 植物学报, 30(2): 196-206.

高伟刚，1986. 冬小麦水分利用效率日变化及其与气象条件的关系 [J]. 干旱地区农业研究, 4(2): 17-25.

高亚男，曹庆军，韩海飞，等，2010. 不同行距对春玉米产量和光合速率的影响 [J]. 玉米科学, 18(2): 73-76.

郭俊荣，杨培华，谢斌，等，1997. 银杏光合与蒸腾特性的研究 [J]. 西北植物学报, 17(4): 505-510.

郭天财，盛坤，冯伟，等，2009. 种植密度对两种穗型小麦品种分蘖期茎蘖生理特性的影响 [J]. 西北植物学报, 29(2): 350-355.

郭文琦，刘瑞显，周治国，等，2010. 施氮量对花铃期短期渍水棉花叶片气体交换参数和叶绿素荧光参数的影响 [J]. 植物营养与肥料学报, 16(2): 362-369.

黄瑾，姜峻，徐炳成，2005. 黄土丘陵区达乌里胡枝子人工草地生产力与土壤水分特征研究 [J]. 中国农学通报, 21(6): 245-248.

黄占斌，山仑，1997. 春小麦水分利用效率日变化及生理生态基础研究 [J]. 应用生态学报, 8(3): 263-269.

霍丽娟，丁文利，高志娟，等，2016. 与白羊草混播下柳枝稷叶绿素荧光特性及其对水氮条件的响应 [J]. 西北植物学报, 36(4): 757-765.

蒋高明，何维明，1999. 毛乌素沙地若干植物光合作用、蒸腾作用和水分利用效率种间及生境间差异 [J]. 植物学报, 41(10): 1114-1124.

焦娟玉，尹春英，陈珂，2011. 土壤水、氮供应对麻疯树幼苗光合特性的影响 [J]. 植物生态学报, 35(1): 91-99.

焦念元，宁堂原，赵春，等，2006. 玉米花生间作复合体系光合特性的研究 [J]. 作物学报, 32(6): 917-923.

李代琼，刘国彬，黄瑾，等，1999. 安塞黄土丘陵区柳枝稷的引种及生物生态学特性实验研究 [J]. 土壤侵蚀与水土保持学报, 5: 125-128.

李芳兰, 包维楷, 吴宁, 2009. 白刺花幼苗对不同强度干旱胁迫的的形态与生理响应 [J]. 生态学报, 29(10): 5406-5416.

李洪建, 王孟本, 柴宝峰, 2001. 土壤极端干旱期树种的水分关系研究 [J]. 山西大学学报(自然科学版), 4: 352-356.

李继伟, 左海涛, 李青丰, 等, 2011. 土壤水分垂直分布对建植当年柳枝稷的影响 [J]. 草地学报, 19(1): 43-50.

李高扬, 李建龙, 王艳, 等, 2008. 利用高产牧草柳枝稷生产清洁生物质能源的研究进展 [J]. 草业科学, 25(5): 15-21.

李兰芳, 王涛, 张文彦, 等, 2000. 白羊草化学成分的研究 [J]. 沈阳医科大学学报, 17(4): 269-270.

李兰芳, 吴树勋, 张魁, 等, 1997. 不同生长期白羊草中游离氨基酸的含量 [J]. 氨基酸和生物资源, 19(3): 30-31.

李兰芳, 张魁, 吴树勋, 等, 1996. 不同生长期白羊草中总黄酮的含量测定 [J]. 中国野生植物资源, 4: 37-39.

李林芝, 辛德里, 辛晓平, 等, 2009. 呼伦贝尔草甸草原不同土壤水分梯度下羊草的光合特性 [J]. 生态学报, 29(10): 5272-5279.

李娜娜, 李慧, 裴艳婷, 等, 2010. 行株距配置对不同穗型冬小麦品种光合特性及产量结构的影响 [J]. 中国农业科学, 43(14): 2869-2878.

厉广辉, 万勇善, 刘风珍, 等, 2014. 苗期干旱及复水条件下不同花生品种的光合特性 [J]. 植物生态学报, 38(7): 729-739.

黎蕾, 蔡传涛, 刘贵周, 2010. 光强和施氮量对催吐萝芙木叶片生长及光合作用的影响 [J]. 武汉植物学研究, 28(2): 206-212.

梁婷, 同延安, 林文, 等, 2014. 陕西省不同生态区大气氮素干湿沉降的时空变异 [J]. 生态学报, 34(3): 738-745.

廖建雄, 王根轩, 1999. 谷子叶片光合速率日变化及水分利用效率 [J]. 植物生理学报, 25(4): 362-368.

林长松, 程序, 杨新国, 2008. 半干旱黄土丘陵沟壑区引种能源植物柳枝稷生态适宜性分析 [J]. 西南大学学报, 30(7): 125-132.

刘吉利, 朱万斌, 谢光辉, 等, 2009. 能源作物柳枝稷研究进展 [J]. 草业学报, 18(3): 232-240.

刘瑞显, 郭文琦, 陈兵林, 等, 2008. 干旱条件下花铃期棉花对氮素的生理响应 [J]. 应用生态学报, 19(7): 1475-1482.

刘玉华, 贾志宽, 史纪安, 等, 2006. 旱作条件下不同苜蓿品种光合作用的日变化 [J]. 生态学报, 26(5): 1468-1477.

吕超群, 田汉勤, 黄耀, 2007. 陆地生态系统氮沉降增加的生态效应 [J]. 植物生态学报, 31(2): 205-218.

马杰, 易津, 皇甫超河, 等, 2010. 入侵植物黄顶菊与 3 种牧草竞争效应研究 [J]. 西北植物学报, 30(5): 1020-1028.

牛富荣, 徐炳成, 段东平, 等, 2011. 不同水肥条件下白羊草叶片叶绿素荧光特性研究 [J]. 中国草地学报, 33(6): 75-81.

牛书丽, 蒋高明, 高雷明, 等, 2003. 内蒙古浑善达克沙地 97 种植物的光合生理特征 [J]. 植物生态学报, 27(3): 318-324.

全晗, 董必成, 刘录, 等, 2016. 水陆生境和氮沉降对香菇草入侵湿地植物群落的影响 [J]. 生态学报, 36(13): 4045-4054.

齐华, 于贵瑞, 程一松, 等, 2003. 钾肥对灌浆期冬小麦群体内叶片光合特性的影响 [J]. 应用生态学报, 14(5): 690-694.

山仑, 1994. 植物水分利用效率与半干旱地区农业节水 [J]. 植物生理学通讯, 30(1): 61-66.

山仑, 陈国良, 1993. 黄土高原旱地农业的理论与实践 [M]. 北京: 科学出版社.

山仑, 徐炳成, 2009. 黄土高原半干旱地区建设稳定人工草地的探讨 [J]. 草业学报, 18(2): 1-2.

山仑, 徐萌, 1991. 节水农业及其生理基础 [J]. 应用生态学报, 2(1): 70-76.

邵玺文, 韩梅, 韩忠明, 等, 2009. 不同生境条件下黄芩光合日变化与环境因子的关系 [J]. 生态学报, 29(3): 1470-1477.

宋航, 闫庆伟, 巴雅尔图, 等, 2017. 水氮交互对草地早熟禾叶绿素荧光和 RuBisCO 酶活力的影响 [J]. 中国草地学报, 39(5): 32-38.

宋莉英, 孙兰兰, 舒展, 等, 2009. 干旱和复水对入侵植物三裂叶蟛蜞菊叶片叶绿素荧光特性的影响 [J]. 生态学报, 29(7): 3713-3721.

孙淑娟, 周勋波, 陈雨海, 等, 2008. 冬小麦群体不同分布方式对麦田土壤水分动态变化的影响 [J]. 山东农业科学, 7: 5-8.

王德利, 王正文, 张喜军, 1999. 羊草两个趋异类型的光合生理生态特性比较的初步研究 [J]. 生态学报, 19(6): 837-843.

王磊, 张彤, 丁圣彦, 2006. 干旱和复水对大豆光合生理生态特性的影响 [J]. 生态学报, 26(7): 2073-2078.

王平, 周道玮, 张宝田, 2009. 禾-豆混播草地种间竞争与共存 [J]. 生态学报, 29(5): 2560-2567.

王茜, 纪树仁, 渠晖, 等, 2018. 不同土壤水分条件下施氮水平对紫花苜蓿苗期光合作用的影响 [J]. 中国草地学报, 40(1): 49-54.

王之杰, 郭天财, 王化岑, 等, 2001. 种植密度对超高产小麦生育后期光合特性及产量的影响 [J]. 麦类作物报, 21(3): 64-67.

温达志, 张德强, 周国逸, 等, 2000. 四种禾本科牧草植物光合特性的初步研究 [J]. 热带亚热带植物学报, (S1): 59-66.

吴甘霖, 段仁燕, 王志高, 等, 2010. 干旱和复水对草莓叶片叶绿素荧光特性的影响 [J]. 生态学报, 30(14): 3941-3946.

肖春旺, 周广胜, 2001. 不同浇水量对毛乌素沙地沙柳幼苗气体交换过程及其光化学效率的影响 [J]. 植物生态学报, 25(4): 444-450.

许大全, 1997. 光合作用气孔限制分析中的一些问题 [J]. 植物生理学通讯, 33(4): 241-244.

徐炳成, 山仑, 2004a. 半干旱黄土丘陵区白羊草人工草地生产力和土壤水分特征研究 [J]. 草业科学, 21(6): 6-9.

徐炳成, 山仑, 2004b. 半干旱黄土丘陵区沙棘与柠条水分利用与适应性特征比较 [J]. 应用生态学报, 15(11): 2025-2028.

徐炳成, 山仑, 黄瑾, 2003a. 黄土丘陵区不同立地条件下沙棘光合生理日变化特征比较 [J]. 西北植物学报, 23(6): 949-953.

徐炳成, 山仑, 黄占斌, 等, 2004. 沙打旺与柳枝稷单、混播种苗期水分利用和根冠生长的比较 [J]. 应用与环境生物学报, 10(5): 577-580.

徐炳成, 山仑, 黄占斌, 等, 2003b. 黄土丘陵区白羊草和柳枝稷光合生理比较 [J]. 中国草地, 25(1): 1-4.

徐炳成, 山仑, 黄占斌, 等, 2001. 黄土丘陵区柳枝稷光合生理生态特性的初步研究 [J]. 西北植物学报, 21(4): 625-630.

徐炳成, 山仑, 李凤民, 2007. 半干旱黄土丘陵区五种植物的生理生态特征比较 [J]. 应用生态学报, 18(5): 990-996.

徐炳成, 山仑, 李凤民, 2005. 黄土丘陵半干旱区引种禾草柳枝稷的生物量与水分利用效率 [J]. 生态学报, 25(9): 2206-2213.

徐伟洲, 徐炳成, 段东平, 等, 2011. 不同水肥条件下白羊草光合生理生态特征研究Ⅲ. 叶绿素荧光参数 [J]. 草地学报, 19 (1): 31-37.

薛青武, 陈培元, 1990. 快速水分胁迫下氮素营养水平对小麦光合作用的影响 [J]. 植物学报, 32(7): 33-37.

薛伟, 李向义, 朱军涛, 等, 2011. 遮阴对疏叶骆驼刺叶形态和光合参数的影响 [J]. 植物生态学报, 35(1): 82-90.

杨国敏, 周勋波, 陈雨海, 等, 2009. 群体分布对夏大豆产量和水分利用效率的影响 [J]. 生态学报, 29(12): 6458-6465.

杨吉华, 张永涛, 王贵霞, 等, 2002. 栾树、黄连木、黄栌水分生理生态特性的研究 [J]. 水土保持学报, 16(4): 152-154, 158.

杨磊, 卫伟, 莫保儒, 等, 2011. 半干旱黄土丘陵区不同人工植被恢复土壤水分的相对亏缺 [J]. 生态学报, 31(11): 3060-3068.

杨文平, 郭天财, 刘胜波, 等, 2008. 行距配置对兰考矮早八小麦后期群体冠层结构及其微环境的影响 [J]. 植物生态学报, 32(2): 485-490.

杨文权, 顾沐宇, 寇建村, 等, 2013. 干旱及复水对小冠花光合及叶绿素荧光参数的影响 [J]. 草地学报, 21(6): 1130-1135.

杨志晓, 丁燕芳, 张小全, 等, 2015. 赤星病胁迫对不同抗性烟草品种光合作用和叶绿素荧光特性的影响 [J]. 生态学报, 35(12): 1-13.

叶子飘, 2008. 光合作用对光响应新模型及其应用 [J]. 生物数学学报, 23(4): 710-716.

叶子飘, 于强, 2007. 一个光合作用光响应新模型与传统模型的比较 [J]. 沈阳农业大学学报, 38(6): 771-775.

于振文, 岳寿松, 沈成国, 等, 1995. 不同密度对冬小麦开花后叶片衰老和粒重的影响 [J]. 作物学报, 21(4): 412-418.

张利平, 王新平, 刘立超, 等, 1998. 沙坡头主要建群植物油蒿和柠条的气体交换特征研究 [J]. 生态学报, 18(2): 133-137.

张娜, 梁一民, 2002. 干旱气候对白羊草群落地下部生长影响的初步观察 [J]. 应用生态学报, 13(7): 827-832.

张小全, 徐德应, 2000. 杉木中龄林不同部位和叶龄针叶光合特性的日变化和季节变化 [J]. 林业科学, 36(3): 19-26.

赵丽英, 邓西平, 山仑, 2004. 水分亏缺下作物补偿效应类型及机制研究概述 [J]. 应用生态学报, 15(3): 523-526.

周海燕, 赵爱芬, 2002. 科尔沁草原主要牧草冷蒿和差不嘎蒿的生理生态学特性与竞争机制 [J]. 生态学报, 22(6): 894-900.

周晓兵, 张元明, 2009. 干旱半干旱区氮沉降生态效应研究进展 [J]. 生态学报, 29(7): 3835-3845.

Amy K, Veronica C, Neal B, et al., 2006. Ecophysiological responses of schizachyrium scoparium to water and nitrogen manipulations [J]. Great Plains Research, 16: 29-36.

Andrade F H, Calviño P, Cirilo A, et al., 2002. Yield responses to narrow rows depend on increased radiation interception [J]. Agronomy Journal, 94: 975-980.

Ashraf M, Harris P J C, 2013. Photosynthesis under stressful environments: An overview [J]. Photosynthetica, 51(2): 163-190.

Berry J A, Downton W J S, 1982. Environmental Regulation of Photosynthesis [M]. New York: Academic Press.

Bertamini M, Nedunchezhina N, 2003. Photosynthetic functioning of individual grapevine leaves (Vitis vinifera L. cv. Pinot noir) during ontogeny in the field [J]. Vitis, 42 (1): 13-17.

Boe A, 2007. Variation between two switchgrass cultivars for components of vegetative and seed biomass [J]. Crop Science, 47: 634-640.

Bouton J, 2007. The economic benefits of forage improvement in the United States [J]. Euphytica, 154(3): 263-270.

Boylan D, Bush V, Bransby D I, 2000. Switchgrass cofiring: Pilot scale and field evaluation [J]. Biomass and Bioenergy, 19(6): 411-417.

Bullock D G, Nielsen R L, Nyquist W E, 1988. A growth analysis comparison of corn grown in conventional and equidistant plant spacing [J]. Crop Science, 28: 254-258.

Carrow R N, 1995. Drought resistance aspects of turfgrass in the southeast: Evapotranspiration and crop coefficients [J]. Crop Science, 35: 1685-1690.

Catsky J, Sestak Z, 1997. Photosynthesis during Leaf Development [M] // Pesssrakli M. Handbook of Photosynthesis. New York: Marcel Dekker.

Chen H, Shao M, Li Y, 2008. Soil desiccation in the Loess Plateau of China [J]. Geoderma, 143: 91-100.

Coley P D, 1983. Herbivory and defensive characteristics of tree species in a low land tropical forest [J]. Ecological Monographs, 53(2): 209-233.

Cook R J, Ownley B H, Zhang H, et al., 2000. Influence of paired-row spacing and fertilizer placement on yield and root diseases of direct-seeded wheat [J]. Crop Science, 40: 1079-1087.

Cooney D, Kim H, Quinn L, et al., 2017. Switchgrass as a bioenergy crop in the Loess Plateau, China: Potential lignocellulosic feedstock production and environmental conservation [J]. Journal of Integrative Agriculture, 16(6): 1211-1226.

de Bruin J L, Pedersen P, 2008. Effect of row spacing and seeding rate on soybean yield [J]. Agronomy Journal, 100: 704-710.

Ding L, Wang K J, Jiang G M, et al., 2006. Diurnal variation of gas exchange, chlorophyll fluorescence, and xanthophyll cycle components of maize hybrids released in different years [J]. Photosynthetica, 44(1): 26-31.

Durand L Z, Goldstein G, 2001. Photosynthesis, photoinhibition, and nitrogen use efficiency in native and invasive tree ferns in Hawaii [J]. Oecologia, 126: 345-354.

Fang Y, Xu B C, Liu L, et al., 2014. Does a mixture of old and modern winter wheat cultivars increase yield and water use efficiency in water-limited environments? [J]. Field Crops Research, 156: 12-21.

Feng Y L, 2008. Photosynthesis, nitrogen allocation and specific leaf area in invasive Eupatorium adenophorum and native Eupatorium japonicum grown at different irradiances [J]. Physiologia Plantarum, 133: 318-326.

Fischer R A, Turner N C, 1978. Plant productivity in the arid and semiarid zones [J]. Annual Review of Plant Physiology, 29: 277-314.

Fox G, Girouard P, Syaukat Y, 1999. An economic analysis of the financial viability of switchgrass as a raw material for pulp production in eastern Ontario [J]. Biomass and Bioenergy, 16: 1-12.

Farquhar G D, Sharkey T D, 1982. Stomatal conductance and photosynthesis [J]. Annual Review of Plant Physiology, 33: 317-345.

Gao Z J, Xu B C, Wang J, et al., 2015. Diurnal and seasonal variations in photosynthetic characteristics of switchgrass in semiarid region on the Loess Plateau of China [J]. Photosynthetica, 53(4): 489-498.

Garten C T, Wullschleger S D, 2000. Soil carbon dynamics beneath switchgrass as indicated by stable isotope analysis [J]. Journal of Environmental Quality, 29(2): 645-654.

Genty B, Briantais J M, Baker N R, 1989. The relationship between quantum yield of photosynthetic electron transport and quenching of chlorophyll fluorescence [J]. Bioehimica et Biophysica Acta, 990: 87-92.

Ghannoum O, Caemmerer S V, Conroy J P, 2001. Carbon and water economy of Australian NAD-ME and NAD-ME C_4 grasses [J]. Australian Journal of Plant Physiology, 28: 213-223.

Goldberg D E, Barton A M, 1992. Patterns and consequences of interspecific competition in natural communities: A review of field experiments with plants [J]. The American Naturalist, 139: 771-801.

Grevilliot F, Muller S, 2002. Grassland ecotopes of the upper Meuse as references for habitats and biodiversity restoration: A synthesis [J]. Landscape Ecology, 17(1): 19-33.

Guo J M, Jermyn W A, Turnbull M H, 2002. Diurnal and seasonal photosynthesis in two asparagus cultivars with contrasting yield [J]. Crop Science, 42: 399-405.

Gwathmey C O, Clement J D, 2010. Alteration of cotton source-sink relations with plant population density and mepiquat chloride [J]. Field Crops Research, 116: 101-107.

Hirasawa T, Hsiao T C, 1999. Some characteristics of reduced leaf photosynthesis at midday in maize growing in the field [J]. Field Crops Research, 62: 53-62.

Hopkins A A, Taliaferro C M, Murphy C D, 1996. Chromosome number and nuclear DNA content of several switch grass populations [J]. Crop Science, 36: 1192-1195.

Jones H G, 1990. Physiological aspects of the control of water status in horticultural crops [J]. Scientia Horticulturae, 25: 19-26.

Jost P H, Cothren J T, 2000. Growth and yield comparisons of cotton planted in conventional and ultra-narrow row spacings [J]. Crop Science, 40: 430-435.

Koblizek M, Kaftan D, Nedbal L, 2001. On the relationship between the non-photochemical quenching of the chlorophyll fluorescence and the photosystem II light harvesting efficiency. A repetitive flash fluorescence induction study [J]. Photosynthesis Research, 68(2): 141-152.

Li R H , Guo P G, Baum M, et al., 2006. Evaluation of chlorophyll content and fluorescence parameters as indicators of drought tolerance in barley [J]. Agricultural Sciences in China, 5(10): 751-757.

Li J Y, Zhao C Y, Li J, et al., 2013. Growth and leaf gas exchange in *Populus euphratica* across soil water and salinity gradients [J]. Photosynthetica, 51: 321-329.

Liu T, Song F, Liu S, et al., 2011. Canopy structure, light interception, and photosynthetic characteristics under different narrow-wide planting patterns in maize at silking stage [J]. Spanish Journal of Agricultural Research, 9: 1249-1261.

Long J R, Ma G H, Wan Y Z, et al., 2013. Effects of nitrogen fertilizer level on chlorophyll fluorescence characteristics in flag leaf of super hybrid rice at late growth stage [J]. Rice Science, 20(3): 220-228.

Ma Y, An Y, Shui J, et al., 2011. Adaptability evaluation of switchgrass (*Panicum virgatum* L.) cultivars on the Loess Plateau of China [J]. Plant Science, 181: 638-643.

Mao L L, Zhang L Z, Zhao X H, et al., 2014. Crop growth, light utilization and yield of relay intercropped cotton as affected by plant density and a plant growth regulator [J]. Field Crops Research, 2014, 155: 67-76.

Mattera J, Romeroa L A, Cuatrína A L, et al., 2013. Yield components, light interception and radiation use efficiency of lucerne (*Medicago sativa L.*) in response to row spacing [J]. European Journal of Agronomy, 45: 87-95.

Miao Z, Xu M, Lathrop R G, et al. , 2009. Comparison of the A-Cc curve fitting methods in determining maximum ribulose 1, 5-bisphosphate carboxylase/oxygenase carboxylation rate, potential light saturated electron transport rate and leaf dark respiration [J]. Plant Cell and Environment, 32(2): 109-122.

Petric C L, Hall A E, 1992. Water relations in cowpea and pearl millet under soil water deficits. III. Extent of predawn equilibrium in leaf water relations [J]. Australian Journal of Plant Physiology, 19: 601-609.

Peng S B, Krieg D R, Girma, F S, 1991. Leaf photosynthetic rate is correlated with biomass and grain production in grain sorghum lines [J]. Photosynthesis Research, 28: 1-7.

Pons T L, Welschen R A M, 2003. Midday depression of net photosynthesis in the tropical rainforest tree *Eperua grandiflora*: Contributions of stomatal and internal conductances, respiration and rubisco functioning [J]. Tree Physiology, 23: 937-947.

Poorter H, Remkes C, Lamber S, 1990. Carbon and nitrogen economy of twenty-four wild species differing in relative growth rate [J]. Plant Physiology, 94: 621-627.

Sage R F, 1994. Acclimation of photosynthesis to increasing atmospheric CO_2: The gas exchange perspective [J]. Photosynthesis Research, 39: 351-368.

Sanderson M A, Reed R L, McLaughlin S B, et al., 1996. Switchgrass as a sustainable bioenergy crop [J]. Bioresource Technology, 56: 83-93.

Sanderson M A, Reed R L, Ocumpaugh W R, et al., 2000. Switchgrass cultivars and germplasm for biomass feedback production in Texas [J]. Bioresource Technology, 67(3): 209-219.

Sangoi L, Gracietti M A, Rampazzo C, et al. , 2002. Response of Brazilian maize hybrids from different eras to changes in plant density [J]. Field Crops Research, 79: 39-51.

Sato T, Abdalla O S, Oweis T Y, et al., 2006. The validity of predawn leaf water potential as an irrigation-timing indicator for field-grown wheat in northern Syria [J]. Agricultural Water Management, 82: 223-236.

Schreiber U, 2004. Pulse-Amplitude-Modulation (PAM) Fluorometry and Saturation Pulse Method: An Overview[M]. Springer, Netherlands.

Sharratt B S, McWilliams D A, 2005. Microclimatic and rooting characteristics of narrow-row versus conventional-row corn [J]. Agronomy Journal, 97: 1129-1135.

Shangguan Z P, Shao M A, Dyckmans J, 2000. Effect of nitrogen nutrition and water stress deficit on net photosynthetic rate and chlorophyll fluorescence in winter wheat [J]. Journal of Plant Physiology, 56: 46-51.

Singsaas E L, Ort D R, Delucia E H, 2000. Diurnal regulation of photosynthesis in understory saplings [J]. New Physiologist, 145: 39-49.

Song H, Gao J F, Gao X L, et al., 2012. Relations between photosynthetic parameters and seed yields of adzuki bean cultivars (*Vigna angularis*) [J]. Journal of Integrative Agriculture, 11(9): 1453-1461.

Susan C L, Mcdowel L, 2002. Photosynthetic characteristics of invasive and noninvasive species of Rubus (Rosaceae) [J]. American Journal of Botany, 89(9): 1431-1438.

Vadell J, Cabot C, Medrano H, 1995. Diurnal time course of leaf gas exchange rates and related characters in drought-acclimated irrigated Trifolium subterraneum [J]. Australian Journal of Plant Physiology, 22: 461-469.

Wang R, Cheng T, Hu L Y, 2015. Effect of wide-narrow row arrangement and plant density on yield and radiation use efficiency of mechanized direct-seeded canola in Central China [J]. Field Crops Research, 172: 42-52.

Wei L Y, Huang Y Q, Li X K, et al., 2009. Effects of soil water on photosynthetic characteristics and leaf traits of Cyclobalanopsis glauca seedlings growing under nutrient -rich and -poor soil [J]. Acta Ecologica Sinica, 29(3): 160-165.

Winslow J C, Hunt J E R, Piper S C, 2003. The influence of seasonal water availability on global C_3 versus C_4 grassland biomass and its implications for climate change research [J]. Ecological Modelling, 163: 153-173.

Wright L, Turhollow A, 2010. Switchgrass selection as a "model" bioenergy crop: a history of the process [J]. Biomass and Bioenergy, 34: 851-868.

Woo N S, Badger M R, Pogson B J, 2008. A rapid, non-invasive procedure for quantitative assessment of drought survival using chlorophyll fluorescence [J]. Plant Methods, 4(1): 27-40.

Xu B C, Gichuki P, Shan L, et al., 2006a. Aboveground biomass production and soil water dynamics of four leguminous forages in semiarid region, northwest China [J]. South African Journal of Botany, 72: 507-516.

Xu B C, Li F M, Shan L, 2008. Switchgrass and milkvetch intercropping under 2∶1 row-replacement in semiarid region, northwest China: Aboveground biomass and water use efficiency [J]. European Journal of Agronomy, 28: 485-492.

Xu B C, Li F M, Shan L, et al., 2006b. Gas exchange, biomass partition, and water relationships of three grass seedlings under water stress [J]. Weed Biology and Management, 6: 79-88.

Xu W Z, Deng X P, Xu B C, 2014. Photosynthetic activity and efficiency of *Bothriochloa ischaemum* and *Lespedeza davurica* in mixtures across growth periods under water stress [J]. Acta Physiologia Plantatrum, 36: 1033-1044.

Xu Z Z, Zhou G S, Shimizu H, 2009. Are plant growth and photosynthesis limited by pre-drought following rewatering in grass? [J]. Journal of Experimental Botany, 60(13): 3737-3749.

Yang G Z, Luo X J, Nie Y C, et al., 2014. Effects of plant density on yield and canopy micro environment in hybrid cotton [J]. Journal of Integrative Agriculture, 13: 2154-2163.

第4章 柳枝稷生产力与水分利用

4.1 黄土丘陵区柳枝稷生物量与水分利用效率

4.1.1 引言

黄土丘陵半干旱区在多年的人工草地建设中，禾本科牧草栽培品种较为单一，迫切需要加强对优良禾草栽培品种的选育和栽培利用研究。从其他国家和地区引种优良禾草，不仅可以丰富和拓宽该地区的牧草种质资源，也是发挥区域生产潜力的重要措施。但从黄土丘陵区多年的牧草引种情况来看，大面积成功的范例很少，多数是小范围和局域性的，其原因是引种的禾本科草种多数为中生、高产类型，而黄土丘陵区的自然生境条件适宜旱生和中旱生禾草的生长(邹厚远，2000)。因此，加强对引种禾草生产力和生态适应性研究，对黄土高原区草地建设具有重要意义。

柳枝稷为禾本科黍属多年生暖季型丛生 C$_4$ 草本植物(Sanderson et al.，1999)。由于生产力高、根系发达、植株较高，既可作为饲草，也可作为水土保持、风障和绿篱植物，同时也是很好的生物燃料和生产替代能源的原材料(McLaughlin and Kszos，2005)。柳枝稷被引种到半干旱黄土丘陵的陕北安塞以来，表现出抗旱、耐寒和产草量较高等优势，作为优良的引种禾本科植物，引种后对其生物学特性、生产力年际变化和营养成分有过较为系统的研究(李代琼等，1999)，但就不同立地条件下草地生物量的形成过程，限制和影响草地生产力提高的因素等仍认识不足。本节通过比较研究不同立地条件下柳枝稷草地生物量的形成和累积过程、土壤水分利用和光合作用等特征，阐明柳枝稷对半干旱黄土丘陵区不同生境条件的适应特点，以期为合理栽培利用提供依据。

4.1.2 材料与方法

研究在陕西安塞农田生态系统国家野外科学观测研究站进行，地理位置为109°19′23″E，36°51′30″N，海拔 1068~1309m。气候属暖温带半干旱气候，年平均气温 8.8℃，最冷的 1 月平均气温–6.9℃，最热的 7 月平均气温 22.6℃，全年≥10℃积温 3113.9℃，无霜期 159 天。植被区划上属森林草原区，灌木呈零星分布，天然植被全部已遭破坏，形成以中旱生草本植物群落占绝对优势的次生植被和退化草地。主要土壤类型为黄绵土，约占总面积的 77.1%。

该地多年平均降水量 537.7mm(1951~2000 年)，其中 4~10 月降水量约占全年总降水量的 85%~95%，7~9 月降水量约占年度总降水量的 60%~80%，通常称为雨季。本试验研究期间，2001 年和 2002 年降水量分别为 515.2mm 和 541.1mm，其中 2001 年 4～10 月和 7～9 月降水量分别占全年的 93.0%和 68.15%，2002 年 4～10 月和 7～9 月降水量分别占全年的 94.18%和 40.89%。可以看出，2001 年的降水量偏低，但 4～10 月尤其 7～9 月的降水量季节分配接近多年平均值，2002 年的降水量与多年平均值接近，但 7～9 月降水量偏少。

1. 试验样地设置

柳枝稷草地于 1995 年 7 月播种建立，旱作条件，无灌溉和地表来水。草地建设在三种不同的立地条件：川地、梯田(山地，1990 年修建)和坡地。川地播种面积为 40m²(4m×10m)，坡地和梯田的播种面积为 100m²(5m×20m)。川地和梯田为条播，行距 70cm，东西走向。坡地坡度 34°，坡向为东向，采用等高种植，行距 70cm。川地、梯田和坡地的海拔分别为 1070m、1220m 和 1200m。

根据多年观测纪录，引种柳枝稷在该地一般于 4 月初返青，5 月分蘖，6 月拔节、孕穗，7～8 月抽穗、开花和结实，9 月上旬种子成熟。山地生长柳枝稷的生育期平均较川地晚 2～5 天，不同立地条件下柳枝稷在种植后的第三年进入生产力高峰期(李代琼等，1999)。试验测定的 2001～2002 年，川地柳枝稷于 4 月 8 日返青，坡地和梯田的返青期为 4 月 10 日。

2. 测定项目及方法

土壤含水量：2001 年和 2002 年 4～10 月每月 1 次，采用土钻-烘干法测定土壤含水量，0～200cm 每 10cm 土层取样 1 次，200cm 以下每 20cm 取样 1 次，生长期的始末测定深度为 300cm，生长中期测定深度为 200cm。坡地土壤水分的测定点选择在生长均匀的坡面中部。

地上生物量：采用刈割收获-烘干法测定，样方面积为 1m²(1m×1m)，3～5 次重复，刈割时留茬 3cm，分现存地上生物量和枯落物，80℃烘干至恒重。全部生物量指地上生物量与枯落物的干重之和。

地上生物量的绝对生长速率和相对生长速率分别按照式(4-1)和式(4-2)计算(Elberse et al.，2003)。

绝对生长速率(absolute growth rate，AGR)：
$$AGR = (W_{i+1} - W_i)/(T_{i+1} - T_i) \tag{4-1}$$

相对生长速率(relative growth rate，RGR)：
$$RGR = (\ln W_{i+1} - \ln W_i)/(T_{i+1} - T_i) \tag{4-2}$$

式中，W_{i+1} 和 W_i 分别表示 T_{i+1} 和 T_i 时测定的地上总生物量干重；T_i 表示柳枝稷返青后的生长天数。

盖度和高度：采用目测法测定柳枝稷草地盖度，直尺测定种群平均高度，重复 5 次。

光合生理生态特征：选择晴朗无云天，采用 CI-301PS 便携式光合仪开路模式测定叶片光合作用，8:00～18:00 每 2h 测定 1 次，重复 3 次，每月测定 1 次，每次连续 3 天。根据光合速率和蒸腾速率日变化结果计算叶片单位面积光合日同化量、日蒸腾量和水分利用效率（徐炳成等，2007）。

土壤养分含量：2002 年春季植物返青期(4 月 15 日)采样测定，采样深度为各草地耕层 0～20cm。按 W 形取样法取 9 个点，混合风干过 0.25mm 筛后测定土壤有机质含量(重铬酸钾外加热氧化法)、全 N 含量(半微量凯氏蒸馏法)、全 P 含量(硫酸-高氯酸消煮-钼锑抗比色法)、全 K 含量(氢氟酸-高氯酸消煮-原子吸收法)、速效 N 含量(碱解扩散法)、速效 K 含量(醋酸铵浸提-原子吸收法)和速效 P 含量(碳酸氢钠浸提-钼锑抗比色法)(王旭刚等，2003；中国科学院南京土壤研究所，1978)。

地温：为川地和梯田气象观测场地表 0～5cm 的温度，取每月 8:00、14:00 和 20:00 的平均值。

气温：在地面以上 1.5m 处测定，山地气象观测场位于梯田，海拔 1240m。

土壤储水量：采用水量平衡法计算，即

$$SWS = 10 \times H \times \rho \times b \tag{4-3}$$

式中，H 为土层深度(cm)；ρ 为土壤容重(g/m^3)；b 为土壤质量含水量(%)，0～20cm 土壤容重取值 1.1g/m^3，20cm 以下取 1.3g/m^3(杨文治和邵明安，2000)。

根据水量平衡法获得草地年度耗水量，结合地上生物量计算草地水分利用效率。所有试验数据利用 Excel 2000 和 SPSS11.0 软件进行统计计算和分析，差异显著性采用单因素方差分析(one-way ANOVA)($p<0.05$)。

4.1.3　地上生物量与累积动态

2001 年和 2002 年，川地柳枝稷草地的地上总生物量(即现存量和枯落物之和)均超过 13000kg/hm^2，而梯田和坡地的地上总生物量均低于 3000kg/hm^2，相差约 4 倍(表 4-1)。在生育期结束时，川地柳枝稷草地的枯落物占全部总生物量的比例为 9.0%～11.0%，梯田和坡地的比例分别为 20.0%～23.0%和 15.0%～16.0%。同时，川地柳枝稷种群的平均高度和整体盖度均明显高于梯田和坡地，坡地柳枝稷植株高度大于梯田，但二者草地的盖度基本相同(表 4-1)。

表 4-1　2001 年和 2002 年不同立地条件下柳枝稷草地的地上生物量与生长状况

项目	川地		梯田		坡地	
	2001 年	2002 年	2001 年	2002 年	2001 年	2002 年
平均高度/cm	130	168	78	95	83	106
现存量干重/(kg/hm^2)	12490.71	14750.49	1880.29	1955.60	2246.5	2155.60
枯落物干重/(kg/hm^2)	1491.43	1513.00	476.86	582.70	399.5	395.75
总地上生物量/(kg/hm^2)	13982.14	16263.49	2357.15	2538.30	2646	2564.30
盖度/%	90	95	30	35	35	35

柳枝稷地上生物量的累积过程具有明显的季节变化规律。其中，坡地柳枝稷的地上生物量在返青后的第93天(7月13日)前后达到峰值，然后缓慢变化；梯田约在返青后的第121天(8月11日)，川地在返青后的第166天(9月22日前后)达到峰值(图4-1)。

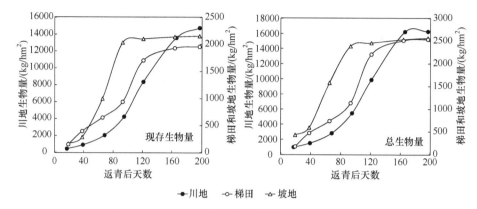

图4-1　2002年不同立地柳枝稷草地地上生物量动态

对2002年地上生物量累积过程曲线拟合表明，不同立地条件下柳枝稷草地地上现存生物量和总生物量随返青后的生长天数呈二次或三次多项式变化(表4-2)。

表4-2　不同立地柳枝稷草地地上生物量(Y)与返青后生长天数(T)的拟合关系式(2002年)

立地	生物量类别	关系方程	F	r	显著性
川地	总生物量	$Y=-0.0085T^3+2.8476T^2-166.00T+3424.53$	162.72	0.994	0.001
	现存生物量	$Y=-0.0062T^3+2.1832T^2-123.40T+2223.77$	243.50	0.968	0.000
梯田	总生物量	$Y=-0.0008T^3+0.2213T^2-4.0979T+193.273$	54.36	0.983	0.004
	现存生物量	$Y=-0.0012T^3+0.3464T^2-10.822T+320.316$	24.31	0.978	0.005
坡地	总生物量	$Y=-0.1224T^2+38.9783T-428.08$	52.83	0.964	0.001
	现存生物量	$Y=-0.0003T^3-0.0122T^2+27.7476T-516.99$	19.44	0.951	0.018

三种立地条件下柳枝稷草地地上现存生物量和总生物量的 AGR 变化剧烈(图4-2)。川地在返青后的第121天 AGR 达到全年的最大值，即158.93kg/(hm²·d)，总生物量的 AGR 为169.83kg/(hm²·d)。坡地现存量最大 AGR 出现在返青后的第93天(7月13日)，仅37.00kg/(hm²·d)，总生物量最大的 AGR 出现在第65天(6月16日)，为36.69kg/(hm²·d)。梯田现存生物量的最大 AGR 出现在返青后的121天(8月11日)，为27.31kg/(hm²·d)，总生物量最大 AGR 值出现时间与现存生物量相同，为38.25kg/(hm²·d)。可以看出，川地 AGR 最高值比梯田和坡地有大幅提高，并且峰值出现时间较迟，说明其累积时间较长。

不同立地条件下柳枝稷草地地上生物量的 RGR 均在返青后的20天内达到最

大值。川地、梯田和坡地现存生物量的 RGR 分别为 0.35677kg/(hm²·d)、
0.26315kg/(hm²·d)和 0.26728kg/(hm²·d)，总生物量的 RGR 分别为 0.40625kg/(hm²·d)、
0.27180kg/(hm²·d)和 0.31912kg/(hm²·d)(为更加突出显示其他时刻的 RGR 差异，
该时刻数据图 4-3 中未显示)。随后，各立地条件下柳枝稷草地现存生物量和总生
物量的生长速率变化过程基本相同，其中川地现存生物量 RGR 为缓慢降低，总生
物量 RGR 在第 95 天(7 月 13 日)稍微增到 0.02463kg/(hm²·d)外，也呈逐渐降低
趋势。坡地现存生物量和总生物量在返青后第 65 天(6 月 16 日)出现第 2 个峰值
后逐渐降低。梯田和坡地的现存生物量第 2 个峰值为 0.02131kg/(hm²·d)和
0.04679kg/(hm²·d)，总生物量分别为 0.02375kg/(hm²·d)和 0.03651kg/(hm²·d)(图 4-3)。
川地、梯田和坡地柳枝稷草地的生育期内各时刻地上现存生物量的平均 AGR 分别为
0.06932kg/(hm²·d)、0.05296kg/(hm²·d)和 0.05299kg/(hm²·d)，平均 RGR 值分别为
0.07206kg/(hm²·d)、0.05471kg/(hm²·d)和 0.05559kg/(hm²·d)。可以看出，川地 RGR 的
第 1 峰值和全生育期 RGR 的平均值最大，坡地 RGR 的两峰值均高于梯田，但二
者全生育期的平均值相近。

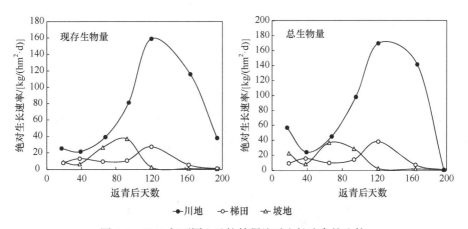

图 4-2　2002 年不同立地柳枝稷绝对生长速率的比较

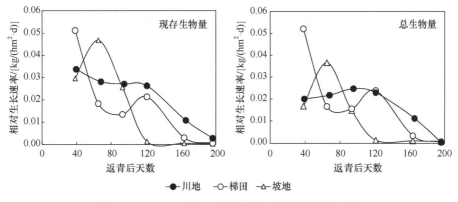

图 4-3　2002 年不同立地柳枝稷相对生长速率的比较

4.1.4　土壤含水量与季节变化

不同立地条件下，柳枝稷草地土壤含水量最低点基本出现在 7 月中下旬至 8 月上中旬，然后逐渐恢复(图 4-4)。2001～2002 年，梯田、坡地和川地 0～2m 土层土壤含水量的平均值分别为 12.59%、8.10% 和 7.01%。在连续长时间干旱后的 2001 年 7 月上旬，川地和坡地多数土层的土壤含水量已经达到凋萎湿度(4.0%)以下，0～2m 土层内的平均含水量分别为 3.44% 和 3.80%，而梯田仍高达 11.34%。

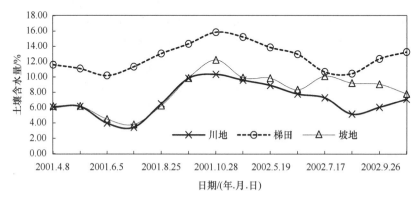

图 4-4　2001～2002 年不同立地柳枝稷草地 0～2m 土层土壤含水量季节变化

不同立地条件下土壤含水量垂直分布的季节变化不大(图 4-5)。不同层次土壤中，梯田的土壤含水量一直远高于川地，坡地土壤含水量在 4 月、6 月和 10 月均与川地相近，也低于梯田，只有 8 月坡地和梯田比较接近，且显著高于川地。

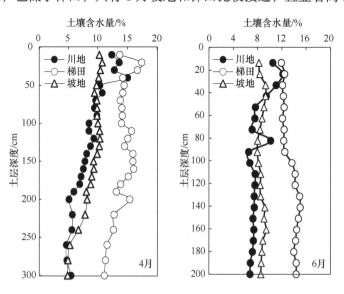

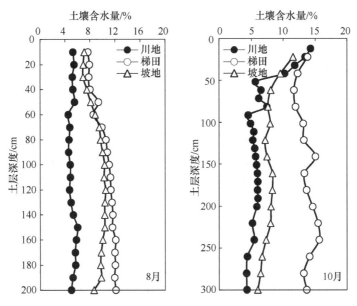

图 4-5　2002 年不同立地柳枝稷草地土壤水分垂直分布季节变化

从生长季初的 4 月到生长期末的 10 月，川地、坡地和梯田 0~2m 土层的土壤含水量分别下降了 26.00%、15.31% 和 12.94%，川地 2~3m 土层的土壤含水量下降了 12.00%，而坡地和梯田 2~3m 土层的土壤含水量则分别增加了 18.13% 和 13.93%。总体上，川地 0~3m 土层的土壤含水量下降了 26.00%，坡地和梯田则分别增加了 19.34% 和 34.52%。

4.1.5　叶片日光合速率与日蒸腾速率

表 4-3 是 2002 年返青后约 60 天(6 月 12 日~14 日)测定的柳枝稷旗叶单位叶面积日光合同化量和日蒸腾量。可以看出，川地柳枝稷的日光合同化量和日蒸腾量分别为 520.69mmol/m² 和 171.86mol/m²，均显著低于梯田和坡地。梯田和坡地的日光合同化量无显著差异，而梯田日蒸腾量显著高于坡低。川地日水分利用效率值为 3.03mmol/mol，显著高于坡地和梯田的 2.42mmol/mol 和 2.60mmol/mol，但坡地与梯田间的日水分利用效率无显著差异。

表 4-3　不同立地柳枝稷旗叶单位面积日光合同化与蒸腾总量 (2002 年 6 月 12 日~14 日)

立地类型	日光合同化量/(mmol/m²)	日蒸腾量/(mol/m²)	日水分利用效率/(mmol/mol)
川地	520.69 b	171.86 c	3.03 a
梯田	544.82 a	224.94 a	2.42 b
坡地	540.44 a	208.22 b	2.60 b

注：同列数字后不同小写字母表示差异显著($p<0.05$)。

4.1.6　讨论与结论

柳枝稷在黄土丘陵区旱川地的年度地上生物量在 13000kg/hm² 以上，远高于梯田和坡地的 2600kg/hm²，即使在严重干旱的 1997 年(年降水量只有 264mm)，旱川地生物量也可达 8000kg/hm² 以上(李代琼等，1999)。调查结果显示，种植 3 年以上柳枝稷的年度生物量在川地与沙打旺相当，梯田与典型耐旱作物谷子相近，表明柳枝稷对该地区具有较强的生态适应性(徐炳成，2003)。柳枝稷根系发达，分布较深，单丛分蘖能力强，这种根系生长特性在其苗期就已经显示(徐炳成等，2003)。不同立地条件下的监测显示，1 年生柳枝稷单株有 8～12 个分蘖，川地多年生柳枝稷有 26～37 个分蘖，坡地和梯田多年生柳枝稷有 24～28 个分蘖。对单丛根系的拉力，即单丛草根全部从土壤中拉出地面所需拉力的测定结果表明，生长 2 年柳枝稷的根系拉力分别是无芒雀麦、达乌里胡枝子和对照荒山植被平均单丛根系拉力的 1.7 倍、2.9 倍和 3.3 倍(李代琼等，1999)，这种较强的根系生长、分蘖能力是其保证较高生产力的基础，也是其具有较强保持水土能力的重要原因之一(Vogle et al.，2002)。

不同立地条件下柳枝稷草地生物量的累积过程随生长天数呈二次或三次多项式，但存在阶段累积量的差异。累积生物量随时间变化的差异与不同立地条件下草地返青时间、环境条件和 RGR 等有关(van Rijin et al.，2000)。作为反映植物生长量的特征参数，RGR 反映植物在剔除呼吸、挥发等损失后，通过光合同化产生新生生物量的效率，受立地的环境条件，如降水量、资源有效性、海拔和气温等共同影响(Lambers and Poorter，1992)。从不同立地条件下柳枝稷草地地上生物量的 AGR 和 RGR 比较可以得出，坡地与梯田 AGR 和 RGR 的平均值接近，但均低于川地。在季节变化方面，坡地柳枝稷草地 AGR 的第 1 峰值与梯田和川地基本同步，但第 2 个峰值提早约 1 个月，这是其适应坡地生长环境的结果。Meziane 和 Shipley(1990)的研究表明，环境条件，尤其是光照和养分含量的充足供应是植物发挥生理 RGR 潜力的基础，而相对较差的环境条件使得植物的 RGR 趋于相近，这种生长塑性差异受环境影响种内差异要远小于种间。通过比较土壤耕层 0～20cm 养分含量可以看出(表 4-4)，三种立地条件下柳枝稷草地的土壤耕层养分含量均偏低(山仑等，2004)，其中，梯田土壤有机质含量、全氮含量、速效氮含量均最低，梯田总有效养分含量与坡地接近，均低于川地。因此，坡地和梯田相近的平均 RGR 与其相近的土壤肥力状况有关(Meziane and Shipley，1990)。川地柳枝稷返青后和整个生长期的平均 RGR 均较坡地和梯田高且后期的变化也较平稳，但自返青后第 121 天生长速率下降加快，主要是生物量达到较大值后，高生物量下植株间产生相互遮光和生物量逐渐向衰老组织分配等影响(Lambers and Poorter，1992)。

表 4-4　不同立地柳枝稷草地土壤耕层(0~20cm)养分含量对比

立地类型	有机质含量/%	全氮含量/%	全磷含量/%	全钾含量/%	速效氮含量/(mg/kg)	速效钾含量/(mg/kg)	速效磷含量/(mg/kg)
川地	0.56	0.048	0.146	2.24	64.2	126.4	1.72
梯田	0.43	0.035	0.139	2.28	40.8	123.1	1.68
坡地	0.47	0.038	0.135	2.03	47.7	118.3	1.61

2001~2002 年,川地柳枝稷的水分利用效率显著高于坡地和梯田(表 4-5),虽然土壤相对干旱,但川地草地的生物量却比相对湿润的坡地高 4 倍多,说明水分不是限制柳枝稷生物量提高的单一因子。生长在不同立地下柳枝稷草地生产力的差别,可能源于以肥力条件为主的土地类型影响(山仑等,1988)。修建梯田是黄土丘陵区改造坡耕地,保蓄水分、防止土壤侵蚀和水土流失的有效措施,但土壤遭受大机械的强烈扰动和压实,使得土壤结构破坏、层次扰乱、土壤有效养分含量低,成为植物生产力提高的主要限制因素之一(张成娥等,1999)。比较显示,梯田柳枝稷草地土壤水分状况最优(图 4-4),总地上生物量虽与坡地接近(表 4-1),但水分利用效率较低,这与梯田修建导致的土壤结构破坏和长期不施肥导致的土壤养分含量下降有关(表 4-4)。2002 年,川地、梯田和坡地柳枝稷草地整体生物量水分利用效率分别较 2001 年下降了 16.63%、28.17%和 34.35%(表 4-5),其原因可能在于雨季与光热周期不同步,从而影响了柳枝稷生产效率的发挥。

表 4-5　2001~2002 年不同立地柳枝稷草地水分利用效率　[单位:kg/(hm²·mm)]

年份	川地	梯田	坡地
2001	38.01	5.04	8.21
2002	31.69	3.62	5.39

水分和氮素营养不足是限制暖季型草地生态系统生产力提高最主要的两个因子(Muir et al.,2001)。有研究表明,施用氮肥对柳枝稷的增产效果明显,但其对磷肥的反应不明显,在施入一定量氮肥的情况下,其还能够充分利用土壤中固定的磷(Vogle et al.,2002;Muir et al.,2001)。Byrd 等(2000)对不同品种柳枝稷蒸腾效率的比较研究表明,土壤水分条件的变化对柳枝稷蒸腾效率的影响较小,但随着土壤中氮素供应量的降低而降低。由于柳枝稷的氮利用效率较高,在没有氮肥供应连续生长条件下,其产量较低且不稳定(Muir et al.,2001)。本节中,梯田和坡地柳枝稷的日水分利用效率相近,均显著低于川地,同样与二者立地土壤肥力低下、有效养分缺乏有关(表 4-5)。

温度是影响植物生命活动的重要环境因子。气温的变化主要影响地上部生长,地温则关系根系生长、养分和水分吸收能力等,进而影响植物的生长速率。因此,植物多数生命活动过程主要受包括地温等地下状况的影响,月平均地温的高低影响植物生长节律, 如返青时间(Weih and Karlsson, 2001)。川地和梯田 4～10 月地下 0～5cm 平均地温均为 17.60℃, 但 4～5 月川地地温高出梯田 1.2～2.8℃, 6～10 月除 8 月高出梯田 0.17℃, 其他各月低于梯田 0.01～2.86℃。川地 4～7 月气温高出梯田 1.78～2.42℃, 4～10 月每月均高出梯田 0.05～2.42℃, 全年平均约高 1.2℃ (图 4-6)。研究表明, 地温的降低有利于提高植物根系吸收养分的能力和较高气温下的根系水导(Hood and Mills, 1994; Graves et al., 1991)。黄土丘陵区川地大气流动性较梯田小, 月平均气温较梯田高约 1.5℃(图 4-6)。因此, 川地柳枝稷在维持较高生产力的同时, 更低的地温和更高的气温利于提高水分利用效率(表 4-3), 但高生物量易造成土壤水分大量消耗和雨季后期恢复较慢(图 4-4 和图 4-5)。

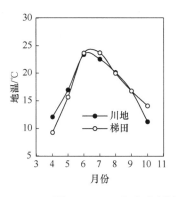 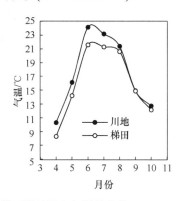

图 4-6　2002 年安塞川地与梯田的地温和气温月变化

关于播种行距对柳枝稷生物量的影响, 有研究表明, 在水肥特别是氮肥供应良好情况下, 行距不是柳枝稷生物量的主要限制因素, 但半干旱区实行窄行距播种 (20～30cm)可以迅速形成冠层、控制杂草生长和降低土壤水分的无效蒸发, 对于保证植物群丛良好生长和生物量方面要优于宽行距种植(张成娥等, 1999; Sanderson et al., 1999)。因此, 梯田和坡地柳枝稷地上生物量较低, 与两种立地条件下种植行距较宽有一定关系。综上分析可知, 柳枝稷可以在黄土丘陵区不同立地条件下种植生长, 但为保持草地生产的持续性, 应增加肥料特别是氮肥投入, 在梯田条件下可适当密植, 以提高生产力, 减少土壤水分的无效损失和提高水分利用效率。

4.2　黄土丘陵区不同种植行距下柳枝稷根系形态特征

4.2.1　引言

根系是连接植物地上部与土壤的动态界面, 不仅起到了支撑与固定植物体的作用, 同时还起到从土壤中吸收植物生长和生殖必需的水分与养分, 并具有贮存营养物质和合成有利于植物生长调节激素的作用(Fort et al., 2012; 陈明辉和张强强, 2011; Casper and Jackson, 1997)。相比于地上部的竞争, 根系所处的环境更为复杂, 因此竞争也会更为激烈(杨罗锦等, 2012)。随着种植密度的增大, 根系生长空间逐渐受限。作为植株捕获水分、养分与资源存储的重要器官, 根系在土壤中的空间分布与形态特征直接影响其对土壤养分和水分的吸收, 进而影响地上部的生物量累积(Hess and de Kroon, 2007; Roumet et al., 2006)。种植行距是调节植物种植密度的重要农艺措施, 可以影响植物根系构型和形态, 但在自然条件下, 种植密度如何影响根系形态与分布的报道较少(Hecht et al., 2016)。针对柳枝稷的研究主要集中在品种选育及栽培利用、地上部产量动态、水分利用以及生态生理适应性等方面(Gao et al., 2017)。因此, 明确不同种植行距下柳枝稷根系分布与形态特征规律, 结合根系与地上生物量关系, 可有效指导黄土丘陵区柳枝稷种植密度和水肥管理, 为最终实现高效生产提供理论依据。

根系作为植物重要的营养器官, 是连接土壤-植物-大气连续体(soil-plant-air continum, SPAC)的桥梁, 为植物地上部的生长繁殖提供保障。因此, 根系在土壤中的分布和形态特征, 决定了植物占用的土壤空间资源和对土壤中水分与养分的吸收能力(Hess and de Kroon, 2007; Gregory, 2006)。衡量植物根系吸收能力的指标主要有根系生物量、细根根长、比根长、比根面积和根系直径等(Casper and Jackson, 1997)。根系生物量是植物养分存储的主要器官, 其大小也反映了植物对地下部的能量投入, 当土壤养分不足、根系所吸收的养分不足以支撑植物生长代谢时, 植物就会将更多的光合产物分配到根系, 以获得更多的养分(黎磊, 2013)。根长反映了根系占用土壤空间大小, 研究表明, 细根根长所占比例与养分吸收效率呈显著的正相关关系; 比根长与根系呼吸、养分和水分的吸收、生长速率及周转呈正相关关系(Eissenstat, 1992)。根系直径与养分吸收速率成反比关系, 根系直径越大, 寿命越长, 水分运输能力越强(Roumet et al., 2006)。一般认为, 具有较小的根系直径、较大比根长的根系具有较高的吸收效率, 属于吸收型根系; 具有较大直径、较小比根长的根系具有较高的养分存储能力, 属于保守型根系(Fort et al., 2012)。

根系的分布变化不仅与植物本身的特性有关, 很大程度上还受土壤环境因子(如土壤温度、土壤性质等)影响(Čepulienė et al., 2013; 韩凤朋等, 2009)。行播耕作是一种有利于去除杂草、可有效控制种植密度的种植方式, 当种植行距改变时, SPAC系统内光照截获, 温度传导和水分运动等物质转化与能量传输也会随之改变(刘晓冰等, 2004), 从而影响植物根系特征与分布(周玮等, 2014; 姜兴芳等, 2013; 林国林等, 2012)。研究表明, 种植密度会影响根系生长与延伸(Čepulienė et al., 2013; Jiang et al., 2013; 章建新和李劲松, 2007)。因此, 本节通过比较不同种植行距下柳枝稷主要生育期的根系形态与分布特征, 包括根系生物量、不同径级根长密度、平均根长密度、比根长、比根面积以及根系直径等指标, 重点探讨细根形态特征与分布规律, 旨在明确黄土丘陵区不同种植行距下, 柳枝稷的根系分布规律, 为柳枝稷种植管理、水肥调控等栽培措施的正确选择提供科学指导和依据(安勤勤，2017)。

4.2.2　材料与方法

该试验于 2016 年在陕西安塞农田生态系统国家野外科学观测研究站的山地试验场进行。2016 年，年均温度为 9.6℃，生育期(4～10 月)降水量为 470.8mm，占年降水量的 97%，其中 64%分布在 7～10 月，属于平水年。

柳枝稷试验位于梯田，草地于 2009 年 7 月 15 日建立，每行播种量均为 20g，播种深度为 2cm，条播，南北走向。设 3 个播种行距，分别为 20cm、40cm 和 60cm。每行距设 3 个重复，共 9 个小区，每个小区的面积为 12m²(3m×4m)，小区中心位置埋有一根 400cm 深的中子管，用于土壤水分测定。自小区建立后，每年在生育期末对地上部刈割收获，留茬 2cm。试验期间定期除草，无额外施肥和灌溉等管理措施。

1. 根系生物量

采用根钻(直径 Ø=9cm)-烘干法测定。选取长势均匀一致的地块，分别于 2016 年 4 月和 10 月于行上及垂直于行的方向上对柳枝稷根系连续取样，其中 20cm 行距小区取两钻，40cm 行距取三钻，60cm 取四钻。每钻取样深度均为 150cm，其中 0～60cm 深度每 20cm 取样一次，60～150cm 深度每 30cm 取样一次，每个取样点共 6 个样品(图 4-7)。将取得的根系样品带回实验室进行冲洗，将获得的根系分为细根(直径 d ≤1.0mm)和粗根(直径 d >1.0mm)两个径级，分别对两个径级扫描后，置于 65℃温度条件下烘干至恒重，将其折算为单位面积根系生物量(root biomass，RB)。

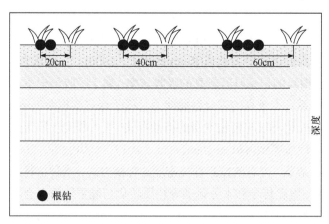

图 4-7　不同种植行距下根系采样点剖面分布图

2. 根系形态指标

将上述两个径级的根系样品分别平铺在透明胶片上，利用 EPSON 扫描仪对每个样品进行扫描，图片存储为分辨率为 300dpi 的 TIF 格式，然后使用根系分析软件 WinRHIZO 进行分析,以获取每个样品不同径级的根长、总根长(total root length,TRL)、总根表面积(total root surface area,TRSA)和根系平均直径(root average diameter,RAD)等形态参数。

比根长(specific root length,SRL)和比根面积(specific root area,SRA)分别为总根长(total root length,TRL)和总根表面积(total root surface area,TRSA)与根系干重的比值;根长密度(root length density,RLD)为总根长与取样土体体积的比值;根冠比(root to shoot ratio,RSR)为根系生物量与地上生物量的比值。

3. 地上生物量

与第二次根系生物量采集同步进行,在每个小区中随机选取代表性样草带 1 个,每个样草带刈割 0.5m,留茬 2cm,装入信封袋后,置于烘箱,在 105℃下杀青 30min,然后在恒温 65℃下连续烘干至恒重,称重后折算柳枝稷草地单位面积生物量干重。

4. 土壤水分

与根系采集同步,每 10cm 测定一次 0～150cm 土层的土壤水分,在 4 月用 CNC503B 中子仪测定,而在 10 月,由于条件限制,采用烘干法测定。测定前对中子仪进行了标定,标定方程为 $y=0.08x+2.38$,其中,y 为土壤体积含水量(VSWC,%),x 为中子仪读数。

利用该方程将读数转换为体积含水量,则土壤储水量计算公式为

$$DW = \sum_{i=1}^{n} VSWC_i \times H_i \tag{4-4}$$

式中,DW 为土壤储水量(mm);$VSWC_i$ 为每层土壤体积含水量(%);i 为土层序数;n 为土层总数;H_i 为土层厚度(H_i=10cm)。由于梯田不易发生径流,植被生长阶段耗水量计算公式调整为

$$ET = W_i + R - W_{i+1} \tag{4-5}$$

式中,ET 为蒸散量(mm);W_i 为生育初期土壤储水量(mm);W_{i+1} 为生育末期的土壤储水量(mm);R 为生长期内的降水量(mm)。

草地水分利用效率(water use efficiency,WUE)为地上生物量与年度耗水量的比值,即 WUE=DW/ET,其中 DW 为柳枝稷地上生物量干重。

5. 统计分析

不同种植行距下各指标的均值间差异显著性采用单因素方差分析(one-way ANOVA)检验,并用最小显著差异法(LSD)进行多重比较。采样时间、种植行距和采样深度间的交互作用采用三因素方差分析(three-way ANOVA)检验,p=0.05。

4.2.3 结果与分析

1. 生物量根冠比

柳枝稷地上生物量以及地下 0～150cm 土层深度的根系生物量分布比较如图 4-8 所示。整体上，20cm 行距下地上生物量与根系生物量均最高，其中地上生物量达显著水平($p<0.05$)，而根系生物量与 40cm 行距下无显著差异($p>0.05$)。在 10 月，20cm、40cm 和 60cm 行距下的地上生物量分别为 486.2g/m² 、393.2g/m² 和 375.6g/m²，而 0～150cm 根系生物量分别为 1225.3g/m² 、1111.4g/m² 和 1081.1g/m²，根冠比分别达到 2.53、2.83 和 2.73 (表 4-6)，说明较宽的种植行距处理下，柳枝稷具有较高的根冠比，但不同行距间无显著差异($p>0.05$)。

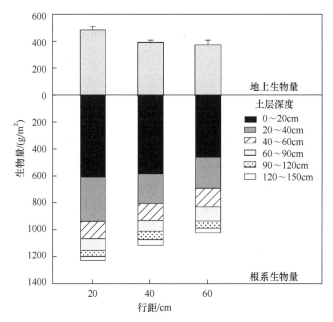

图 4-8 不同种植行距下柳枝稷地上生物量与根系生物量分布

表 4-6 不同种植行距下根系生物量、地上生物量、生育期耗水量、根冠比
和水分利用效率

行距/cm	根系生物量/(g/m²)		地上生物量/(g/m²)		耗水量/mm		根冠比		WUE/[g/(m²·mm)]	
	均值	标准误	均值	标准误	均值	标准误	均值	标准误	均值	标准误
20	1225.3a	25.2	486.2a	23.4	428.1a	7.3	2.53a	0.12	1.14a	0.06
40	1111.4ab	33.0	393.2b	15.4	431.1a	15.0	2.83a	0.13	0.91b	0.01
60	1018.1b	24.2	375.6b	33.1	436.8a	30.6	2.73a	0.14	0.86 b	0.02

注：不同小写字母表示表中同列数字差异显著。

2. 水分利用效率

　　三种行距下，在 0～150cm 土层垂直剖面上，柳枝稷草地的土壤储水量分布规律基本一致(图 4-9)。在 4 月，表层 0～60cm 土层中土壤储水量随深度加深而增加，在 60～150cm 土层中，各土层土壤储水量变化较小，具有逐层下降趋势；在10 月，0～60cm 土层的土壤储水量与 4 月不同，而是随土层深度增加逐渐下降，深层 60～150cm 则与 4 月一致，表现为随土层深度加深而下降。种植行距对 4 月和 10 月的土壤储水量影响均未达到显著水平($p<0.05$)，但深层 60～150cm 土层中，两个采样时间均表现为 20cm 行距下具有较高的土壤储水量。

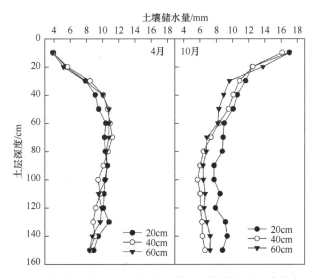

图 4-9　不同种植行距下柳枝稷草地土壤储水量垂直分布

　　在 2016 年的生长季内，不同种植行距下柳枝稷草地年度土壤耗水量差异小($p>0.05$)(表 4-6)，但水分利用效率在 20cm 行距下显著最高($p<0.05$)，40cm 和 60cm行距间无显著差异。

3. 根系生物量

　　种植行距对柳枝稷 0～150cm 土层总根系生物量影响见表 4-7。4 月，40cm 行距下最高，20cm 行距最低，且 40cm 行距下显著高于 20cm 行距($p<0.05$)；10 月，表现为 20cm 行距下最高，60cm 最低，且 20cm 行距显著高于 60cm 行距($p<0.05$)。在垂直方向上，0～20cm 土层中根系生物量受种植行距显著影响($p<0.05$)，在 4 月和 10 月均随种植行距增大而增大，其中 4 月不同行距间无显著差异，10 月 20cm行距和 40cm 行距下无显著差异，但均在 20～40cm 土层时显著高于 60cm 行距($p<0.05$)(图 4-10)。

表 4-7　不同种植行距下柳枝稷根系生物量和细根粗根比

行距/cm	月份	细根生物量/(g/m²)	粗根生物量/(g/m²)	总根系生物量/(g/m²)	细根生物量/粗根生物量
20	4	1064.8±8.2Ab	133.4±7.6Ab	1184.3±32.6Ab	8.0±0.5Aa
	10	948.5±25.2Ba	276.8±29.7Aa	1225.3±50.7Aa	3.5±0.3Ba
40	4	1131.8±14.3Aa	157.7±7.1Aab	1281.3±20.0Aa	7.2±0.4Aa
	10	927.4±33.0Ba	184.0±12.9Ab	1111.4±45.1Bab	5.1±0.2Ba
60	4	1048.2±8.6Ab	231.7±36.8Aa	1257.5±19.3Aab	4.8±0.9Ab
	10	807.2±24.2Bb	210.9±33.7Aab	1018.1±41.1Bb	4.0±0.7Aa

注：数字后不同大写字母表示同一行距下不同月份间差异显著，不同小写字母表示同一采样月份不同行距间差异显著($p < 0.05$)，本节同。

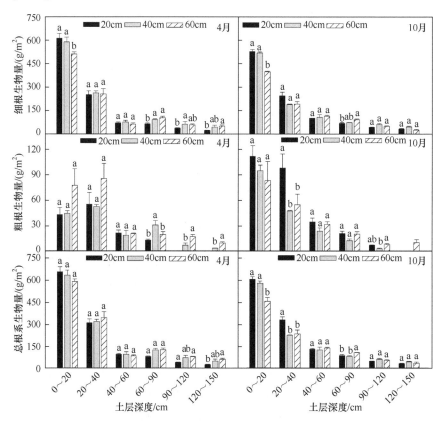

图 4-10　不同种植行距下柳枝稷根系生物量分布

柱上不同字母表示行距间差异显著，$p < 0.05$，下同

　　0~40cm 土层深度的柳枝稷根系生物量占总生物量的比例随种植行距的增加而下降。在 4 月，20cm、40cm 和 60cm 行距下分别占总根系生物量的 81%、74%和 74%；在 10 月，比例分别为 76%、72%和 68%。在 60cm 以下土层中，20cm 行

距下的根系生物量均低于 40cm 和 60cm 行距。在水平方向分布上(图 4-11),0～
20cm 土层中 3 种行距行上的柳枝稷细根生物量显著高于行间($p<0.05$),20cm、40cm
和 60cm 行上细根生物量平均分别占该土层总细根生物量的 64%、46%和 46%。
40cm 以下土层中,行上与行间细根生物量差异非常小($p>0.05$)。从图 4-11 可以看
出,40cm 和 60cm 行距下行间不同位置的细根根重密度无显著差异或差异很小
($p>0.05$)。

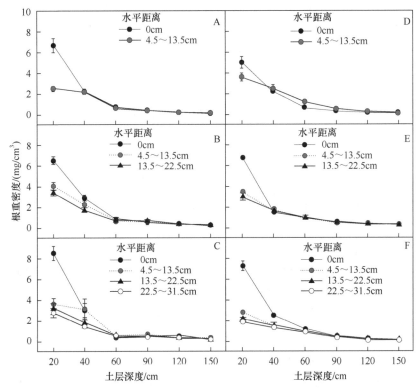

图 4-11 不同水平距离下柳枝稷根重密度垂直分布

A～C 为 4 月,D～F 为 10 月;行距分别为 20cm(A 和 D)、40cm(B 和 E)、60cm(C 和 F),下同

柳枝稷的根系主要由细根组成,平均占总根系生物量的 80%以上。两次的采
样结果显示,行距对柳枝稷 0～150cm 土层的细根生物量影响并不稳定(表 4-7),
但总体上 40cm 行距下在 4 月和 10 月均具有较高的细根生物量。在 4 月,20cm、
40cm 和 60cm 的细根生物量分别为 1064.8g/m² 、1131.8g/m² 和 1048.2g/m²;在 10 月,
细根生物量分别为 948.5g/m²、927.4g/m² 和 807.2g/m²。3 种种植行距下,柳枝稷的
细根均主要集中分布于 0～40cm 土层中,在 0～20cm 和 20～40cm 土层中,20cm、
40cm、60cm 行距下的细根根系生物量在 4 月分别占总细根生物量的 58%和 24%、
52%和 23%、49%和 25%;10 月则分别为 52%和 24%、52%和 19%、46%和 22.0%。

行距对柳枝稷细根的垂直分布也有显著影响($p<0.05$)。0～20cm 土层中,4 月

和 10 月细根生物量均随着行距的增大而减少，其中 20cm 和 40cm 行距差异不显著，但均显著高于 60cm 行距。在 20cm 以下土层中，40cm 和 60cm 行距下 4 月和 10 月的细根生物量均较 20cm 行距下高(表 4-7)。

与细根相比，柳枝稷的粗根生物量显著较低(表 4-7) ($p < 0.05$)。在 4 月，20cm、40cm 和 60cm 行距下的粗根生物量分别为 133.4g/m²、157.7g/m² 和 231.7g/m²；10 月分别为 276.8g/m²、184.0g/m² 和 210.9g/m²。行距对粗根生物量的影响显著 ($p < 0.05$)，总体表现为 40cm 行距显著低于 20cm 和 60cm 行距。行距对粗根的垂直分布也有影响，表现为随着种植行距增大，粗根在垂直方向的分布越深。在 4 月，20cm 行距下在 90cm 土层以下基本无粗根分布，40cm 和 60cm 行距下均可分布至 150cm 深度；在 10 月，20cm 和 40cm 行距下的粗根分布至 120cm 土层深度，60cm 行距仍可达到 150cm 土层(图 4-8)。垂直方向上，粗根集中分布在 0～40cm 土层中，占总粗根生物量的 60%～79%，其中 4 月 0～20cm 占了 28%～34%，10 月为 40%～53%。

在 4 月，柳枝稷的细根和粗根生物量之比在 60cm 行距下显著最低($p < 0.05$)，而在 10 月，行距对其无显著影响，但以 40cm 行距较高，20cm 行距较低(表 4-7)。对比年内生长期初期与生长末期的根系生物量得出，与 4 月相比，10 月除了 20cm 行距下总根系生物量具有增加趋势，40cm 和 60cm 行距均显著下降($p < 0.05$)，其中总细根生物量表现为各行距下均显著下降($p < 0.05$)，总粗根生物量表现为各行距均增加。从不同土层的根量来看，各个行距在 40～60cm 土层中的细根生物量和粗根生物量均增加，其余土层中根系生物量则表现为下降或相平。

方差分析表明，不同种植行距间柳枝稷总根系生物量无显著差异($p < 0.05$)，而细根生物量和粗根生物量则存在显著差异($p < 0.05$)。土层深度及取样时间对总根系生物量、细根生物量和粗根生物量的影响均显著($p < 0.05$)。种植行距、土层深度和采样时间三因素互作对根系总生物量、细根生物量无显著影响，采样时间与种植行距以及种植行距与土层深度间的双因素互作，分别对细根生物量和粗根生物量无显著影响，其余互作对总根系生物量、细根生物量和粗根生物量均有显著影响 ($p < 0.05$)(表 4-8)。

表 4-8　采样时间、种植行距、土层深度及其交互作用对柳枝稷根系生物量和细根生物量/粗根生物量的影响

因子	总根系生物量		细根生物量		粗根生物量		细根生物量/粗根生物量	
	F	p	F	p	F	p	F	p
采样时间 (T)	18.05	0.00	51.34	0.00	9.40	0.00	7.11	0.01
种植行距 (RS)	1.42	0.25	5.58	0.01	3.38	0.04	18.58	0.00
土层深度 (D)	1016.96	0.00	1169.64	0.00	87.57	0.00	12.56	0.00

续表

因子	总根系生物量		细根生物量		粗根生物量		细根生物量/ 粗根生物量	
	F	p	F	p	F	p	F	p
$T \times RS$	7.02	0.00	2.01	0.14	9.10	0.00	0.49	0.61
$T \times D$	10.22	0.00	25.35	0.00	7.10	0.00	13.12	0.00
$RS \times D$	6.33	0.00	8.58	0.00	1.16	0.33	7.37	0.00
$T \times RS \times D$	1.91	0.06	0.91	0.53	2.46	0.01	3.76	0.00

4. 根系形态特征

1) 根长密度

细根根长密度的垂直分布规律与细根生物量的分布相似(图 4-12),均随土层深度的增加呈下降趋势。4 月和 10 月,0~150cm 土层的平均细根根长密度在 40cm 行距下最高,20cm 行距下最低,且均达到显著水平($p<0.05$)。垂直方向上,根长集中分布于 0~40cm 土层(图 4-12、图 4-13)。在 4 月,20cm、40cm 和 60cm 细根根长密度分别占其总量的 72%、69%和 68%;10 月分别为 69%、67%和 66%。行距对表层 0~20cm 的细根根长密度具有显著影响($p<0.05$)。在 4 月,40cm 行距和 60cm 行距根长密度之间无显著差异,但均显著高于 20cm 行距($p<0.05$);在 10 月,40cm 行距的细根根长密度显著高于 20cm 和 60cm 行距($p<0.05$)。根据 4 月和 10 月的根长密度平均值得出,40cm 行距最高,20cm 行距最低,且不同行距间差异均达到显著水平($p<0.05$)。在 20~40cm 土层中,4 月根长密度以 20cm 行距下最高,但不同行距间无显著差异性,而在 10 月表现为 20cm 显著高于 40cm 和 60cm 行距($p<0.05$)。在 40cm 土层以下,4 月和 10 月表现为细根生物量一致,大部分土层表现为 40cm 和 60cm 高于 20cm 行距($p<0.05$)。

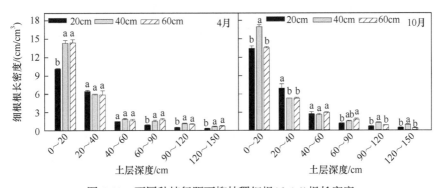

图 4-12　不同种植行距下柳枝稷细根(d≤1.0)根长密度

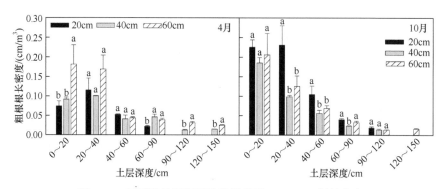

图 4-13　不同种植行距下柳枝稷粗根($d>1.0$mm)根长密度

在种植行至行间的水平范围内(图 4-14)，水平距离对细根根长密度的影响主要在表层 0～40cm 土层中，整体上表现为细根根长密度随离行上的水平距离的增加而减小，特别是在表层 0～20cm 土层中，各行距均达到了显著水平($p<0.05$)，但 40cm 和 60cm 行距下行间不同距离间无显著差异，其中在 40cm 土层以下，各行距不同水平距离间差异很小。比较不同行距的行上与行间发现，0～20cm 土层中，4 月 60cm 行距下的行上细根根长密度最高，20cm 行距下最低。10 月，40cm 行距

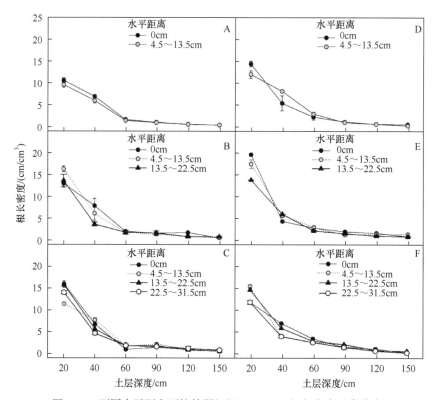

图 4-14　不同水平距离下柳枝稷细根($d\leqslant1.0$mm)根长密度垂直分布

下的细根根长密度最高，60cm 行距下的最低；4 月和 10 月行间平均细根根长密度均在 40cm 行距下最高，20cm 行距最低。20～150cm 土层中，不同行距间，4 月和 10 月行上与行间平均细根根长密度均在 40cm 行距下最高。

图 4-15 显示，在 4 月，柳枝稷各土层中细根根长主要由直径 0.1～0.5mm 的根系构成，在 0～150cm 土层中，20cm、40cm 和 60cm 行距下 0.1～0.5mm 平均细根根长密度分别为 2.3cm/cm³、3.1cm/cm³ 和 3.0cm/cm³，分别占总量的 71%、76% 和 73%；在 10 月，主要为直径 0.1～0.4mm 的细根，20cm、40cm 和 60cm 行距下其平均根长密度分别为 3.0cm/cm³、3.7cm/cm³ 和 2.9cm/cm³，分别占总量的 70%、76% 和 72%。

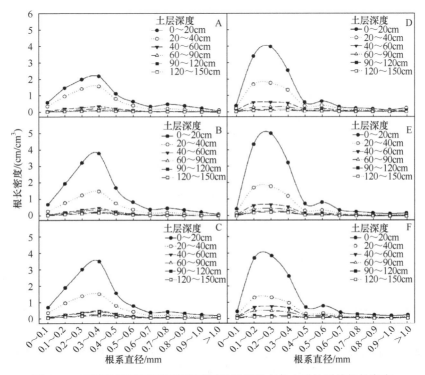

图 4-15　不同种植行距下柳枝稷不同径级根系在各土层的平均根长密度

与细根相比，柳枝稷粗根的根长密度非常小，粗根根长密度在垂直方向上的变化规律与细根不同 (图 4-12、图 4-13)。在 4 月，不同种植行距下粗根根长密度并不随土层深度加深而下降，而是在 20～40cm 土层中出现最高值；在 10 月，除 20cm 行距下的最大值仍出现在 20～40cm 土层外，40cm 和 60cm 行距均随着土层的加深而下降。行距对粗根根长密度的影响并不规律，在 4 月，0～40cm 土层中 60cm 行距下具有较高的粗根根长密度，且在 40cm 以下土层，40cm 和 60cm 行距下粗根根长密度均高于 20cm，在 10 月，20cm 在各个土层中粗根根长密度均较高 (图 4-14)。

柳枝稷根长密度不同生育期表现不同。10月与4月相比(图4-15)，在0~20cm土层中20cm行距和40cm行距下细根根长密度均显著增加($p<0.05$)，60cm行距为降低趋势，但与4月相比无显著差异。在40~60cm土层中，三个种植行距均表现为增加的趋势，其中20cm和40cm行距下未达显著水平，60cm行距下显著增加($p<0.05$)。在其余土层中，10月与4月相比，细根根长密度差异很小。不同种植行距下，根系不同直径的根长密度变化主要表现为直径为0~0.1mm、0.1~0.5mm和0.8~1.0mm的根长密度均显著降低，直径为0.1~0.3mm的根系根长密度均显著增加($p<0.05$)，$d>1.0$mm的根长密度在20cm行距下各个土层均增加，40cm和60cm行距下在0~20cm和40~60cm土层中增加。方差分析表明，采样时间、种植行距、土层深度及三因素间的交互作用均对柳枝稷粗根与细根的根长密度有显著影响($p<0.05$)(表4-9、表4-10)。

表4-9　采样时间、种植行距、土层深度及其交互作用对柳枝稷细根($d\leqslant1.0$mm)表面积、根长密度、比根长和根系平均直径的影响

因子	根表面积 (RSA)		根长密度 (RLD)		比根长 (SRL)		根系平均直径 (RAD)		比根面积 (SRA)	
	F	p	F	p	F	p	F	p	F	p
采样时间 (T)	11.21	0.00	23.37	0.00	82.73	0.00	309.60	0.00	2.39	0.13
种植行距 (RS)	6.94	0.00	25.75	0.00	11.85	0.00	10.69	0.00	4.75	0.01
土层深度(D)	900.54	0.00	2521.04	0.00	5.34	0.00	2.55	0.04	2.60	0.03
$T\times$RS	7.45	0.00	13.62	0.00	2.83	0.07	1.15	0.32	1.15	0.32
$T\times D$	6.54	0.00	16.82	0.00	3.03	0.02	4.09	0.00	1.76	0.13
RS$\times D$	5.60	0.00	23.52	0.00	4.66	0.00	1.49	0.16	2.72	0.01
$T\times$RS$\times D$	1.95	0.05	5.36	0.00	1.69	0.10	1.30	0.25	1.52	0.15

表4-10　采样时间、种植行距、土层深度及其交互作用对柳枝稷粗根($d>1.0$mm)表面积、根长密度、比根长和根系平均直径的影响

因子	根表面积 (RSA)		根长密度 (RLD)		比根长 (SRL)		根系平均直径 (RAD)		比根面积 (SRA)	
	F	p	F	p	F	p	F	p	F	p
采样时间 (T)	11.90	0.00	12.52	0.00	28.03	0.00	13.14	0.00	36.95	0.00
种植行距 (RS)	4.96	0.01	4.69	0.01	16.95	0.00	193.86	0.00	16.25	0.00
土层深度 (D)	59.22	0.00	74.00	0.00	14.72	0.00	312.93	0.00	14.53	0.00
$T\times$RS	13.13	0.00	9.63	0.00	15.12	0.00	83.46	0.00	14.38	0.00
$T\times D$	5.26	0.00	5.90	0.00	10.54	0.00	77.23	0.00	11.24	0.00
RS$\times D$	1.71	0.09	2.15	0.03	12.70	0.00	91.13	0.00	10.87	0.00
$T\times$RS$\times D$	1.79	0.08	1.58	0.13	8.14	0.00	49.49	0.00	6.60	0.00

2) 根表面积

柳枝稷细根根表面积与根长密度和生物量分布相似(图 4-16)。垂直方向上，从 0～20cm 至 20～40cm 土层剧减，40cm 土层以下随土层深度的增加而逐渐下降。4 月，20cm、40cm 和 60cm 行距下，0～20cm 土层的细根根表面积分别占总量的 51%、55% 和 50%，以 40cm 行距下最高，20cm 行距显著最低($p<0.05$)。在 20～40cm 土层中，不同行距间的细根根表面积无显著差异，分别占 0～150cm 土层总量的 29%、22% 和 24%。在 10 月，20cm、40cm 和 60cm 行距下，0～20cm 土层中的细根根表面积分别占总量的 53%、55% 和 51%，以 40cm 行距下显著最高 ($p<0.05$)，20～40cm 土层中的细根根表面积分别占 0～150cm 土层总量的 24%、18% 和 20%，以 20cm 行距下显著最高。不同种植行距下，40～150cm 以下各土层之间的细根根表面积差异很小，且均表现为 20cm 行距下较小，其中在 4 月 20cm 行距显著最小($p<0.05$)；在 10 月，90～150cm 土层 20cm 与 60cm 行距间细根根表面积无差异，但均显著低于 40cm 行距(图 4-16)。

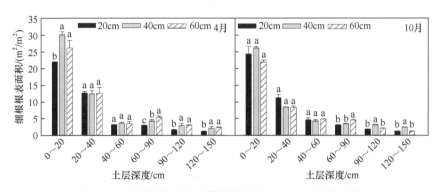

图 4-16　不同种植行距下柳枝稷细根(d≤1.0mm)根表面积

水平分布上(图 4-17)，三种种植行距下，0～40cm 土层行上与行间的细根根表面积具有差异，而在 40cm 土层以下，水平距离间的差异很小。在 0～20cm 土层中，水平距下细根根表面积的分布不一致，20cm 行距下，以行上细根表面积较大；40cm 行距下，在水平距离 4.5～13.5cm 时最高；60cm 行距下，整体上表现为水平距离 13.5～22.5cm 处较高。不同种植行距下，行上与行间细根根表面积不同，4 月与 10 月均表现为 0～20cm 和 20～150cm 土层中，行上细根表面积在 40cm 行距下较高，而行间细根根表面积则随种植行距增大而增大。

粗根根表面积很小，只占根系总表面积的 3.0%～7.0%，其垂直分布规律与根长密度相似，4 月最大值出现在 20～40cm 土层中；在 10 月，20cm 行距下最大值出现在 20～40cm 土层，40cm 和 60cm 行距随土层深度的增加而下降。在 4 月，种植行距对粗根根表面积影响很小，但在 10 月，20cm 行距下较高(图 4-18)。

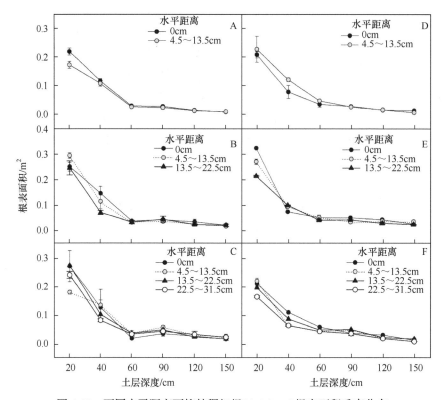

图 4-17　不同水平距离下柳枝稷细根(*d*≤1.0mm)根表面积垂直分布

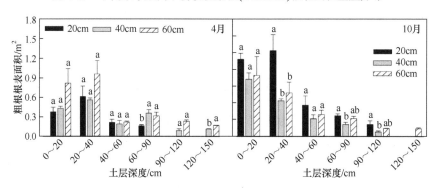

图 4-18　不同种植行距下柳枝稷粗根(*d*>1.0mm)根表面积

3) 根系直径

不同种植行距下，柳枝稷细根平均直径为 0.36～0.49mm (表 4-11)。不同土层深度间差异非常小，但随深度增加，细根平均直径呈增加趋势。行距对细根平均直径具有影响，20cm 行距下各土层的细根直径要高于 40cm 和 60cm 行距，而 40cm 和 60cm 行距间差异较小。对比 0～150cm 土层中平均细根直径得出，20cm 行距下 4 月和 10 月的平均细根直径均显著最大($p<0.05$)，40cm 行距下最小，但与 60cm 行距间无显著差异($p>0.05$)。

表 4-11　不同种植行距下柳枝稷细根与粗根平均直径

d	行距/cm	月份	土层深度/cm						平均直径/mm
			0～20	20～40	40～60	60～90	90～120	120～150	
≤1.0mm	20	4	0.49	0.45	0.48	0.48	0.49	0.48	0.48Aa
		10	0.36	0.38	0.41	0.41	0.43	0.42	0.40Ba
	40	4	0.47	0.48	0.47	0.41	0.46	0.46	0.46Ab
		10	0.36	0.37	0.38	0.38	0.37	0.39	0.38Bb
	60	4	0.46	0.46	0.45	0.45	0.46	0.46	0.46Ab
		10	0.37	0.38	0.39	0.38	0.40	0.41	0.39Bab
>1.0mm	20	4	1.10	1.21	1.15	1.17	—	—	1.14Ba
		10	1.19	1.32	1.18	1.19	1.09	—	1.19Aa
	40	4	1.14	1.23	1.15	1.15	1.00	1.19	1.14Aa
		10	1.16	1.23	1.18	1.23	1.15	—	1.19Aa
	60	4	1.10	1.24	1.11	1.18	1.17	1.03	1.14Ba
		10	1.13	1.23	1.24	1.21	1.25	1.12	1.20Aa

　　柳枝稷粗根的平均直径为 1.00～1.26mm。随土层深度的加深，4 月和 10 月均表现在 20～40cm 土层中最大，除了 10 月的 60cm 行距。种植行距对粗根的平均直径无显著影响。与 4 月相比，10 月各行距下的细根平均直径均显著下降，而粗根除了 40cm 行距外，20cm 和 60cm 行距均表现为显著增加($p<0.05$)。方差分析表明 (表 4-10)，采样时间与土层深度的交互作用对细根平均直径有显著影响，其余未达到显著水平；对于粗根平均直径而言，各因素及其相互间的交互作用对其均具有显著影响($p<0.05$)。

　　4) 比根长

　　同一种植行距下，0～150cm 的各土层间种平均细根比根长差异并不明显(图 4-19)。不同种植行距下，细根比根长的峰值主要出现在表层 0～60cm 土层中。行距对表层 0～20cm 土层的细根比根长具有显著影响，在 4 月和 10 月均随种植行距增大而增大，且达到显著水平($p<0.05$)；在 20～150cm 土层中，40cm 和 60cm 行距下均具有较高的细根比根长。

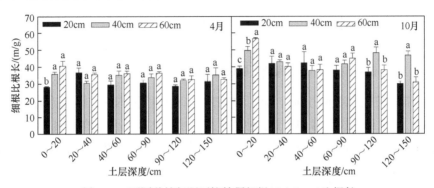

图 4-19　不同种植行距下柳枝稷细根(d≤1.0mm)比根长

不同水平距离下柳枝稷细根比根长垂直分布如图 4-20 所示，水平距离对其的影响主要在表层 0～20cm 土层，表现为行间显著高于行上($p<0.05$)，且整体上随距离种植行的距离增加而增加。在 20～40cm 土层中，不同距离间细根比根长差异随距离增加而减小；在 40～150cm 土层中，不同水平距离间差异很小。种植行距对柳枝稷行上与行间的细根比根长具有显著影响，在 0～20cm 土层中，4 月和 10 月行上与行间的细根比根长均随着种植行距增大而显著增加($p<0.05$)；在 20～150cm 土层中，4 月和 10 月 40cm 行距下均具有较高的细根比根长。0～150cm 土层中，细根比根长的平均值在 40cm 行距下最高，20cm 行距下最低。

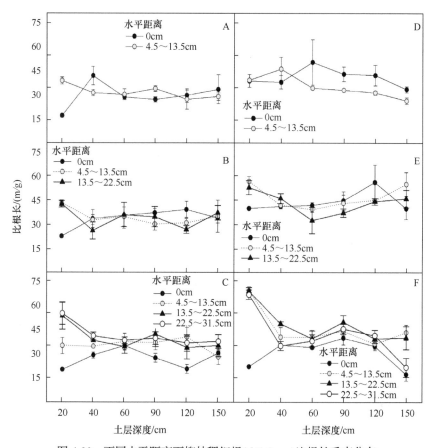

图 4-20　不同水平距离下柳枝稷细根($d \leqslant 1.0$mm)比根长垂直分布

粗根比根长在垂直方向上的变化趋势与细根比根长不同，表现为随土层深度的增加，粗根比根长呈增加趋势。种植行距对粗根比根长无影响(图 4-21)。与 4 月相比，10 月 0～20cm 土层中行上与行间细根比根长均显著增加($p<0.05$)，而在 20～150cm 土层中，整体上表现为增加趋势，但未达到显著水平。粗根比根长在 0～60cm 土层中差异非常小，在深层 60～150cm 土层中呈增加趋势。

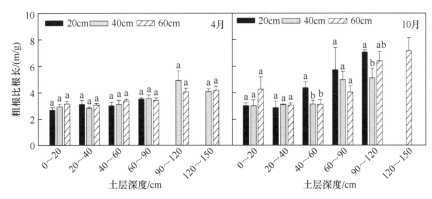

图 4-21 不同种植行距下柳枝稷粗根(d>1.0mm)比根长

方差分析表明，除土层深度和采样时间、种植行距与土层深度三因素的交互作用对细根比根长的影响不显著外，其余对其均有显著影响(p<0.05)；各个因子及其相互间的交互作用对粗根均具有显著影响(p<0.05)。

5) 比根面积

细根比根面积垂直变化规律与细根比根长相似，不同土层深度间差异较小(图 4-22)。行距对表层 0～20cm 土层中的比根面积影响显著(p<0.05)，在 4 月和 10 月均随种植行距的增大而增大，其中 60cm 行距与 40cm 行距间无显著差异。在 20～150cm 土层中，行距对细根比根面积无显著影响，但 20cm 行距下细根平均比根面积仍最小。水平方向上，在 0～20cm 土层中，不同行距下 4 月和 10 月行间根表面积均高于行上，而 20cm 以下土层中，行上与行间差异减小(图 4-23)。20cm 行距和 40cm 行距的行上比根面积较高，60cm 行距下较低。不同种植行距下行上的比根面积比较得出，在 0～20cm 和 20～150cm 土层中，40cm 行距下在 4 月和 10 月均最高，60cm 行距下最低，而行间 0～20cm 和 20～150cm 土层中平均比根面积均随种植行距增大而增大。

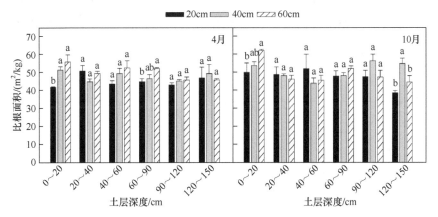

图 4-22 不同种植行距下柳枝稷细根(d≤1.0mm)比根面积

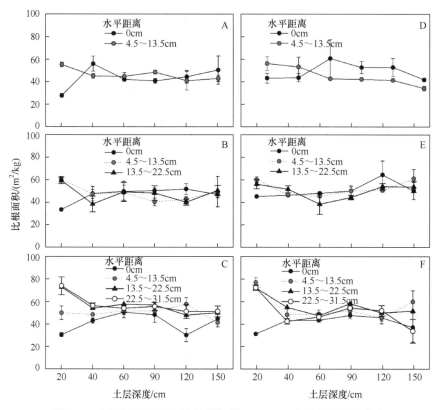

图 4-23　不同水平距离下柳枝稷细根($d \leqslant 1.0$mm)比根面积垂直分布

细根的比根面积比粗根大 2~6 倍(图 4-22、图 4-24)。垂直方向上粗根比根面积变化与粗根比根长相似,随土层深度加深增加。行距对粗根比根面积无显著影响。与 4 月相比,10 月细根比根面积在表层 0~20cm 土层中显著增加,粗根表现为在 40~90cm 土层中,20cm 行距下显著增加($p < 0.05$),其余土层无显著差异。种植行距及其与采样深度的交互作用对细根比根面积具有显著影响(表 4-9),而对于粗根,采样时间、土层深度、种植行距,以及三因素间交互作用均对其具有显著影响(表 4-10)。

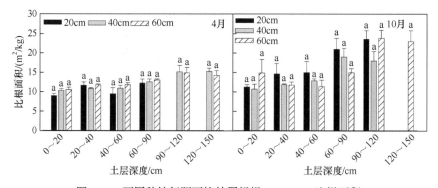

图 4-24　不同种植行距下柳枝稷粗根($d > 1.0$mm)比根面积

上述结果表明，种植行距对表层 0～20cm 土层的根系参数具有显著影响。对 0～20cm 和 20～150cm 的细根各指标进行相关分析发现，在 0～20cm 土层中，根长密度和根表面积与根系生物量不具有显著相关性，而平均直径、比根长和比根面积与根系生物量有显著相关性；在 20～150cm 土层中，根长密度和根表面积与根系生物量有显著相关性(表 4-12)。可见，表层 0～20cm 的根系生物量并不是根长密度和根表面积的主要影响因素，而在深层，根长密度和根表面积会随着根系生物量的增加而增加。三种种植行距下，根长密度、根表面积与根系生物量均有显著相关性，特别是在 60cm 行距下，根系生物量的增加可能会引起比根长和比根面积的明显增加。

表 4-12　细根各形态特征指标与细根生物量的相关性分析

指标		根长密度	根表面积	平均直径	比根长	比根面积
深度/cm	0～20	−0.339	0.318	0.731**	−0.871**	−0.722**
	20～150	0.967**	0.991**	−0.044	0.077	0.023
行距/cm	20	0.940**	0.965**	−0.150	0.031	0.028
	40	0.967**	0.996**	0.099	0.044	0.095
	60	0.977**	0.990**	0.031	0.508**	0.565**

注：**表示显著相关水平($p<0.01$，双尾检测)。

细根各形态特征间的相关性分析显示，细根根长密度与根表面积具有显著正相关性，比根长与平均直径具有显著负相关性；比根长与比根面积具有显著正相关性(表 4-13)。

表 4-13　细根各形态特征指标的相关性分析

指标	根长密度	根表面积	平均直径	比根长	比根面积
根长密度	1	—	—	—	—
根表面积	0.983**	1	—	—	—
平均直径	−0.176	−0.082	1	—	—
比根长	0.362**	0.284**	−0.685**	1	—
比根面积	0.335**	0.318**	−0.325**	0.845**	1

注：**表示显著相关水平($p<0.01$，双尾检测)。

4.2.4　讨论与结论

地上部与根系间的能量交换及其相辅相成的关系决定了植物生长与最终产量。根系的作用主要是从土壤中吸收水分及养分，供植物冠层及自身所需，而冠层则合成有机物质供植株利用及生长。植物对同化物的分配是一个复杂的过程，它受物种、生长环境等众多因素的影响(耿浩林等，2008)，而多年生植物还与种植年限有很大关系，达到平衡状态所需时间长(Bolinder et al.，2002)。最优分配理论认为，植物对环境变化的响应，以改变器官的生物量分配来最大化地获取光照、营养和水等限制性资源(McConnaughay and Coleman，1999)。因此，协调根冠关系对提高资源利用效率具有重要意义。农业生产实践中，作物种植密度的改变直接影响植株个体发育，以及可获得性土壤和光资源的数量。种植密度越大，植物对资源的竞争强度也越大；当光资源不足时，植物会增加对地上部的投入以获取更多光资源，当根系吸收的养分不足时，植物会投入更多的光合产物至根系，以提升植物获取养分的能力，因此密度对植物个体生长的调节是一个动态过程(黎磊等，2011)。根冠比作为比较地上与地下部关系的重要参数，可以有效衡量植物地上与地下器官对资源竞争的投入。通过过度增加密度方式来提升产量，特别是在半干旱地区，容易造成根系冗余和限制地上部生长，导致资源利用效率降低等问题(张绪成等，2008)。

黄土丘陵区水资源匮乏，作物生长主要靠自然降水维持，因此引种旱生节水型、水分利用效率较高的草本植物，对于该区植被建设与畜牧业发展具有重要意义。研究表明，种植密度可通过改变根系生长、水分循环等对作物根冠比以及水分利用效率产生影响(赵宏魁等，2016；方燕等，2015；Cahill et al.，2003)。因此，调节群体结构可调节根冠生物量分配，对提高植物对水分与养分的利用效率具有重要作用。本部分通过比较在黄土丘陵区梯田三种种植行距下柳枝稷的根系生物量和根系形态特征，分析种植行距对柳枝稷根系形态特征及其空间分布，为柳枝稷在该区的培育与种植、草地生产力管理与土壤水资源的合理利用提供依据。

1. 根系生物量

一般情况下，多年生植物在种植 4～5 年后，根系的生长基本达到稳定状态(Ferchaud et al.，2014)。本节相关试验中，柳枝稷草地已生长至 6～7 年，生长季内根系生物量变化已无增长趋势，可以认为柳枝稷草地的根系生长和分布基本达到稳定状态。但地上生物量容易受生长季水热条件的影响，结果表明，柳枝稷三种不同种植行距下的生物量与 2011 年相近，而显著低于 2012 年，因此有必要对地上部分进行进一步研究(高志娟，2013)。

对于成熟的多年生草地来说，同化物向地下部分配非常少，主要用于细根更新与维持(Parsons，1981)。本节中，地下部根系生物量的分布变化很小，根冠比也在小范围内波动。生育期末，根冠比达 2.50～2.80，总根系生物量和地上部分生物量均在 20cm 行距下显著最高，60cm 行距下最低，而根冠比在 40cm 下最高，20cm 下最低，这是因为与 60cm 行距相比，40cm 行距下根系的生长空间受到一定限制，而适当的胁迫条件会促进根系生长(周玮等，2014)；与 20cm 行距相比，宽行距种植条件下地上部的受光条件较好，有利于为地下根系的生长提供足够的同化物。

　　在半干旱地区，土壤储水量的变化与降水补给和蒸散有关。4 月，柳枝稷处于返青期，对土壤水分的利用比较少，不受种植行距的影响；10 月，试验前期降水较多，对表层 0～60cm 土壤储水量进行了补给。在深层 60～150cm 土层中，经过整个生育期，降水补给较少，在植物生长所需消耗下，相比 4 月，土壤储水量较低。10 月，种植行距对 60～150cm 土层土壤储水量的影响未达显著水平，但各土层土壤储水量在 20cm 行距下最高，40cm 行距下最低，这是因为 20cm 行距下深层土壤中根系分布较少(图 4-9)，对深层土壤水分利用效率较低。试验测定的 4～10 月，降水量为 426mm，不同种植行距下柳枝稷对 0～150cm 土层的总耗水量无显著差异，均达到生育期内降水量的 90% 以上，其中 60cm 行距下的耗水量已超过了生育期的降水量，主要原因可能是宽行距下土面蒸散量增大(孙淑娟等，2008)，其次深层根系分布较多，与土壤水分利用效率高有关。水分利用效率反映了植物对土壤水分的有效利用程度。结果显示，水分利用效率随种植行距的增大而减少，其中 20cm 高于 40cm 和 60cm 行距，这与 2011 年和 2012 年结果一致。总体表明，种植行距对柳枝稷根冠比影响不显著；行距对生育期内柳枝稷耗水量无影响，但随种植行距增加耗水量呈增加趋势，60cm 行距耗水量已超过生育期内降水量；20cm 行距可以有效提升地上生物量与土壤水分利用效率。

　　根系分布与形态特征与土壤水肥资源的吸收与利用显著相关(Roumet et al.，2006)。细根在根系吸收土壤养分中起主要作用。对于多年生植物来说，直径<1.0mm 的细根是根系的主要组成部分(Pierret et al.，2005)。Garten 等(2010)研究指出，3 年龄的柳枝稷细根(d<1.0mm)约占总根量的 50%。Tufekcioglu 等(2003)指出，6～7 年龄的柳枝稷(d<2.0mm)的根约占总根量的 80%。20cm、40cm 和 60cm 行距下，柳枝稷细根(d≤1.0mm)平均生物量分别占总生物量的 84%、86% 和 81%，高于以上研究结果，这可能是因为柳枝稷品种以及土壤环境等因素不同(Fort et al.，2012)。种植行距还影响柳枝稷地下细根生物量与粗根生物量的分配比例，本节中，细根生物量和粗根生物量比以 60cm 行距下最低，说明柳枝稷在较窄行距的 20cm 和 40cm 下细根的生物量分配比 60cm 行距高，这可能是因为在根系竞争激烈的环境下，通过提升对细根的同化物分配以提升根系的吸收能力。

　　种植行距的改变可有效调节田间植物群体内的透光、土壤水分蒸散量、根系竞争强度等影响植株的生长条件和状况(Jiang et al.，2013；尹宝重等，2015)。相对于地上部竞争，根系竞争涉及的资源更多，因此对植物的生长影响更重要(Casper and Jackson，1997)。在种植密度对根系生物量的研究方面，方燕等(2015)研究得出，在表层 0～20cm 土壤中，冬小麦根系干重密度随种植密度增加而增加；刘金平和游明鸿(2012)认为在 0～30cm 土层中，老芒麦根系生物量随种植行距的增加而减小。本节中，在表层 0～20cm 土层中，柳枝稷的细根生物量随着种植行距的增加而减小，其中 20cm 与 40cm 行距间差异未达显著水平。比较 0～150cm 土层深度的总细根生物量表明，40cm 行距下在 4 月和 10 月均较高，说明 40cm 种植行距下柳枝稷具有较高根系生物量累积，这可能是 20cm 行距抑制了行间根系生长的原因之一，即窄行距对单位体积土壤中细根生物量累积具有积极效应。

　　20cm 行距下，柳枝稷 0～40cm 土层中的细根生物量占 0～150cm 总量的比例显著高于 40cm 和 60cm，而深层 40～150cm 的细根生物量显著低于 40cm 和 60cm。从水平分布来看，行上与行间的根重密度随种植行距增加而增加。王树丽等(2012)研究表明，适当增加冬小麦的种植密度，有利于提高单位体积土壤中的根系数量。本节中，20cm 行距下柳枝稷根系生长空间过小，使得细根集中分布在表层 0～40cm，与 40cm 行距相比，相同种植面积下，增加的种植行数并不能弥补由于生长空间受限而降低的根系生物量，这可能是因为 20cm 行距下种植行距窄，容易加快邻近植株根系周围"养分耗竭区"的形成，使得根系水平和垂直方向上的根系延伸受到限制(Jiang et al.，2013；Hodge，2006)。

　　对于多年生草地来说，生长到第 4 年，根系建立基本完成，除了较细的根系更新活跃外，较粗的根系更新缓慢，因此根系生物量的年度变化幅度较小。试验期间，柳枝稷已生长至第 6～7 年，10 月与 4 月相比，不同种植行距下，柳枝稷细根生物量除 40～60cm 土层均表现为增加外，其余土层均呈下降趋势。由于细根的周转周期较短，不同直径根系对生物量的贡献不同。一般来说，相同径级根系生物量与根长呈正相关关系，因此间接用根长变化来表示根系生物量的变化。在 10 月，0.1～0.3mm 径级根系的根长密度显著增加，而在细根生物量起主导作用的 0～0.5mm 和 0.8～1.0mm 根系的根长密度的下降达显著水平，这是细根生物量降低的主要因素。在其他条件一致的情况下，根系直径和根长等都会影响根寿命(Sun et al.，2016)。一般来说，根系直径越小，根系的寿命越短(Peek et al.，2005；Gill et al.，2002)，因此根系的周转越快。Gill 等(2002)对草地的根系研究表明，去除其他因素的影响，根系平均直径每增加 0.1mm，其死亡风险就会减小约 6%；此外，土壤环境，如土壤水分和养分含量、土壤容重、土壤温度等也会影响根系寿命。研究表明，植物细根的生长量与降水量或灌溉事件呈正相关关系(Meier and Leuschner，2008；Peek et al.，2005；Pavón and Briones，2000)。本试验中，极细根，即 0.1～0.3mm 直径根系根长的增加，很可能是由于 10 月采样前，较多的降水对土壤水分产生补给，导致细根生长，而较粗的 0.8～1.0mm 径级根系的寿命相对较长，更新所用时间长，但其根长的降低对根系生物量的变化影响较大。

　　粗根在支撑植物体、控制根系分布深度与空间方向方面具有非常重要的作用，并且直接影响细根的生长与分布。本试验中，60cm 行距下粗根的分布最深，深度可达 150cm；20cm 行距下最浅，深度为 90～120cm。这可能是窄行距下，根系生长向表层集中，造成柳枝稷生长空间限制，同时地上部同化物对根系的分配较少，造成粗根生长延伸比较缓慢。在 4 月和 10 月，不同种植行距下粗根分布的峰值均在 40～60cm 土层中，这与其他类型植物粗根的垂直分布结果相似，呈单峰型分布(邸楠等，2013；方怡向等，2007)。与 4 月相比，三种种植行距下 10 月的总粗根生物量均呈增加趋势，其中 20cm 行距下各个土层增加明显，表明窄行距下柳枝稷根系倾向于向水平方向延伸，以获取更多的土壤养分(林国林等，2012)。

2. 根系形态特征

根长密度反映植物根系竞争能力，特别对于细根而言，根长密度越大，吸收水分与养分的能力越强(Ravenek et al.，2016)。细根是构成根长的主要部分，而根长与根系生物量存在相关关系(梅莉等，2006)。本试验中，20cm 种植行距表层 0～20cm 中根系生物量高于 40cm 和 60cm 行距，而根长密度以 40cm 行距下最高，20cm 行距下最低，说明在 40cm 和 60cm 行距有利于根系的延伸生长，再一次验证了 20cm 行距生长空间过小，抑制了根长生长；在深层土壤中，细根根长密度随种植行距的变化趋势与细根生物量一致，均表现出在较宽的 40cm 和 60cm 行距下最高。王树丽等(2012)对'山农玉米 15'的研究得出，在中等密度下根长密度达到峰值，进一步增大种植密度对根长密度无提高作用。

根表面积反映了根系与土壤接触面积，而总养分的吸收很大程度上取决于根表面积，且根表面积与生物量高低有关(Hill et al.，2006；Casper and Jackson，1997)。在表层 0～20cm 土层中，40cm 行距下柳枝稷的根表面积最大，而 20cm 和 60cm 行距间的差异很小，且三种行距下根表面积和根长密度均与根系生物量无显著相关性；在 20～150cm 土层中，与细根生物量随行距的变化一致，根表面积和根长密度与根系生物量显著相关(表 4-11)，说明表层(0～20cm)根系的表面积与根系其他参数，如根长、平均直径和比根长等有关，而在深层主要与根系生物量有关。

不同直径根系的功能不同，如生长在根序末端的细根周转速率快，木质化程度极低，主要起吸收养分和水分的功能，而较高根序的粗根主要起运输水分与养分的作用，寿命较长(Henry et al.，2011；干向荣等，2005；Peek et al.，2005)。其中，细根根系直径与根表面积、根长、根系生物量、土壤养分含量呈显著相关性(燕辉等，2010)。在 4 月和 10 月，40cm 行距下直径 0～0.5mm 的根系根长密度均高于 20cm 和 60cm 行距，说明 40cm 行距下较细根系根长贡献率较高，这可能是宽行距下植物单株次生根生长较多，适当行距下根系竞争的增强可以有效提升比根长(Hecht et al.，2016；李邦发，2005)。0～150cm 土层中的细根平均直径在 20cm 行距下显著高于 40cm 和 60cm，表明窄行距下倾向于根系纵向生长(林国林等，

2012)。

　　种植行距的变化可改变相邻行间根系的竞争强度，植物可通过调节根系的形态特征作出响应，如减少根冠比和增加根长等(Trubat et al.，2006)，这样既可以提升根系吸收养分的能力，又可以增加地上部分生物量分配(蔡昆争等，2003)。本试验中，3个种植行距系下，0～20cm土层中行上与行间细根的平均比根长随种植行距增大而增大，表明在浅层土壤中，40cm和60cm宽行距有利于提升柳枝稷根系比根长；在20～150cm土层中，行上细根比根长在40cm行距下最高，60cm行距下最低，而行间随种植行距增大而增大，表明宽行距有利于侧根的衍生，提升了行间比根长，这是因为植物根系通常会优先向未被占用的空间扩展生长(Gersani et al.，2001)。随着种植行距的增加，浅层0～20cm土层中拥挤度逐渐减小，侧根向行间延伸就会增加，因此侧根的生长能有效提升总根长(Henry et al.，2011；Rewald et al.，2011)，而细根比根面积与比根长具有显著相关性，其变化规律基本一致。在窄行距下，根系对土壤生长空间和资源的竞争较强，通常通过增大根系直径来使根系向外延伸(林国林等，2012)，但过小的生长空间会抑制次生根的生长与延伸(Čepulienė et al.，2013)。因此，本试验中宽行距下柳枝稷侧根较多，具有较大的比根长，而窄行距下，20～150cm深层土壤中，比根长较大，这可能是因为植物体不仅要面对同行上根系邻体间的竞争，还要应对不同行根系间的竞争，在双重竞争压力下，柳枝稷通过增加比根长来提升同化物的利用效率(宋清华等，2015)。

　　柳枝稷根系主要由细根(d≤1.0mm)组成，且集中分布在0～40cm土层中。20cm行距对0～40cm土层中细根生物量配比显著高于40cm和60cm行距，而40cm和60cm行距深层根系分布较多。结果表明，种植行距可改变柳枝稷细根的分布与形态特征，在表层0～20cm土层中，20cm行距和40cm行距下的细根生物量显著高于60cm，表明窄行距有利于表层根系生物量累积。水平方向上，行上与行间的根重密度均随行距增大而增大，表明宽行距有利于单株根系的生长与延伸。40cm行距下根系形态参数如根长密度、根表面积、比根长以及比根面积在0～20cm土层和20～150cm土层均达到最高值或较高值，平均根系直径较小，这有利于对土壤土肥资源的吸收与利用。不同种植行距下根系平均直径随土层深度的增加呈增加趋势，20cm行距下平均直径显著高于40cm和60cm行距，且对总粗根生物量具有影响，表现为20cm种植行距下粗根生物量较大。与4月相比，10月不同种植行距下柳枝稷细根根系生物量显著降低，而细根根系形态特征如根长密度、比根长和比根面积均因d≤0.5mm的极细根系根长密度显著增加而增加。相比60cm行距，粗根生物量在20cm行距和40cm行距下显著增加，表明窄行距下有利于粗根在生育后期的生长。粗根根长、表面积、比根长以及比根面积均显著低于细根，其主要表现为向远处延伸，以增强细根对土壤养分吸收的作用。本试验中，种植行距越大,越利于柳枝稷粗根的生长与延伸,因为宽行距下有利于地上部分与根系之间的能量交换,这对单株地上与根系生长均有利。

4.3　种植行距对柳枝稷生长和生物量累积过程的影响

4.3.1　引言

黄土丘陵半干旱区年降水量少,是典型的农牧交错带,也是生态脆弱带,草地退化严重,生态效益低下。土壤水分是该区植被恢复和生态建设的关键制约因子。长期以来,该区在植被建设过程中,存在不合理的植被配置模式,过分强调了对水分(尤其是土壤深层水分)的充分利用,而忽视了土壤水分平衡问题,导致植物生长与土壤水分关系失调,进一步加剧区域生态环境的恶化,如部分地区出现土壤干层等(杨磊等,2011)。大气降水是该区土壤水分的主要来源,其在植物生长季的分布不均是土壤水分出现季节性缺乏的主要原因(Li and Gong, 2002; Li et al., 2000)。因此,为了合理利用水资源,有效地提高植被初级生产力,从种群水平研究植物不同生育阶段的水分利用特征及其机理具有重要的理论和实践意义。

与传统作物相比,柳枝稷抗旱能力强、需肥量少、虫害少、产量高(Porter, 1966)。柳枝稷不仅作为一种能源植物,也作为优良牧草和水土保持植物,广泛应用于生产燃料乙醇、造纸和进行生态环境保护等方面(Hopkins et al., 1996)。20 世纪 90 年代引种到陕北安塞黄土丘陵区以来,柳枝稷表现出较强的区域生态适应性和生产潜力,以及优良的水土保持能力(李代琼等,1999)。研究表明,陕北黄土丘陵区生长到第 3 年的柳枝稷生物量高于沙打旺,且高根冠比能保证其在该地区良好生长,并具有较高的水肥利用效率(Xu et al., 2008)。

近年来,国内外尤其是我国在柳枝稷高产品种筛选培育、种质资源开发利用、种植管理等方面进行了探索,但就种植行距对柳枝稷生物量的积累与分配以及水分消耗和利用的研究较少。通过改变种植行距能够调节群体结构,协调植物需求与水分供应的矛盾。实现水分平衡,是建设可持续草地亟待解决的重要问题。因此,本节在黄土丘陵区梯田,通过比较研究不同种植行距(20cm、40cm 和 60cm,分别记为 L20、L40 和 L60)下柳枝稷耗水特性以及生物量累积与分配的变化规律,分析种植行距对柳枝稷生物量及水分利用效率的影响,以期为该区柳枝稷的合理栽培,充分发挥草地的经济效益和生态效益提供理论依据(安勤勤,2017)。

4.3.2　材料与方法

试验研究在陕西安塞农田生态系统国家野外科学观测研究站进行。该区 4～10 月平均降水量为 491.80mm (1971～2004 年),本试验期间 2011 年和 2012 年 4～

10 月的降水量分别为 588mm 和 442.8mm，2011 年降水量显著高于多年平均值，为丰水年，其中 6～9 月的降水量为 434.6mm，占生育期总降水量的 75%；2012 年降水量接近常年，但生育期间降水量分配不均，从 5 月柳枝稷返青到 6 月初柳枝稷拔节降水量为 19.6mm，占生育期总降水量的 4.43%；6 月 9 日～9 月 11 日是降水的集中期，降水量为 349.2mm，占生育期总降水量的 79%；9 月 11 日到柳枝稷成熟衰老降水量为 37.8mm，占总降水量 8.55%。

1. 株高和茎粗

每小区选 10 株有代表性、长势一致的植株进行测定。从拔节期开始，在各生育期分别测量单株株高、径粗和叶长、叶宽。株高(cm)、叶长(cm)和叶宽(cm)采用卷尺测量，近地表径粗(cm)采用游标卡尺测量。

2. 土壤含水量和储水量

2011～2012 年柳枝稷生长季期间(4～10 月)，每月测定 1 次。采用中子仪 (CNC503B)测定土壤(体积)含水量，0～200cm 土层每 10cm 为一层，200cm 以下每 20cm 为一层，测至 380cm，每个小区测定 1 次。土壤储水量(W, mm)计算见式(4-4)。

3. 土壤耗水量与水分利用效率

采用水量平衡法分析不同时段的土壤耗水量，计算公式如下：

$$ET_a = W_1 - W_2 + P \tag{4-6}$$

式中，ET_a 为某一时段土壤耗水量(mm)；W_1 为该时段初土壤储水量(mm)；W_2 为时段末的储水量(mm)；P 为期间降水量(mm)。土壤储水量及耗水量均以 3.8m 土层的土壤(体积)含水量计算。

$$WUE = Y / ET_a \tag{4-7}$$

式中，WUE[kg/(hm²·mm)]为水分利用效率；Y(kg/hm²)为柳枝稷地上生物量干重。

4. 地上生物量与生长速率

地上生物量采用刈割–烘干法实测，测定时间为 2012 年 5～10 月，每月测定 1 次。在每个小区选取具代表性样草带 1 个，每个样草带刈割 0.5m，留茬 2cm，从中抽取 50g 进行茎叶分离，称取鲜重后放于 105℃烘箱杀青 30min，再于 80℃烘干至恒重。根据获得生物量干重计算相对生长速率(RGR)和绝对生长速率 (AGR)(Elberse et al.，2003)，详见式(4-1)和式(4-2)。

5. 数据分析

所有数据均采用 Sigmaplot 11.0 和 Office Excel 2010 进行绘图与制表。采用 SPSS 16.0 进行数据统计分析，差异显著性均采用单因素方差分析进行检验($p=0.05$)。

4.3.3 地上部形态特征

3 种不同种植行距下，柳枝稷的株高均随生育期的进行呈现增加的趋势。在 9 月基本均达到最大值，10 月增幅不明显；9 月与 10 月间无显著差异，但均显著大于其他各月份。除了 8 月，L60 行距下的株高显著高于 L20 和 L40，后两者间差异不显著。在其他月份，三者间均表现出差异显著，以 L60 行距下的显著最高，其次为 L40，L20 行距下的显著最低($p<0.05$)(表 4-14)。

表 4-14　2012 年不同行距下柳枝稷株高动态变化　　　(单位：cm)

行距	5 月	6 月	7 月	8 月	9 月	10 月
20cm(L20)	28.53±0.87c(e)	40.67±0.89c(d)	64.17±0.83c(c)	73.37±1.07b(b)	79.23±1.50c(a)	81.00±1.73c(a)
40cm(L40)	35.71±1.10b(d)	55.79±0.92b(c)	73.31±1.16b(b)	76.50±1.08b(b)	91.31±1.45b(a)	91.66±2.03b(a)
60cm(L60)	42.11±0.67a(d)	64.83±0.10a(c)	86.79±1.90a(b)	105.11±1.47a(a)	109.23±0.83a(a)	110.02±1.20a(a)

注：括号里不同小写字母表示同一行距下不同月份间差异显著，括号外不同小写字母表示同一月份不同行距间差异显著($p<0.05$)，本节同。

在整个测定期内，柳枝稷的茎粗随生育期的进行缓慢增加。从抽穗期的 7 月开始，茎粗基本稳定，增幅不明显，其他月份间未表现出显著差异；3 种种植行距下，茎粗最大的是 L60，其次为 L40，L20 最低，L40 和 L60 间差异不显著(表 4-15)。

表 4-15　不同行距下柳枝稷茎粗的动态变化　　　(单位：cm)

行距	5 月	6 月	7 月	8 月	9 月
20cm(L20)	2.25±0.05a(c)	2.46±0.07b(b)	2.63±0.05b(a)	2.73±0.03b(a)	2.73±0.03a(a)
40cm(L40)	2.38±0.10a(b)	2.73±0.04a(a)	2.83±0.05a(a)	2.87±0.06a(a)	2.94±0.10a(a)
60cm(L60)	2.41±0.04a(c)	2.74±0.05a(b)	2.87±0.06a(ab)	2.97±0.03a(a)	2.98±0.08a(a)

从柳枝稷返青开始的 5 月到 6 月，柳枝稷的叶长增长迅速，6 月叶长显著高于 5 月；从 6 月到 9 月，叶长基本稳定，月份间的差异均未达到显著水平。叶宽在整个测定期，变幅较小，基本在 0.8～1.1cm 波动。3 种种植行距下，柳枝稷的叶长和叶宽均随行距的增大而增加，表现为 L60>L40>L20(表 4-16)。

表 4-16　不同行距下柳枝稷叶长、叶宽的动态变化　　（单位：cm）

行距	测定项目	5月	6月	7月	8月	9月
20cm(L20)	叶长	20.00±1.15b(b)	28.00±1.06b(a)	31.67±1.45b(a)	31.73±1.45b(a)	32.33±1.76b(a)
	叶宽	0.80±0.01a(a)	0.88±0.06a(a)	0.90±0.01a(a)	0.91±0.02a(a)	0.93±0.02a(a)
40cm(L40)	叶长	24.67±1.76a(b)	36.67±0.67a(a)	36.53±0.74a(a)	36.67±0.88a(a)	37.6±1.52ab(a)
	叶宽	0.82±0.02a(b)	0.87±0.03a(b)	1.00±0.03a(a)	1.03±0.03a(a)	1.06±0.03a(a)
60cm(L60)	叶长	28.3±0.44a(b)	38.67±0.88a(a)	38.67±1.45a(a)	39.67±1.20a(a)	40.01±1.73a(a)
	叶宽	0.90±0.06a(a)	0.93±0.03a(a)	1.03±0.03a(a)	1.06±0.04a(a)	1.10±0.06a(a)

4.3.4　地上生物量

　　结果显示，在生育前期，柳枝稷的干物质积累量较少，随生育进程推移逐渐增加。3种行距下地上部干物质积累量平均于9月达最高值，L20、L40和L60行距下分别为7771.8kg/hm²、6976.8kg/hm²和6609.3kg/hm²。10月以后，柳枝稷地上部枯亡，生物量有所下降。总的来说，L20行距下的地上生物量最高，而L40和L60只在5月存在显著差异，其他月份间均无显著差异(表4-17)。

表 4-17　不同行距下柳枝稷地上部分生物量的动态变化(2012年)　　（单位：kg/hm²）

行距	5月	6月	7月	8月	9月	10月
20cm(L20)	1828.3±99.3 a(e)	3508.0±204.2 a(d)	4400.0±121.8 a(c)	6503.8±442.3 a(b)	7771.8±198.3 a(a)	7746.3±299.0 a(a)
40cm(L40)	1278.±109.2 b(e)	2941.8±132.5 a(d)	3451.2±261.9 b(c)	5382.7±159.9 b(b)	6976.8±82.1 b(a)	6903.2±201.4 b(a)
60cm(L60)	846.81±64.2 c(d)	3074.3±261.6 a(c)	3461.1±254.2 b(c)	4686.2±293.2 b(b)	6609.3±268.6 b(a)	6575.6±281.6 b(a)

　　3种行距下茎生物量与叶片生物量均随生育期的进行呈逐渐增加的趋势。在柳枝稷生长初期，叶片生物量所占的比例较大，8月以后，茎生物量的占比逐渐增大，表现为茎生物量>叶生物量(图4-25)。

4.3.5　地上生物量累积速率及季节动态

　　3种行距下，柳枝稷的AGR具有相似的变化趋势：在生长初期较高，随着时间推移逐渐下降，在6~7月到达低谷，L20、L40和L60行距下谷值大小分别为25.49kg/(hm²·d)、14.56kg/(hm²·d)和16.76kg/(hm²·d)，随后迅速升高达到峰值，但出现峰值的时间不同，L20和L40行距的AGR最大峰值出现在7~8月，分别为82.78kg/(hm²·d)和83.97kg/(hm²·d)。L60行距下AGR峰值较为滞后，出现在8~9月，为64.10kg/(hm²·d)。此后，三种行距下的AGR均持续下降，到生长季末出现负增长(图4-26)。

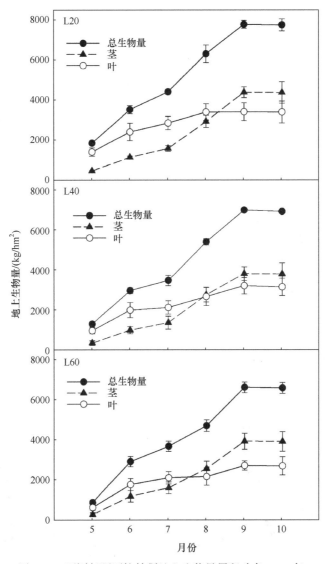

图 4-25　不同行距下柳枝稷地上生物量累积动态(2012 年)

3 种行距下，柳枝稷地上生物量的 RGR 与 AGR 在季节动态上的变化趋势基本相同，最大值均出现在 5～6 月，分别为 0.019kg/(hm²·d)、0.024kg/(hm²·d)和 0.035kg/(hm²·d)。9 月，草地群落地上生物量 RGR 均变为负值。地上生物量 RGR 的这种变化说明 RGR 与草地植物生长发育节律有关，而受环境因子的影响相对较少。

L20、L40 和 L60 行距下，柳枝稷草地生育期内地上生物量的平均 AGR 值分别为 40.85kg/(hm²·d)、39.29kg/(hm²·d)和 36.55kg/(hm²·d)；平均 RGR 值分别为 0.048kg/(hm²·d)、0.055kg/(hm²·d)和 0.063kg/(hm²·d)(图 4-26)。

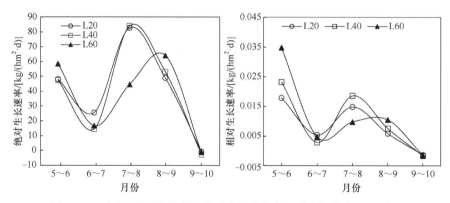

图 4-26　不同行距下柳枝稷的绝对生长速率和相对生长速率(2012 年)

4.3.6　土壤储水量

　　2011 年, 3 种种植行距下, 柳枝稷的土壤储水量均随生育期的进行呈先增加(到 5 月达峰值), 后逐渐降低的趋势(到 7 月达低谷), 随着雨季来临, 降水量增加, 土壤储水量又逐渐回升(图 4-27)。在生长季末, 3 种行距下草地土壤储水量均较返青期前有所增加。L20 行距下从返青前到生长季末,土壤储水量由 411.40mm 增加到 479.20mm, 增加了 67.80mm; L40 行距下增加了 79.57mm; L60 行距下增加了 86.89mm。

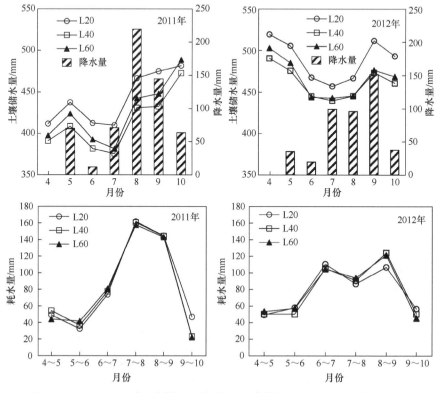

图 4-27　2011～2012 年不同行距下柳枝稷土壤储水量、耗水量和降水量变化

对比 2012 年 3 种不同行距下柳枝稷土壤水分含量的年际变化得出(图 4-27)，全年的土壤水分变化中，3 种行距下柳枝稷的土壤储水量变化趋势基本一致，均随生育期呈持续下降趋势，在 7 月中旬达低谷，以后随着降水量的增加，土壤储水量逐渐回升，在 9 月达峰值，随后土壤储水量稍有下降。L20 行距从返青前到生长季末期土壤储水量由 521.00mm 下降到 494.31mm，下降了 26.69mm；L40 行距下降了 30.17mm；L60 行距下降了 34.73mm。

4.3.7　耗水特征及水分利用效率

2011～2012 年全生育期，各行距下柳枝稷草地 0～380cm 土层土壤耗水量的变化趋势基本相同，但年际间的差异较大。2011 年，不同行距下柳枝稷耗水量均随生育期进行呈现先减小后增大再减小的趋势，耗水高峰期出现在 7 月中旬(图 4-27)。在生长季内，总耗水量的大小顺序依次为 L20(511.6mm)>L40(499.8mm)>L60(492.5mm)，水分利用效率的大小顺序为 L20(9.41%)>L60(7.88%)>L40(7.58%)。

2012 年，不同种植行距下的耗水量变化均呈"M"型，耗水高峰期分别出现在 6 月中旬和 8 月中旬(图 4-27、表 4-18)。全生育期耗水量大小顺序为 L60(477.8mm)>L40(472.1mm)>L20(468.7mm)，水分利用效率的大小顺序为 L20(16.58kg/(hm^2·mm))>L40(14.78kg/(hm^2·mm))>L60(13.83kg/(hm^2·mm))。不同气候年型耗水量不同。可以看出，2012 年不同种植行距下柳枝稷生物量和水分利用效率均显著高于 2011 年($p<0.05$)(表 4-19)。

表 4-18　柳枝稷不同生育阶段耗水特征及水分利用效率(2012 年)

测定项目	处理	5 月	5～6 月	6～7 月	7～8 月	8～9 月	9～10 月	全生育期
耗水量/mm	L20	49.4	58.2	110.6	86.8	106.9	56.8	468.7
	L40	50.5	50.4	105.4	91.0	124.3	50.7	472.2
	L60	53.6	61.1	100.9	94.0	121.6	45.5	476.7
降水量/mm	L20	35.4	19.6	100	96.6	152.6	37.8	442
	L40	35.4	19.6	100	96.6	152.6	37.8	442
	L60	35.4	19.6	100	96.6	152.6	37.8	442
降水量/耗水量/%	L20	71.6	33.7	90.4	111.3	142.7	66.6	94.3
	L40	70.1	38.9	94.9	106.1	122.8	74.6	93.6
	L60	66.1	32.1	99.1	102.8	125.5	83.0	92.7
土壤储水量/mm	L20	14.0	38.6	10.6	−9.8	−45.7	19.0	26.7
	L40	15.1	30.8	5.4	−5.6	−28.3	12.9	30.2
	L60	18.2	41.6	0.9	−2.6	−31.1	7.7	34.7
土壤储水量/耗水量/%	L20	28.4	66.3	9.6	−11.3	−42.7	33.4	5.7
	L40	29.9	61.1	5.1	−6.1	−22.8	25.4	6.4
	L60	33.9	67.9	0.9	−2.8	−25.5	17.0	7.3
水分利用效率(WUE)/[kg/(hm^2·mm)]	L20	31.0	33.9	8.1	21.9	13.7	−0.4	16.58
	L40	25.3	33.0	4.8	21.2	12.8	−1.5	14.78
	L60	15.8	35.7	5.6	10.9	15.8	−0.7	13.83

表4-19　不同行距下柳枝稷的生物量、生育期耗水量和水分利用效率

行距	2011 年			2012 年		
	生物量/ (kg/hm²)	耗水量/ mm	水分利用效率/ [kg/(hm²·mm)]	生物量/ (kg/hm²)	耗水量/ mm	水分利用效率/ [kg/(hm²·mm)]
L20	4815.7a	511.6a	9.41a	7771.8a	468.7a	16.58a
L40	3940.3b	499.8a	7.88b	6976.8b	472.1a	14.78b
L60	3733.3b	492.5a	7.58b	6609.2b	477.8a	13.83c

因为 2011 年为丰水年，各行距处理下生育期末的土壤储水量均较生育期开始时有所增加，不具有区域实际情况的代表性。因此，本章只列举了 2012 年柳枝稷耗水特征。从表 4-18 可以看出，柳枝稷生长的前期阶段(6 月)，由于降水量少，气温回升很快，表层土壤蒸发量很大，对土壤水的消耗比例逐渐增大，土壤储水量逐渐减少。同时，6 月柳枝稷正处于拔节关键期，但该月的降水量仅为全生育期的 4.43%，此时降水量仅能满足柳枝稷耗水量的 30%，剩余约 70%来源于土壤储水量，因此土壤储水量显著降低。

由表 4-19 可看出，在 2011 年，不同行距下柳枝稷年度总耗水量的大小依次为 L20>L40>L60，2012 年，生长季总耗水量的大小依次为 L60>L40>L20，相互间均未表现出显著差异。统计分析表明，在 2012 年，3 种行距下柳枝稷整个生育期的降水量可满足耗水量的 92%以上，尚有不到 8%的耗水量由土壤储水量补给。

4.3.8　土壤含水量

3 种种植行距下，柳枝稷草地 0～380cm 土层的土壤含水量的变化趋势相似。随土层深度增加，土壤水量表现为先增加后减少最后基本处于稳定的趋势(图 4-28)。柳枝稷生长的不同时期，土壤水分的剖面分布呈动态变化，根据 2012 年柳枝稷生长季土壤水分变异系数，将剖面土壤水分的垂直变化层次分为 3 层，分别为表层速变层(0～30cm)，表现为土壤水分随土层深度的增加波动很大，且无明显规律，这部分的土壤水分易受外界环境如大气辐射和降水量影响，土壤含水量变化剧烈，变异系数在 0.20 以上；水分利用层(30～130cm)，表现为随土层深度的加深，土壤含水量逐渐降低，在 150cm 左右达到最低值，该层土壤水分为柳枝稷根系的主要利用层，变异系数在 0.10～0.20；土壤水分稳定层(130～380cm)，表现为土壤含水量基本达到稳定，受根系生长的影响不大，降水和地下水补充不到，土壤含水量基本达到稳定，变异系数在 0.10 以下。

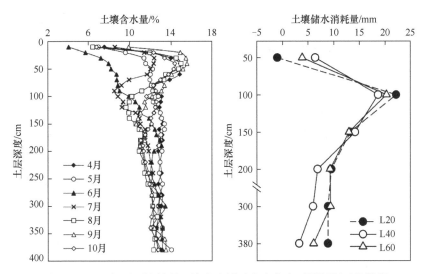

图 4-28 L40 行距下柳枝稷土壤含水量垂直变化和不同行距下柳枝稷
土壤储水消耗量的变化

行距不同，柳枝稷的土壤储水消耗量也存在差异(图 4-28)。2012 年的降水量主要集中在 7～9 月，在 7 月后各土层的土壤含水量均较返青期的 4 月初有所增加，因此只分析了返青期(4 月)到抽穗期(7 月)各土层的土壤储水消耗量变化特征。3 种行距下柳枝稷土壤储水消耗量表现出相同规律，在 0～100cm 随着土层深度的加深，土壤储水消耗量逐渐增大，在 50～100cm 土层达到最大，因此可以推断 3 种行距下柳枝稷的根系主要分布在 50～100cm 土层。在 100～380cm，随着土层深度的继续加深，土壤储水消耗量逐渐减少。L40 行距下 0～380cm 土层土壤储水消耗量最低，为 54.85mm，其 150～380cm 各土层土壤储水消耗量均显著低于 L20 和 L60 行距，表明其对深层土壤的水分利用效率低。在 300～380cm 土层中，L40 和 L60 行距下的土壤储水消耗量均呈下降趋势，而 L20 行距下土壤储水消耗量呈小幅增加，表明 L20 行距下柳枝稷已利用更深层地的土壤储水，以用来维持其生长的需水量。

4.3.9 讨论与结论

研究表明，柳枝稷在陕北黄土丘陵区山地生长到第 3～4 年的生物量即可达到最大值(李代琼等，1999)。从本试验连续 4 年的生长动态可以看出，柳枝稷在生长的第 4 年，生物量仍有显著增加，这可能是因为 2011 年为丰水年，充足的水分供应对柳枝稷草地生物量的影响具有一定的滞后性(魏永林等，2009)。因此，在陕北黄土丘陵区，梯田生长 4 年柳枝稷是否为盛草期，还有待进一步观察。

植物总干物质的累积是期产量形成的基础(齐林等，2009)。3 种种植行距下，柳枝稷地上生物量随生育期的进行呈逐渐增加的趋势，到 10 月叶片枯黄，生物量有所降低，但存在阶段累积差异。研究表明，植物随着生长发育的进行，生长中心发生转移，某些器官积累的干物质可以转移到其他更需要生长的器官(Jones and Simmons, 1983; Rajcan and Tollenaar, 1982)。植物生物量的积累是一个动态过程。柳枝稷的生长可以分为营养生长和生殖生长，茎鞘和叶片是组成柳枝稷生物量的主要部分。随着生育期的进行，地上生物量的茎叶比呈现不同变化。在柳枝稷生长前期，处于营养生长阶段，光照比较充足，有利于叶片生长，而在后期，植株基本处于生殖生长阶段，茎干粗壮，叶片中的营养元素开始向地下部转移。

柳枝稷在不同阶段生长速率的大小可用绝对生长速率(AGR)和相对生长速率(RGR)来表示。AGR 是指单位时间单位面积上生物量的增长速率，反映各生育阶段生物量累积的快慢；RGR 是指单位植物有机物质的增长速率，反映植物在剔除呼吸、挥发等损失后通过光合同化产生新生生物量的效率(徐炳成等，2005)。在柳枝稷整个生育期内，其生物量累积速率随生育时间的延长在不断地变化，产生这种变化的差异与环境条件及 RGR 有关。通过对比 3 种种植行距下柳枝稷的 AGR 和 RGR 可以得出，从季节变化方面，L60 行距下 AGR 和 RGR 的第一峰值与 L20 和 L40 同步，但第二峰值要比 L20 和 L40 行距滞后一个月，这可能是植物在高密度条件下，叶片间相互遮蔽，后期竞争加剧，加快了叶片衰老(杨吉顺等，2010)，导致 L20 和 L40 行距在 9 月光合能力迅速减弱，而 L60 行距下受光条件较好，能维持相对较高的光合能力。有研究表明，土壤干旱严重影响植物的生长及生物量累积(高玉葆等，1999)。6 月由于干旱少雨，柳枝稷生长比较缓慢，AGR 和 RGR 都出现低谷。从 9 月开始，随着气温的下降，植物的枯黄衰老，以及营养物质的转移，致使各行距下柳枝稷地上生物量绝对增长速率逐渐降低，AGR 出现负值。总体来说，AGR 以 L20 行距下最大，这与 L20 群体密度大，生物量高有关；RGR 以 L60 行距下最大，这主要是因为 L60 行距下柳枝稷的单株发育较好，光合速率较高。

土壤水分是黄土高原半干旱地区制约植物生长的主要因子。柳枝稷生长消耗的水分除了降水以外，土壤储水的供应也是一个重要来源。研究表明，在柳枝稷生长发育期间，降水量最为缺乏的时期是 5～6 月，此时的降水量仅能满足耗水量的 30%，剩余的 70%要靠土壤储水提供。不同的降水年型下，柳枝稷的耗水规律出现很大变化，在 2011 年柳枝稷的耗水高峰期出现在 7～8 月，而 2012 年则出现在 6～7 月和 8～9 月，通过分析降水量分布和蒸腾耗水量的变动得出，柳枝稷的耗水量与降水量的变化基本同步，即阶段耗水量随降水量的增加而增加，说明柳枝稷能够很好地利用降水资源维持生长。

水分利用效率是指植物消耗单位水分所产生的光合产物质量，可反映植物对环境水资源利用的有效程度。有关植物水分利用效率的研究，主要集中于作物群体水平上，在我国半干旱地区关于牧草在生长季内不同时期对水分利用规律的报道尚不多见(杨国敏等，2009)。本节中，整个生育期不同时段的水分群体利用效率有显著差异,群体阶段性水分利用效率在 6 月最高,说明柳枝稷生长初期的水分利用效率高,而该时期的天然降水无法完全满足柳枝稷的生长需要,因此进行适当补水有助于柳枝稷高产。从产量和水分利用效率看,在 2011 年和 2012 年,L20 行距下的生物量和水分利用效率均为最高,但 2011 年的水分利用效率显著低于 2012 年,一方面在 2011 年(柳枝稷生长的第三年)其生物量还没达到盛草期;另一方面是 2011 年过多的降水量使得无效水分的消耗增多,导致水分利用效率显著降低。

在黄土高原地区种植禾本科牧草,要充分考虑当地有限的水资源,尤其是降水特点,以充分发挥草地生产力。本节结果显示,种植行距对柳枝稷的耗水量影响不显著;柳枝稷在前期生长较快,水分利用效率高,故前期降水量的大小对柳枝稷生长发育尤为重要(郭颖等,2010)。因此,针对黄土丘陵区降水分配不均,以及满足植物自身的生长与避免对土壤水分的过度消耗,可考虑在 6 月适当进行灌溉。L20 行距由于植株密度高,能显著增加单位面积的干物质生物量产出;L60 行距有利于通风透光,在生长发育后期延缓了叶片衰老,使叶片保持相对较高光合能力。因此,从土壤水资源合理利用与草地生产力角度来说,L20 行距地上部干物质的积累速率和水分利用效率均最高。因此,黄土丘陵半干旱区梯田实行窄行播种柳枝稷更具优势。

4.4 黄土丘陵区不同种植行距下柳枝稷生产力与水分利用效率

4.4.1 引言

在半干旱地区,合适的种植行距可保证合理的作物种群密度,对获得最大产量和避免水肥竞争至关重要;对于高耗水或高水分利用能力的植物来说,改变种植行距调整密度是维持土壤水分平衡较为有效的途径。种植行距通过影响光照、温度和湿度等植物生长的环境条件,以及地下水肥供应状况和生长空间大小等,影响植物的生长、发育、形态、产量和品质等(Board and Harville,1992)。研究表明,合适的播种行距能提高高密种植条件下玉米吐丝后的光合速率,促进玉米对土壤水分和养分的吸收,有利于干物质累积和提高籽粒产量(Jin et al.,2012)。在不同品种烟草上的研究表明,较宽行距(20cm)种植烟草的产量显著低于较窄行距(10cm),但宽行距种植烟草的尼古丁含量显著较高,说明种植行距大小影响烟草品质(Bilalis et al.,2015)。缩小种植行距也是一项重要的抑制杂草生长的栽培措施,如窄行距(25cm 和 50cm)种植绿豆的杂草生物量较宽行距(75cm)种植分别低60%～70%和 70%～92%(Chauhan et al.,2017)。受气候、土壤和作物本身属性等影响,不同品种或者不同类型作物的生长和产量在不同种植行距下的表现不一致，对特定区域的作物来说，确定合适的种植行距是保证其生长良好和获得高产的前提。在田间条件下，行距过大会导致棵间无效蒸发增大，影响有限土壤水资源的高效利用，行距过小会导致群体内资源竞争加剧，影响个体生长和发育，因此适宜的行距可使植物群体中个体分布均匀，利于协调个体与群体关系(Pereira and Hall，2019；Board and Harville，1992)。另外，行距影响作物的季节水分利用，如在低降水量条件下，宽行种植可减少作物早期水分消耗，将水分积攒至生育后期，对作物最终的产量形成具有积极效应，而在高降水量条件下，宽行种植造成的水分无效损失，限制了作物产量潜力(Pereira and Hall，2019)。因此，种植行距的选择和确定因降水条件和作物类型而异。

柳枝稷为禾本科黍属暖季型丛生多年生 C$_4$ 草本植物，原产中北美洲，由于植株较高，根系发达，生物量大，既可作为饲草，也可作为水土保持和防风固沙的风障植物(Cooney et al.，2017)。同时，由于其燃烧热高、灰分含量低，柳枝稷也是很好的生物燃料和生产替代能源的原材料。20 世纪 90 年代引种到陕北安塞以来，柳枝稷在黄土丘陵区不同立地条件下均表现出良好的生态适应性(李代琼等，1999)。作为优良引种禾草，对其生物学特性、生产力及其与豆科植物的混播效应等都进行了较为系统的研究(侯新村等，2020；安勤勤等，2017；Gao et al.，2017；Xu et al.，2008)。水分是半干旱黄土丘陵区植物生长和生物量形成的主要限制因素，降水是该区土壤水分的主要来源。柳枝稷属于高生产力和高水分利用效率的植物类型，选择合适的种植密度，以维持土壤水分平衡和生产力的可持续，是大范围栽培种植需要考虑的重要问题之一。本节基于连续 8 年(2009～2016 年)的田间试验结果，通过分析 3 个种植行距(20cm、40cm 和 60cm)下柳枝稷的叶片光合生理特征、地上生物量与水分利用效率、地上生物量与阶段和季节降水量以及耗水量的关系，比较三种种植行距下柳枝稷的生产力和水分利用效率的差异，以此为黄土丘陵区柳枝稷栽培中选择合理的种植行距提供依据和指导(黄瑾等，2022)。

4.4.2 材料和方法

1. 试验设计

试验地设置在陕西安塞农田生态系统国家野外科学观测研究站山地梯田，设置 20cm、40cm 和 60cm 三个种植行距，每处理重复 3 次，共 9 个小区，采用完全随机区组排列。小区面积 12m^2(3m×4m)，小区间用宽 2.0cm 的水泥板隔开，水泥板漏出地面 5cm，地下埋深 25cm。小区中部的两行间预埋 300cm 深度中子管，用于测定土壤体积含水量。试验于 2009 年 7 月 15 日播种，播种方式为条播，播深 1.0cm，南北走向。播种量均为每行 20g，行长为 4.0m。每年返青前和生育期末测定土壤体积含水量，生育期末齐地刈割收获所有地上生物量。试验期间不浇水，不施肥，适时除草。

柳枝稷品种为'Alamo'。多年观测表明，其在安塞一般于 4 月返青，5 月分蘖，6 月拔节、孕穗，7～8 月抽穗、开花和结实，8 月下旬～9 月上旬种子成熟，9 月中下旬叶片枯黄。

2. 测定项目及方法

光合生理：采用 CIRAS-2 光合仪测定，测定于各年主要生育期的 5～8 月进行，测定选择无风晴朗天气，连续 3 天。日变化测定于 08:00～18:00，每 2h 一次，于自然光照下进行，选取植株顶端新近完全展开健康叶片，3 次重复。主要测定指标包括叶片光合速率[P_n，μmol/(m²·s)]、蒸腾速率[T_r，mmol/(m²·s)]等。叶片水分利用效率(WUE$_i$，μmol/mmol)=P_n/T_r。本节主要分析 2016 年 5～8 月的测定结果。

土壤体积含水量(soil volumetric water content，SVW)：播种当年(2009 年)于播种前(7 月)和生育期结束的 10 月测定，此后各年均在柳枝稷返青前(4 月)和生长季结束(10 月)各测定 1 次。采用中子仪(CNC503B)测定，深度为 0～300cm，按照 0～200cm 每 10cm 采样一次，200cm 以下每 20cm 采样 1 次。

地上生物量(aboveground biomass，AB)：采用刈割-烘干法实测，采样时间为每年 9 月上旬。每个小区随机选取长 1.0 m 的代表性样草带各 1 个，采用剪刀收获，留茬 2cm，105℃杀青 30 min 后 80℃下烘至恒重，再折算成单位面积生物量，kg/hm²。

土壤储水量(water storage，WS)：根据测定的各土层和总的土壤体积含水量测定土层深度计算，即 WS=10×H×SVW，H 为土层深度。

耗水量(water consumption，WC)：年度耗水量为生育期始末 0～300cm 土层土壤储水量变化量与期间降水量之和，mm。

水分利用效率[water utilization efficiency，WUE$_B$]：为年度地上生物量干重增量与年度生育期期间耗水量的比值，kg/(hm²·mm)，即 WUE$_B$=AB/WC。

3. 数据处理与分析

除降水量外，本节数据均为 3 次测量均值。叶片光合生理指标(光合速率、蒸腾速率和叶片水分利用效率)日均值为日变化各时刻测定结果的算术平均值。不同行距和不同年下柳枝稷光合生理指标、地上生物量和水分利用效率差异显著性采用单因素 ANOVA 检验(p=0.05)。不同行距下各年柳枝稷地上生物量与年降水量、生育期(4～10 月)降水量及年耗水量间关系采用线性方程拟合。采用双因素方差(two-way ANOVA)分别检验种植行距和生长年及其交互作用对地上生物量、耗水量和水分利用效率的影响。数据统计分析用 SPSS 21.0 完成，绘图采用 SigmaPlot 12.5。

4.4.3　降水量

研究区 1951～2010 年的年均降水量为 531.77mm。本试验开展的 2009～2016年，各年降水量依次为 482.20mm、369.00mm、555.20mm、464.20mm、725.20mm、521.20mm、322.80mm 和 408.60mm，可以看出，仅 2011 年和 2013 年的年降水量高于多年均值(图 4-29)。在柳枝稷生长季的 4～10 月，2009～2016 年的降水量分别为 425.00mm、349.80mm、488.80mm、442.80mm、708.80mm、491.40mm、253.40mm和 392.60mm，仅 2013 年降水量高于多年年均降水量。同时，2013 年 7 月的降水量达 416.60mm，远高于其他各试验年和 1951～2010 年年均降水量(图 4-29)。

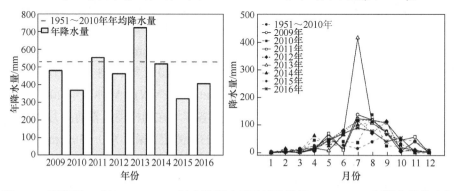

图 4-29　研究区 60 年(1951～2010 年)年均降水量及试验期间 2009～2016 年降水量月动态

4.4.4　叶片光合速率、蒸腾速率与水分利用效率

3 个种植行距下，柳枝稷叶片光合速率(P_n)在 5～6 月无显著差异($p>0.05$)，7～8 月逐渐升高，8 月显著高于其他月($p<0.05$)(图 4-30)。5～8 月的各个月，3 个种植行距下柳枝稷的 P_n 均无显著差异($p>0.05$)。5～8 月，20cm、40cm 和 60cm 行距下柳枝稷的 P_n 均值分别为 11.15μmol/(m²·s)、11.58μmol/(m²·s)和 12.07μmol/(m²·s)，相互间无显著差异($p>0.05$)。3 个种植行距下，柳枝稷叶片 T_r 随生长月均呈逐渐下降趋势，各月行距间 T_r 均无显著差异($p>0.05$)(图 4-30)。

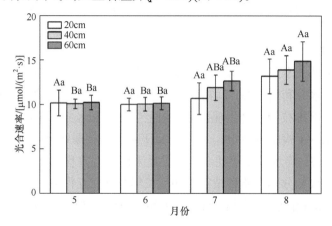

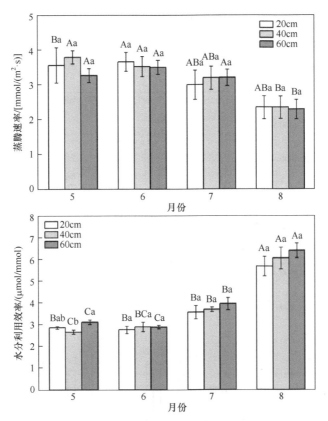

图 4-30　3 个种植行距下柳枝稷叶片光合速率、蒸腾速率和水分利用效率月动态(2016 年)
不同大写字母表示相同行距下不同月份间差异显著($p<0.05$)，不同小写字母表示相同月份
不同行距间差异显著($p<0.05$)

　　3 个种植行距下，柳枝稷叶片水分利用效率(WUE_i)与 P_n 呈相似的月变化趋势(图 4-30)。不同种植行距下，柳枝稷的 WUE_i 均以 5～6 月最低($p<0.05$)，8 月最高($p<0.05$)，7 月居中。5～8 月的各月，3 个种植行距下柳枝稷的 WUE_i 均无显著差异($p>0.05$)。5～8 月，20cm、40cm 和 60cm 行距下柳枝稷的 WUE_i 均值分别为 3.73μmol/mmol、3.84μmol/mmol 和 4.11μmol/mmol，相互间无显著差异($p>0.05$)。

4.4.5　生物量

　　2009 年为柳枝稷建植年，地上生物量较低，20cm 行距下低于 2000kg/hm²，40cm 和 60cm 行距下均低于 1000kg/hm²(图 4-31)。2010～2016 年，3 个行距下柳枝稷地上生物量均随生长年限呈先升后降再到波动稳定的趋势，各年均以 20cm 行距下地上生物量显著最高($p<0.05$)，40cm 和 60cm 行距间差异较小($p>0.05$)。2010～2016 年，3 个种植行距下地上生物量的均值分别为 5513.42kg/hm²、4537.84kg/hm² 和 4259.51kg/hm²，均在 2012 年达最大，分别为 7771.80kg/hm²、

6977kg/hm² 和 6609kg/hm²。就 8 年均值来看，20cm 行距的生物量分别较 40cm 和 60cm 行距显著高 24.52%和 32.32%(p<0.05)，40cm 行距较 60cm 行距高 6.26%(p>0.05)。

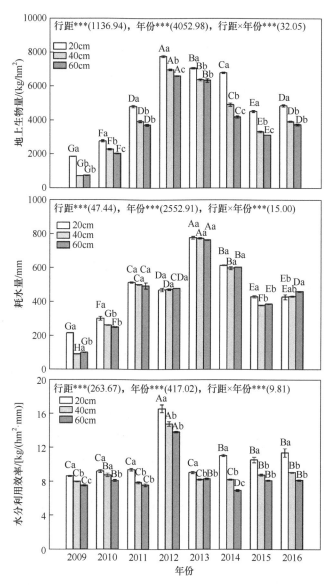

图 4-31 3 个种植行距下柳枝稷地上生物量、耗水量和水分利用效率年际变化

不同大写字母表示相同行距下不同年份间差异显著(p<0.05)，不同小写字母表示相同年份不同行距间差异显著(p<0.05)；***表示统计检验达极显著水平 p<0.001；括号内数值表示不同处理下的 LSD 值

4.4.6 耗水量

建植第 1 年(2009 年)，柳枝稷年耗水量(WU)显著最小(p<0.05)(图 4-31)。2009

年、2010 年和 2015 年，20cm 行距的 WU 显著高于 40cm 和 60cm 行距($p<0.05$)，其余各年里 3 个行距间的 WU 均无显著差异($p>0.05$)。2013 年柳枝稷的 WU 最高，20cm、40cm 和 60cm 种植行距下分别为 776.6mm、772.6mm 和 763.9mm。除 2011 年 20cm 行距下的 WU 为 511.8mm，2013 年和 2014 年各行距下的 WU 接近 600mm 外，其他各年和各行距的 WU 均低于 500mm。2009～2016 年，20cm、40cm 和 60cm 行距下的 WU 均值分别为 467.65mm、438.18mm 和 441.92mm。就 8 年均值来看，20cm 行距的 WU 分别较 40cm 和 60cm 高 6.72%和 5.82%，40cm 与 60cm 行距间 WU 相当。

4.4.7　生物量水分利用效率

试验期间，除 2012 年生物量水分利用效率(WUE_B)显著最高外($p<0.05$)，20cm、40cm 和 60cm 下分别为 16.58kg/(hm²·mm)、14.78kg/(hm²·mm)和 13.83kg/(hm²·mm)，其他各年 3 个种植行距下柳枝稷的 WUE_B 呈水平线波动(图 4-31)。与地上生物量相似，各年均以 20cm 行距下的 WUE_B 显著高于 40cm 和 60cm 行距($p<0.05$)；除 2009 年、2011 年和 2014 年外，其余各年均以 40cm 和 60cm 行距的 WUE_B 无显著差异($p>0.05$)。除去 WUE_B 最高年的 2012 年，2009～2016 年 20cm、40cm 和 60cm 行距下的 WUE_B 均值分别为 10.13kg/(hm²·mm)、8.50kg/(hm²·mm)和 7.88kg/(hm²·mm)。从 8 年均值来看，20cm 行距的 WUE 分别较 40cm 和 60cm 行距显著高 16.55%和 25.33%($p<0.05$)，40cm 行距较 60cm 行距高 7.54%($p>0.05$)。

4.4.8　生物量与降水量及耗水量的关系

拟合结果显示，3 个种植行距下柳枝稷的年度地上生物量与降水量或生育期(4~10月)降水量均呈线性关系，但均不显著($p>0.05$)；各个种植行距下年度地上生物量与耗水量均呈显著线性正相关关系($p<0.05$)(图 4-32)。整合 3 个行距下的结果表明，柳枝稷年度地上生物量与年降水量、生育期降水量以及年耗水量间均呈显著线性正相关关系($p<0.05$)(图 4-33)。

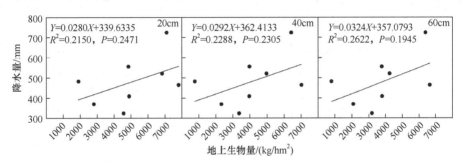

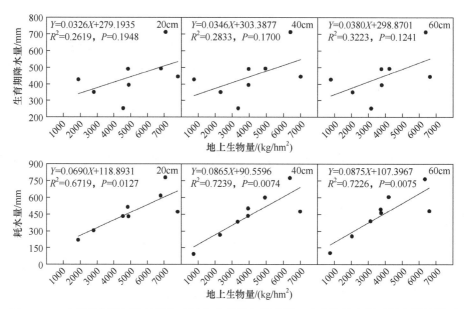

图 4-32　3 个种植行距下柳枝稷年度地上生物量与降水量、生育期降水量及耗水量的关系

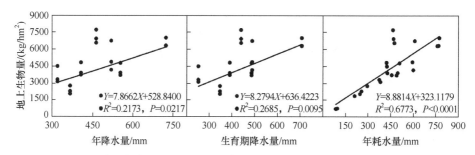

图 4-33　柳枝稷年度地上生物量与年降水量、生育期降水量及年耗水量的关系

4.4.9　讨论与结论

有研究表明，在水肥条件特别是氮肥良好供应的情况下，种植行距不是影响柳枝稷的地上生物量的主要因素，并认为缩小种植行距有利于促进柳枝稷的建植，原因是窄行距种植实际上提高了密度，在生长早期具有抑制杂草生长、提高地表覆盖、减少土面蒸发等作用(Kimura et al.，2018；侯扶江，2017)。但随着柳枝稷的生长，生物量累积和植株高度增加，窄行距种植会加剧个体间光照、水分及养分竞争，影响植株生产潜力的发挥(Jin et al.，2012)。在柳枝稷建植后的 2010～2012 年的测定结果表明，不同生长月柳枝稷叶片光合速率均以 60cm 行距下较高，而植株高度、旗叶叶长、叶宽及单蘖生物量等也均以 60cm 行距下显著最高($p<0.05$)，说明宽行种植有利于柳枝稷的个体生长发育(Kimura et al.，2018)。2016 年的测定结果显示，5～8 月 3 个种植行距下柳枝稷叶片光合速率和与叶片水分利用效率均无显著差异(图 4-30)，但 20cm 行距柳枝稷的地上生物量显著高于 40cm 和 60cm 行

距，说明短期的光合生理高低与植物最终生产力并不对应，20cm 行距下柳枝稷的高生物量与显著增大的单位面积分蘖数和叶面积指数有关(Kimura et al.，2018；Gao et al.，2017)。

研究指出，我国北方草原生产力与年降水量存在显著的正相关关系，在年降水量 50~700mm，降水每增加 1.00mm，产草量平均增加 5.84kg/hm^2，即约 0.40kg/亩(侯扶江，2017)。结果显示，年降水量和 4~10 月生育期降水量每增加 1mm，柳枝稷地上生物量分别增加 7.87kg/hm^2 和 8.28kg/hm^2，折合约 0.52kg/亩和 0.55kg/亩，说明柳枝稷比我国北方天然草原具有更高的生产能力。与当地 4 种其他典型草灌植物(沙打旺、达乌里胡枝子、白羊草和苜蓿)相比，柳枝稷叶片具有高光合速率和高水分利用效率的特性(徐炳成等，2007)，这是柳枝稷作为引进种适应半干旱区环境条件和具有高生物量的重要生理机制。2009~2016 年的年度地上生物量均值表明，20cm 行距较 40cm 行距和 60cm 行距显著高 24.53%~32.32%($p<0.05$)，耗水量仅高 5.82%~6.72%($p>0.05$)，水分利用效率显著高 16.55%~25.35%($p<0.05$)；40cm 和 60cm 行距的地上生物量、耗水量和水分利用效率基本无差异($p>0.05$)(图 4-31)，说明窄行距种植有利于提高柳枝稷的生产力和水分利用效率。柳枝稷为 C$_4$ 喜阳植物，虽然 2013 年的降水量和生长季降水量均最高，但生物量却低于 2012 年，这与关键生育期长期持续降水(2013 年 7 月降水持续天数为 22 天，降水量 515.4mm)导致的光照不足有关(Ayanlade et al.，2021)。

拟合分析结果表明，2009~2016 年，3 个种植行距下柳枝稷的年度地上生物量与降水量、4~10 月生育期降水量及耗水量间呈显著线性正相关关系。因此，降水量的年季波动是柳枝稷年度生物量波动的重要原因。但 3 个种植行距分别拟合结果显示，仅地上生物量与耗水量呈显著线性正相关关系(图 4-32)。一般来说，旱作条件下植物年度生物量与耗水量呈正比例关系，其关系程度与植物水分利用效率的高低有关；但与降水量的关系较为复杂，一是降水量对当年生物量的影响存在滞后效应，二是降水量有效性受群落冠层特征影响(Sun et al.，2018)。在降水量有限的半干旱地区，植被冠层过密会显著影响有限降水量向土壤的有效分配。因此，高密度种植容易造成土壤水分供应不足(Rachaputi et al.，2015；Muir et al.，2001；Sanderson et al.，1999)，说明黄土丘陵区可以探索开展柳枝稷宽窄行结合(如 20cm+40cm 或者 20cm+60cm)的种植模式，以维持其在有限降水条件下生产力和水分利用效率的持续和稳定。

3 个种植行距下，柳枝稷叶片光合速率、蒸腾速率和水分利用效率呈现明显的月变化动态，但不同种植行距间光合速率和叶片水分利用效率无显著差异。20cm 行距下柳枝稷具有显著最高的生物量和生物量水分利用效率，但耗水量与 40cm 和 60cm 行距无显著差异，说明窄行距种植有利于提高柳枝稷的生产力和水分利用效率。同时，不同种植行距下柳枝稷年度生物量与降水量、生育期降水量和耗水量均呈显著正相关线性关系，说明高生物量以高耗水量为基础，黄土丘陵区可以探索宽窄行交替配置方式种植柳枝稷，以维持其有限降水条件下的适度生产力和水分承载能力。

参 考 文 献

安勤勤, 2017. 黄土丘陵区不同种植行距下柳枝稷根系形态特征研究 [D]. 杨凌: 中国科学院教育部水土保持与生态环境研究中心.

安勤勤, 高志娟, 刘金彪, 等, 2017. 黄土丘陵区不同种植行距下柳枝稷根系分布特征研究 [J]. 草地学报, 25(6): 1251-1257.

蔡昆争, 骆世明, 段舜山, 2003. 水稻根系在根袋处理条件下对氮养分的反应 [J]. 生态学报, 23(6): 1109-1116.

陈明辉, 张强强, 2011. 巴尔鲁克山地混播人工草地群落生物量动态变化研究 [J]. 草原与草坪, 31(5): 37-41.

方燕, 徐炳成, 谷艳杰, 等, 2015. 种植密度和不同时期根修剪对黄土旱塬冬小麦根系时空分布、土壤水分利用和产量的影响 [J]. 生态学报, 35(6): 1-12.

方怡向, 赵成义, 串志强, 等, 2007. 膜下滴灌条件下水分对棉花根系分布特征的影响 [J]. 水土保持学报, 21(5): 96-100.

邸楠, 席本野, Pinto J R, 等, 2013. 宽窄行栽植下三倍体毛白杨根系生物量分布及其对土壤养分因子的响应 [J]. 植物生态学报, 37(10): 961-971.

高玉葆, 刘峰, 任安芝, 等, 1999. 不同类型和强度的干旱胁迫对黑麦草实验种群物质生产与水分利用的影响 [J]. 植物生态学报, 23(6): 510-520.

高志娟, 2013. 黄土丘陵区种植行距对柳枝稷生理生态特征与生物量的影响 [D]. 杨凌: 西北农林科技大学.

耿浩林, 王玉辉, 王凤玉, 等, 2008. 恢复状态下羊草(*Leymus chinensis*)草原植被根冠比动态及影响因子 [J]. 生态学报, 28(10): 4629-4634.

郭颖, 韩蕊莲, 梁宗锁, 2010. 土壤干旱对黄土高原 4 个乡土禾草生长及水分利用特性的影响 [J]. 草业学报, 19(2): 21-30.

韩凤朋, 郑纪勇, 张兴昌, 2009. 黄土退耕坡地植物根系分布特征及其对土壤养分的影响 [J]. 农业工程学报, 25(2): 50-55.

黄瑾, 徐伟洲, 高志娟, 等, 2022. 黄土丘陵区不同种植行距下柳枝稷生产力与水分利用效率 [J]. 中国草地学报, 43(4): 60-66, 120.

姜兴芳, 陶洪斌, 郑志芳, 等, 2013. 株行距配置对玉米根系性状及产量的影响 [J]. 玉米科学, 21(2): 116-121.

侯扶江, 2017. 中国草原生产力与食物安全研究 [M]. 北京: 科学出版社.

侯新村, 胡艳霞, 孙宇, 等, 2020. 生物炭添加对滨海盐土柳枝稷生长的影响 [J]. 中国草地学报, 42(1): 31-37.

李邦发, 2005. 几个小麦品种根生长发育特性初探 [J]. 种子, 24(5): 46-49.

李代琼, 刘国彬, 黄瑾, 等, 1999. 安塞黄土丘陵区柳枝稷的引种及生物生态学特性试验研究 [J]. 土壤侵蚀与水土保持学报, 5: 125-128.

黎磊, 2013. 两种植物种群生物量与密度的异速比例关系研究 [D]. 长春: 东北师范大学.

黎磊, 周道玮, 盛连喜, 2011. 密度制约决定的植物生物量分配格局 [J]. 生态学杂志, 30(8): 1579-1589.

林国林, 赵坤, 蒋春姬, 等, 2012. 种植密度和施氮水平对花生根系生长及产量的影响 [J]. 土壤通报, 43(5): 118-186.

刘金平, 游明鸿, 2012. 行距对老芒麦种植地下部及土壤特性的影响 [J]. 中国草地学报, 34(4): 55-60.

刘晓冰, 金剑, 王光华, 2004. 行距对大豆竞争有限资源的影响 [J]. 大豆科学, 23(3): 215-221.

梅莉, 王政权, 韩有志, 等, 2006. 水曲柳根系生物量、比根长和根长密度的分布格局 [J]. 应用生态学报, 17(1): 1-4.

齐林, 杨国敏, 周勋波, 等, 2009. 夏大豆群体内植株分布对干物质积累分配及产量的影响 [J]. 作物学报, 35(9): 1722-1728.

山仑, 孙纪斌, 刘忠民, 等, 1988. 宁南山区主要粮食作物生产力和水分利用研究 [J]. 中国农业科学, 21(2): 9-16.

山仑, 徐炳成, 杜峰, 等, 2004. 陕北地区不同类型植物生产力及生态适应性研究 [J]. 水土保持通报, 24(1): 1-7.

宋清华, 赵成章, 史元春, 等, 2015. 祁连山北坡混播草地密度制约下燕麦和毛苕子比根长分布格局 [J]. 生态学杂志, 34(2): 497-503.

孙淑娟, 周勋波, 陈雨海, 等, 2008. 冬小麦种群不同分布方式对农田小气候及产量的影响 [J]. 农业工程学报, 24(S2): 27-31.

王树丽, 贺明荣, 代兴龙, 等, 2012. 种植密度对冬小麦根系时空分布和氮素利用效率的影响 [J]. 应用生态学报, 23(7): 1839-1845.

王向荣, 王政权, 韩有志, 等, 2005. 水曲柳和落叶松不同根序之间细根直径的变异研究 [J]. 植物生态学报, 29(6): 871-877.

王旭刚, 郝明德, 张春霞, 等, 2003. 王东沟小流域土壤养分变化研究 [J]. 水土保持研究, 10(1): 81-84.

魏永林, 马晓虹, 宋理明, 2009. 青海湖地区天然草地土壤水分动态变化及对牧草生物量的影响 [J]. 草业科学, 26(5): 76-80.

徐炳成, 2003. 半干旱黄土丘陵区牧草生产力与生态适应性研究 [D]. 杨凌: 西北农林科技大学.

徐炳成, 山仑, 黄瑾, 等, 2003. 柳枝稷和白羊草苗期水分利用与根冠比的比较 [J]. 草业学报, 12(4): 73-77.

徐炳成, 山仑, 李凤民, 2007. 半干旱黄土丘陵区五种植物的生理生态特征研究 [J]. 应用生态学报, 18(5): 990-996.

徐炳成, 山仑, 李凤民, 2005. 黄土丘陵半干旱区引种禾草柳枝稷的生物量与水分利用效率 [J]. 生态学报, 25(9): 2206-2213.

燕辉, 刘广全, 李红生, 2010. 青杨人工林根系生物量、表面积和根长密度变化 [J]. 应用生态学报, 21(11): 276-278.

杨国敏, 周勋波, 陈雨海, 等, 2009. 群体分布对夏大豆产量和水分利用效率的影响 [J]. 生态学报, 29(12): 6458-6465.

杨吉顺, 高辉远, 刘鹏, 等, 2010. 种植密度和行距配置对超高产夏玉米群体光合特性的影响 [J]. 作物学报, 36(7): 1226-1233.

杨磊, 卫伟, 莫保儒, 等, 2011. 半干旱黄土丘陵区不同人工植被恢复土壤水分的相对亏缺 [J]. 生态学报, 31(11): 3060-3068.

杨罗锦, 陶洪斌, 王璞, 2012. 种植密度对不同株型玉米生长及根系形态特征的影响 [J]. 应用与环境生物学报, 18(6): 1009-1013.

杨文治, 邵明安, 2000. 黄土高原土壤水分研究 [M]. 北京: 科学出版社.

尹宝重, 马燕会, 郭丽果, 等, 2015. 冬小麦不同行距配置对麦田温度、根系分布和产量的影响 [J]. 江苏农业科学, 43(2): 82-86.

张成娥, 王栓全, 邓西平, 1999. 燕沟流域农田基础肥力分析与培肥途径 [J]. 水土保持通报, 19(5): 16-20.

张绪成, 郭天文, 谭雪莲, 等, 2008. 氮素水平对小麦根-冠生长及水分利用效率的影响 [J]. 西北农业学报, 17(3): 97-102.

章建新, 李劲松, 2007. 窄行密植对高产春大豆根系生长的影响 [J]. 大豆科学, 26(4): 500-505.

赵宏魁, 马真, 张春辉, 等, 2016. 种植密度和施氮水平对燕麦生物量分配的影响 [J]. 阜业科学, 33(2): 249-258.

中国科学院南京土壤研究所, 1978. 土壤理化分析 [M]. 上海: 上海科学技术出版社.

周玮, 周运超, 叶立鹏, 2014. 种植密度及土壤养分对马尾松苗木根系的影响 [J]. 中南林业科技大学学报, 34(11): 18-22.

邹厚远, 2000. 陕北黄土高原植被区划及与林草建设的关系 [J]. 水土保持研究, 7(2): 96-101.

Ayanlade A, Jeje O D, Nwaezeigwe J O, et al., 2021. Rainfall seasonality effects on vegetation greenness in different ecological zones [J]. Environmental Challenges, 4: 100144.

Bilalis D J, Travlos I S, Portugal J, et al., 2015. Narrow row spacing increased yield and decreased nicotine content in sun-cured tobacco (*Nicotiana tabacum* L.) [J]. Industrial Crops and Products, 75: 212-217.

Board J E, Harville B G, 1992. Explanations for greater light interception in narrow-vs. wide-row soybean [J]. Crop Science, 32: 198-202.

Bolinder M A, Angers D A, Bélanger G, et al., 2002. Root biomass and shoot to root ratios of perennial forage crops in eastern Canada [J]. Canadian Journal of Plant Science, 82(4): 731-737.

Byrd G T, May P A, 2000. Physiological comparisons of switchgrass cultivars differing in transpiration efficiency [J]. Crop Science, 40: 1271-1277.

Cahill F J, 2003. Lack of relationship between below-ground competition and allocation to roots in 10 grassland species [J]. Journal of Ecology, 91(4): 532-540.

Casper B B, Jackson R B, 1997. Plant competition underground [J]. Annual Review of Ecology & Systematics, 28(4): 545-570.

Čepulienė R, Marcinkevičienė A, Velička R, et al. , 2013. Effect of spring oilseed rape crop density on plant root biomass and soil enzymes activity [J]. Estonian Journal of Ecology, 62(1): 70-78.

Chauhan B S, Florentine S K, Ferguson J C, et al. , 2017. Implications of narrow crop row spacing in managing weeds in mungbean (*Vigna radiata*) [J]. Crop Protection, 95: 116-119.

Cooney D, Kim H, Quinn L, et al. , 2017. Switchgrass as an energy crop in the Loess Plateau: Bioenergy feedstock production and environmental conservation [J]. Journal of Integrative Agriculture, 16(6): 1211-1226.

Eissenstat D M, 1992. Costs and benefits of constructing roots of small diameter [J]. Journal of Plant Nutrition, 15(6-7): 76782.

Elberse I A M, van Damme J M M, van Tienderen P H, 2003. Plasticity of growth characteristics in wild barley (*Hordeum spontaneum*) in response to nutrient limitation [J]. Journal of Ecology, 91: 371-382.

Ferchaud F, Vitte G, Bornet F, et al. , 2014. Soil water uptake and root distribution of different perennial and annual bioenergy crops [J]. Plant and Soil, 388(1-2): 307-322.

Fort F, Jouany C, Cruz P, 2012. Root and leaf functional trait relations in Poaceae species: Implications of differing resource-acquisition strategies [J]. Journal of Plant Ecology, 6(3): 211-219.

Gao Z J, Liu J B, An Q Q, et al. , 2017. Photosynthetic performance of switchgrass and its relation to field productivity: A three-year experimental appraisal in semiarid Loess Platea [J]. Journal of Integrative Agriculture, 16(6): 1227-1235.

Garten C T, Smith J L, Tyler D D, et al. , 2010. Intra-annual changes in biomass, carbon, and nitrogen dynamics at 4-year old switchgrass field trials in west Tennessee, USA [J]. Agriculture, ecosystems & environment, 136(1): 177-184.

Gersani M, O'Brien E E, Maina G M, et al. , 2001. Tragedy of the commons as a result of root competition [J]. Journal of Ecology, 89(4): 660-669.

Gill R A, Burke I C, Lauenroth W K, et al. , 2002. Longevity and turnover of roots in the shortgrass steppe: Influence of diameter and depth [J]. Plant Ecology, 159(2): 241-251.

Graves W R, Joly R J, Dana M N, 1991. Water use and growth of honey locust and tree-of-heaven at high root-zone temperature [J]. HortScience, 26: 1309-1312.

Gregory P J, 2006. Roots, rhizosphere and soil: The route to a better understanding of soil science? [J]. European Journal of Soil Science, 57(1): 2-12.

Hecht V L, Temperton V M, Nagel K A, et al. , 2016. Sowing density: A neglected factor fundamentally affecting root distribution and biomass allocation of field grown spring barley (*Hordeum Vulgare* L.) [J]. Frontiers in Plant Science, 7(442): 1-14.

Henry A, Gowda V R P, Torres R O, et al. , 2011. Variation in root system architecture and drought response in rice (*Oryza sativa*): Phenotyping of the OryzaSNP panel in rainfed lowland fields [J]. Field Crops Research, 120(20): 205-214.

Hess L, de Kroon H, 2007. Effects of rooting volume and nutrient availability as an alternative explanation for root self/non-self discrimination [J]. Journal of Ecology, 95(2): 241-251.

Hill J O, Simpson R J, Moore A D, et al. , 2006. Morphology and response of roots of pasture species to phosphorus and nitrogen nutrition [J]. Plant and Soil, 286(1-2): 7-19.

Hodge A, 2006. Plastic plants and patchy soils [J]. Journal of Experimental Botany, 57(2): 401-411.

Hopkins A A, Taliaferro C M, Christian C D, 1996. Chromosome number and nuclear DNA content of several switchgrass populations [J]. Crop Science, 36: 1192-1195.

Hood T M, Mills H A, 1994. Root-zone temperature affects and nutrient uptake and growth of snapdragon [J]. Journal of Plant Nutrition, 17: 279-291.

Jiang W, Wang K, Wu Q, et al. , 2013. Effects of narrow plant spacing on root distribution and physiological nitrogen use efficiency in summer maize [J]. The Crop Journal, 1(1): 77-83.

Jin L, Cui H, Li B, et al. , 2012. Effects of integrated agronomic management practices on yield and nitrogen efficiency of summer maize in North China [J]. Field Crops Research, 134: 30-35.

Jones R J, Simmons S R, 1983. Effect of altered source-sink ratio on growth of maize kernels [J]. Crop Science, 23: 129-134.

Kimura E, Fransen S C, Collins H P, et al. , 2018. Effect of intercropping hybrid poplar and switchgrass on biomass yield, forage quality, and land use efficiency for bioenergy production [J]. Biomass and Bioenergy, 111: 31-38.

Lambers H, Poorter H, 1992. Inherent variation in growth rate between higher plants: A search for physiological causes and ecological consequences [J]. Advances in Ecological Research, 23: 187-261.

Li F R, Zhao S L, Geballe G T, 2000. Water use patterns and agronomic performance for some cropping systems with and without fallow crops in a semi-arid environment of northwest China [J]. Agriculture, Ecosystems & Environment, 79: 129-142.

Li X Y, Gong J D, 2002. Effect of different ridge, furrow ratios and supplemental irrigation on crop production in ridge and furrow rainfall harvesting system with mulches [J]. Agricultural Water Management, 54: 243-254.

McConnaughay K D M, Coleman J S, 1999. Biomass allocation in plants: Ontogeny or optimality? A test along three resource gradients [J]. Ecology, 80(8): 2581-2593.

McLaughlin S B, Kszos A, 2005. Development of switchgrass (Panicum virgatum) as a bioenergy feedstock in the United States [J]. Biomass and Bioenergy, 28(6): 515-535.

Meier I C, Leuschner C, 2008. Belowground drought response of European beech: Fine root biomass and carbon partitioning in 14 mature stands across a precipitation gradient [J]. Global Change Biology, 14(9): 2081-2095.

Meziane D, Shipley B, 1990. Interaction components of interspecific relative growth rate: Constancy and change under differing conditions of light and nutrient supply [J]. Functional Ecology, 13: 611-622.

Muir J P, Sanderson M A, Ocumpaugh W R, et al., 2001. Biomass production of 'Alamo' switchgrass in response to nitrogen, phosphorous and row spacing [J]. Agronomy Journal, 93(4): 5-10.

Parsons A J R M J, 1981. Changes in the physiology of S24 perennial ryegrass (Lolium perenne L.) 3. Partition of assimilates between root and shoot during the transition from vegetative to reproductive growth [J]. Annals of Botany, 48(5): 733-744.

Pavón N P, Briones O, 2000. Root distribution, standing crop biomass and belowground productivity in a semidesert in Mexico [J]. Plant Ecology, 146(2): 131-136.

Peek M S, Leffler A J, Ivans C Y, et al., 2005. Fine root distribution and persistence under field conditions of three occurring Great Basin species of different life form [J]. New Phytologist, 165(1): 171-180.

Pereira M L, Hall A J, 2019. Sunflower oil yield responses to plant population and row spacing: Vegetative and reproductive plasticity [J]. Field Crops Research, 230: 17-30.

Pierret A, Moran C J, Doussan C, 2005. Conventional detection methodology is limiting our ability to understand the roles and functions of fine roots [J]. New Phytologist, 166(3): 967-980.

Porter C L, 1966. An analysis of variation between upland and lowland switchgrass (Panicum virgatum L.) in Central Oklahoma [J]. Ecology, 47(6): 980-992.

Rachaputi R C N, Chauhan Y, Douglas C, et al., 2015. Physiological basis of yield variation in response to row spacing and plant density of mungbean grown in subtropical environments [J]. Filed Crops Research, 183: 14-22.

Rajcan J, Tollenaar M, 1982. Effect of source-sink ratio on dry matter accumulation and leaf senescence of maize [J]. Canadian Journal of Plant Science, 62: 855-860.

Ravenek J M, Mommer L, Visser E J W, et al., 2016. Linking root traits and competitive success in grassland species [J]. Plant and Soil, 407(1-2): 39-53.

Rewald B, Ephrath J E, Rachmilevitch S, 2011. A root is a root is a root? Water uptake rates of Citrus root orders [J]. Plant Cell and Environment, 34(1): 33-42.

Roumet C, Urcelay C, Díaz S, 2006. Suites of root traits differ between annual and perennial species growing in the field [J]. New Phytologist, 170(2): 357-368.

Sanderson M A, Read J C, Read R L, 1999. Harvest management of switchgrass for biomass feedback and forage productions [J]. Agronomy Journal, 91: 5-10.

Sun J M, Yu X X, Wang H N, et al., 2018. Effects of forest structure on hydrological processes in China [J]. Journal of Hydrology, 561: 187-199.

Sun K, McCormack M L, Li L, et al., 2016. Fast-cycling unit of root turnover in perennial herbaceous plants in a cold temperate ecosystem [J]. Scientific Reports, 6(6): 739-747.

Trubat R, Cortina J, Vilagrosa A, 2006. Plant morphology and root hydraulics are altered by nutrient deficiency in Pistacia *lentiscus* (L.) [J]. Trees, 20(3): 334-339.

Tufekcioglu A, Raich J W, Isenhart T M, et al. , 2003. Biomass, carbon and nitrogen dynamics of multi-species riparian buffers within an agricultural watershed in Iowa, USA [J]. Agroforestry Systems, 57(3): 187-198.

van Rijin C P E, Heersche I, van Berkel Y E M, et al. , 2000. Growth characteristics in Hordeum spontaneum populations from different habitats [J]. New Phytologist, 146: 471-481.

Vogle K P, Brejda J J , Walters D T, et al. , 2002. Switchgrass biomass production in the Midwest USA: Harvest and nitrogen management [J]. Agronomy Journal, 94: 413-420.

Weih M, Karlsson P S, 2001. Growth response of Mountain birch to air and soil temperature: Is increasing leaf-nitrogen content an acclimation to lower air temperature? [J]. New Phytologist, 150: 147-155.

Xu B C, Li F M, Shan L, 2008. Switchgrass and milkvetch intercropping under 2 : 1 row-replacement in semiarid region, northwest China: Aboveground biomass and water use efficiency [J]. European Journal of Agronomy, 28: 485-492.

第5章 柳枝稷与沙打旺及红豆草间作

5.1 柳枝稷与沙打旺间作

5.1.1 引言

间作是指将两种或者多种作物同时种植在相同地块的农业生产方式。间作可以提高不同作物对光照、水分和养分的利用效率,以及不同时期劳动力投入的匹配度(Fuentes et al., 2003;Banik and Bagchi, 1993)。在干旱半干旱地区,间作还可以提高水土保持效率(Fortin et al., 1994)。研究表明,在包含豆科和禾本科植物的间作体系中,豆科植物根瘤固氮的一部分可为非豆科植物所利用(Li et al., 2006)。因此,豆科植物参与的间作往往能够提高系统的生产力(Maingi et al., 2001)。豆科植物单作或与谷类作物间作,被广泛推崇应用于实践,不仅有利于提高单位面积产量,也利于土壤健康,尤其是退化土壤的改良(Banik and Bagchi, 1993)。间作在我国的旱地农业,尤其是雨养区农业发展中一直长期广泛使用(Zhang and Li, 2003;山仑和陈国良, 1993),间作的作物类型主要包括玉米和苜蓿(陈玉香等, 2004)、玉米和大豆(马骥等, 1994)、小麦和大豆(佘妮娜等, 2003)等。在林业上,体现在不同类型或者科别的树种的混交种植(裴保华等, 2000)。

沙打旺(*Astragalus adsurgens* Pall.)作为饲草植物,广泛种植于中国北方干旱半干旱地区(山仑和陈国良, 1993)。柳枝稷是中北美洲暖季型乡土草种,可以用作饲草或者水土保持植物(徐炳成等, 2005;Ichizen et al., 2005;Sanderson et al., 1999)。作为一种引种的禾本科草种,柳枝稷在半干旱黄土丘陵区不同立地条件下表现出良好的生态学和生物学适应性(徐炳成等, 2005;李代琼等, 1999)。关于二者的研究主要集中于单作下的生物量和水分利用特征(徐炳成等, 2005;山仑和陈国良, 1993)。很少有关于二者间作下的生物量和水分利用效率研究的报道。在黄土高原半干旱地区人工草地建设中,长期存在草种缺乏和草群结构单一等问题(山仑和陈国良, 1993)。解决这些问题的途径包括加强对不同草种及其种植方式的研究。因此,本节的目的是探讨沙打旺和柳枝稷在2∶1行比种植下的生物量和水分利用特征,并比较与单作的差异及其随生长年限的变化,以评价这种种植体系在黄土高原半干旱地区的适应性和持久性。

5.1.2 材料与方法

研究在陕西安塞农田生态系统国家野外科学观测研究站川地试验场进行。该区 1951～2000 年的年均降水量约 537.7mm，试验期间的 2001～2005 年的年均降水量分别为 515.2mm、541.1mm、577.8mm、509.1mm 和 541.1mm。在该地，生长季 4～10 月的降水量约占年度总降水量的 85%～95%，其中 7～9 月约占全年的 60%～80%，因此该时间段通常被称为雨季(山仑和陈国良，1993)。

本试验开展的 2001～2005 年，生长季的降水量分别占全年降水量的 93.0%、94.2%、89.3%、97.2%和 99.2%，其中雨季的降水量占比分别为 68.2%、40.88%、59.5%、72.9%和 69.2%(图 5-1)。1951～2000 年，生长季和雨季的降水量占比分别为 93.30%和 60.48%。可以看出，2002 年和 2003 年雨季的降水量占比低于多年平均值，2003 年生长季的降水量高于 50 年平均值。

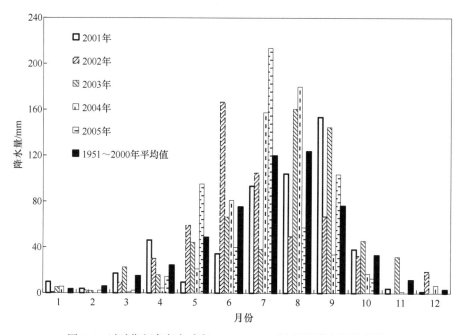

图 5-1　试验期间各年与多年(1951～2000 年)平均降水量的月分配

1. 试验条件

试验地位于研究站川地试验场，土壤为黄绵土，本试验开始前的 1992～1997 年种植苹果(*Malus domestica*)。苹果树于 1997 年 10 月清除后休闲，试验地已于 2000 年的秋季翻地整理。试验用草种为沙打旺和柳枝稷，分别为多年生豆科和禾本科草本植物。种子均于 1999 年的秋季采集于安塞站山地试验场，自然晒干后实验室贮藏。柳枝稷的品种为'Alamo'，沙打旺为早熟型品种。播种时间为 2001 年的 5 月。两种植物的种子试验开始前 25℃条件下 7 天的发芽率均>85%。

2. 试验处理

试验包括柳枝稷和沙打旺单作及二者混播三种种植方式，每种方式重复 4 次，因此共设置 12 个小区，每个小区的尺寸为 7m×6m，小区采用随机区组排列，两小区间有 15cm 的裸地隔离带。柳枝稷和沙打旺的种子采用点播，其中柳枝稷按照 7.5kg/hm²、沙打旺按照 15kg/hm² 的标准播种，种植方式参照相关方法(李代琼等，1999；山仑和陈国良，1993)。两种植物单作和间作混播下的行距均为 30cm，株距为 15cm。种植行与小区的 6m 边平行，因此每个小区含有 11 行沙打旺和 22 行柳枝稷。按照每公顷 60kg N、45kg P 和 45kg K 的标准施作底肥。田间管理措施如除草和耕作等参照当地的田间管理办法。在整个试验研究期间，无灌溉和其他方式的补水。

地上生物量于每年生育期结束时的 10 月取样，采用手持式剪刀刈割取样。每个处理下在 4 个小区中随机取样测定 3 次。为了避免边际效应，取样时至少离开小区边界 3 行。单作或者间作混播下两种植物的地上生物量包括枯落物和立枯物。对于单作处理，地上部分采样在每个小区选择 3 个邻近的行，每行取样 50cm。对于间作混播来说，为两段柳枝稷和一段沙打旺，在地上生物量采样结束后，分柳枝稷和沙打旺收集枯落物。所有的植物样在 65℃ 下烘干至恒重。

间作下的实际生物量采用各自间作下地上生物量的实测值与对应的土地面积占比折算，即间作草地实际生物量=间作下柳枝稷单位面积生物量×(2/3)+间作下沙打旺单位面积生物量×(1/3)(表 5-1)。每年采样结束后，收获所有小区地上部分生物量。地上生物量采样或者年末收获留茬均为 3～5cm。

表 5-1　柳枝稷与沙打旺单作和间作混播下年度地上生物量

项目	2001 年	2002 年	2003 年	2004 年	2005 年	平均值
单作柳枝稷地上生物量/(g/m²)	305.7 d (d)	1655.4 a (b)	1252.4 c (b)	1342.5 c(a)	1460.3 b(a)	1203.3±18.6 (a)
单作沙打旺地上生物量/(g/m²)	357.1 e (c)	1824.0 a (a)	1355.5 b (a)	1137.3 d (b)	1248.3 c (b)	1184.4±8.1 (b)
柳枝稷+沙打旺(行比 2：1)地上生物量‡/(g/m²)	391.8 d (b)	743.4 c (d)	838.1 b (d)	1210.0 a (b)	874.0 b(c)	811.4±11.2 (c)
间作柳枝稷地上生物量†/(g/m²)	273.7 e (e)	478.0 d (e)	743.4 c (e)	1311.6 a (a)	1140.2 b (b)	789.4±0.7 (d)
间作沙打旺地上生物量†/(g/m²)	628.0 c (a)	1274.1a (c)	1027.4 b (c)	1006.6 b (c)	341.7 d (d)	855.6±41.2 (c)
间作柳枝稷地上生物量占比/%	46.57	42.87	59.14	72.27	86.97	61.56
间作沙打旺地上生物量占比/%	53.43	57.13	40.86	27.73	13.03	38.44

注：数字后不同小写字母表示同行差异显著($p<0.05$)，括号内不同小写字母表示同列差异显著($p<0.05$)。† 间作下的等量生物量，即单位面积的实际生物量；‡ 柳枝稷与沙打旺间作下的实际生物量。

3. 测定指标和方法

1) 土壤水分

土壤质量含水量(ω，%，简称"土壤含水量")采用土钻法($\varnothing = 4\text{cm}$)测定，测定于每年生长季的开始前和结束后分别进行。单作下的采样点位于小区正中间两种植行的中间位置，间作下的采样点位于沙打旺和柳枝稷行的中间位置，土样于 105℃下烘干 24 h。计算公式如下：

$$\omega = \frac{W_{\text{w}} - W_{\text{d}}}{W_{\text{d}}} \times 100\% \tag{5-1}$$

式中，W_{w} 和 W_{d} 分别表示土样的湿重和干重。考虑到柳枝稷和沙打旺的根系生长深度，2001 年和 2002 年测定深度为 0～3m，2003～2005 年测定深度为 0～5m，采样深度为每 20cm 取样 1 次。参照现有相关结果，川地 0～20cm 土壤容重(ρ)取 1.1g/cm³，20cm 以下土壤容重取 1.3g/cm³(山仑和陈国良，1993；杨文治和邵明安，2000)。

土壤储水量(W)计算方法为 $W=10 \times H \times \rho \times \omega$，$H$ 为土层深度(cm)。蒸散量(ET)为植物生长季的降水量和两个土壤水分测定的变化量之和(李代琼等，1999)。由于试验在川地开展，假设无地表径流和深层下渗(山仑和陈国良，1993)，因此蒸散量计算中忽略这两项的影响。降水量数据来自于离试验地约 100m 的气象站。水分利用效率(WUE)为年度生物量的增加量与蒸散耗水量的比值(Fuentes et al.，2003)。

2) 竞争指数

在间作体系研究中，有许多用于分析间作条件下的植物生产力和物种种间关系的指标(Ghosh，2004；Connolly et al.，2001b)。本节选取了三个竞争指数，即实际产量损失，是指某一作物单位种植比例减少后相对产量的减少量；土地当量比，是指间作下相对产量增加量的和；竞争攻击力系数，是指间作后单位面积下沙打旺和柳枝稷相对产量增加量的差。

实际产量损失(actual yield loss，AYL)，是指与单作相比，等比例间作作物产量的增加或者减少量，其考虑了每种间作作物与单作下的实际种植比例的差异(Banik et al.，2000)。计算公式如下：

$$\text{AYL} = \text{AYL}_a + \text{AYL}_b = \left(\frac{Y_{ab}/Z_{ab}}{Y_{aa}/Z_{aa}} - 1 \right) + \left(\frac{Y_{ba}/Z_{ba}}{Y_{bb}/Z_{bb}} - 1 \right) \tag{5-2}$$

式中，Y 是单位面积的生物量；Z 是种植比例，下标 aa 和 bb 分别指单作作物 a(沙打旺)和 b(柳枝稷)，ab 和 ba 分别表示间作条件。实际产量损失分项 AYL_a 和 AYL_b 分别表示相比各自单作，沙打旺和柳枝稷在间作条件下，单位比例减小后的相对产量下降比例。两个分项的和可以用来衡量各间作作物的竞争情况，即当基于单种植物为基础评价生物量大小为目的时，AYL 为正值或者负值可以量化评价间作是否有利或者不利(Banik et al., 2000)。Z_{ab} 和 Z_{ba} 表述沙打旺和柳枝稷的种植比例，即分别为 1/3 和 2/3。Z_{aa} 和 Z_{bb} 分别表示单作下沙打旺和柳枝稷的比例，且均为 1.0。

土地当量比(land equivalent ratio，LER)较精确地评价了间作条件下的生物学效率，其计算公式为(Willey，1979)

$$\text{LER} = \text{LER}_a + \text{LER}_b = \frac{Y_{ab}}{Y_{aa}} + \frac{Y_{ba}}{Y_{bb}} \tag{5-3}$$

式中，LER_a 和 LER_b 分别是指沙打旺和柳枝稷的 LER 分项。土地当量比(LER)定义为与间作条件下获得相同生物量的单作相对土地面积。Y_{aa} 和 Y_{bb} 分别表示沙打旺和柳枝稷单作下的生物量，Y_{ab} 和 Y_{ba} 分别表示对应的间作下的生物量。LER 值大于 1.0 说明相比单作，间作具有产量优势。

竞争攻击力系数(A)是另一个表示间作条件下作物 'a' 相比作物 'b' 的相对生物量增长的简单评价指标(Ghosh，2004)，其主要通过两种间作作物相对生物量的变化，衡量间作物种种间关系。本节中，竞争攻击力系数被用于评价与单作相比，间作作物 'a'(沙打旺)和 'b'(柳枝稷)的生物量的变化幅度大小：

$$A_{ab} = \frac{Y_{ab}}{Y_{aa} \times Z_{ab}} - \frac{Y_{ba}}{Y_{bb} \times Z_{ba}} \tag{5-4}$$

式中，A_{ab} 是指间作下沙打旺相对生物量的变化与间作下柳枝稷相对生物量变化的差值。单位面积的生物量，即某种程度上资源占有量，如对光辐射、土壤养分和水分的获取量。若 $A_{ab}=0$，表示两物种竞争能力相同；若 $A_{ab}>0$，表示沙打旺为竞争优势种；若 $A_{ab}<0$，表示柳枝稷为竞争优势种(Li et al.，2001)。

5.1.3 地上生物量

测定结果显示，地表年度枯落物仅占不到总地上生物量的 5%，且单作和间作下也无显著差异，因此未作深入分析。单作条件下，沙打旺和柳枝稷的地上生物量随生长年份未表现出明显的变化趋势，但不同处理下的地上生物量均在2001 年最低(表 5-1)。单作下，柳枝稷和沙打旺的地上生物量均在 2002 年最大，而间作的最大值出现在 2004 年。除了建植当年(2001 年)，间作下柳枝稷的地上生物量占比从 2002 年的 42.87%逐渐增加到 2005 年的 86.97%，而沙打旺从57.13%逐渐降低到 13.03% (表 5-1)。2001～2003 年，单作沙打旺的地上生物量显著高于单作柳枝稷，但在剩余的 2 年(2004～2005 年)里相反。从 5 年均值来看，地上生物量大小的降序排列为单作柳枝稷、单作沙打旺和柳枝稷与沙打旺间作。

间作下沙打旺和柳枝稷的等量生物量根据其所占有的土地面积估算。结果表明，沙打旺仅在 2001 年间作下的等量生物量显著高于单作，在其余 4 年里均是单作下显著较高($p<0.05$)。除了 2004 年间作下柳枝稷的等量生物量与单作无显著差异，在其余 4 年里均是以单作显著较高。2001～2003 年，间作下沙打旺的等量生物量显著高于间作柳枝稷，而在 2004 年和 2005 年相反，这与单作的趋势相同。单作下沙打旺的地上生物量稳定性高于间作，而柳枝稷在间作下更稳定(表 5-1)。

5.1.4 土壤含水量

在 2005 年生长季结束前，三种草地的土壤平均含水量的年动态相似(图 5-2)。5 年土壤含水量的均值大小顺序为单作柳枝稷(8.49%) >柳枝稷与沙打旺间作(8.35%)>单作沙打旺(7.91%)。在 2004 年生长季开始前，单作柳枝稷的土壤含水量在三种草地中显著最高($p<0.05$)，而单作沙打旺与柳枝稷和沙打旺间作草地无显著差异。2004 年生长季开始到 2005 年生长季的中期，三种草地的土壤含水量无差异。在 2005 年的生长季结束时，间作草地(8.73%)的土壤含水量显著高于单作柳枝稷(7.27%)和单作沙打旺(7.23%)，而后两者间无显著差异。除了 2005 年，间作草地的土壤含水量自 2001 年逐渐下降(图 5-3)。

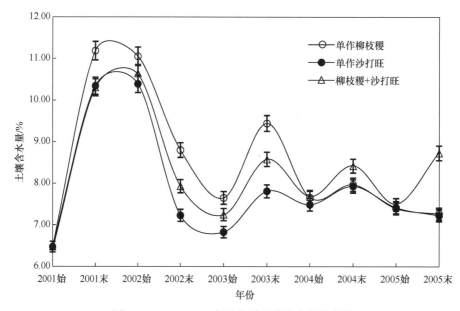

图 5-2 2001～2005 年生长季土壤含水量的变化

柳枝稷+沙打旺表示柳枝稷与沙打旺间作(行比 2∶1)

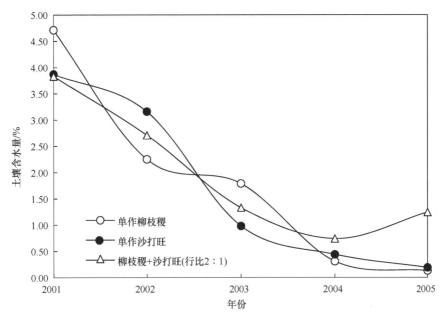

图 5-3　2001～2005 年土壤含水量变化幅度的年动态

5.1.5　水分利用效率

在 2001 年，三种草地的水分利用效率(WUE)均最低，且间作草地高于单作，但两个单作草地无显著差异(表 5-2)。5 年间的 WUE 均值的高低顺序为单作沙打旺>单作柳枝稷>柳枝稷与沙打旺间作($p<0.05$)。不同年份里，单作下柳枝稷或者沙打旺的 WUE 随生育期无明显的变化趋势，但间作草地的 WUE 自 2002 年逐渐升高(表 5-2)。

表 5-2　沙打旺和柳枝稷单作和混播下的年度水分利用效率　　[单位：g/(m² · mm)]

播种方式	2001 年	2002 年	2003 年	2004 年	2005 年	平均值
单作沙打旺	1.12 c (b)	2.76 ab (a)	2.89 a (a)	2.60b (a)	2.67b (a)	2.41±0.07 (a)
单作柳枝稷	1.17 d (b)	2.87 a (a)	2.80 a (b)	2.19 c (b)	2.58 b (a)	2.32±0.05 (b)
柳枝稷+沙打旺(行比 2 : 1)	1.28 c (a)	1.21 c (b)	1.81 b (c)	1.98 ab (c)	2.06 a (b)	1.67±0.04 (c)

注：同行数字后不同小写字母表示差异显著($p<0.05$)，同列数字后括号内不同小写字母表示差异显著($p<0.05$)。

5.1.6　竞争指数

2001～2004 年，沙打旺的 AYL_a 值为正，说明其在间作下的生物量是增大的，而柳枝稷的 AYL_b 值在 2002 年和 2003 年是负值，说明其间作下的生物量降低(表 5-3)。2001～2004 年，AYL_a 相比 AYL_b 较高，这与 A_{ab} 正值一致，说明沙打旺是二者间作群体的支配种，而柳枝稷为被支配种。除了 2002 年的 LER 值为 0.99 外，其他年份的 LER 值均显著大于 1.0，说明二者存在间作优势。沙打旺相比柳枝稷的竞争攻击力系数(A_{ab})随生长年限逐渐下降，到 2005 年成为负值，说明柳枝稷逐渐成为间作体系中的优势种(表 5-3)。

表 5-3　沙打旺和柳枝稷基于年度生物量的竞争攻击力系数和生产力

项目	2001 年	2002 年	2003 年	2004 年	2005 年	平均值
AYL_a	+4.28 a	+1.09 c	+1.27 c	+1.66 b	−0.18 d	1.62±0.10
AYL_b	+0.34 b	−0.57 e	−0.11 d	+0.47 a	+0.17 c	0.06±0.01
AYL	+4.62 a	+0.53 d	+1.17 c	+2.12 b	−0.01 d	1.67±0.10
LER	+2.65 a	+0.99 d	+1.35 c	+1.86 b	+1.05 d	1.58±0.03
A_{ab}	+3.93 a	+1.66 b	+1.38 bc	+1.19 c	−0.35 d	1.56±0.11

注：同行数字后不同小写字母表示差异显著($p<0.05$)。

5.1.7　讨论与结论

植物初级生产力受很多因素影响，其中气象因素，特别是降水量显著影响半干旱地区的年度生物量(Briggs and Knapp，1995)。统计分析年度生物量与土壤储水量及其变化量、月降水量、耗水量，结果表明，沙打旺的年度生物量与 4~6 月的降水量显著相关(Xu et al.，2006a)，这或许能够解释 2002 年单播沙打旺的生物量最高，因为其间的降水量达到 166.6 mm，约占全年总降水量的 30.8%(表 5-1、图 5-1)。柳枝稷的生物量与年度降水量及季节降水量有关，尤其是处于拔节期的 6 月(李代琼等，1999)。单作沙打旺或者柳枝稷的生物量高于间作，与单作下的一致性环境条件有关(表 5-1)(Banik and Bagchi，1993)。与各自单作相比，间作下沙打旺和柳枝稷较低的等量生物量与间作下二者存在竞争有关(表 5-1) (Banik et al.，2006；Thorsted et al.，2006)。

竞争是显著影响间作或者混播条件下植物生物量的重要因子之一(Connolly et al.，2001a)。植物间的竞争包括对土壤水分、可利用的养分以及光辐射的竞争(Jahansooz et al.，2007；Thorsted et al.，2006)。关于间作或者混播下分析竞争和经济优势的指标很多，如土地当量比(LER)、相对拥挤指数(k)、竞争比率(CR)、竞争攻击力系数(A)、等量产量(EY)、实际产量损失(AYL)和间作优势(IA)(Agegnehu et al.，2006；Ghosh，2004；Connolly et al.，2001a，2001b；Banik et al.，1993；Willey，1979)。其中，LER 是分析与单作相比，可以用来分析间作下的环境资源利用效率(Banik et al.，1993)。高 LER 值说明间作相比单作具有较好的生物量，也就是更好的土地利用效率(表 5-3) (Banik et al.，2006)。实际产量损失较其他指标能够更加精确地判断间作体系的种内和种间竞争，以及间作系统中各物种的表现

(Banik et al.，2000)。AYL 值为正或负表示间作下在生物量产出方面存在优势或劣势(Thorsted et al.，2006)。在 2001~2004 年，沙打旺的 AYL 分值(AYL_a)均为正值，说明存在产量的间作优势，这可能由于二者间作存在积极效应(Banik et al.，2000)，沙打旺的实际产量损失分值高于柳枝稷的分值(AYL_b)，也说明沙打旺是间作中的支配种。竞争攻击力系数结果证实了与 LER 和 AYL 值的含义一致(表 5-3)。

　　沙打旺具有较强的竞争利用资源，尤其是利用土壤水分的能力已有报道(Xu et al.，2006a；山仑和陈国良，1993)。然而，本节结果说明，柳枝稷在 2∶1 行比间作下具有替代沙打旺的可能性(表 5-3)。Knee 和 Thomas (2002)认为，柳枝稷具有相比松果菊(Echinacea purpurea)和羽叶草原松果菊(Ratibida pinnata)有较强的竞争能力，这种能力与其较高的光合速率和冠层光利用能力有关。与乡土优势草种白羊草的旱季光合日变化特征比较得出，柳枝稷表现出较高的光合速率、较低的蒸腾速率和较高的水分利用效率(徐炳成等，2003)。除了高水分利用和光能截获能力，植物的竞争力也与其物候和形态学特征有关。Jahansooz 等(2007)研究指出，由于鹰嘴豆(Cicer arietinum L.)较低的生长速率和较小的冠层，南澳大利亚地区鹰嘴豆和小麦的间作系统在生物量和籽粒产量方面没有优势。本节研究期间，沙打旺通常较柳枝稷的返青期晚半个月左右，虽然其在 6 月生产迅速，但此时柳枝稷的高度大约 60cm，盖度大约 75%，这些将显著影响间作下沙打旺的生长速率，影响其冠层发育和对光的利用。

　　由于年度降水量相对较低且多变，该研究区降水量的月变化波动很大，因此土壤储水量对提高和稳定作物产量至关重要(山仑和陈国良，1993)。本试验研究期间，土壤含水量的波动值在不同生长年限的生长季逐渐降低(图 5-2 和图 5-3)，说明测定层的土壤含水量逐渐变得更加稳定，这种现象可能是由于土壤水分主要利用层在竞争加剧情况下逐渐下移 (Brooker，2006)。

　　水分利用效率(WUE)受物种、土壤条件、农业措施和大气条件的共同影响，具有时空变化特征 (Fuentes et al.，2003)。总的来说，水分有限环境条件下，最高的 WUE 通常伴随着最高的生物量，但与物种有关。单作柳枝稷和单作沙打旺均具有较二者间作较高的生物量和 WUE(表 5-1 和表 5-2)，这主要是由于较高的生物量和相近的蒸腾量(ET)。在 2004 年，单作沙打旺和二者间作的生物量无显著差异，但单作沙打旺的 WUE 显著较高，而在 2005 年，间作的生物量显著低于 2004 年，但WUE 显著较高(表 5-1 和表 5-2)，其原因可能是植物实际利用土壤水分层低于测定层，导致 WUE 的计算值偏高(Fuentes et al.，2003)，这也可以从土壤含水量的年份变化趋势看出(图 5-3)。

　　植物对土壤资源的竞争包括对土壤水分和养分的竞争，二者会反映在间作系统的生物量产出方面。在谷类-豆科植物间作系统中，营养生长阶段对土壤氮素的竞争会影响间作作物的最终表现(Li et al.，2001)。其中，谷类比豆科植物的优势通常归因于其较快的生长速率和根系特征(Li et al., 2006; Maingi et al., 2001)。本节中,单作和间作下的差异可以归因于柳枝稷的竞争攻击力系数,以及其他因素,如形态学、生理学及养分需求差异。植株株高较高的柳枝稷与沙打旺间作,以及间作下面积占比较高(至少67%),沙打旺可能被遮阴而影响其生物固氮。因此,需要进一步从形态学和生理学角度揭示二者单作和间作的真正差异,尤其是在不同种植行距比例的条件下。

在黄土丘陵半干旱地区,寻求不同草种可持续和合理的种植模式是研究和推广草种的基本目标之一(山仑和陈国良,1993)。本节结果表明,在2001~2004年,沙打旺是二者混播群体的支配种,但沙打旺对柳枝稷的竞争攻击力系数逐渐降低,到2005年其在混播群体中成为被支配种。虽然柳枝稷与沙打旺混播存在资源利用的互补效应(即LER≥1.0),但混播群体整体地上生物量和水分利用效率较低。因此,如果以地上生物量作为判断依据,柳枝稷与沙打旺2∶1行比的间作种植就没有混播优势。

5.2 柳枝稷与沙打旺间作下根系生物量季节动态及其剖面分布

5.2.1 引言

植物的根系发育是一个重要的农学性状。根系在特定环境条件下的合适造型,对其忍耐、度过和适应干旱半干旱地区阶段性的水肥亏缺环境条件,以及竞争有限的资源有利(Malamy,2005; James,2002)。研究植物的根系分布特征可为分析其如何利用土壤剖面水肥等资源状况,以及与其他相同或者不同植物间的相互作用关系的程度提供依据(Lopez-Zamora et al., 2004; Pregitzer et al., 1993)。然而,由于地下研究条件的局限性,很难明确具体何种资源决定根系的分布模式,其中较合理的方式是假设土壤剖面中根的位置可部分反映植物在竞争环境中的资源获取能力(Lopez-Zamora et al., 2004)。在竞争环境条件中,根系研究可以为了解竞争植物根系的分布幅度、密度和架构等提供可靠依据(Escamilla et al., 1991)。关于竞争对间作下单株植物根系的丰度和分布的效应已有许多研究(Li et al., 2006; Schmid and Kazda,2002; Brisson and Reynolds,1994)。结果表明,根系生物量大小和具体分布等与土壤类型、群落结构、混播类型以及物种类型有关(Malamy,2005; Schmid and Kazda,2002)。环境的异质性及其复杂性水平会影响植物表现,包括植物根系的位置和生长状况,植物个体间的竞争强度等(Hutchings and John,2001)。有些研究表明混播下植物根系生长会受到抑制(Bolte and Villanueva,2006; Schenk and Jackson,2002; Schmid and Kazda,2002),而有些研究表明混播群体具有垂直分层结构，即一种植物主要占据上层土壤空间，而另一种植物种则占据下层土壤(Schroth，1999)。

关于单作和混播下根系分布的研究已在作物、灌木、乔木和草本植物上开展(Xu et al.，2007；Li et al.，2006；Ghosh，2004；Schmid and Kazda，2002；Nobel，1997)。沙打旺作为一种优良的豆科饲草植物，已在我国干旱半干旱地区不同环境条件下广泛种植多年(山仑和陈国良，1993)。柳枝稷可以用作饲草、干草以及水土保持植物(徐炳成等，2005；Sanderson et al.，1999)。作为一种引种禾草，柳枝稷在黄土丘陵区山地和川地均具有良好的生态学和生物学表现。关于沙打旺和柳枝稷的研究主要集中在不同区域单作下的生物量和水分利用特征方面(Xu et al.，2007；徐炳成等，2005；山仑和陈国良，1993)。然而，关于这两种植物混播下根系分布的研究很少。因此，本节主要关注这两种植物单作和间作混播下的根系特征，主要包括：分析生长第 5 年两种植物单作和间作的根系分布模式；摸清二者的季节和年度根系生物量及根冠比的变化。这些将有利于阐明为什么生长第 5 年柳枝稷逐渐成为二者间作下的支配种(Xu et al.，2007)。

5.2.2　材料与方法

研究在陕西安塞农田生态系统国家野外科学观测研究站进行，具体试验处理见 5.1 节。研究开展期间，2005 年的年降水量为 541.1mm，其中生长季(4～10 月)和雨季(7～9 月)的降水量分别占全年降水量的 99.2%和 69.2% (图 5-1)。

1. 根冠生物量

地上生物量采用手持式剪刀齐地刈割，随机选择三丛代表性的植株群丛。对于每种植物来说，测定重复 3 次，且每次测定选择在同一个小区进行。总地上生物量包括地上部分现存生物量和立枯。根系生物量采用根钻法($\varnothing$ = 9cm)取样，每处理重复 3 次。取样日期分别在 9 月 4 日和 11 月 4 日，与地上生物量采样同步。其中根系采样在 4 月 4 日返青前进行一次，9 月和 11 月根系采样在地上生物量取样后。根系采样深度为 150cm，分 6 层，分别为 0～20cm、20～40cm、40～60cm、60～90cm、90～120cm 和 120～150cm。分别在行间、株上和株间三个位置采样(图 5-4)。根系取样后直接带回实验室，在孔径分别为 1.0mm 和 0.5mm 的不锈钢筛上用自来水冲洗去土(Xu et al.，2007)。冲洗干净后，间作下的根系根据颜色和根表面特征，分为柳枝稷和沙打旺的根系，但死根未作进一步分辨和分离。采样小区随机选择，每个小区一个生长季中进行两次地上和地下部采样。所有植物样在 65℃烘箱中烘干 24h 后称重。

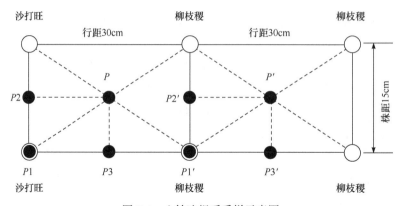

图 5-4 土钻法根系采样示意图

P1 和 *P1'*-株上；*P2* 和 *P2'*-株间；*P3* 和 *P3'*-行间；*P* 和 *P'*分别是对应的根系生物量计算值；每个圆点表示一个穴播植物植株或群丛

2. 根系生物量

根据行距和株距的大小，假设每种植物地下根系占有面是 30cm×15cm 的矩形，单位面积的根系生物量(RB，g/m²)可用式(5-5)计算：

$$RB\frac{0.3\times 0.15\times \sqrt{(a+b)^2+(a+c)^2}}{4\pi R^2}=$$ (5-5)

其中，$a(g)$、$b(g)$和$c(g)$分别是每种植物株上、行间和株间的 RB；R 是土壤根钻的半径，约为 0.045m (图 5-4)。

$P(g)$和 $P'(g)$分别对应表示沙打旺和柳枝稷行间，以及两行柳枝稷的行间的植物根系的生物量，则 P 采用式 (5-6)计算：

$$P=\frac{\sqrt{(P_1+P_2)^2+(P_1+P_3)^2}}{4}$$ (5-6)

P'采用式(5-7)计算：

$$P'=\frac{\sqrt{(P_1'+P_2')^2+(P_1'+P_3')^2}}{4}$$ (5-7)

每种植物 0~150cm 土层的 RB 为各采样土层生物量的总和。间作下柳枝稷或沙打旺的 RB 计算基于各自对应地面面积的占有比例：RB=(P×2+P')/3。间作下总 RB 是柳枝稷和沙打旺的根系生物量的和。根据每种植物的根冠生物量干重，计算其根冠比。

3. 水分利用效率

水分利用效率[WUE，g/(m²·mm)]计算分为两种，分别基于地上生物量

(WUE$_{adm}$)和总生物量(WUE$_{tdm}$)计算，即年终地上生物量，以及 4～11 月的根系生物量增长量之和。

蒸散量是植物生长季的总降水量和土壤储水量的变化量之和。

4. 数据分析

所有测定均重复三次。单作和间作下根冠生物量的季节变化量，以及阶段水分利用效率均采用单因素方差分析比较差异显著性(p=0.05)。

5.2.3 单作下植物根系生物量与剖面分布

三种种植方式下，0～150cm 土层均有根系生长。单作下，柳枝稷和沙打旺的根系 RB 均随土层深度的加深而降低(图 5-5)。其中，单作沙打旺全剖面的 RB 从 4 月的 14.1g/m^2 增加到 9 月的 31.1g/m^2，11 月达到 51.8g/m^2，此时地上生物量也最大(表 5-4)。单作柳枝稷的 RB 也具有相同的变化趋势，从 4 月的 58.0g/m^2 增长到 9 月的 165.0g/m^2，再到 11 月的 248.0g/m^2 (表 5-4)。沙打旺 RB 的增长主要来自 0～20cm 土层，而 20cm 以下土层的占比逐渐减少(图 5-5)。然而，柳枝稷的 RB 各土壤层次均增加，导致全剖面较快增长。从 4 月到 9 月或 11 月，0～150cm 土层中柳枝稷的 RB 累积量分别约是沙打旺的 6.3 倍和 5.0 倍(表 5-5)。

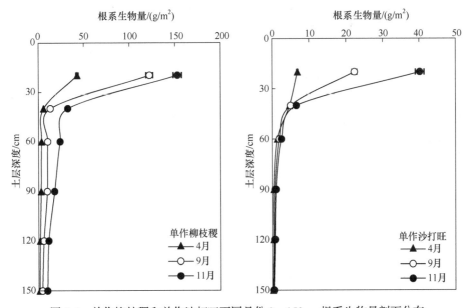

图 5-5 单作柳枝稷和单作沙打旺不同月份 0～150cm 根系生物量剖面分布

表 5-4　不同种植方式下根冠生物量的季节变化　　　(单位：g/m²)

项目	单作沙打旺			单作柳枝稷			间作沙打旺		
	4 月	9 月	11 月	4 月	9 月	11 月	4 月	9 月	11 月
地上部	—	1185.9±26.6	1248.3±26.8	—	1387.6±19.1	1460.3±20.1	—	324.6±12.7	341.7±13.3
地下部	14.1±1.1	31.1±2.1	51.8±3.6	58.0±5.3	165.0±9.1	248.0±7.8	7.7±0.9	82.0±1.7	49.4±2.2
全部生物量	14.1±1.1	1217.0±96.8	1300.1±36.8	58.0±5.3	1552.6±13.9	1708.6±20.8	7.7±0.9	406.6±11.6	391.1±11.4

项目	间作柳枝稷			柳枝稷与沙打旺间作(行比 2∶1)		
	4 月	9 月	11 月	4 月	9 月	11 月
地上部	—	1083.2±26.9	1140.2±28.4	—	839.0±71.5	874.0±74.5
地下部	26.4±1.5	83.2±2.0	106.3±2.9	34.1±1.1	165.1±7.9	155.7±6.8
全部生物量	26.4±1.5	1166.4±25.8	1246.5±25.6	34.1±1.1	1004.2±74.5	1029.7±68.8

表 5-5　不同种植方式下不同月份根冠生物量的累积量　　　(单位：g/m²)

项目	单作沙打旺		单作柳枝稷		间作沙打旺	
	9 月	11 月	9 月	11 月	9 月	11 月
地上部	1185.9±26.6	1248.3±26.8	1387.6±19.1	1460.3±20.1	324.6±12.7	341.7±13.3
地下部	17.0±0.7	37.7±1.5	107.0±11.6	190.0±12.5	74.3±1.4	41.7±2.8
全部生物量	1203.0±26.7	1286.0±28.1	1494.6±18.6	1650.6±25.2	398.9±11.4	383.4±11.3
根冠比	0.014±0.001	0.030±0.001	0.077±0.009	0.130±0.009	0.229±0.013	0.123±0.013

项目	间作柳枝稷		柳枝稷与沙打旺间作(行比 2∶1)	
	9 月	11 月	9 月	11 月
地上部	1083.2±26.9	1140.2±28.4	839.0±71.5	874.0±74.5
地下部	56.8±1.4	79.9±3.7	131.0±9.0	121.6±6.1
全部生物量	1140.0±25.5	1220.0±25.4	970.1±74.8	995.6±68.9
根冠比	0.053±0.003	0.070±0.005	0.157±0.014	0.140±0.019

5.2.4　间作下柳枝稷根系生物量与剖面分布

间作下柳枝稷的 RB 分别从柳枝稷侧和沙打旺侧取样测定(图 5-6)。在柳枝稷侧，其 RB 从 4 月的 59.15g/m^2 显著增大到 9 月的 175.78g/m^2，以及 11 月的
230.07g/m^2 [图 5-6(a)] ($p<0.05$)。柳枝稷 RB 从 4 月开始一直增大的原因是其 0～
20cm 土层的根系维持快速生长，而 20～150cm 土层的 RB 无显著变化[图 5-6(a)]。
在沙打旺侧，虽然柳枝稷的 RB 从 4 月到 11 月显著增大，但变化趋势与柳枝稷侧
不同[图 5-6(b)、图 5-7(b)]。柳枝稷的 RB 在 4 月和 11 月的 RB 在 0～150cm 土壤
剖面中的分布相似，但在 9 月，最高 RB 的主要分布层为 60～90cm。从不同土层
的月份变化来看，0～40cm 土层的 RB 从 4 月到 9 月持续增加，而 40～150cm 土
层的 RB 在 4～9 月增加，但 9～11 月是下降的($p>0.05$) [图 5-6(b)]。

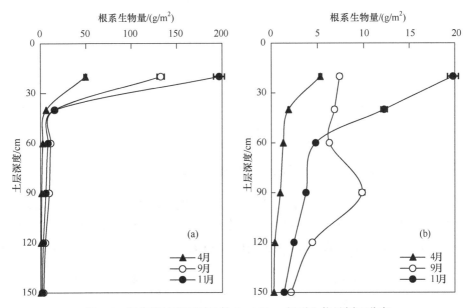

图 5-6　间作柳枝稷不同月份 0～150cm 根系生物量剖面分布
(a) 采样点为 P1'、P2'和 P3'的根系生物量；(b) 采样点为 P1、P2 和 P3 的根系生物量

5.2.5　间作下沙打旺根系生物量与剖面分布

间作下沙打旺 RB 的测定与柳枝稷相同，分别在沙打旺侧和柳枝稷侧测定
(图 5-7)。在沙打旺侧，其 RB 表现为在浅层 RB 较高，并随深度增加而降低(图 5-8)。
沙打旺的 RB 从 4 月的 11.55g/m^2 显著增大到 9 月的 115.00g/m^2，11 月为 66.53g/m^2
($p<0.05$)。9～11 月沙打旺 RB 的下降几乎是 0～150cm 上层全剖面，除了 40～60cm
土层占比增大约 1.75%外，但也不显著($p>0.05$) [图 5-7(a)]。在柳枝稷侧，4 月没有
测得沙打旺的 RB(图 5-8)；9 月 0～150cm 土层的 RB(15.42g/m^2)与 11 月几乎相同
(15.20g/m^2) ($p>0.05$)。4～9 月，除了 20～40cm 和 145～150cm 土层外，其他各土层中
沙打旺的 RB 均显著下降($p<0.05$)；9～11 月，仅 20～40cm 土层沙打旺的 RB 显著增
大，大约占 0～150cm 土层柳枝稷侧沙打旺总 RB 的 70% [图 5-7(b)]。

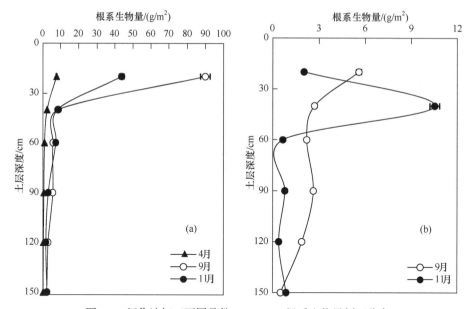

图 5-7　间作沙打旺不同月份 0～150cm 根系生物量剖面分布

(a) 采样点为 P1、P2 和 P3 的根系生物量；(b) 采样点为 P1′、P2′和 P3′的根系生物量

5.2.6　间作下柳枝稷与沙打旺总根系生物量与剖面分布

间作下柳枝稷与沙打旺各自的 RB 以及二者间作群体的 RB 按照公式(5-5)计算(图 5-8)。0～150cm 土层中，柳枝稷的总 RB 从 4 月的 26.4g/m² 显著增大到 9 月的 83.2g/m²，再到 11 月的 106.3g/m²。柳枝稷 RB 的主要变化层为 0～40cm，约从

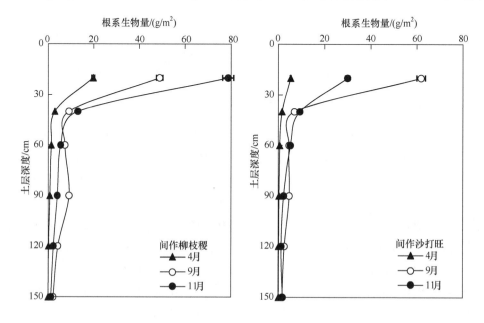

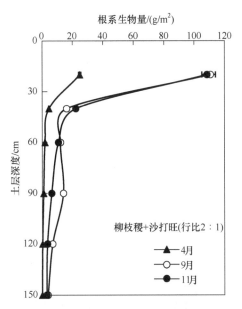

图 5-8　柳枝稷与沙打旺间作下不同月份 0～150cm 土层根系生物量的剖面分布

4 月的 23.20g/m² 显著增加到 9 月的 58.65g/m²,以及 11 月的 92.08g/m²。40～150cm 土层的 RB 从 4 月的 3.17g/m² 显著增大到 9 月的 24.53g/m²，又显著降低到 11 月的 14.19g/m²(图 5-8)。

间作沙打旺的 RB 从 4 月的 7.7g/m² 显著增大到 9 月的 82.0g/m²，后显著降低到 11 月的 49.4g/m²。这种减少主要源于 0～20cm 土层的显著下降(约 32g/m²)，虽然 20～40cm 和 40～60cm 土层间作沙打旺的 9～11 月有所增大。柳枝稷与沙打旺间作群体的 RB,具有与间作沙打旺相似的季节变化趋势,表现为从 4 月的 34.1g/m² 显著增大到 9 月的 165.1g/m²,再降低到 11 月的 155.7g/m²,但不显著(图 5-8)。

5.2.7　根冠生物量

在 4 月，单作和间作下 0～150cm 土层的 RB 存在显著差异，表现为单作柳枝稷的 RB 显著最高，而间作沙打旺最低(表 5-4)。从 4 月到 9 月，RB 均显著增大，其中单作柳枝稷或者单作沙打旺的 RB 约增加两倍($p<0.05$)，间作下的沙打旺和柳枝稷分别增大约 10 倍和 2 倍($p<0.05$)，间作群体的 RB 约增加 3.84 倍($p<0.05$)。单作沙打旺、单作柳枝稷及间作沙打旺的 RB 在 9～11 月均显著增加，而间作群体和对应沙打旺的 RB 下降，其中群体 RB 下降显著。地上生物量 9～11 月呈增加趋势，但不显著($p>0.05$)(表 5-4)。

除了单作沙打旺、单作柳枝稷和间作沙打旺，根系生物量均较地上生物量增加迅速(表 5-5)。在 9 月，单作柳枝稷和单作沙打旺的 RB 约占总生物量的 7.16% 和 1.41%，而在间作条件下该比例分别为 4.98% 和 18.63%(表 5-5)。在 11 月，剔除

4 月的根系生物量后，单作柳枝稷和沙打旺的 RB 分别约占总生物量的 11.51%和 2.93%，而在间作下该比例分别为 6.55%和 10.88%。

间作下沙打旺的根冠比显著高于单作，而柳枝稷相反。柳枝稷与沙打旺行比 2∶1 间作下的总根冠比显著高于各自的单作，且根冠比在 11 月份显著最大。间作下沙打旺的根冠比在 11 月最大，但在单作下最高值出现在 9 月(表 5-5)。

5.2.8　水分利用效率

单作沙打旺和单作柳枝稷的 WUE_{adw} 均高于二者间作，但前两者间无显著差异(图 5-9)。三种种植方式下，草地的 WUE_{tdw} 均显著高于各自的 WUE_{adw}(图 5-9)。三种草地的 WUE_{tdw} 存在显著差异，其高低顺序为单作柳枝稷>单作沙打旺>柳枝稷与沙打旺间作(行比 2∶1)($p<0.05$)。

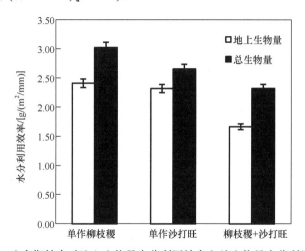

图 5-9　生育期结束时地上生物量水分利用效率和总生物量水分利用效率

5.2.9　讨论与结论

柳枝稷与沙打旺间作下的根系剖面分布与各自单作不同(图 5-5~图 5-8)。相比单作柳枝稷，单作沙打旺的根系主要集中于浅层土壤，超过 90%的沙打旺根系分布在 0~60cm 土层，而柳枝稷约为 83%~87%(图 5-5)。相比单作，间作下柳枝稷的根系在 9 月分布更深，11 月则更浅；沙打旺表现为 4 月和 9 月分布更深，11 月更浅(图 5-7~图 5-9)。结果显示，沙打旺的 RB 和根冠比在间作下均显著增大，柳枝稷的显著减小(表 5-5)。总体结果显示，间作下柳枝稷根系占据更大的土壤空间，且在与沙打旺间作后扩展更广，这可能是与沙打旺间作后，柳枝稷表现出较强的竞争力和生长力的重要原因(图 5-8)(Xu et al., 2007；Schmid and Kazda，2001)。

根系生长很大程度上受控于地上部光合碳水化合物的供应(Brouwer，1983)，并最终受制于土壤环境，如土壤含水量、土壤养分含量和土壤温度等(Weih and

Karlsson，2001)。水分和氮素是限制暖季型草本植物生产力的主要因素，因此有效利用这些资源对柳枝稷的生产至关重要(Vogel et al.，2002；Muir et al.，2001；Epstein et al.，1996)。本节结果表明，柳枝稷在间作下向地下部根系的横向和纵向分配生物量均增加(图 5-6)，这种扩展的根系将有利于提高其从沙打旺的土壤剖面下层吸收有限的水肥资源，因而能够忍耐阶段性的表层土壤水分有效性的不足，尤其是在根系的快速生长期(Neukirchen et al.，1999)，这些表现与间作下柳枝稷具有较高的等量地上生物量及其稳定性相一致。

作为多年生草本植物，沙打旺和柳枝稷的根系均较为发达，且半干旱地区沙打旺的根系可以深达 8m 土层(徐炳成等，2005；山仑和陈国良，1993)。虽然对植物来说，根系生长及其维持均需消耗能量(Bloom et al.，1985；Passioura，1983)，间作下柳枝稷减少 RB 的分配，而沙打旺加大了 RB 分配且向表层土壤分配比增加(表 5-5)，这些对柳枝稷形成较大的冠层以获取光照资源有利(Knee and Thomas，2002)。

根系生物量大小不能直接反映植物汲取土壤水分的能力。一种植物能否从深层土壤吸取土壤水分对植物生长和适应干旱环境或者度过干旱期有利，取决于是否具有较大的根系生物量或根系密度(Grieu et al.，2001)。植物的竞争策略可分为竞争忍耐型和竞争避免型(Wilson and Tilman，1993)。植物竞争忍耐型是指在其他物种存在时，仍能继续获取可利用的土壤水分资源(Gersani et al.，2001)。竞争避免型是指植物能够生长到竞争对手未生长或者未达到的土层或地块，或较竞争者对变化的土壤环境条件反应更快(Brisson and Reynolds，1994；Mahall and Callaway，1991)。本节结果得出，柳枝稷具有忍耐和避免的复合竞争特性，沙打旺仅具有竞争忍耐型特性。这些与地上部的竞争力相结合，使得柳枝稷在波动土壤水分环境条件下具有较高的水分利用效率，并最终替代了沙打旺(Lopez-Zamora et al.，2004)。

研究表明，植物死亡根系出现峰值的时期，往往是活根量下降的开始(Hansson and Andren，1986)。本节中，间作下沙打旺的根系生物量 9～11 月表现为下降，这可能是由于根系生长速率下降，或者是根冠竞争降低了沙打旺地上部的光合产物向地下部的分配(Knee and Thomas，2002)。

综上所述，间作显著影响了柳枝稷和沙打旺根系的生长和剖面分布。柳枝稷具有较灵活的根系分配策略，以占据不同的土层空间。沙打旺采用了一种较保守的策略，其在间作与单作下的根系基本分布在相同的土层深度，但间作下根系密度更大。柳枝稷具有较大的根系生物量分配比，以及土壤横向和纵向空间的占据范围，这可能是其最终成为间作群体支配种的重要原因之一(Xu et al.，2008)。

5.3　柳枝稷与红豆草 2∶1 行比间作下的根冠生长和水分利用

5.3.1　引言

　　干旱和土壤退化是黄土高原半干旱地区影响植物生长的两个主要因子(山仑和陈国良，1993)。选择和采用具有较高水分利用效率和环境友好的可持续栽培体系，是该地区发展农业过程中的主要措施和努力方向(山仑和陈国良，1993)。其中，包括寻求合适的不同类型植物的混播或者间作，以提高资源利用效率和土壤质量(Zhang and Li，2003)；通过间作或轮作来调节土壤养分含量，因为合理的耕作较施肥更利于提高土壤质量(Huang et al.，2007；Jagadamma et al.，2007)。

　　柳枝稷可作为饲草、干草及水土保持植物(McLaughlin and Kszos，2005)，其在黄土丘陵区表现出良好的生态和生物学适应性。作为一种优良的豆科饲草植物，红豆草(*Onobrychis viciaefolia* L.)已在黄土高原的干旱半干旱地区种植多年(Xu et al.，2007)。关于柳枝稷和红豆草在单作下的生物量和水分利用特征已有大量研究(Xu et al.，2006b；山仑和陈国良，1993)。然而，关于二者间作条件下生物量和根系生长的研究很少开展。

　　相比单作，两种或者多种作物，尤其是禾本科和豆科的间作往往具有较高的产量(Lithourgidis et al.，2006；Li et al.，2001；Anil et al.，1998)，其主要原因是间作较单作能更高效地利用光、水和养分资源(Li et al.，2001；Wilson and Tilman，1993)。也有研究表明，间作会降低作物产量(Zhang and Li，2003；Park et al.，2002)，其原因是间作降低了单种作物的密度，以及间作植物间的地上和地上部会产生竞争(Wang et al.，2007；Thorsted et al.，2006)。本节主要比较了 2001～2005 年的柳枝稷与红豆草单作和间作下的地上生物量，生长第 5 年(2005 年)草地的根系季节生物量及其分布，以及表层土壤中土壤有机质含量和土壤全氮含量，以系统分析不同生长年份柳枝稷与红豆草的种间竞争关系，揭示生长第 5 年二者根系的季节分布特征；综合土壤水分利用效率、根冠生物量和土壤养分含量等，评价柳枝稷与红豆草间作的可行性与合理性。

5.3.2　材料与方法

　　本试验在陕西安塞农田生态系统国家野外科学观测研究站川地试验场开展，具体试验布设和种植及管理方式类似于柳枝稷与沙打旺的间作种植方式(图 5-10)。

　　1. 地上生物量

　　2001～2005 年的生长季结束时，用手持式剪刀齐地刈割收获，样方尺寸为 50cm×50cm。每个间作小区分种取样，重复 3 次。每个小区中的采样样方随机选

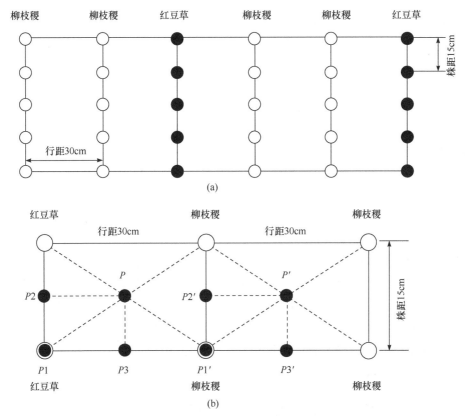

图 5-10　柳枝稷与红豆草的间作及根系土钻采样示意图

(a) 间作示意图；(b) 根系土钻采样示意图

取。为了消除边际效应，采样时的取样行至少离小区边界 3 行。每个单作和间作小区的地上生物量包含立枯和枯落物。所有植物样在 65℃下烘干 24 h。

2. 土壤水分和竞争指数

柳枝稷与红豆草间作下的土壤含水量、土壤储水量、实际产量损失、土地当量比和竞争攻击力系数可参考式(5-1)~式(5-4)计算(5.1.2 小节)。

3. 土壤养分含量

土壤表层土壤有机质(SOM)含量和土壤全氮(TN)含量共测定分析 3 次，分别为 2001 年 4 月(播种前)、2004 年的 11 月(生长第 4 年的生育期末)和 2006 年的 4 月(生长第 6 年的返青期前)。土壤采样采用土钻法(Ø=4cm)，取样点均位于柳枝稷或柳枝稷与红豆草两行的行间。每次取样时，每种种植方式各采集 9 个样点混合。间作条件下，6 个样点位于柳枝稷的行间，3 个样点位于柳枝稷与红豆草的行间。土壤采样深度为 0~20cm。土壤全氮(TN)含量采用凯氏定氮法测定，土壤有机质

(SOM)含量采用重铬酸钾法测定。

4. 根系采样

根系取样仅在草地生长的第 5 年(即 2005 年)开展。采用根钻法(∅=9cm)，每个种植方式各取样 3 次。9 月 4 日和 11 月 4 日的取样与地上生物量同时进行，返青前的 4 月 4 日单独进行根系采样 1 次。具体采样和计算方法同 5.2.2 节。土壤取样深度为 150cm，分 6 层，即 0~20cm、20~40cm、40~60cm、60~90cm、90~120cm 和 120~150cm。每种种植方式下，分别在行间、株间和株上取样，重复 3 次。根钻土壤带回实验室后，于 1.0 mm 和 0.5 mm 孔径的筛子上冲洗分离。根据颜色和表层特征，将间作下红豆草和柳枝稷的根系在水中分开，未进一步区分各自的死根。

根据单作或者间作两物种的种植布局(图 5-10)，假设每种植物的根系覆盖面为 30cm×15cm(长×宽)的长方形，则单位土地面积根系生物量(RB，g/m^2)、柳枝稷与红豆草间作下行间的根系生物量及柳枝稷行间的根系生物量可用式(5-5)~式(5-7)计算。间作的总根系生物量为柳枝稷和红豆草根系生物量的和。

所有数据结果采用 ANOVA 分析，用配对 T 检验比较相互间的差异显著性(p=0.05)。

5.3.3　土壤含水量

2001 年建植后，到 2003 年与 2004 年冬闲季，三个种植方式下土壤含水量的变化趋势相似，其中单作柳枝稷的含水量显著最高，尤其是在 2002 年的生育末期。2004 年的生育期开始，柳枝稷与红豆草间作草地的土壤含水量显著最高，而单作柳枝稷与单作红豆草无显著差异(图 5-11)。

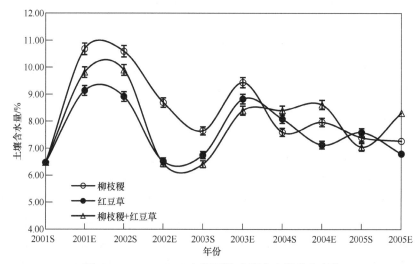

图 5-11　2001~2005 年间平均土壤含水量季节变化

S 和 E 分别表示生长季开始和结束；2001~2002 年是 0~300cm 土层均值；2003~2005 年为 0~500cm 土层均值

5.3.4 地上生物量

2001 年，间作红豆草的等量生物量显著高于单作红豆草，但 2002～2005 年与之均相反(表 5-6)。2001 年，间作红豆草对总生物量的贡献最大，而 2002 年开始迅速下降。除了 2003 年和 2004 年，间作柳枝稷的等量生物量均显著低于单作柳枝稷。间作柳枝稷的生物量对间作群体总生物量的贡献逐渐增大，到 2005 年，红豆草仅占间作群体地上总生物量的 3.21%。

表 5-6　单作和间作下柳枝稷与红豆草的年度生物量

项目	2001 年	2002 年	2003 年	2004 年	2005 年	均值±标准误
单作柳枝稷生物量/(g/m²)	305.7 d (c)	1655.4 a (a)	1252.4 c (a)	1342.5 c (a)	1460.3 b (a)	1203.3±18.6 (a)
间作柳枝稷生物量/(g/m²)	233.3 c (d)	913.1 b (b)	1113.6 a (a)	1239.4 a (a)	910 b (b)	881.9±11.8 (c)
单作红豆草生物量/(g/m²)	332.8 d (b)	1368.4 a (b)	874.9 b (b)	923.6 b (c)	745.1 c (c)	848.9±7.2 (b)
间作红豆草生物量†/(g/m²)	504.4 c (a)	719.6 a (e)	535.3 b (c)	396.7 d (d)	60.3 e (e)	443.2±2.9 (e)
柳枝稷+红豆草(行比 2∶1)生物量‡/(g/m²)	323.7 d (b)	848.6 c (d)	920.8 b (b)	958.5 a (c)	626.8 b (d)	735.7±7.4 (d)
间作下柳枝稷生物量占比/%	48.05	71.73	80.62	86.20	96.79	76.68
间作下红豆草生物量占比/%	51.95	28.27	19.38	13.80	3.21	23.32

注：同行数字后不同小写字母表示不同年份间差异显著($p<0.05$)，同列数字后括号内不同小写字母表示不同播种方式间差异显著 ($p<0.05$)。† 表示间作下的等量生物量；‡ 间作生物量=间作下柳枝稷等量生物量×(2/3)+ 间作下红豆草等量生物量×(1/3)。

5.3.5 水分利用效率

不同种植方式下，水分利用效率(WUE)均以 2001 年最低(表 5-7)。2001～2002 年，柳枝稷与红豆草间作草地的 WUE 与单作红豆草相似，但 2003～2005 年间作草地的 WUE 显著较高。2001～2005 年，三种草地 WUE 的均值顺序为单作柳枝稷>柳枝稷+红豆草(行比 2∶1)>单作红豆草，且相互间均存在显著差异($p<0.05$) (表 5-7)。

表 5-7　柳枝稷与红豆草单作和间作下的年度水分利用效率　[单位：g/(m²·mm)]

播种方式	2001 年	2002 年	2003 年	2004 年	2005 年	均值±标准误
单作柳枝稷	1.12 c (a)	2.76 ab (a)	2.89 a (a)	2.60 b (a)	2.67 b (a)	2.41±0.07 (a)
单作红豆草	0.97 c (b)	2.26 a (b)	1.87 b (c)	1.70 c (c)	1.27 d (c)	1.61±0.01 (c)
柳枝稷+红豆草(行比 2∶1)	1.01 d (b)	2.28 a (b)	2.19 b (b)	2.09 b (b)	1.38 c (b)	1.79±0.01 (b)

注：同行数字后不同小写字母表示不同年份间差异显著($p<0.05$)，同列数字后括号内不同小写字母表示不同播种方式间差异显著($p<0.05$)。

5.3.6 竞争指数

2001~2004 年，红豆草的实际产量损失(AYL_a)值为正，说明其间作下生物量是增加的，而柳枝稷的实际产量损失(AYL_b)值在 2002 年和 2005 年为负，说明间作导致其生物量损失(表 5-8)。在 2001~2004 年，相比 AYL_b，较高的 AYL_a 值与 A_{ab} 值为正值相一致，说明在 2005 年以前，红豆草为二者间作群体中的支配种，但红豆草相对柳枝稷的竞争攻击力系数(A_{ab})随着生长年限的延长逐渐降低。2001~2004 年间作 LER 值均大于 1.0，说明柳枝稷与红豆草间作存在优势。

表 5-8 基于生物量的红豆草(a)与柳枝稷(b)的竞争指数

竞争指数	2001 年	2002 年	2003 年	2004 年	2005 年	均值±标准误
AYL_a	+3.5516	+0.5971	+0.8360	+0.2884	−0.7574	+0.9000±0.0428
AYL_b	+0.1453	−0.1717	+0.3334	+0.3855	−0.0652	+0.1255±0.0250
AYL	+3.6969	+0.4074	+1.1693	+0.6739	−0.8226	+1.0250±0.0676
LER	+2.2808	+1.0786	+1.5009	+1.3531	+0.7041	+1.3835±0.0308
A_{ab}	+3.4063	+0.7508	+0.5026	−0.0971	−0.6921	+0.7741±0.0186

5.3.7 根系生物量及其剖面分布

1. 单作条件

结果显示，两种植物根系在 0~150cm 土层中均有分布，且根系生物量(RB)随土层深度增加而降低(图 5-12)。两种植物不论是单作或间作，0~150cm 土层剖面中的根系生物量表现为从 4 月到 11 月逐渐增加到最大值(表 5-9)。单作下红豆草 RB 的季节增加量主要是来源于 0~20cm 土层，而单作柳枝稷根系生物量的快速增加来自各土层的增大(图 5-12)。在 4~9 月和 9~11 月的两个测定间隔期，单作红豆草 0~150cm 土层的 RB 增加量相近，分别为 27.9g/m² 和 28.0g/m²。柳枝稷在后期的根系生物量增加较多两个间隔期的变化量分别为 3.2g/m² 和 43.1g/m²(表 5-9)。与单作柳枝稷不同，单作红豆草的根系生长主要集中于 0~60cm 土层，而 9 月后根系生物量的减少层下移到 60cm 土层以下。

表 5-9 不同采样时间地上生物量和根系生物量 (单位：g/m²)

项目	单作红豆草			单作柳枝稷			间作红豆草		
	4 月	9 月	11 月	4 月	9 月	11 月	4 月	9 月	11 月
地上生物量	—	815.9±21.3	745.1±22.4	—	1387.6±19.1	1460.3±20.1	—	124.6±10.5	60.3±8.3
根系生物量	67.4±1.1	95.3±2.1	123.3±3.6	58.0±5.3	165.0±9.1	248.0±7.8	29.6±0.9	61.2±1.7	104.3±2.2
总生物量	67.4±1.1	911.2±16.8	868.4±26.7	58.0±5.3	1552.6±13.9	1708.6±20.8	29.6±0.9	185.8±11.9	164.6±10.6

续表

项目	间作柳枝稷			柳枝稷+红豆草(行比 2∶1)		
	4 月	9 月	11 月	4 月	9 月	11 月
地上生物量	—	1083.2±20.3	910.2±18.3	—	723.0±21.3	626.8±18.7
根系生物量	34.3±1.5	71.8±2.0	122.6±2.9	63.9±1.1	133.0±7.9	226.8±6.8
总生物量	34.3±1.5	1155.0±19.6	1032.8±17.8	63.9±1.1	856±14.8	853.6±18.5

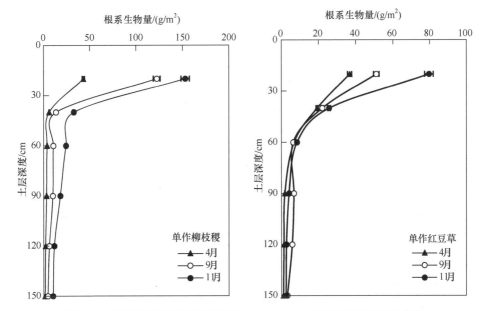

图 5-12　单作柳枝稷和单作红豆草 0～150cm 土层根系生物量剖面分布

2. 间作柳枝稷

间作下柳枝稷的根系生物量(RB)分别从柳枝稷侧和红豆草侧测定。结果显示，所有土层柳枝稷的 RB 从 4 月到 11 月均持续增加(图 5-13)。在柳枝稷侧，其 0～150cm 土层的 RB 从 4 月到 9 月增加，但从 9 月到 11 月是降低。在红豆草侧，虽然从 4 月到 11 月，0～150cm 土层柳枝稷的 RB 是逐渐增加的，但变化趋势与柳枝稷侧显著不同，柳枝稷根系分布在 9 月和 11 月相似，但 4 月的根系从上层向下呈垂直分布。

3. 间作红豆草

间作下红豆草的 RB 测定方式与柳枝稷类似，也分别在柳枝稷侧和红豆草侧测定。在红豆草侧，其根系也是表现为表层较高，并随深度增加而降低。在柳枝稷侧，红豆草的 RB 从 4 月逐步增大到 11 月，尤其是在深层土壤中(图 5-14)。

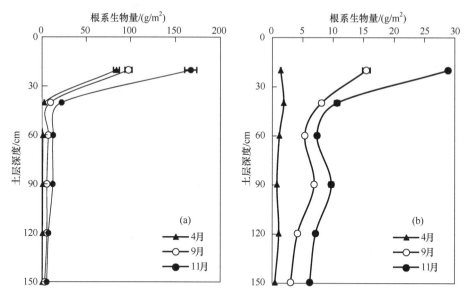

图 5-13 柳枝稷与红豆草间作下 0～150cm 土层柳枝稷的根系生物量剖面分布
(a) 柳枝稷 P1′、P2′和 P3′的根系生物量；(b) 柳枝稷 P1、P2 和 P3 的根系生物量；具体见图 5-10

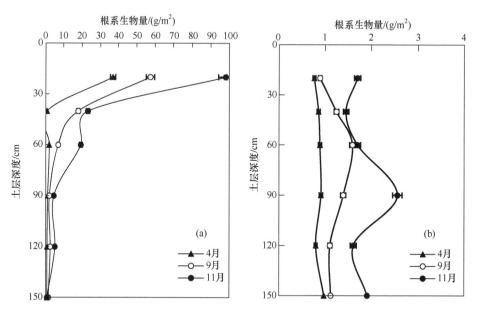

图 5-14 柳枝稷与红豆草间作下 0～150cm 土层红豆草的根系生物量剖面分布
(a) 红豆草 P1、P2 和 P3 的根系生物量；(b) 红豆草 P1′、P2′和 P3′的根系生物量；具体见图 5-10

4. 柳枝稷与红豆草间作

间作条件下柳枝稷和红豆草的 RB 及间作群体的 RB，分别采用公式(5-5)计算，间作条件下柳枝稷和红豆草 RB 的具体剖面分布如图 5-15 所示。结果显示，间作柳枝稷 0～150cm 土层的总 RB 从 4 月的 34.3g/m² 增加到 9 月的 71.8g/m²，再到 11 月的 122.6g/m²，主要增加层为 0～40cm。红豆草的 RB 从 4 月到 9 月再到 11 月也是逐渐增加的，分别为 29.6g/m²、61.2g/m² 和 104.3g/m²。总体来看，间作柳枝稷与间作红豆草的 RB 时间和剖面变化趋势，与单作柳枝稷相似。

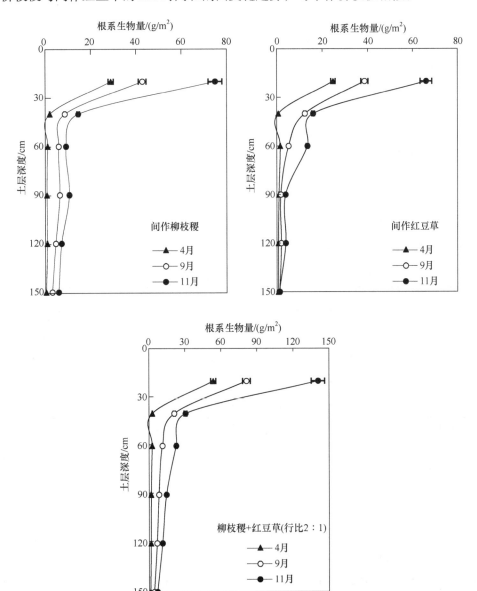

图 5-15　柳枝稷与红豆草间作下 0～150cm 土层根系生物量的剖面分布

5.3.8 地上生物量和根系生物量季节动态

4 月，0～150cm 土层中单作柳枝稷和单作红豆草与二者间作的根系生物量 (RB)无显著差异，但对于每种植物来说，间作下的 RB 显著低于各自单作(表 5-9)。从 4 月到 9 月再到 11 月，不论是单作或间作，柳枝稷和红豆草的 RB 均显著增加。地上生物量自 9 月到 11 月也逐渐增大，但除了间作红豆草，其他差异均不显著。自 9 月到 11 月，单作或间作根系生物量的增速高于地上生物量。间作下红豆草的根冠比显著高于单作，而柳枝稷单作下的根冠比显著较高。柳枝稷与红豆草间作的总根冠比显著高于各自单作的根冠比。

5.3.9 土壤有机质含量和土壤全氮含量

0～20cm 土层中，土壤有机质(SOM)含量和土壤全氮(TN)含量在生长 4 年后均显著增加(表 5-10)。柳枝稷与红豆草间作的 SOM 含量增加量高于各自单作，且在三种草地中显著最高。TN 含量也显著增加，在第 4 生长季结束时，单作红豆草和间作草地的 TN 含量高于单作柳枝稷，但单作红豆草和间作间无显著差异(表 5-10)。在 2006 年生长季开始时，柳枝稷与红豆草间作草地的 TN 含量显著最高，而单作柳枝稷与单作红豆草 0～20cm 土层土壤 TN 含量无显著差异。

表 5-10　0～20cm 土层土壤有机质(SOM)含量和全氮(TN)含量

项目	SOM 含量/%			TN 含量/%		
	2001 年 4 月 20 日	2004 年 11 月 4 日	2006 年 4 月 5 日	2001 年 4 月 20 日	2004 年 11 月 4 日	2006 年 4 月 5 日
单作柳枝稷	0.56a (b)	0.81c (a)	0.81c (a)	0.042a (b)	0.050b (a)	0.052b (a)
单作红豆草	0.56a (b)	0.88b (a)	0.86b (a)	0.042a (c)	0.055a (a)	0.052b(b)
柳枝稷+红豆草(2∶1)	0.56a (b)	0.93a (a)	0.92a (a)	0.042a (b)	0.057a (a)	0.058a (a)

注：同列数字后不同小写字母表示不同播种方式间差异显著 ($p<0.05$)，同行数字后括号内不同小写字母表示不同日期间差异显著($p<0.05$)。

5.3.10　讨论与结论

1. 地上生物量

虽然两种植物在间作下的生物量低于各自单作，二者间作下的土地利用效率提升，表现在 2001～2004 年较高的平均 LER 值(表 5-8)。4 年 LER 的平均值为 1.55，这表明单作柳枝稷或者红豆草需要增加 55%的土地面积，来产出与间作群体相当的生物量，也就是间作下具有较高的土地利用效率(Agegnehu et al.，2006)。单作下柳枝稷或者红豆草较间作下具有较高的生物量，主要是单作下生境受到竞争干扰和环境较为一致有关(表 5-6)(Wang et al.，2007；Banik et al.，2006)。间作下较低的当量生物量与两物种间的竞争有关(表 5-6) (Thorsted et al.，2006)。气象条件，尤其是降水量的季节性波动显著影响半干旱地区的生物量大小(Xu et al.，2006a；O'Connor et al.，2001)。间作下柳枝稷与沙打旺的等量生物量的变化相反说明，若以追求高生物量为首要目标，这两草种不适合进行 2∶1 的行比间作(Connolly et al.，2001a，2001b)。

2. 根系生物量及其分布

两草种在间作下根系分布与各自单作下分布不同(Xu et al.，2007)。间作柳枝稷占据了较大的土壤空间，且向红豆草下扩展了较大一部分根系，这可能是柳枝稷在生长和竞争能力方面强于红豆草的主要原因(Schmid and Kazda，2001)。柳枝稷具有较强的分蘖能力，而这种扩展的根系使得其能够从红豆草根部获得水分和养分，以抵御阶段性浅层土壤水分亏缺或需求不足(Neukirchen et al.，1999)。Grieu等(2001)研究指出，从深层获取土壤水分对植物生长来说较为有利，因为这样可以发育更大的根系和根系密度。在间作条件下，柳枝稷和红豆草均向深层根系分配了较多的生物量，且间作下的总根系生物量较小(表 5-9)。间作条件下向深层土壤的扎根能力是植物通过占据空间，以避免地下水肥资源被间作作物消耗或者对正在枯竭水肥资源利用的补偿行为(Banik et al.，2006)。

3. 种间关系

2001～2004 年，间作下高 LER 值说明相比单作存在产量优势，这种优势主要源于较好地利用土地资源(表 5-8)。豆科与非豆科间作系统存在间作或者混播互补优势已经被广泛报道，如小麦和豆类作物(Banik et al.，2006)、豌豆和大麦(Chen et al.，2004)、蚕豆和小麦(Bulson et al.，1997)、玉米和大豆(Li et al.，1999)，以及豆科和禾本科草间作(Sengul，2003)。

随着生长年限的延长，间作群体的总 LER 值逐渐降低，说明红豆草的占比在下降，以及两草种的竞争在加剧(表 5-6)。2001～2003 年间实际产量损失(AYL)和竞争攻击力系数(A)说明红豆草是间作群体的支配种，而 2004～2005 年成为了被支配种(表 5-8)。与其他豆科或者禾本科植物相比，柳枝稷对资源较强的竞争能力已有报道(Xu et al.，2008；Knee and Thomas，2002)。植物的竞争能力可以划分为竞争忍耐型和避免型(Wilson and Tilman，1993)。植物耐受竞争主要通过有效获取的土壤水肥资源(Gersani et al.，2001)，而避免型主要是通过能够生长或者到达竞争者未能触及的地方，或在竞争者感知或者反应前已占据该土壤空间(Brisson and Reynolds，1994)。本节结果显示，间作下柳枝稷在垂直和水平方向均分配较多的根系生物量(表 5-9、图 5-13)，说明柳枝稷具有较强的忍耐和避免种间竞争的能力，而红豆草仅仅具有竞争忍耐能力，以及在变动土壤水环境下较高的水分利用效率，使得柳枝稷将逐步竞争替代间作群体中的红豆草(Lopez-Zamora et al., 2004)。

4. 土壤有机质和土壤全氮含量

黄土高原半干旱地区土壤有机质和全氮的含量低，维持和提高土壤质量对保持该类地区的农业生产力和环境质量，尤其是持续耕作系统至关重要(Reeves, 1997)。在农业生产系统中，土壤有机质和土壤全氮是土壤肥力和土壤质量的两个重要的决定和指示因素，且与土地生产力密切相关(Huang et al., 2007)。根据土壤质量标准(Zhen et al., 2006)得出，本试验将土壤有机质含量从低水平(<0.6%)提高到了一般水平(0.8%~1.0%)。通过5年种植后，柳枝稷与红豆草间作草地的土壤有机质含量和土壤全氮含量最高，这可能与季节性降水量变化导致的土壤干湿变化和二者竞争引起的根系死亡，及其对土壤返还量较高有关(Lopez-Zamora et al., 2004)。

尽管柳枝稷与红豆草间作下地上生物量下降，但群体相比单作红豆草表现出较高的水分利用效率，且间作群体的土地当量比在前4年均大于1.0，土壤有机质含量和土壤全氮含量显著最高。但间作群体的水分利用效率和地上生物量均低于单作柳枝稷，因此从干旱区环境条件下土地资源可持续和合理利用角度，认为柳枝稷与红豆草2∶1行比间作可作为短期的豆禾轮作方式用于实践。

参 考 文 献

陈玉香, 周道玮, 张玉芬, 2004. 玉米、苜蓿间作的产草量及光合作用 [J]. 草地学报, 12(2): 107-112.

李代琼, 刘国彬, 黄瑾, 等, 1999. 安塞黄土丘陵区柳枝稷的引种及生物生态学特性试验研究 [J]. 土壤侵蚀与水土保持学报, 5: 125-128.

马骥, 马淑云, 程寅生, 等, 1994. 玉米大豆间作效应分析[J]. 西北农业大学学报, 22(4): 80-84.

裴保华, 袁玉欣, 贾玉彬, 等, 2000. 杨农间作光能利用的研究[J]. 林业科学, 36(3): 13-18.

山仑, 陈国良, 1993. 黄土高原旱地农业的理论与实践[M]. 北京: 科学出版社.

余妮娜, 郑毅, 朱有勇, 2003. 小麦蚕豆间作中作物对氮的吸收利用 [J]. 云南农业大学学报, 18(3): 256-258, 269.

徐炳成, 山仑, 黄占斌, 等, 2003. 黄土丘陵区白羊草和柳枝稷光合生理比较 [J]. 中国草地, 25(1): 1-4.

徐炳成, 山仑, 李凤民, 2005. 黄土丘陵半干旱区引种禾草柳枝稷的生物量与水分利用效率 [J]. 生态学报, 25(9): 2206-2213.

杨文治, 邵明安, 2000. 黄土高原土壤水分研究 [M]. 北京: 科学出版社.

Agegnehu G, Ghizaw A, Sinebo W, 2006. Yield performance and land-use efficiency of barley and faba bean mixed cropping in Ethiopian highlands [J]. European Journal of Agronomy, 25: 202-207.

Anil L, Park J, Phipps R H, et al., 1998. Temperate intercropping of cereals for forage: A review of the potential for growth and utilization with particular reference to the UK [J]. Grass and Forage Science, 53: 301-317.

Banik P, Bagchi D K, 1993. Effect of legumes as sole and intercrop on residual soil fertility and succeeding crop in upland situation [J]. Indian Agriculture, 37: 69-75.

Banik P, Midya A, Sarkar B K, et al. , 2006. Wheat and chickpea intercropping systems in an additive series experiment: Advantages and weed smothering[J]. European Journal of Agronomy, 24: 325-332.

Banik P, Sasmal T, Ghosal P K, et al. , 2000. Evaluation of mustard (*Brassica competris* Var. Toria) and legume intercropping under 1 : 1 and 2 : 1 row-replacement series system [J]. Journal of Agronomy and Crop Science, 185: 9-14.

Bloom A J, Chapin F S, Mooney H A, 1985. Research limitation in plants- and economic analogy [J]. Annual Review of Ecology and Systematics, 16: 363-392.

Bolte A, Villanueva I, 2006. Interspecific competition impacts on the morphology and distribution of fine roots in European beech (*Fagus sylvatica* L.) and Norway spruce (*Picea abies* (L.) Karst.) [J]. European Journal of Forest Research, 125: 5-26.

Briggs J M, Knapp A K, 1995. Interannual variability in primary production in tall prairie: Climate, soil moisture, topographic position, and fire as determinants of aboveground biomass [J]. American Journal of Botany, 82: 1024-1030.

Brisson J, Reynolds J F, 1994. The effect of neighbors on root distribution in a creosote bush (*Larrea tridentata*) population [J]. Ecology, 75: 1693-1702.

Brooker R W, 2006 . Plant-plant interactions and environmental change [J]. New Phytologist, 171: 271-284.

Brouwer R, 1983. Functional equilibrium: Sense or nonsense? [J]. Netherland Journal of Agricultural Science, 31: 335-348.

Bulson H A J, Snaydon R W, Stopes C E, 1997. Effects of plant density on intercropped wheat and field beans in an organic farming system [J]. Journal of Agricultural Science, 128: 59-71.

Chen C, Westcott M, Neill K, et al. , 2004. Row configuration and nitrogen application for barley-pea intercropping in Montana [J]. Agronomy Journal, 96: 1730-1738.

Connolly J, Wayne P, Bazzaz F A, 2001a. Interspecific competition in plants: How well do current methods answer fundamental questions? [J]. American Naturalist, 157: 107-125.

Connolly J, Goma H C, Rahim K, 2001b. The information content of indicators in intercropping research [J]. Agriculture Ecosystem & Environment, 87: 191-207.

Epstein H E, Lauenroth W K, Burke I C, et al. , 1996. Ecological responses of dominant grasses along two climatic gradients in the Great Plains of the United States [J]. Journal of Vegetation Science, 7: 777-778.

Escamilla J A, Comerford N B, Neary D G, 1991. Spatial pattern of slash pine roots and its effect on nutrient uptake [J]. Soil Science Society of American Journal, 55: 1716-1722.

Fortin M C, Culley J, Edwards M, 1994. Soil water, plant growth, and yield of strip-intercropped corn [J]. Journal of Production Agriculture, 7: 63-69.

Fuentes J P, Flury M, Huggins D R, et al. , 2003. Soil water and nitrogen dynamics in dryland cropping systems of Washington State, USA [J]. Soil and Tillage Research, 71: 33-47.

Gersani M, Brown J S, O'Brien E E, et al. , 2001. Tragedy of the commons as a result of root competition [J]. Journal of Ecology, 89: 660-669.

Ghosh P K, 2004. Growth, yield, competition and economics of groundnut/cereal fodder intercropping systems in the semi-arid tropics of India [J]. Field Crops Research, 88: 227-237.

Grieu P, Lucero D W, Ardiani R, et al. , 2001. The mean depth of soil water uptake by two temperate grassland species over time subjected to mild soil water deficit and competitive association [J]. Plant and Soil, 230: 197-209.

Hansson A C, Andren O, 1986. Below-ground plant production in a perennial grass ley (*Festuca pratensis* Huds.) assessed with different methods [J]. Journal of Applied Ecology, 23: 657-666.

Huang B, Sun W X, Zhao Y C, et al. , 2007. Temporal and spatial variability of soil organic matter and total nitrogen in an agricultural ecosystem as affected by farming practices [J]. Geoderma, 139: 336-345.

Hutchings M J, John E A, 2001. The effects of environmental heterogeneity on root growth and root/shoot partitioning [J]. Annals of Botany, 94: 1-8.

Ichizen N, Takahashi H, Nishio T, et al. , 2005. Impacts of switchgrass (*Panicum virgatum* L.) planting on soil erosion in the hills of the Loess Plateau in China [J]. Weed Biology and Management, 5: 31-34.

Jagadamma S, Lal R, Hoeft R G, et al. , 2007. Nitrogen fertilization and cropping systems effects on soil organic carbon and total nitrogen pools under chisel-plow tillage in Illinois [J]. Soil and Tillage Research, 95: 348-356.

Jahansooz M R, Yunusa I A M, Coventry D R, et al. , 2007. Radiation- and water-use associated with growth and yields of wheat and chickpea in sole and mixed crops [J]. European Journal of Agronomy, 26: 275-282.

James F C, 2002. Interactions between root and shoot competition vary among species[J]. OIKOS, 99: 101-112.

Knee M, Thomas L C, 2002. Light utilization and competition between *Echinacea purpurea*, *Panicum virgatum* and *Ratibida pinnata* under greenhouse and field conditions[J]. Ecological Research, 17: 591-599.

Li L, Sun J H, Zhang F S, et al. , 2001. Wheat/maize or wheat/soybean strip intercropping I. Yield advantage an interspecific interactions on nutrients [J]. Field Crops Research, 71: 123-137.

Li L, Sun J H, Zhang F S, et al. , 2006. Root distribution and interactions between intercropped species [J]. Oecologia, 147: 280-290.

Li L, Yang S, Li X, et al. , 1999. Interspecific complementary and competitive interactions between intercropped maize and faba bean [J]. Plant and Soil, 212: 105-114.

Lithourgidis A S, Vasilakoglou I B, Dhima K V, et al. , 2006. Forage yield and quality of common vetch mixtures with oat and triticale in two seeding ratios [J]. Field Crops Research, 99: 106-113.

Lopez-Zamora I, Comerford N B, Muchovej R M, 2004. Root development and competitive ability of the invasive species *Melaleuca quinquenervia* (Cav.) S. T. Blake in the South Florida flatwoods [J]. Plant and Soil, 263: 239-247.

Mahall B E, Callaway R, 1991. Root communication among desert shrubs [J]. Proceedings of the National Academy of Sciences of the United States of American, 88: 874-876.

Maingi J M, Shisanya C A, Gitonga N M, 2001. Berthold Hornetz Nitrogen fixation by common bean (*Phaseolus vulgaris* L.) in pure and mixed stands in semi-arid south-east Kenya [J]. European Journal of Agronomy, 14: 1-12.

Malamy J E, 2005. Intrinsic and environmental response pathways that regulate root system architecture [J]. Plant Cell and Environment, 28: 67-77.

McLaughlin S B, Kszos L A, 2005. Development of switchgrass (*Panicum virgatum*) as a bioenergy feedstock in the United States [J]. Biomass and Bioenergy, 28: 515-535.

Muir J P, Sanderson M A, Ocumpaugh W R, et al. , 2001. Biomass Production of 'Alamo' Switchgrass in Response to Nitrogen, Phosphorus, and Row Spacing [J]. Agronomy Journal, 93: 896-901.

Neukirchen D, Himken M, Lammel J, et al. , 1999. Spatial and temporal distribution of the root system and root nutrient content of an established Miscanthus crop [J]. European Journal of Agronomy, 11: 301-309.

Nobel P S, 1997. Root distribution and seasonal production in the northwestern Sonoran Desert for a C_3 subshrub, a C_4 bunchgrass and a CAM leaf succulent [J]. American Journal of Botany, 84: 949-955.

O'Connor T G, Haines L M, Snyman H A, 2001. Influence of precipitation and species composition on phytomass of a semi-arid African grassland [J]. Journal of Ecology, 89: 850-860.

Passioura J B, 1983. Roots and drought resistance [J]. Agriculture Water Management, 7: 265-280.

Park S E, Benjamin L R, Watkinson A R, 2002. Comparing biological productivity in cropping systems: A competition approach [J]. Journal of Applied Ecology, 39: 416-426.

Pregitzer K S, Hendrick R L, Fogel R, 1993. The demography of fine roots in response to water and nitrogen [J]. New Phytologist, 125: 575-580.

Reeves D W. 1997, The role of soil organic matter in maintaining soil quality in continuous cropping systems [J]. Soil and Tillage Research, 43: 131-167.

Sanderson M A, Read J C, Reed R L, 1999. Harvest Management of Switchgrass for Biomass Feedstock and Forage Production [J]. Agronomy Journal , 91: 5-10.

Schenk H J, Jackson R B, 2002. Rooting depths, lateral root spreads and below-ground/above-ground allometries of plants in water-limited ecosystems [J]. Journal of Ecology, 90: 480-494.

Schmid I, Kazda M, 2001. Vertical distribution and radial growth of coarse roots in pure and mixed stands of Fagus sylvatica and Picea abies [J]. Canadian Journal of Forest Research, 31: 539-548.

Schmid I, Kazda M, 2002. Root distribution of Norway spruce in monospecific and mixed stands on different soils [J]. Forest Ecology and Management, 159: 37-47.

Schroth G, 1999. A review of belowground interactions in agroforestry, focussing on mechanisms and management options[J]. Agroforestry Systems, 43: 5-34.

Sengul S, 2003. Performance of some forage grasses or legumes and their mixtures under dry land conditions [J]. European Journal of Agronomy, 19: 401-409.

Thorsted M D, Weiner J, Olesen J E, 2006. Above- and below- ground competition between intercropped winter wheat *Triticum aestivum* and white clover *Trifolium repens* [J]. Journal of Applied Ecology, 43: 237-245.

Vogel K P, Brejda J J, Walters D T, et al. , 2002. Switchgrass biomass production in the midwest USA: Harvest and nitrogen management [J]. Agronomy Journal, 94: 413-420.

Wang D M, Marschner P, Solaiman Z, et al. , 2007. Belowground interactions between intercropped wheat and Brassicas in acidic and alkaline soils [J]. Soil Biology and Biochemistry, 39: 961-971.

Weih M, Karlsson P S, 2001. Growth response of Mountain birch to air and soil temperature: Is increasing leaf nitrogen content an acclimation to lower air temperature? [J]. New Phytologist, 150: 147-155.

Willey R W, 1979. Intercropping its importance and research needs. I. Competition and yield advantages [J]. Field Crop Abstract, 32: 1-10.

Wilson S D, Tilman D, 1993. Plant competition and resource availability in response to disturbance and fertilization [J]. Ecology, 74: 599-611.

Xu B C, Gichuki P, Shan L, et al., 2006a. Aboveground biomass production and soil water dynamics of four leguminous forages in semiarid region, northwest China [J]. South African Journal of Botany, 72: 507-516.

Xu B C, Li F M, Shan L, 2008. Switchgrass and milkvetch intercropping under 2∶1 row-replacement in semiarid region, northwest China: Aboveground biomass and water use efficiency [J]. European Journal of Agronomy, 28: 485-492.

Xu B C, Li F M, Shan L, et al. , 2006b. Gas exchange, biomass partition, and water relationships of three grass seedlings under water stress [J]. Weed Biology and Management, 6: 79-88.

Xu B C, Shan L, Li F M, et al. , 2007. Seasonal and spatial root biomass and water use efficiency of four forage legumes in semiarid northwest China [J]. African Journal of Biotechnology, 6: 2708-2714.

Zhang F S, Li L, 2003. Using competitive and facilitative interactions in intercropping systems enhances crop productivity and nutrient-use efficiency [J]. Plant and Soil, 248: 305-312.

Zhen L, Zoebisch M A, Chen G B, et al. , 2006. Sustainability of farmers' soil fertility management practices: A case study in the North China Plain [J]. Journal of Environmental Management, 79: 409-419.

第6章　柳枝稷与白羊草种间关系

6.1　水氮条件对白羊草和柳枝稷根冠生长
及水分利用的影响

黄土高原半干旱区人工草地建设中，长期存在优良草种缺乏，特别是禾草种单一、栽培品种少、产量低、质量差等问题。引进优良草种和驯化乡土草种是扩大草种资源、丰富草地栽培种的重要途径。柳枝稷原产中北美洲，具有较广的地域适应性，以及高产、耐旱、耐贫瘠和优良的水土保持能力等特征。20世纪90年代柳枝稷被引进到黄土高原地区以来，其在不同生境下均生长良好(Shui et al.，2010；李代琼等，1999)。通过引种适应性强的草本植物，可解决黄土高原半干旱区草种单一的问题，但外来种是入侵种的主要来源，容易引发生物入侵问题。在大范围推广种植利用之前，需要加强对引种植物生态入侵风险的研究和关注。

外来种的入侵过程主要包括传播、定植、建群和再传播等。其中，外来种和本土种的竞争过程被认为是入侵种建群阶段最重要的过程(Theoharides and Dukes，2007)。研究表明，本土物种对外来物种的竞争排除作用是减少入侵物种的主要屏障(Keane and Crawley，2002)。在应对生物入侵方面，可选择具有强竞争能力的一种或多种本土物种的组合，降低资源的有效性，以减少外来种的入侵性。但具有强竞争能力的外来种，往往具有更强的入侵可能性(Levine et al.，2003；Roy，1990)。因此，研究生物入侵问题时，需重点考虑本地种和外来种的竞争能力。白羊草为黄土高原半干旱区典型乡土草优势种，具有同柳枝稷一样的高产、耐旱、耐贫瘠等优势(Xu et al.，2013)，是一种理想的可用于评价柳枝稷入侵潜力的本地种(Keane and Crawley，2002)。

根据资源波动假说，资源(光、水和土壤养分等)可利用性的增加或者脉冲供应，倾向于促进外来植物种在本地群落的入侵(Blumenthal，2005；Daehler，2003；Davis et al.，2000)。氮沉降的增加能够提高土壤中氮的有效性，这引起生态学家对土壤氮素有效性的关注，以及其对外来物种入侵风险的潜在影响(Bobbink et al.，2010；Galloway et al.，2008)。研究表明，相比本地种，氮沉降更偏向于增加外来种的生长和竞争能力(Liu et al.，2017；He et al.，2011；Rao and Allen，2010)。水分是黄土高原半干旱地区植物生长和分布，以及群落物种构成和种间关系的一个限制因素，也可能会影响外来种的生长及其与本地种的竞争入侵能力(Liu et al.，2017；Blumenthal et al.，2008)。因此，有必要分析水分和氮素供应条件对白羊草和柳枝稷种间关系和竞争能力的影响。

物种的竞争能力不仅与物种本身的特性有关，还受外界环境条件的影响。研究表明，形态、生长及光合特性均与植物竞争能力有关。一般认为，外来入侵种具有较高的相对生长速率、光合速率和表型可塑性(Williamson and Fitter，1996)。良好的光合特性及其对侵入生境的适应性是外来入侵植物成功侵入的前提条件(Dukes and Mooney，1999)，如入侵植物薇甘菊(*Mikania micrantha*)、三裂绣线菊(*Spiraea trilobata*)、五爪金龙(*Tetrastigma hypoglallcum*)均具有较强的光合能力和较宽的光合生态位，这有利于促使其生物量的迅速积累而侵占入侵生境。研究指出，光竞争优势植物的光合速率、蒸腾速率、气孔导度明显高于弱势植物，这种情况在竞争环境条件下更加明显(李建东等，2006；张卫强等，2013)。例如，黄顶菊(*Flaveria bidentis*)和藜(*Chenopodium album*)在混种条件下的光合速率等均明显低于各自单植模式，而这是藜有效抑制黄顶菊蔓延生长的重要生理生态基础(杨晴等，2014)。在环境变化条件下，比较外来种和本地优势种光合生理生态特征研究，是研究外来杂草入侵的常用和基本方法，其结果对从光合生理角度评估外来物种的入侵风险有重要的指导意义(McDowell，2002)。

植物的根系形态性状，包括根毛、根量、根长和根表面积等，在水分和养分资源获取中发挥着重要作用，这些性状的优劣影响植物的生长和竞争能力(Semchenko et al.，2018；Bennett et al.，2016；Ravenek et al.，2016；Aerts et al.，1991)。例如，氮添加能通过提高加拿大一枝黄花(*Solidago canadensis*)的根系生物量，从而提高其竞争能力(Ren et al.，2019)。Semchenko 等(2018)研究指出，比根长较低且分枝根较少的物种，往往更善于容忍竞争。因此，在研究资源变化供应条件下白羊草和柳枝稷竞争能力时，从根系形态特征角度分析将利于理解二者的种间竞争。

柳枝稷可用作生物燃料，研究多集中在从生理和分子水平如何提高柳枝稷生产纤维素乙醇 (Keshwani and Cheng，2009；Mitchell et al.，2008；Sanderson et al.，2006)。柳枝稷种植过程中投入低，对干旱、热、冷和碱胁迫有较强的抵抗力，具有水土保持、径流养分回收和碳封存等功能(Collins et al.，2020；Ashworth et al.，2019；Cooney et al.，2017；Muir et al.，2001)。然而，没有研究和评估柳枝稷与黄土高原半干旱区优势草本植物的相对竞争能力，以及这种能力对土壤水分和养分变化的响应。

黄土高原半干旱区降水量少且年季分配不均，季节性干旱时有发生。同时，由于过去严重的土壤侵蚀导致土壤贫瘠，土壤有机氮含量较低。土壤水分和氮素不足是限制该地区人工草地建设的两个重要因素(山仑和徐炳成, 2009)。一般认为, 在受水氮限制的区域, 土壤水分和氮素的增加为某些快速生长的外来物种创造了有利条件, 而不利于能适应当地贫瘠土壤、生长缓慢的本地种(Davis et al., 2000)。因此, 通过比较引进种柳枝稷与本土种白羊草在不同水氮供应水平下的生长和生理生态特征, 旨在探讨柳枝稷和白羊草的种间竞争关系及其水肥效应, 以期为预测降水格局变化及氮沉降下柳枝稷的生态风险及指导人工草地建设提供理论依据 (Ding et al., 2021; 丁文利, 2014)。

6.1.1　材料与方法

根据多年的观察表明, 在陕北黄土丘陵区, 白羊草和柳枝稷的生活史基本相同, 均于 4 月初返青, 5 月分蘖, 6 月拔节, 7～8 月抽穗、开花结实, 9～10 月枯黄。因此, 两草种的主要生长季重叠, 这为比较二者的竞争关系奠定了基础。

白羊草种子于 2011 年采集。柳枝稷品种为'Alamo', 于 2005 年 10 月采集, 原种来源于美国。试验于 2013 年 3～11 月在黄土高原土壤侵蚀与旱地农业国家重点试验室外防雨棚下进行。采用塑料桶栽植(直径 20cm, 深 16cm), 每桶装干土 3.8kg, 土壤为陕北天然草地耕层(0～30cm)黄绵土。土壤养分含量分别为有机质含量 0.27%、速效氮含量 11.22mg/kg、速效磷含量 6.55mg/kg、速效钾含量 94.85mg/kg、全氮含量 0.017%、全磷含量 0.063%、全钾含量 1.97%, 土壤 pH 值为 8.21。

1. 播种方式

采用生态替代法设计, 设置 5 种组合比例, 即 B8P0、B6P2、B4P4、B2P6、B0P8, 对应的白羊草(B)和柳枝稷(P)的株数比分别为 8:0、6:2、4:4、2:6、0:8; 2 种水分供应水平, 分别为高水(HW-80%FC)和低水(LW-40%FC); 2 种养分处理, 分别为不施氮(N_0-0mg N/kg)和施氮(N_1-100mg N/kg)(图 6-1)。每桶 8 株植物, 6 个重复, 合计 120 桶。种子精选后于 2013 年 4 月初播种, 苗期土壤含水量维持

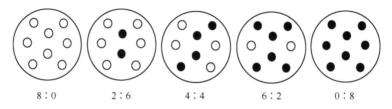

　　8:0　　　　2:6　　　　4:4　　　　6:2　　　　0:8

图 6-1　白羊草与柳枝稷混播设计

空心和实心圆分别代表白羊草和柳枝稷

在田间持水量的 80%左右。待大部分幼苗长到 5 叶时，间苗并在各桶上均匀覆盖 2mm 厚的珍珠岩以抑制蒸发。

2. 水分处理

待大部分幼苗长到 5 叶时，每桶间苗剩余 8 株，开始进行控水，水分设定为 2 个水平，分别为田间持水量(FC)的 80%(即高水平)和 40%(即低水平)。土壤含水量采用称重法进行测定与控制，每日 18:00 进行控水，控水前称重，测定实际土壤含水量，按照既定水分水平补充所需水量，水从桶内侧灌水管加入。

3. 氮肥处理

施氮处理的为每千克干土施纯 N 100mg，以尿素[$CO(NH_2)_2$]的形式在装桶时一次性施入。

6.1.2　测定项目与指标

1. 耗水量

每日 18:00 称重控水，最终计算每桶日耗水量与生育期总耗水量(water consumption，W，kg)。

2. 生物量

生育期结束后统一毁桶，分类处理根、茎、叶和穗，并于 105℃下杀青 5min，80℃烘至恒重获得根系生物量(root biomass，RB，g)及地上部分生物量(shoot biomass，SB，g)，计算总生物量(total biomass，TB，g)和根冠比(root：shoot ratio，RSR)。根据耗水量计算生育期混播群体水分利用效率(water use efficiency，WUE，g/kg)：WUE=TB/W。

3. 根系形态特征

在获得根系鲜样后，采样 Epson Perfection V700 扫描仪扫描获取。图像类型 8-位灰度，分辨率 400dpi。通过 WinRHIZO 图像分析软件进行分析，获得总根长，根表面积和平均根直径等。

4. 竞争指数

根据白羊草和柳枝稷生物量干重计算，竞争攻击力系数(A)、相对竞争强度(relative competition intensity，RCI)和相对产量(relative yield，RY)。

(1) 白羊草对柳枝稷的竞争攻击力系数(A_{ab})采用公式(6-1)计算:

$$A_{ab} = \frac{Y_{ab}}{Y_{aa} \times Z_{ab}} - \frac{Y_{ba}}{Y_{bb} \times Z_{ba}} \qquad (6\text{-}1)$$

式中,$Y_{aa}(Y_{bb})$表示单播条件下物种 $a(b)$ 的生物量;$Y_{ab}(Y_{ba})$表示与物种 $b(a)$ 混播条件下物种 $a(b)$ 的生物量,字母"a"和"b"分别表示白羊草与柳枝稷,下同;Z_{ab} 表示混播条件下白羊草相对柳枝稷的比例;Z_{ba} 表示混播条件下柳枝稷相对白羊草的比例。$A_{ab}<0$ 表明白羊草比柳枝稷竞争能力弱;$A_{ab}=0$ 表明白羊草与柳枝稷的竞争能力相当;$A_{ab}>0$ 表明白羊草比柳枝稷竞争能力强。

(2) 相对竞争强度(RCI):指某物种受到伴生物种影响的程度,可用于评价白羊草和柳枝稷的种间竞争强度,用公式(6-2)计算(Facelli et al.,1999):

$$RIC_{ab} = \frac{Y_{aa} \times Z_{ab} - Y_{ab}}{Y_{aa} \times Z_{ab}} \qquad (6\text{-}2)$$

若 $RCI_{ab}>0$,说明物种 a 的种间竞争强度大于种内竞争强度;若 $RCI_{ab}=0$,说明物种 a 的间竞争强度和种内竞争强度相等;若 $RCI_{ab}<0$,说明物种 a 的种间竞争强度小于种内竞争强度。

(3) 相对产量总和(RYT)来衡量物种种内和种间竞争能力的大小,计算公式如下(de Wit and van den Bergh,1965):

$$RYT = \frac{Y_{ab}}{Y_{aa}} + \frac{Y_{ba}}{Y_{bb}} \qquad (6\text{-}3)$$

RYT=1.0 时,说明两物种种内、种间竞争相等,即两个物种竞争能力相同。RYT>1.0 时说明物种 a 对物种 b 的竞争能力小于对物种本身的竞争能力,即种内竞争大于种间竞争;当 RYT<1.0 时,说明物种 a 对物种 b 的竞争能力大于对物种本身的竞争能力,即种间竞争大于种内竞争。

数据统计与分析:所有数据采用 R 语言进行分析并绘图。采用广义最小二乘法模型检测地上生物量、地下生物量、总生物量,水分利用效率、总根长、根表面积、平均根直径、竞争攻击力系数和相对产量在不同水分水平、氮肥水平、混播比例(组合比例)和三者的交互作用下的差异显著性。检查每个模型残差是否存在异方差性,如果存在异方差性,则根据 Akaike 信息准则(AIC)选择能够显著改进模型的方差结构(Zuur et al.,2009)。使用 effects 包计算各指标均值和95%置信区间。用 Multcomp 包进行 Tukey 事后比较($p<0.05$)。

6.1.3　白羊草和柳枝稷的生长及相对竞争强度

1. 生物量和根冠比

水分水平、氮肥水平和混播比例显著影响白羊草和柳枝稷的生长和根冠比

(表 6-1)。不考虑水分时，施氮显著增加了白羊草和柳枝稷的生物量。无论施氮与否，高水供应显著提升了白羊草和柳枝稷的生物量。混播条件下，白羊草和柳枝稷地上生物量、地下生物量和总生物量均随其所占比例下降而降低(图 6-2 和图 6-3)。

表 6-1　水分水平、氮肥水平、混播比例及其交互作用对白羊草和柳枝稷生物量、根冠比和水分利用效率的影响

变异来源	地上生物量			地下生物量			总生物量			根冠比			水分利用效率
	白羊草	柳枝稷	白羊草+柳枝稷	白羊草	柳枝稷	白羊草+柳枝稷	白羊草	柳枝稷	白羊草+柳枝稷	白羊草	柳枝稷	白羊草+柳枝稷	白羊草+柳枝稷
水分水平 (WR)	**<0.001**	**<0.001**	**<0.001**	**0.001**	**0.003**	**<0.001**	**<0.001**	**<0.001**	**<0.001**	**<0.001**	**<0.001**	**<0.001**	**<0.001**
氮肥水平 (NT)	**<0.001**	**<0.001**	**<0.001**	**<0.001**	**<0.001**	**<0.001**	**<0.001**	**<0.001**	**<0.001**	**<0.001**	**<0.001**	**<0.001**	**<0.001**
混播比例 (MR)	**<0.001**	**<0.001**	**<0.001**	**<0.001**	**<0.001**	**<0.001**	**<0.001**	**<0.001**	0.160	**<0.001**	**<0.001**	**<0.001**	**<0.001**
WR × NT	**<0.001**	**<0.001**	**<0.001**	**0.007**	**0.045**	**0.002**	0.470	0.386	0.870	**<0.001**	**<0.001**	**<0.001**	**0.020**
WR × MR	0.422	0.257	**0.031**	0.218	0.176	0.291	0.914	0.529	0.434	0.670	0.346	0.378	0.646
NT × MR	**0.001**	**<0.001**	**<0.001**	**<0.001**	0.356	**<0.001**	**<0.001**	0.321	0.691	**<0.001**	**<0.001**	**<0.001**	0.727
WR × NT × MR	0.776	0.402	0.492	0.782	0.285	0.477	0.264	0.744	0.724	0.588	0.660	0.673	0.863

注：加粗表示影响达显著水平，$p<0.05$，下同。

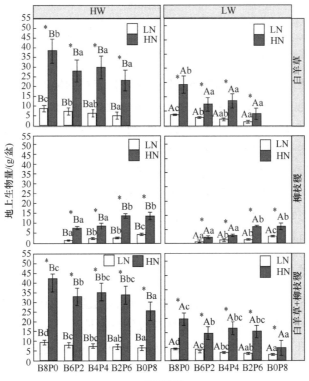

图 6-2　不同处理下白羊草、柳枝稷地上生物量

混播比例

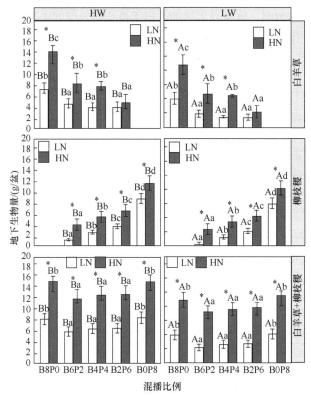

图 6-2 不同水氮水平及混播比例下白羊草和柳枝稷地上和地下生物量(n=3)

不同大写字母表示同一混播和氮肥处理下水分水平间差异显著；不同小写字母表示同一水分和氮肥处理下混播比例间差异显著；*表示同一混播比例和水分水平下氮肥处理间差异显著($p<0.05$)

两草种混播地上生物量总量显著低于单播白羊草的地上生物量，但显著高于单播柳枝稷的地上生物量。混播地下生物量总量显著低于单播白羊草或柳枝稷的地下生物量(图 6-2)。混播总生物量总是显著低于单播白羊草总生物量，而仅在高氮条件下显著高于单播柳枝稷总生物量(图 6-3)。

不论水分供应条件如何，施氮显著降低了白羊草和柳枝稷的根冠比。施氮条件下，高水水分供应显著降低了两草种的根冠比；低氮条件下，水分对这两草种的根冠比无显著影响。混播下柳枝稷的根冠比显著大于其在单播下的根冠比，而低氮条件下混播白羊草根冠比显著高于其单播(图 6-3)。

2. 根系形态特征

混播对白羊草和柳枝稷的总根长和根表面积无显著影响(表 6-2)。不论哪一种氮肥处理，水分条件改善显著增加了柳枝稷的总根长和根表面积；未施氮条件下，高水只显著提升了白羊草的总根长和根表面积(图 6-4)。施氮对柳枝稷的总根长和根表面积无显著影响。高水(80%FC)条件下，施氮显著提高了白羊草的根表

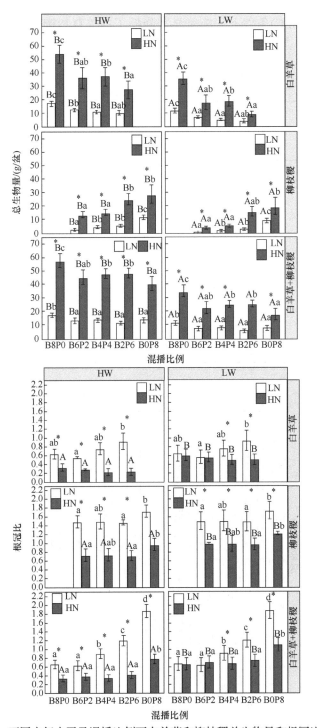

图 6-3 不同水氮水平及混播比例下白羊草和柳枝稷总生物量和根冠比(n=3)

不同大写字母表示同一混播和氮肥处理下水分水平间差异显著；不同小写字母表示同一水分和氮肥处理下混播比
例间差异显著；*表示同一混播比例和水分水平下氮肥处理间差异显著(p<0.05)，本节同

面积；低水(40%FC)条件下，施氮显著降低了白羊草和柳枝稷的总根长和根表面积(图 6-4)。

表 6-2　水分水平、氮肥水平、混播比例及其交互作用对白羊草和柳枝稷总根长、根表面积和平均根直径的影响

变异来源	自由度	总根长		根表面积		平均根直径	
		白羊草	柳枝稷	白羊草	柳枝稷	白羊草	柳枝稷
水分水平(WR)	1	**<0.001**	**0.036**	**<0.001**	**0.009**	0.263	**0.001**
氮肥水平(NT)	1	**<0.001**	**0.012**	0.232	0.073	**<0.001**	**<0.001**
混播比例(MR)	3	**<0.001**	0.060	**<0.001**	**0.022**	0.313	**0.030**
WR × NT	1	**<0.001**	0.294	**<0.001**	0.271	**0.014**	0.958
WR × MR	3	0.142	0.160	0.212	0.140	**0.020**	0.057
NT × MR	3	0.531	0.109	0.507	0.091	0.667	0.519
WR × NT × MR	3	0.775	0.203	0.742	0.191	0.070	0.847

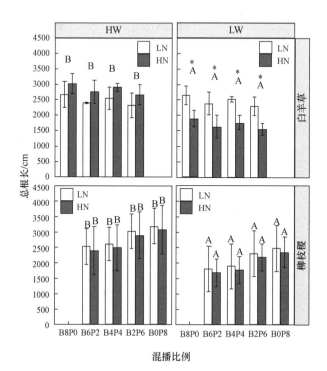

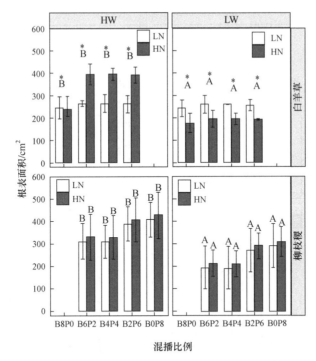

图 6-4　不同水氮水平及混播比例下白羊草和柳枝稷的总根长和根表面积(*n*=3)

混播对白羊草的平均根直径无显著影响，但却显著影响柳枝稷的平均根直径，柳枝稷在低水条件下 B2P6 组合比例中的平均根直径最大(图 6-5)。不施氮时，高水处理下单播白羊草的平均根直径显著增加，但施氮时，高水显著降低了单播白羊草的平均根直径。除了 B2P6 组合比例中的柳枝稷，高水水分供应显著增大了柳枝稷的平均根直径。低水条件下，施氮显著增大了白羊草在单播和 B2P6 组合比例中的平均根直径，但是施氮能提升所有混播条件下柳枝稷的平均根直径(图 6-5)。

3. 竞争指数

水分水平、氮肥水平和混播比例均显著影响白羊草相对于柳枝稷的竞争攻击力系数 *A*(表 6-3)。白羊草相对于柳枝稷的地上生物量、地下生物量和总生物量的竞争攻击力系数从小到大的组合比例排序为 B6P2<B4P4<B2P6。B6P2 组合比例中，白羊草相对于柳枝稷的地上生物量、地下生物量和总生物量竞争攻击力系数在低水和未施氮条件下接近于零，但是在高水或施氮肥时为负值(表 6-4)。

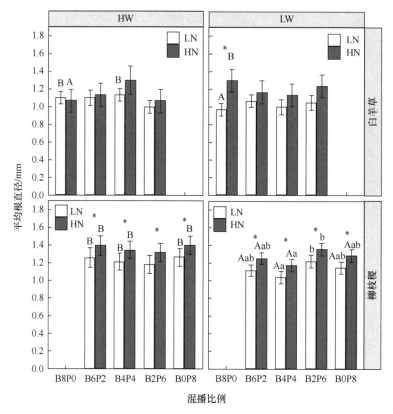

图 6-5　不同水氮水平及混播比例下白羊草和柳枝稷的平均根直径($n=3$)

表 6-3　水分水平、氮肥水平、混播比例及其交互作用对白羊草和柳枝稷竞争攻击力系数和相对产量影响

变异来源	自由度	竞争攻击力系数(A)			相对产量(RYT)		
		地上 生物量	根系 生物量	总生物量	地上 生物量	根系 生物量	总生物量
水分水平(WR)	1	**0.002**	0.543	**<0.001**	**<0.001**	**0.035**	**<0.001**
氮肥水平(NT)	1	**0.019**	**<0.001**	**<0.001**	**<0.001**	**<0.001**	**<0.001**
混播比例(MR)	2	**<0.001**	**<0.001**	**<0.001**	**<0.001**	0.398	0.104
WR × NT	1	0.056	**<0.001**	**0.002**	**<0.001**	0.414	0.414
WR × MR	2	**0.045**	0.290	0.080	0.099	0.275	0.275
NT × MR	2	**<0.001**	**<0.001**	0.142	0.133	0.264	0.264
WR × NT × MR	2	**0.007**	**0.032**	0.059	0.557	0.804	0.804

表 6-4　不同水分水平、氮肥水平及混播比例下白羊草对柳枝稷的竞争攻击力系数(*n*=3)

处理	混播比例	地上生物量	地下生物量	总生物量
对照 80%FC	B6P2	−0.23±0.12 a(a)*	−0.14±0.02 a(a)*	−0.17±0.01 a(a)*
	B4P4	−0.26±0.25 ab(a)*	0.32±0.01 b(b)*	−0.03±0.25 a(a)
	B2P6	0.36±0.06 b(a)*	1.07±0.30 c(a)	0.48±0.01 b(a)*
100mg N/kg 80%FC	B6P2	−0.79±0.20 a(a)*	−0.93±0.17 a(a)*	−1.25±0.02 a(a)*
	B4P4	1.16±0.22 b(b)*	−0.01±0.08 b(a)*	0.01±0.16 b(a)
	B2P6	4.45±1.47 b(b)*	1.06±0.43 b(a)	1.32±0.44 c(b)*
对照 40%FC	B6P2	0.06±0.07 a(b)*	0.02±0.10 a(b)*	0.05±0.05 a(b)*
	B4P4	0.34±0.18 ab(b)	0.13±0.04 a(b)	0.24±0.07 a(b)
	B2P6	1.08±0.25 b(b)	1.11±0.34 a(a)*	1.10±0.21 b(b)
100mg N/kg 40%FC	B6P2	−0.59±0.17 a(b)*	−0.43±0.11 a(b)*	−0.51±0.11 a(b)*
	B4P4	0.30±0.27 b(a)	0.25±0.04 b(b)	0.28±0.14 b(b)
	B2P6	0.56±0.11 b(a)	0.49±0.17 b(a)*	0.53±0.11 b(a)*

注: 数字后不同小写字母表示同一水分和氮肥处理下混播比例间差异显著, 括号内不同小写字母表示同一混播和氮肥处理下水分水平间差异显著; *表示同一混播比例和水分水平下氮肥处理间差异显著 (*p*<0.05)。

　　不施氮处理下, 高水供应显著降低了各个组合中白羊草相对柳枝稷地上生物量的竞争攻击力系数; 施氮后, 高水供应也显著降低了各个组合中白羊草相对柳枝稷地上生物量的竞争攻击力系数。低水(40%FC)条件下, 施氮降低了白羊草相对柳枝稷的地上生物量竞争攻击力系数, 但只在 B6P2 组合比例中表现出显著差异。高水(80%FC)条件下, 施氮增加了 B4P4 和 B2P6 组合比例中白羊草相对柳枝稷的地上生物量竞争攻击力系数, 但显著降低了 B6P2 比例白羊草相对于柳枝稷的地上生物量竞争攻击力系数(表 6-4)。

　　未施氮条件下, 高水水分供应显著增加了 B6P2 组合比例中白羊草相对于柳枝稷的地下竞争力攻击系数, 但水分对 B4P4 和 B2P6 两组合比例中白羊草相对柳枝稷的地下生物量竞争力攻击系数无显著影响。施氮条件下, 高水水分供应显著降低了 B6P2 和 B4P4 两组合比例中白羊草相对于柳枝稷的地下生物量竞争力攻击系数, 但对 B2P6 比例中白羊草相对于柳枝稷的地下生物量竞争力攻击系数无显著影响。低水(40%FC)条件下, 施氮显著降低了 B6P2 和 B2P6 组合比例中白羊草相对于柳枝稷的地下生物量竞争力攻击系数, 但对 B4P4 组合比例中白羊草相对柳枝稷的地下生物量竞争力攻击系数无显著影响。高水(80%FC)条件下, 施氮显著降低了 B6P2 和 B4P4 组合比例中白羊草相对柳枝稷的地下生物量竞争力攻击系数, 但对 B2P6 中白羊草相对柳枝稷的地下生物量竞争力攻击系数无显著影响(表 6-4)。

不施氮条件下，高水水分供应显著增加了各组合比例中白羊草相对柳枝稷的总生物量竞争力攻击系数。施氮条件下，高水水分供应显著降低了 B6P2 组合比例中白羊草相对柳枝稷的总生物量竞争力攻击系数，但显著增加了 B2P6 组合比例中白羊草相对柳枝稷的总生物量竞争力攻击系数。低水(40%FC)条件下，施氮显著降低了 B6P2 和 B2P6 组合比例中白羊草相对柳枝稷的总生物量竞争力攻击系数，但是对 B4P4 中白羊草相对柳枝稷的总生物量竞争力攻击系数无显著影响。高水(80%FC)条件下，施氮显著降低了 B6P2 组合比例中白羊草相对柳枝稷的总生物量竞争力攻击系数，但显著提升了 B2P6 组合比例中白羊草相对柳枝稷的总生物量竞争力攻击系数(表 6-4)。

混播比例显著影响了白羊草和柳枝稷的相对产量(RYL)(表 6-3)。地上生物量相对产量总和的混播比例高低大小排序为 B6P2=B4P4>B2P6(表 6-5)。水分或施氮显著增加了白羊草和柳枝稷混播的相对产量总和。在不施氮和低水(40%FC)条件下，各个混播比例中地上生物量、地下生物量和总生物量的相对产量总和都小于1.0，但在施氮和高水(80%FC)条件下，各个混播比例中地上生物量、地下生物量和总生物量的相对产量总和都大于 1.0。除此之外，各个水分或氮肥处理下，地上生物量相对产量总和大于地下生物量或者总生物量相对产量总和(表 6-5)。

表 6-5　不同水分水平、氮肥水平和混播比例下白羊草对柳枝稷的相对生物量($n=3$)

处理	混播比例	地上生物量	地下生物量	总生物量
对照 80%FC	B6P2	0.83±0.02 a(b)[*]	0.72±0.06 b(a)[*]	0.79±0.03 b(b)[*]
	B4P4	0.89±0.05 a(b)[*]	0.75±0.06 b(a)[*]	0.86±0.03 b(b)[*]
	B2P6	0.74±0.01 a(a)[*]	0.82±0.06 b(b)[*]	0.70±0.02 a(a)[*]
100mg N/kg 80%FC	B6P2	2.31±0.12 b(b)[*]	0.93±0.06 b(a)[*]	1.09±0.07 a(a)[*]
	B4P4	2.37±0.12 b(b)[*]	0.96±0.06 b(a)[*]	1.17±0.08 a(a)[*]
	B2P6	2.22±0.12 b(a)[*]	1.02±0.06 b(b)[*]	1.43±0.09 b(b)[*]
对照 40%FC	B6P2	0.91±0.03 b(b)[*]	0.60±0.06 a(a)[*]	0.72±0.05 a(b)[*]
	B4P4	0.97±0.05 b(b)[*]	0.63±0.06 a(a)[*]	0.78±0.06 a(b)[*]
	B2P6	0.81±0.02 b(a)[*]	0.69±0.06 a(a)[*]	0.63±0.05 a(a)[*]
100mg N/kg 40%FC	B6P2	1.06±0.11 a(b)[*]	0.81±0.06 a(b)[*]	0.81±0.06 a(a)[*]
	B4P4	1.11±0.11 a(b)[*]	0.84±0.06 a(b)[*]	0.89±0.06 a(a)[*]
	B2P6	0.96±0.11 a(a)[*]	0.90±0.06 a(b)[*]	1.15±0.05 a(b)[*]

注: 数字后不同小写字母表示同一混播比例和氮肥处理下水分水平间差异显著；括号内不同小写字母表示同一水分和氮肥处理下混播比例间差异显著；* 表示同一混播比例和水分水平下，氮肥处理间差异显著 ($p<0.05$)。

4. 水分利用效率

在高水(80%FC)条件下，白羊草和柳枝稷的水分利用效率显著低于其在低水(40%FC)条件下。施氮显著提升了白羊草和柳枝稷在高水(80%FC)条件下的水分利用效率。混播条件下，白羊草和柳枝稷的水分利用效率显著低于单播白羊草水分利用效率，但与单播柳枝稷水分利用效率无显著差异(图 6-6)。

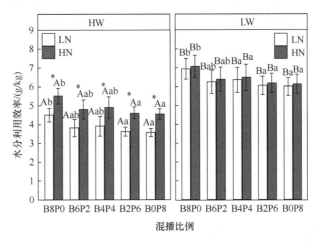

图 6-6　不同水氮水平及混播比例下白羊草和柳枝稷总的水分利用效率(n=3)

6.2　不同水氮供应条件下白羊草和柳枝稷的种间关系

6.2.1　试验材料

白羊草种子于 2013 年采自陕西安塞农田生态系统国家野外科学观测研究站，柳枝稷品种为 'Blackwell'。

6.2.2　试验条件

本试验于 2014~2015 年在黄土高原土壤侵蚀与旱地农业国家重点试验室外防雨棚下进行。采用盆栽控制试验，供试土壤采用陕北耕层(0~30cm)黄绵土。田间最大持水量(field capacity，FC)为 20.0%，土壤基础养分含量如下：pH 为 8.36，有机质含量为 1.45%，总 N 含量、总 P 含量和总 K 含量分别为 0.086%、0.066%和 1.90%，有效 N 含量、有效 P 含量和有效 K 含量分别为 17.64mg/kg、30.43mg/kg 和 192.8mg/kg。盆钵规格为 30cm(高度)×20cm(内径)，底部封堵的 PVC，每盆可装干土 9kg。

播种前通过种子发芽试验评估种子发芽率，经测定两草种的发芽率均达到 80%以上。采用"穴播法"，每盆播种 12 穴，每穴深 1cm 左右。播种示意图见

图 6-7。

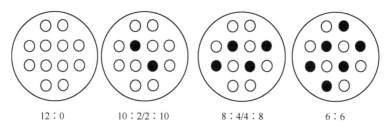

12:0   10:2/2:10   8:4/4:8   6:6

图 6-7 白羊草与柳枝稷混播设计
空心和实心圆分别代表白羊草或柳枝稷

6.2.3 试验处理

采用生态替代法设计，设置 7 种组合比例，即 B12P0、B10P2、B8P4、B6P6、B4P8、B2P10、B0P12，对应的白羊草和柳枝稷的株数比分别为 12:0、10:2、8:4、6:6、4:8、2:10、0:12；3 种水分水平，分别是高水[HW，(80%±5%)FC]、中水[MW，(60%±5%)FC]和低水[LW，(40%±5%)FC]；3 种养分处理，分别为低氮(N_0，0g N/kg 干土)、中氮($N_{0.05}$，0.05g N/kg 干土)和高氮($N_{0.1}$，0.1g N/kg 干土)。每桶 12 株植物，3 个重复，合计 189 桶。

种子精选后于 4 月初播种，苗期土壤含水量维持在田间持水量的 80% 左右，幼苗长到 5 叶时，间苗并在各桶土壤表面均匀覆盖 2mm 厚的珍珠岩，以抑制土面蒸发。

水分处理于柳枝稷和白羊草的拔节期(约 6 月 15 日)进行，按照设计水分水平于每日 18:00 对各组合比例进行称重和控水。

氮肥施入的是尿素[分子式为 $CO(NH_2)_2$，分子量为 60，纯氮含量为 46.7%]，装桶时随土均匀混入。

6.2.4 测定项目与指标

1. 植株形态特征

以白羊草为参考，分别在其分蘖期(7 月 15 日～7 月 17 日)和开花期(8 月 15 日～8 月 17 日)测定，选择具有代表性的白羊草和柳枝稷植株，测定株高和分蘖数，并计算株高的相对生长速率(relative growth rate，RGR) (Elberse et al.，2003)。

$$RGR = \frac{\ln H_{i+1} - \ln H_i}{T_{i+1} - T_i} \tag{6-4}$$

式中，H_{i+1} 和 H_i 分别表示 T_{i+1} 和 T_i 时的株高。

2. 光合气体交换参数

因两草种的生活史基本一致，于 2015 年在两草种的关键生育期，即分蘖期(7月 16 日～20 日)和开花期(8 月 15 日～20 日)，使用 Li-6400 便携仪光合仪测定光合气体交换参数，光源使用自带的红蓝光源叶室(6400-02B)，白羊草与柳枝稷的光强设置为 1200μmol/(m² · s)。于每日上午 9:20～11:30 测定，主要指标包括光合速率(P_n)、蒸腾速率(T_r)、气孔导度(G_s)、胞间 CO_2 浓度(C_i)等参数。选取各处理下柳枝稷和白羊草植株顶端充分展开叶进行测定，每个处理 5 次重复。计算叶片水分利用效率($WUE_i = P_n / T_r$)。

3. 叶绿素荧光参数

于 2015 年在两草种关键生育期，即分蘖期(7 月 15 日～20 日)和开花期(8 月 15 日～20 日)，测定与光合气体交换参数同步。采用 Imaging-PAM 测定，于每日 6:30～9:30 进行。每桶随机选取植物顶端充分展开叶，测定前先让叶片暗适应 30min 后，打开测量光[0.5μmol/(m² · s)，1Hz]测定获得初始荧光参数(F_o)，随后打开饱和脉冲光[1580μmol/(m² · s)，脉冲时间 0.8s]测得最大荧光参数(F_m)，之后光化光照射 5min 后打开饱和脉冲光测定光适应条件下最大荧光参数(F_m')，随后关闭光化学光开启远红光后测定光适应条件下初始荧光参数(F_o')，且动力学曲线平稳后获得稳态荧光(F_s)。通过 ImagingWin 软件(Version 2.40，Walz)可获得的参数有 PS Ⅱ 最大光化学效率 $F_v/F_m = (F_m-F_o)/F_m$，光化学淬灭系数 $qP = (F_m'-F_s')/(F_m'-F_o')$，非光化学淬灭系数 $NPQ = (F_m-F_m')/F_m'$。

4. 生物量与根冠比

生育期结束后，分类处理所有植株的根、茎、叶及穗等，植物样品于 105℃下杀青 30min 后，80℃下烘干至恒重后获得生物量干重，根据地下和地上生物量干重计算根冠比。

5. 竞争指数

根据白羊草和柳枝稷的生物量干重计算竞争攻击力系数(A)、相对竞争强度(relative competition intensity，RCI)和相对产量(relative yield，RY)。白羊草对柳枝稷的竞争攻击力系数(A_{ab})和相对产量(RY)计算公式分别同公式(6-1)和公式(6-2)。

白羊草与柳枝稷的种间竞争作用通过计算相对竞争强度(RCI)来评价。RCI 指某种植物生长受到伴生植物影响的程度(%)，采用公式(6-5)计算(Jolliffe，2000)：

$$\mathrm{RCI}_{ab} = \frac{Y_{aa} - Y_{ab}}{Y_{aa} \times 100} \qquad (6\text{-}5)$$

式中，RCI_{ab} 表示物种 a 受到物种 b 的竞争作用。当 $\mathrm{RCI}_{ab}=0$ 时，说明白羊草与柳枝稷混作时的生长没有受到伴生植物的影响；当 $\mathrm{RCI}_{ab}<0$ 时，说明白羊草与柳枝稷混播促进了白羊草生长；当 $\mathrm{RCI}_{ab}>0$ 时，说明白羊草与柳枝稷混播生物量比单播时降低。RCI_{ab} 值越小，说明其竞争能力越强。

上述参数计算中的生物量为两种植物的单株生物量干重。

6. 耗水量与水分利用效率

根据盆栽试验周期的控水和补水记录，计算试验期间的总耗水量；根据不同处理下的生物量与总耗水量，计算水分利用效率(water use efficiency，WUE)。

6.2.5 数据统计与分析

所有数据使用 Office Excel 2010 进行整理与制表，使用 Sigmaplot 11.0(Systat Software Inc.，San Jose，CA)软件进行绘图；采用 SPSS 16.0 进行数据统计分析。白羊草和柳枝稷在各混播比例下的单株生物量的差异显著性，采用成对数据 T 检验(SPSS，Paired-Samples T Tests)；白羊草和柳枝稷在不同水分、氮肥或混播比例间的差异显著性采用单因素方差分析(one-way ANOVA)进行检验($p=0.05$)；白羊草和柳枝稷单株生物量及根冠比在不同水分水平、混播比例及年份的差异采用三因素方差分析(three-way ANOVA)。采用三因素方差分析分析水分水平、氮肥处理、混播比例及三者的交互作用对叶绿素荧光参数、气体交换参数、水分利用效率、生物量和竞争系数的影响。

6.2.6 柳枝稷和白羊草的光合生理生态特征

1. 光合气体交换参数

1) 光合速率

柳枝稷和白羊草的光合速率(P_n)均表现为分蘖期>开花期(图 6-8 和图 6-9)。在分蘖期时，除了在不施氮(N_0)条件下，二者的 P_n 无显著差异；在中氮($N_{0.05}$)和高氮($N_{0.1}$)条件下，柳枝稷在两个生育期的平均 P_n 值均大于同条件下白羊草的 P_n；在开花期，二者的 P_n 差异不显著(图 6-8 和图 6-9)。白羊草的 P_n 在各混播比例下差异不大，多数情况下表现为单播大于混播；柳枝稷的 P_n 在大部分情况下为混播大于单播，最大值出现在 B10P2 比例，但未出现显著差异(图 6-8 和图 6-9)。除了氮肥处理×混播比例、水分水平×氮肥处理×混播比例对柳枝稷的 P_n 无显著影响外，水分水平、氮肥处理、混播比例及其交互作用均对白羊草和柳枝稷的 P_n 具有显著影响($p<0.05$)(表 6-6)。

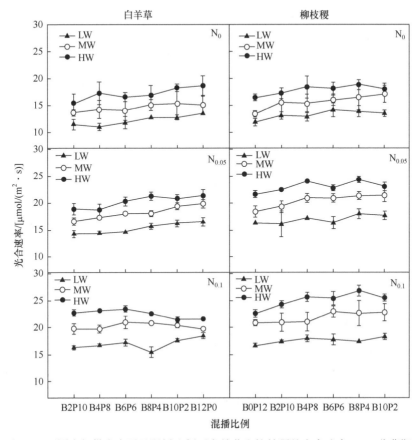

图 6-8　不同水氮供应水平及混播比例下白羊草和柳枝稷的光合速率($n=5$)(分蘖期)

白羊草和柳枝稷的 P_n 均随水氮供应水平的增加而增加。在相同水分条件下，P_n 随施氮量的增加而增加。在高水(HW)条件下，$N_{0.1}$ 处理下白羊草的 P_n 分别较 $N_{0.05}$ 和 N_0 平均增加了 6.3%和 28.3%；同等条件下，柳枝稷的 P_n 增加了 7.1%和 47.1%。在 MW 条件下，$N_{0.1}$ 处理的白羊草 P_n 分别较 $N_{0.05}$ 和 N_0 增加 11.8%和 18.7%，柳枝稷 P_n 分别增加了 11.7%和 57.8%。在 LW 条件下，$N_{0.1}$ 处理白羊草的 P_n 分别较 $N_{0.05}$ 和 N_0 增加了 10.9%和 27.5%；$N_{0.1}$ 处理的柳枝稷 P_n 较 $N_{0.05}$ 和 N_0 处理分别增加了 4.0%和 12.5%。

相同氮肥处理下，柳枝稷和白羊草的 P_n 呈随水分水平的增加而增加的趋势。N_0 处理下，HW 水平下白羊草分别较 MW 和 LW 水平平均增加了 2.3%和 31.9%；同样，柳枝稷 P_n 分别增加了 18.1%和 33.6%。$N_{0.05}$ 处理下，HW 水平下白羊草 P_n 分别较 MW 和 LW 增加了 11.3%和 32.2%，柳枝稷 P_n 分别增加了 14.7%和 38.2%。$N_{0.1}$ 处理下，HW 水平下白羊草的 P_n 分别较 MW 和 LW 增加了 10.6%和 32.7%，

柳枝稷 P_n 分别增加了 10.0% 和 41.8%(图 6-8 和图 6-9)。

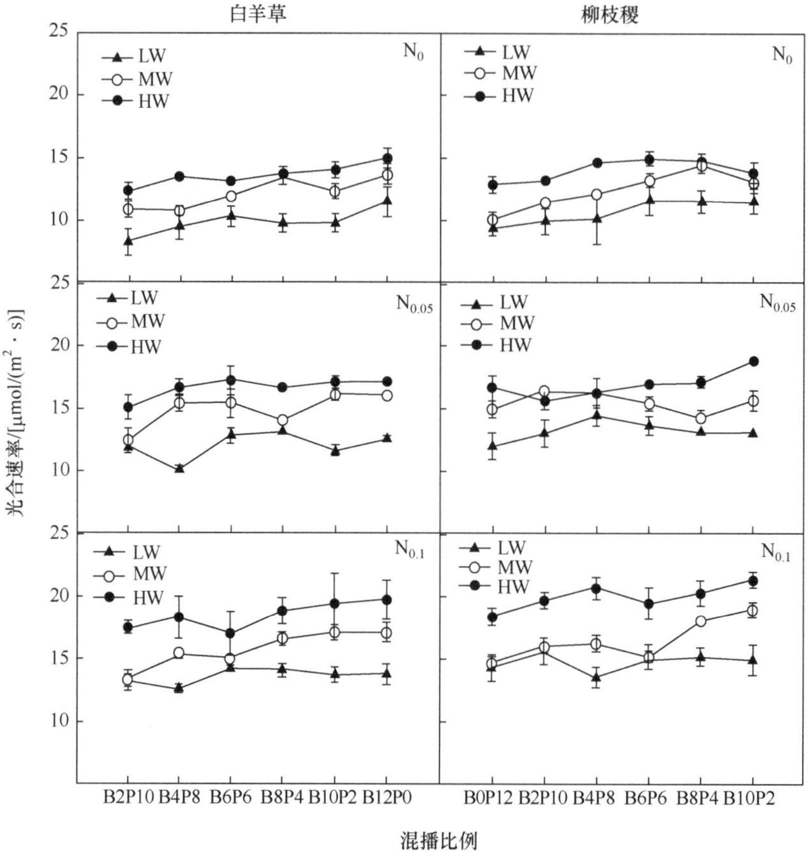

图 6-9 不同水氮供应水平及混播比例下白羊草和柳枝稷的光合速率(均值±标准误,$n=5$)(开花期)

2) 气孔导度

柳枝稷和白羊草的气孔导度(G_s)均表现为分蘖期>开花期。在两个生育期,柳枝稷的 G_s 值均显著小于同等条件下白羊草的 G_s 值($p<0.05$)(图 6-10 和图 6-11)。各混播比例下,白羊草的气孔导度均未表现出明显规律,而柳枝稷的气孔导度均表现为混播大于单播(图 6-10 和图 6-11)。水分水平、氮肥处理、混播比例及其交互作用均对白羊草和柳枝稷的 G_s 值具有显著影响($p<0.05$)(表 6-6)。

表 6-6 水分水平、氮肥处理、混播比例及其交互作用对白羊草和柳枝稷光合气体交换参数的影响

植物名称	变异来源	自由度(df)	光合速率(P_n)	气孔导度(G_s)	蒸腾速率(T_r)	水分利用效率(WUE_i)
白羊草	水分水平(W)	2	<0.001	<0.001	<0.001	<0.001
	氮肥处理(N)	2	<0.001	<0.001	<0.001	0.033

续表

植物名称	变异来源	自由度(df)	光合速率(P_n)	气孔导度(G_s)	蒸腾速率(T_r)	水分利用效率(WUE_i)
白羊草	混播比例(M)	5	<0.001	0.034	<0.001	0.082
	水分水平×氮肥处理(W×N)	4	<0.001	<0.001	<0.001	<0.001
	水分水平×混播比例(W×M)	10	<0.001	<0.001	0.045	<0.001
	氮肥处理×混播比例(N×M)	10	<0.001	0.041	<0.001	<0.001
	水分水平×氮肥处理×混播比例(W×N×M)	20	<0.001	<0.001	<0.001	0.134
柳枝稷	水分水平(W)	2	<0.001	<0.001	<0.001	<0.001
	氮肥处理(N)	2	<0.001	<0.001	<0.001	<0.001
	混播比例(M)	5	<0.001	0.016	<0.001	0.455
	水分水平×氮肥处理(W×N)	4	<0.001	<0.001	<0.001	<0.001
	水分水平×混播比例(W×M)	10	<0.001	<0.001	<0.001	0.044
	氮肥处理×混播比例(N×M)	10	0.051	<0.001	<0.001	<0.001
	水分水平×氮肥处理×混播比例(W×N×M)	20	0.322	<0.034	0.021	0.226

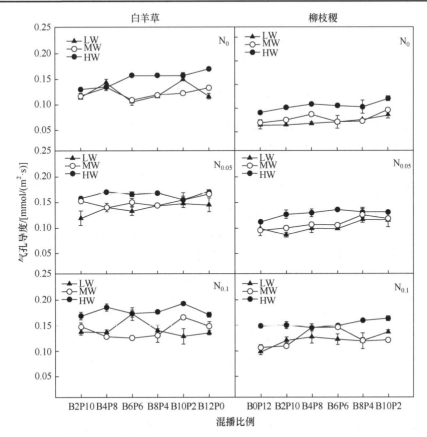

图 6-10　不同水氮供应水平及混播比例下白羊草和柳枝稷的气孔导度($n=5$)(分蘖期)

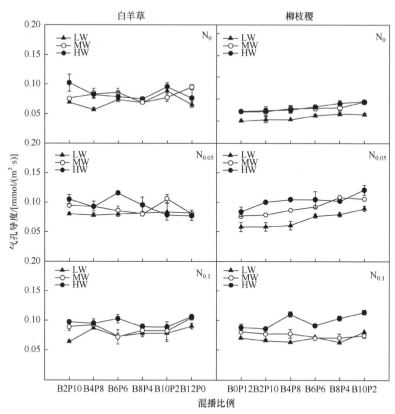

图6-11 不同水氮供应水平及混播比例下白羊草和柳枝稷的气孔导度($n=5$)(开花期)

在分蘖期,白羊草和柳枝稷在 HW 处理下的 G_s 显著高于 MW 和 LW 处理,但 MW 与 LW 处理差异不大;N_0 处理下,HW 处理下白羊草 G_s 分别较 MW、LW 平均增加了 25.6%和 27.4%,而柳枝稷 G_s 平均增加了 40.1%和 45.6%。$N_{0.05}$ 处理下,HW 水平下白羊草 G_s 分别较 MW、LW 平均增加了 16.1%和 22.7%,柳枝稷 G_s 平均增加了 26.3%和 25.5%;$N_{0.1}$ 处理下,HW 水平下白羊草 G_s 分别较 MW 和 LW 平均增加了 21.3%和 25.5%,而柳枝稷的 G_s 值平均增加了 22.1%和 29.9%。

在开花期,白羊草和柳枝稷的 G_s 在各水分水平间均未表现出明显差异。同一水分水平下,呈现出随施氮量增加升高的趋势。在 HW 条件下,$N_{0.1}$ 处理白羊草的 G_s 值分别较 $N_{0.05}$ 和 N_0 高 13.9%和 20.5%;同等条件下的柳枝稷 G_s 分别高 21.4% 和 32.9%。在 MW 和 LW 条件下,白羊草的 G_s 值在各施氮处理间差异不大;在 MW 条件下,柳枝稷的 G_s 在各氮肥处理均无显著差异;在 LW 条件下,柳枝稷 G_s 值表现为 $N_{0.1}$ 显著大于 $N_{0.05}$ 和 N_0($p<0.05$),后两者无显著差异。

3) 蒸腾速率

总体来说,柳枝稷的蒸腾速率(T_r)显著小于同条件下白羊草的蒸腾速率($p<0.05$)。两个生育期柳枝稷和白羊草蒸腾速率的测定结果均表现为分蘖期>开花期(图 6-12 和图 6-13)。白羊草和柳枝稷的 T_r 在各混播比例下均无显著差异(图 6-12

和图 6-13)。水分水平、氮肥处理、混播比例及其交互作用均对白羊草和柳枝稷的 T_r 具有显著影响($p<0.05$)(表 6-6)。

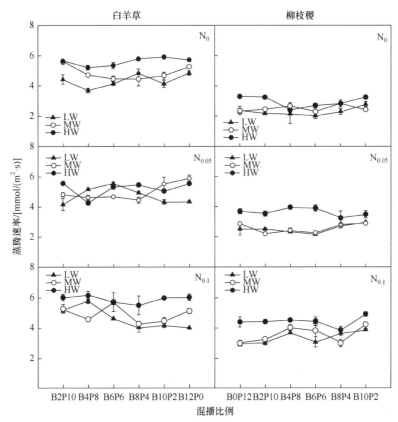

图 6-12　不同水氮供应水平及混播比例下白羊草和柳枝稷的蒸腾速率($n=5$)(分蘖期)

在 HW 处理下,柳枝稷和白羊草的 T_r 均显著高于 MW 和 LW 处理,MW 与 LW 处理的 T_r 差异不大。N_0 处理下,HW 处理下白羊草 T_r 的平均值分别较 MW 和 LW 水平增加了 19.1%和 24.9%,同样处理下柳枝稷的 T_r 值分别增加了 27.0%和 35.8%。$N_{0.05}$ 处理下,HW 水平下白羊草的 T_r 较 MW 和 LW 水平分别增加了 1.7%和 7.4%,而柳枝稷的 T_r 值分别平均增加了 26.2%和 35.3%。$N_{0.1}$ 处理下,HW 水平下白羊草的 T_r 值分别较 MW 和 LW 水平平均增加了 21.3%和 25.5%,同样处理下的柳枝稷 T_r 平均增加了 21.2%和 29.7%。

在相同的水分条件下,T_r 均随施氮量的增加呈增加趋势。在 HW 条件下,$N_{0.1}$ 处理的白羊草 T_r 分别较 $N_{0.05}$ 和 N_0 高 7.1%和 15.2%,而同等条件下的柳枝稷 T_r 分别高 12.5%和 47.2%。在 MW 条件下,$N_{0.1}$ 处理白羊草的 T_r 分别较 $N_{0.05}$ 和 N_0 处理高 0.6%和 0.2%,同等条件下的柳枝稷 T_r 分别高 12.6%和 42.2%。在 LW 条件下,$N_{0.1}$ 处理的白羊草 T_r 分别较 $N_{0.05}$ 和 N_0 处理高 4.0%和 10.5%,而 $N_{0.1}$ 处理的柳枝稷较 $N_{0.05}$ 和 N_0 处理高 10.9%和 41.6%。

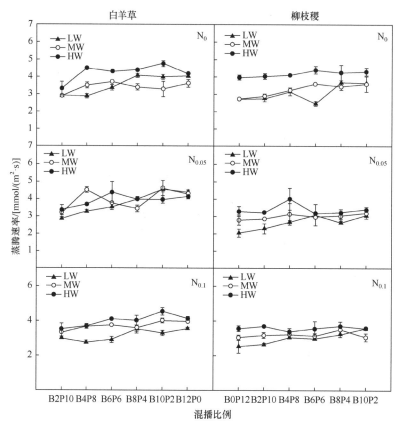

图 6-13　不同水氮供应水平及混播比例下白羊草和柳枝稷的蒸腾速率($n=5$)(开花期)

4) 水分利用效率

总体来说,两个生育期测定的柳枝稷的叶片水分利用效率(WUE_i)为分蘖期>开花期(图 6-14 和图 6-15),而白羊草的 WUE_i 在两个生育期间差异不大。相同比例或者水氮条件下,柳枝稷的 WUE_i 均显著大于白羊草($p<0.05$;图 6-14 和图 6-15)。除了混播比例、水分水平×氮肥处理×混播比例的交互作用对白羊草和柳枝稷的 WUE_i 影响不显著外,水分水平、氮肥处理、混播比例及其交互作用均对白羊草和柳枝稷的 WUE_i 具有显著影响($p<0.05$)(表 6-6)。

施氮有利于提高水分利用效率,$N_{0.05}$ 和 $N_{0.1}$ 处理的 WUE_i 均显著大于 N_0,其中柳枝稷的 WUE_i 在 $N_{0.05}$ 条件下达到最大。氮肥对白羊草的作用在不同生育期表现各异,在分蘖期表现为 $N_{0.05}>N_{0.1}>N_0$,而在开花期表现为 $N_{0.1}>N_{0.05}>N_0$。白羊草和柳枝稷的 WUE_i 在各水分处理间差异不大(图 6-14 和图 6-15)。

2. 叶绿素荧光参数

1) PSⅡ最大光化学效率

柳枝稷和白羊草的最大光化学效率(F_v/F_m)值均表现为分蘖期>开花期($p<0.05$)。不

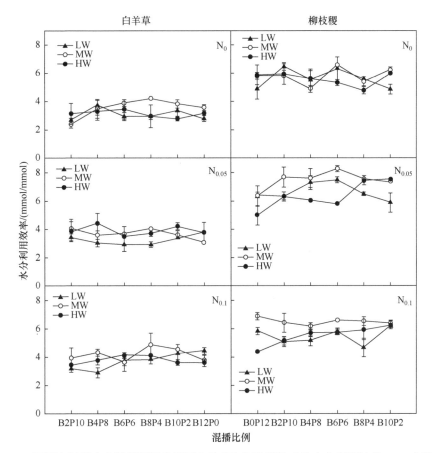

图 6-14 不同水氮供应水平及混播比例下白羊草和柳枝稷的叶片水分利用效率($n=5$)(分蘖期)

同水氮供应条件下，白羊草的最大光化学效率值为分蘖期 0.42～0.73，开花期 0.36～0.63，柳枝稷的最大光化学效率为分蘖期 0.45～0.63，开花期 0.36～0.58(表 6-7)。

混播白羊草的 F_v/F_m 值均显著低于单播($p<0.05$，表 6-7)，而柳枝稷恰好相反，表现为混播大于单播，但各比例间差异不显著。水分水平、氮肥处理、混播比例均对白羊草和柳枝稷的 F_v/F_m 值有显著性影响，但其两两或者三者的交互作用对白羊草与柳枝稷的 F_v/F_m 值影响不显著($p<0.05$)(表 6-7)。

水分供应水平降低显著降低了白羊草和柳枝稷的 F_v/F_m 值。N_0 处理下，相比 HW 处理，MW 和 LW 水平下白羊草的 F_v/F_m 值平均降低了 1.4%和 6.9%，而同样处理下的柳枝稷的 F_v/F_m 值分别平均降低了 1.3%和 4.2%。$N_{0.05}$ 处理下，MW 和 LW 水平下白羊草的 F_v/F_m 值较 HW 水平平均降低了 1.2%和 1.7%，同样处理下柳枝稷的 F_v/F_m 值分别平均降低了 0.8%和 2.2%。$N_{0.1}$ 处理下，MW 和 LW 水平下白羊草的 F_v/F_m 值较 HW 水平分别平均降低了 0.3%和 1.9%，而同样处理下柳枝稷的 F_v/F_m 值分别平均降低了 1.0%和 2.5%。

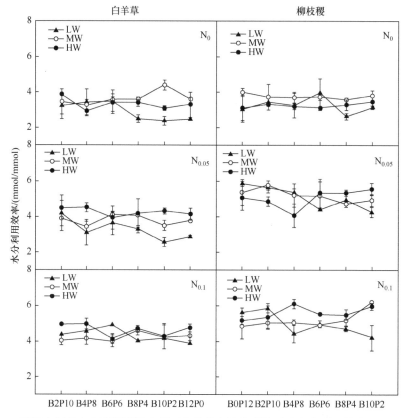

图 6-15 不同水氮供应水平及混播比例下白羊草和柳枝稷的叶片水分利用效率(n=5)(开花期)

白羊草和柳枝稷的 F_v/F_m 值在 3 个水分水平条件下均表现为随氮肥水平增加升高的趋势，但增加的幅度取决于水分水平。在 HW 条件下，$N_{0.1}$ 处理白羊草的 F_v/F_m 值分别较 $N_{0.05}$ 和 N_0 平均增加了 1.9%和 4.0%，同等条件下柳枝稷的 F_v/F_m 平均增加了 1.0%和 3.2%。在 MW 条件下，$N_{0.1}$ 处理白羊草的 F_v/F_m 值分别较 $N_{0.05}$ 和 N_0 高出 1.2%和 3.4%，同等条件下柳枝稷的 F_v/F_m 值平均增加了 0.6%和 3.0%。在 LW 条件下，$N_{0.1}$ 处理的白羊草 F_v/F_m 值分别较 $N_{0.05}$ 和 N_0 平均增加了 3.6%和 11.5%；$N_{0.1}$ 处理的柳枝稷 F_v/F_m 值分别平均增加了 0.1%和 4.1%。

2) 光化学淬灭系数和非光化学淬灭系数

柳枝稷和白羊草的光化学淬灭系数(qP)两个生育期均表现为分蘖期>开花期，而非光化学淬灭系数(NPQ)恰好相反，表现为分蘖期<开花期(表 6-8)。相同水分条件下，随施氮量增加，qP 明显增加，而 NPQ 显著下降(表 6-8 和表 6-9)。在混播条件下，白羊草的 qP 值均显著低于单播，而柳枝稷 qP 值表现为混播大于单播(表 6-9)。除了氮肥水平×混播比例、水分水平×氮肥处理×混播比例对白羊草的 qP 影响不显著外，水分水平、氮肥处理、混播比例及三者的交互作用均对白羊草的 qP 和 NPQ 值有显著影响。对柳枝稷来说，仅水分水平、水分水平×氮肥处理对其 qP 和 NPQ 有显著影响(表 6-10)。

表 6-7 不同水氮供应水平及混播比例下白羊草(B)和柳枝稷(P)的最大光学效率(均值±标准误，n=5)

水分处理	混播比例	分蘖期 白羊草 低氮(N0)	分蘖期 白羊草 中氮(N0.05)	分蘖期 白羊草 高氮(N0.1)	分蘖期 柳枝稷 低氮(N0)	分蘖期 柳枝稷 中氮(N0.05)	分蘖期 柳枝稷 高氮(N0.1)	开花期 白羊草 低氮(N0)	开花期 白羊草 中氮(N0.05)	开花期 白羊草 高氮(N0.1)	开花期 柳枝稷 低氮(N0)	开花期 柳枝稷 中氮(N0.05)	开花期 柳枝稷 高氮(N0.1)
80%FC(HW)	B12P0	0.66±0.06	0.68±0.03	0.69±0.04	—	—	—	0.57±0.04	0.63±0.01	0.67±0.05	—	—	—
	B10P2	0.69±0.05	0.67±0.05	0.73±0.03	0.59±0.04	0.62±0.03	0.64±0.05	0.55±0.03	0.58±0.02	0.59±0.01	0.48±0.02	0.52±0.01	0.58±0.03
	B8P4	0.66±0.03	0.66±0.03	0.65±0.01	0.51±0.01	0.61±0.01	0.60±0.02	0.38±0.02	0.49±0.01	0.54±0.04	0.40±0.01	0.60±0.03	0.56±0.03
	B6P6	0.65±0.04	0.67±0.07	0.72±0.02	0.55±0.02	0.60±0.02	0.63±0.01	0.47±0.02	0.48±0.02	0.59±0.03	0.43±0.03	0.49±0.01	0.51±0.01
	B4P8	0.64±0.02	0.70±0.03	0.71±0.01	0.62±0.01	0.62±0.01	0.61±0.03	0.39±0.01	0.41±0.03	0.64±0.02	0.46±0.01	0.56±0.03	0.53±0.01
	B2P10	0.66±0.02	0.62±0.04	0.72±0.02	0.61±0.01	0.56±0.01	0.60±0.01	0.50±0.01	0.60±0.03	0.55±0.01	0.54±0.01	0.49±0.01	0.55±0.02
	B0P12	—	—	—	0.52±0.02	0.59±0.03	0.60±0.02	0.48±0.03	0.49±0.02	—	0.48±0.03	0.49±0.02	0.50±0.01
60%FC(MW)	B12P0	0.62±0.03	0.66±0.03	0.68±0.03	—	—	—	0.50±0.02	0.63±0.01	0.69±0.02	—	—	—
	B10P2	0.64±0.01	0.65±0.01	0.63±0.02	0.53±0.02	0.58±0.04	0.59±0.02	0.43±0.01	0.59±0.02	0.57±0.01	0.48±0.03	0.50±0.02	0.59±0.01
	B8P4	0.61±0.02	0.67±0.02	0.71±0.03	0.52±0.01	0.55±0.02	0.57±0.01	0.41±0.04	0.48±0.01	0.57±0.02	0.48±0.01	0.49±0.01	0.57±0.04
	B6P6	0.64±0.01	0.61±0.01	0.68±0.02	0.50±0.02	0.55±0.01	0.58±0.04	0.51±0.01	0.58±0.02	0.60±0.02	0.45±0.01	0.44±0.01	0.55±0.01
	B4P8	0.60±0.03	0.67±0.02	0.70±0.03	0.45±0.01	0.53±0.03	0.51±0.01	0.50±0.02	0.52±0.01	0.65±0.01	0.38±0.02	0.45±0.02	0.51±0.01
	B2P10	0.60±0.02	0.60±0.03	0.65±0.04	0.49±0.01	0.48±0.01	0.59±0.02	0.36±0.03	0.51±0.03	0.54±0.01	0.43±0.01	0.43±0.01	0.56±0.02
	B0P12	—	—	—	0.49±0.02	0.52±0.03	0.56±0.02	—	—	0.51±0.04	0.42±0.02	0.41±0.02	0.53±0.02
40%FC(LW)	B12P0	0.51±0.02	0.66±0.01	0.60±0.02	—	—	—	0.44±0.02	0.45±0.03	0.47±0.02	—	—	—
	B10P2	0.42±0.01	0.72±0.01	0.58±0.01	0.51±0.04	0.51±0.03	0.55±0.04	0.41±0.01	0.41±0.01	0.50±0.01	0.46±0.02	0.46±0.02	0.45±0.01
	B8P4	0.51±0.01	0.70±0.02	0.59±0.02	0.53±0.04	0.49±0.01	0.53±0.01	0.44±0.02	0.45±0.02	0.50±0.02	0.45±0.01	0.45±0.01	0.46±0.02
	B6P6	0.51±0.02	0.65±0.01	0.60±0.03	0.52±0.03	0.50±0.04	0.51±0.03	0.49±0.01	0.46±0.01	0.50±0.02	0.40±0.01	0.47±0.01	0.43±0.01
	B4P8	0.49±0.01	0.62±0.02	0.53±0.01	0.50±0.02	0.49±0.01	0.53±0.01	0.42±0.03	0.46±0.01	0.47±0.01	0.45±0.01	0.42±0.02	0.42±0.03
	B2P10	0.48±0.03	0.62±0.03	0.58±0.03	0.53±0.04	0.52±0.03	0.51±0.02	0.43±0.02	0.43±0.03	0.48±0.02	0.36±0.02	0.43±0.01	0.42±0.01
	B0P12	—	—	—	0.52±0.04	0.49±0.01	0.50±0.01	—	—	—	0.38±0.03	0.39±0.01	0.40±0.03

表6-8 不同水氮供应水平及混播比例下白羊草(B)和柳枝稷(P)的光化学淬灭系数(均值±标准误，$n=5$)

水分处理	混播比例	分蘖期 白羊草 低氮(N_0)	分蘖期 白羊草 中氮($N_{0.05}$)	分蘖期 白羊草 高氮($N_{0.1}$)	分蘖期 柳枝稷 低氮(N_0)	分蘖期 柳枝稷 中氮($N_{0.05}$)	分蘖期 柳枝稷 高氮($N_{0.1}$)	开花期 白羊草 低氮(N_0)	开花期 白羊草 中氮($N_{0.05}$)	开花期 白羊草 高氮($N_{0.1}$)	开花期 柳枝稷 低氮(N_0)	开花期 柳枝稷 中氮($N_{0.05}$)	开花期 柳枝稷 高氮($N_{0.1}$)
80%FC (HW)	B12P0	0.66±0.06	0.68±0.03	0.69±0.04	—	—	—	0.57±0.04	0.63±0.01	0.67±0.05	—	—	—
	B10P2	0.69±0.05	0.67±0.05	0.73±0.03	0.59±0.04	0.62±0.03	0.64±0.05	0.55±0.03	0.58±0.02	0.59±0.01	0.48±0.02	0.52±0.01	0.58±0.03
	B8P4	0.66±0.03	0.66±0.03	0.65±0.01	0.51±0.01	0.61±0.01	0.60±0.02	0.38±0.02	0.49±0.01	0.54±0.04	0.40±0.01	0.60±0.03	0.56±0.03
	B6P6	0.65±0.04	0.67±0.07	0.72±0.02	0.55±0.02	0.60±0.02	0.63±0.01	0.47±0.02	0.48±0.02	0.59±0.03	0.43±0.03	0.49±0.01	0.51±0.01
	B4P8	0.64±0.02	0.70±0.03	0.71±0.01	0.62±0.01	0.62±0.01	0.61±0.03	0.39±0.01	0.41±0.03	0.64±0.02	0.46±0.01	0.56±0.03	0.53±0.01
	B2P10	0.66±0.02	0.62±0.04	0.72±0.02	0.61±0.01	0.56±0.01	0.60±0.01	0.50±0.01	0.60±0.03	0.55±0.01	0.54±0.01	0.49±0.01	0.55±0.02
	B0P12	—	—	—	0.52±0.02	0.59±0.03	0.60±0.02	—	—	—	0.48±0.03	0.49±0.02	0.50±0.01
60%FC (MW)	B12P0	0.62±0.03	0.66±0.03	0.68±0.03	—	—	—	0.50±0.02	0.63±0.01	0.69±0.02	—	—	—
	B10P2	0.50±0.01	0.65±0.01	0.63±0.02	0.53±0.02	0.58±0.04	0.59±0.02	0.43±0.01	0.59±0.02	0.57±0.01	0.48±0.03	0.50±0.02	0.59±0.01
	B8P4	0.71±0.02	0.67±0.02	0.71±0.03	0.52±0.01	0.62±0.02	0.61±0.01	0.41±0.04	0.48±0.01	0.57±0.02	0.48±0.01	0.49±0.01	0.57±0.04
	B6P6	0.64±0.01	0.61±0.01	0.68±0.02	0.50±0.02	0.55±0.01	0.58±0.04	0.51±0.01	0.58±0.02	0.60±0.01	0.45±0.01	0.44±0.01	0.55±0.01
	B4P8	0.70±0.03	0.67±0.02	0.70±0.03	0.45±0.01	0.53±0.03	0.51±0.01	0.50±0.02	0.52±0.01	0.65±0.01	0.38±0.02	0.35±0.02	0.51±0.01
	B2P10	0.65±0.02	0.60±0.03	0.65±0.04	0.49±0.01	0.48±0.01	0.59±0.02	0.36±0.03	0.51±0.03	0.54±0.01	0.43±0.01	0.43±0.01	0.56±0.02
	B0P12	—	—	—	0.49±0.02	0.52±0.03	0.56±0.02	—	—	—	0.42±0.01	0.41±0.02	0.53±0.02
40%FC (LW)	B12P0	0.51±0.02	0.66±0.01	0.60±0.02	—	—	—	0.44±0.02	0.45±0.03	0.51±0.04	—	—	—
	B10P2	0.42±0.01	0.72±0.01	0.58±0.01	0.49±0.04	0.51±0.03	0.55±0.04	0.41±0.01	0.41±0.01	0.47±0.02	0.46±0.02	0.46±0.02	0.45±0.01
	B8P4	0.61±0.01	0.70±0.02	0.59±0.02	0.53±0.04	0.49±0.01	0.53±0.01	0.44±0.02	0.45±0.02	0.50±0.01	0.45±0.01	0.45±0.01	0.46±0.02
	B6P6	0.51±0.02	0.65±0.01	0.60±0.03	0.52±0.03	0.58±0.04	0.51±0.03	0.49±0.01	0.46±0.01	0.50±0.02	0.40±0.01	0.47±0.01	0.43±0.01
	B4P8	0.49±0.01	0.62±0.02	0.53±0.01	0.44±0.02	0.49±0.01	0.53±0.01	0.34±0.03	0.46±0.01	0.47±0.01	0.45±0.01	0.42±0.02	0.42±0.03
	B2P10	0.61±0.03	0.62±0.03	0.58±0.03	0.54±0.04	0.52±0.03	0.51±0.02	0.48±0.02	0.43±0.03	0.48±0.02	0.36±0.03	0.43±0.01	0.42±0.01
	B0P12	—	—	—	0.55±0.04	0.53±0.01	0.50±0.01	—	—	—	0.38±0.03	0.39±0.01	0.40±0.03

表 6-9　不同水氮供应水平及混播比例下白羊草(B)和柳枝稷(P)的非光化学淬灭系数(均值±标准误, $n=5$)

水分处理	混播比例	分蘖期 白羊草 低氮(N_0)	中氮($N_{0.05}$)	高氮($N_{0.1}$)	分蘖期 柳枝稷 低氮(N_0)	中氮($N_{0.05}$)	高氮($N_{0.1}$)	开花期 白羊草 低氮(N_0)	中氮($N_{0.05}$)	高氮($N_{0.1}$)	开花期 柳枝稷 低氮(N_0)	中氮($N_{0.05}$)	高氮($N_{0.1}$)
80%FC (HW)	B12P0	0.36 ±0.01	0.35 ±0.01	0.32 ±0.01	—	—	—	0.44 ±0.03	0.33 ±0.03	0.27 ±0.02	—	—	—
	B10P2	0.36 ±0.01	0.33 ±0.02	0.29 ±0.03	0.53 ±0.03	0.48 ±0.02	0.46 ±0.01	0.45 ±0.01	0.39 ±0.01	0.25 ±0.01	0.61 ±0.01	0.53 ±0.03	0.49 ±0.02
	B8P4	0.45 ±0.02	0.42 ±0.01	0.37 ±0.01	0.53 ±0.03	0.49 ±0.01	0.43 ±0.04	0.48 ±0.04	0.42 ±0.03	0.20 ±0.04	0.64 ±0.02	0.52 ±0.01	0.47 ±0.00
	B6P6	0.39 ±0.01	0.39 ±0.00	0.38 ±0.02	0.57 ±0.01	0.55 ±0.02	0.47 ±0.01	0.48 ±0.01	0.31 ±0.02	0.21 ±0.01	0.64 ±0.01	0.46 ±0.03	0.45 ±0.01
	B4P8	0.37 ±0.02	0.37 ±0.03	0.33 ±0.01	0.54 ±0.03	0.50 ±0.01	0.45 ±0.03	0.44 ±0.04	0.42 ±0.01	0.23 ±0.02	0.57 ±0.04	0.48 ±0.01	0.53 ±0.01
	B2P10	0.33 ±0.01	0.32 ±0.01	0.30 ±0.02	0.49 ±0.01	0.45 ±0.02	0.42 ±0.00	0.42 ±0.01	0.43 ±0.05	0.27 ±0.02	0.66 ±0.01	0.51 ±0.02	0.50 ±0.03
	B0P12	—	—	—	0.46 ±0.04	0.46 ±0.01	0.43 ±0.01	—	—	—	0.67 ±0.02	0.56 ±0.02	0.50 ±0.02
60%FC (MW)	B12P0	0.41 ±0.01	0.38 ±0.01	0.38 ±0.03	—	—	—	0.44 ±0.02	0.37 ±0.02	0.34 ±0.03	—	—	—
	B10P2	0.43 ±0.01	0.39 ±0.01	0.37 ±0.01	0.59 ±0.01	0.50 ±0.00	0.46 ±0.01	0.40 ±0.01	0.39 ±0.03	0.33 ±0.02	0.62 ±0.06	0.54 ±0.03	0.50 ±0.01
	B8P4	0.48 ±0.02	0.45 ±0.00	0.40 ±0.04	0.69 ±0.03	0.58 ±0.01	0.44 ±0.02	0.43 ±0.02	0.40 ±0.01	0.32 ±0.01	0.58 ±0.01	0.69 ±0.01	0.46 ±0.02
	B6P6	0.40 ±0.01	0.39 ±0.00	0.34 ±0.01	0.61 ±0.01	0.55 ±0.04	0.49 ±0.01	0.40 ±0.03	0.37 ±0.04	0.35 ±0.03	0.57 ±0.05	0.51 ±0.01	0.50 ±0.01
	B4P8	0.46 ±0.01	0.48 ±0.01	0.36 ±0.02	0.67 ±0.02	0.61 ±0.03	0.42 ±0.01	0.48 ±0.04	0.40 ±0.01	0.33 ±0.01	0.55 ±0.01	0.50 ±0.02	0.56 ±0.02
	B2P10	—	—	—	0.58 ±0.01	0.58 ±0.05	0.46 ±0.03	0.49 ±0.03	0.40 ±0.05	0.35 ±0.04	0.53 ±0.03	0.65 ±0.01	0.56 ±0.01
	B0P12	—	—	—	0.69 ±0.03	0.54 ±0.01	0.46 ±0.02	—	—	—	0.57 ±0.04	0.59 ±0.04	0.59 ±0.02
40%FC (LW)	B12P0	0.54 ±0.04	0.47 ±0.02	0.42 ±0.03	—	—	—	0.46 ±0.05	0.43 ±0.01	0.41 ±0.03	—	—	—
	B10P2	0.53 ±0.01	0.44 ±0.01	0.40 ±0.01	0.76 ±0.05	0.59 ±0.03	0.50 ±0.04	0.42 ±0.01	0.42 ±0.04	0.44 ±0.01	0.72 ±0.01	0.70 ±0.05	0.69 ±0.02
	B8P4	0.52 ±0.03	0.52 ±0.03	0.43 ±0.00	0.78 ±0.01	0.56 ±0.01	0.53 ±0.01	0.47 ±0.02	0.43 ±0.03	0.40 ±0.02	0.74 ±0.03	0.74 ±0.03	0.65 ±0.01
	B6P6	0.43 ±0.02	0.45 ±0.01	0.44 ±0.02	0.54 ±0.03	0.53 ±0.04	0.49 ±0.02	0.47 ±0.02	0.41 ±0.01	0.40 ±0.01	0.71 ±0.02	0.70 ±0.01	0.64 ±0.03
	B4P8	0.48 ±0.01	0.45 ±0.01	0.44 ±0.01	0.67 ±0.01	0.46 ±0.01	0.58 ±0.03	0.43 ±0.01	0.41 ±0.01	0.42 ±0.01	0.72 ±0.06	0.72 ±0.01	0.61 ±0.03
	B2P10	0.50 ±0.02	0.40 ±0.02	0.40 ±0.00	0.58 ±0.02	0.53 ±0.04	0.52 ±0.01	0.49 ±0.04	0.42 ±0.02	0.41 ±0.01	0.68 ±0.01	0.65 ±0.02	0.60 ±0.01
	B0P12	—	—	—	0.74 ±0.01	0.50 ±0.01	0.54 ±0.03	—	—	—	0.65 ±0.05	0.58 ±0.02	0.55 ±0.02

表 6-10　水分水平、氮肥处理、混播比例及其交互作用对白羊草和柳枝稷叶绿素荧光参数的影响

植物名称	变异来源	自由度(df)	最大光化学效率 (F_v/F_m)	光化学淬灭系数(qP)	非光化学淬灭系数 (NPQ)
白羊草	水分水平 (W)	2	**<0.001**	**<0.001**	**<0.001**
	氮肥处理 (N)	2	**<0.001**	**<0.001**	**<0.001**
	混播比例 (M)	5	**<0.001**	**0.017**	**<0.001**
	W × N	4	0.124	**0.003**	**0.007**
	W × M	10	0.480	**<0.001**	**0.012**
	N × M	10	0.876	0.232	**<0.001**
	W × N × M	20	0.931	0.041	**<0.001**
柳枝稷	水分水平 (W)	2	**<0.001**	**0.004**	**<0.001**
	氮肥处理 (N)	2	**<0.001**	**0.005**	0.188
	混播比例 (M)	5	**<0.001**	0.197	0.05
	W × N	4	0.092	**0.006**	**<0.001**
	W × M	10	0.554	0.885	0.161
	N × M	10	0.751	0.985	0.426
	W × N × M	20	0.962	0.991	0.096

HW 条件下,$N_{0.05}$ 和 $N_{0.1}$ 处理下各混播比例白羊草的 qP 值比 N_0 平均增加 5.5% 和 11.3%,同等处理的柳枝稷 qP 平均增加了 8.01% 和 18.75%。$N_{0.05}$ 和 $N_{0.1}$ 处理下,白羊草的 NPQ 值比 N_0 平均分别降低了 9.6% 和 20.8%,同等处理的柳枝稷 NPQ 平均降低了 13.2% 和 18.7%。MW 条件下,白羊草在 $N_{0.05}$ 和 $N_{0.1}$ 处理下的 qP 值比 N_0 平均增加了 10.1% 和 7.7%,柳枝稷 qP 平均分别增加了 10.3% 和 7.8%;各处理的白羊草 NPQ 值比 N_0 平均降低了 6.1%、19.4%;柳枝稷 NPQ 值平均降低了 6.3%、18.3%。LW 条件下,白羊草各处理的 qP 值比 N_0 处理平均分别增加了 17.2% 和 19.3%,柳枝稷 qP 平均分别增加了 6.5% 和 12.7%;各处理的白羊草的 NPQ 值比 N_0 平均降低了 8.4%、12.3%;柳枝稷 NPQ 值比 N_0 处理平均降低了 12.1%、16.5%。相同施氮条件下,白羊草和柳枝稷各水分处理下的 qP 值均表现为 HW>MW>LW,HW 和 MW 水平差异不显著,但均显著大于 LW 水平。对 NPQ 来说,总体表现为随水分水平的增加而降低,以 LW 水平下显著最大($p<0.05$)(表 6-8 和表 6-9)。

6.2.7　水氮供应对柳枝稷和白羊草生长及种间关系的影响

1. 株高

在所有处理下,柳枝稷的株高均大于白羊草。生育期对白羊草和柳枝稷的株高有显著影响,二者的株高均随生育期的推进而增大,其中柳枝稷在生育前期(苗期–分蘖期)的生长速率较快,而在后期(分蘖期–开花期),白羊草的生长速率则大于柳枝稷。混播比例对白羊草和柳枝稷的株高有显著影响(表 6-11)。同一水分水平下,白羊草的

表 6-11　不同水氮供应水平及组合比例下白羊草(B)和柳枝稷(P)株高 (均值±标准误, n=5)

水分处理	混播比例	分蘖期						开花期					
		白羊草			柳枝稷			白羊草			柳枝稷		
		低氮(N_0)	中氮($N_{0.05}$)	高氮($N_{0.1}$)	低氮(N_0)	中氮($N_{0.05}$)	高氮($N_{0.1}$)	低氮(N_0)	中氮($N_{0.05}$)	高氮($N_{0.1}$)	低氮(N_0)	中氮($N_{0.05}$)	高氮($N_{0.1}$)
80% FC (HW)	B12P0	30±2 a(c)	47±2 a(b)	52±3 a(a)	—	—	—	60±3 a(c)	65±5 a(b)	76±3 a(a)	—	—	—
	B10P2	28±3 a(c)	43±2 b(b)	50±2 a(a)	57±4 a(c)	65±3 a(b)	70±2 a(a)	58±3 a(c)	64±4 a(b)	74±2 a(a)	62±3 a(c)	77±4 a(b)	88±3 a(a)
	B8P4	27±1 a(c)	42±3 b(b)	49±2 ab(a)	56±3 b(c)	63±3 a(b)	67±22 b(a)	57±3 a(c)	61±4 b(b)	75±3 a(a)	61±2 a(c)	75±2 a(b)	87±3 a(a)
	B6P6	29±1 a(c)	39±2 c(b)	50±2 a(a)	57±4 a(c)	60±3 b(b)	65±32 b(a)	60±3 a(c)	63±3 b(b)	73±2 b(a)	62±3 a(c)	72±3 a(b)	85±4 a(a)
	B4P8	28±2 a(c)	38±2 c(b)	46±3 b(a)	54±3 b(c)	61±3 b(b)	63±2 c(a)	58±4 a(c)	62±3 b(b)	71±3 b(a)	59±5 a(c)	73±4 a(b)	83±2 a(a)
	B2P10	26±2b(c)	37±2 c(b)	44±3 c(a)	55±4 ab(c)	58±3 c(b)	64±3 c(a)	56±2 b(c)	60±3 b(b)	69±4 b(a)	60±5 a(c)	73±3 a(b)	79±2 b(a)
	B0P12	—	—	—	53±4 b(c)	58±4 c(b)	63±2 c(a)	—	—	—	58±3 a(c)	71±2 b(b)	80±3 b(a)
60% FC (HW)	B12P0	29±3 a(c)	43±4 a(b)	48±4 a(a)	—	—	—	45±4 a(c)	55±3 a(b)	69±4 a(a)	—	—	—
	B10P2	27±3 a(c)	43±3 a(b)	46±3 b(a)	53±5 a(c)	60±2 a(b)	63±4 a(a)	44±2 a(c)	58±3 a(b)	70±3 a(a)	52±3 a(c)	64±3 a(b)	73±3 a(a)
	B8P4	24±3 b(c)	40±3b(b)	45±2 b(a)	52±4 a(c)	59±2 a(b)	60±4 b(a)	43±3 a(c)	56±3 a(b)	64±4 a(a)	48±3 a(c)	63±4 a(b)	72±3 a(a)
	B6P6	23±3 b(c)	40±2 b(b)	44±3 c(a)	50±3 b(c)	58±5 b(b)	61±3 b(a)	41±3 b(c)	59±4 a(b)	60±3 b(a)	43±2 a(c)	65±2 a(b)	72±3 a(a)
	B4P8	24±2 b(c)	37±3 b(b)	42±4 c(a)	48±5 b(c)	58±4 b(b)	60±3 b(a)	39±3 b(c)	57±3 a(b)	69±3 b(a)	48±2 a(c)	58±3 b(b)	69±3 b(a)
	B2P10	23±3 b(c)	36±3 c(b)	41±4 c(a)	53±3 a(c)	57±3 b(b)	60±3 b(a)	38±3 b(c)	57±2 a(b)	60±2 b(a)	49±4 a(c)	57±4 b(b)	70±3 b(a)
	B0P12	—	—	—	47±3 c(c)	56±2 b(b)	58±3 c(a)	—	—	—	53±3 a(c)	56±3 b(b)	69±2 b(a)
40% FC (HW)	B12P0	24±2 a(b)	33±4 a(a)	33±2 a(a)	—	—	—	45±2 a(c)	50±2 a(b)	54±2 a(a)	—	—	—
	B10P2	23±2 a(b)	33±2 a(a)	32±3 a(a)	47±4 a(b)	57±4 a(a)	57±3 a(a)	44±3 a(c)	46±3 a(b)	51±4 a(a)	48±3 a(c)	53±3 a(b)	55±3 a(a)
	B8P4	25±3 a(b)	29±2 b(a)	28±3 b(a)	45±4 a(b)	54±3 b(a)	56±3 a(a)	42±3 a(c)	48±2 a(b)	52±2 a(a)	47±1 a(c)	52±4 a(b)	50±3 a(a)
	B6P6	24±1 a(b)	30±3 b(a)	31±3 b(a)	44±2 ab(b)	50±3c(a)	50±2 b(a)	41±3 a(c)	46±2 b(b)	50±3 a(a)	48±3 a(c)	53±3 a(b)	53±3 a(a)
	B4P8	21±2 b(b)	30±3 b(a)	32±4 b(a)	45±2 a(b)	51±3 c(a)	49±1 b(a)	38±3 b(c)	45±3 b(b)	49±3 b(a)	45±3 a(c)	50±3 b(b)	51±2 b(a)
	B2P10	20±4 b(b)	28±2 b(a)	28±3 b(a)	45±2 a(b)	50±3 c(a)	52±3 b(a)	38±2 b(c)	45±3 b(b)	50±4 b(a)	44±3 a(c)	51±3 b(b)	50±3 b(a)
	B0P12	—	—	—	43±5 b(b)	49±2 c(a)	50±2 b(a)	—	—	—	43±4 a(c)	50±3 b(b)	51±3 b(a)

注: 同列数字后不同小写字母表示混播比例间差异显著($p<0.05$), 括号内不同小写字母表示同一混播比例下不同氮处理间差异显著($p<0.05$), 下同。

株高均表现为单播大于混播；柳枝稷的株高基本以单播下最低(表 6-11)。水分水平、氮肥处理、混播比例及其交互作用均对白羊草和柳枝稷的株高均具有显著影响($p<0.05$，表 6-12)。

表 6-12　水分水平、氮肥处理、混播比例及其交互作用对白羊草和柳枝稷株高、生物量及根冠比影响

植物名称	变异来源	自由度	株高	单株生物量	根冠比
白羊草	水分水平(W)	2	<0.001	<0.001	<0.001
	氮肥处理(N)	2	<0.001	<0.001	<0.001
	混播比例(M)	5	<0.001	<0.001	0.071
	W × N	4	<0.001	<0.001	0.036
	W × M	10	<0.001	<0.001	0.459
	N × M	10	<0.001	<0.001	0.367
	W × N × M	20	<0.001	<0.001	0.122
柳枝稷	水分水平 (W)	2	<0.001	<0.001	<0.001
	氮肥处理 (N)	2	<0.001	<0.001	<0.001
	混播比例 (M)	5	<0.001	<0.001	0.067
	W × N	4	<0.001	<0.001	0.025
	W × M	10	<0.001	0.007	0.720
	N × M	10	<0.001	<0.001	0.944
	W × N × M	20	<0.001	<0.001	0.209

从总趋势来看，水分水平显著促进了白羊草和柳枝稷的株高生长。不同水分水平下，白羊草的株高出现显著性差异的顺序为高水(HW)>中水(MW)>低水(LW)($p<0.05$)。水分对柳枝稷的株高效应在不同生育时期表现各异。在分蘖期，不施氮(N_0)条件下，柳枝稷株高在 HW 和 MW 水平下差异不大，但均显著高于 LW 水平；在中氮($N_{0.05}$)、高氮($N_{0.1}$)及分蘖期，柳枝稷株高的显著性大小顺序为 HW>MW>LW($p<0.05$)(表 6-11)。

同一水分水平下，柳枝稷和白羊草的株高均随氮肥供应水平增加呈增加趋势。在 HW 水平下，$N_{0.1}$ 处理的白羊草株高分别较 $N_{0.05}$ 和 N_0 高出 15%和 30%，$N_{0.1}$ 处理的柳枝稷较 $N_{0.05}$ 和 N_0 分别高 16%和 32%。在 MW 和 LW 水平下，白羊草施 N 处理($N_{0.05}$，$N_{0.1}$)下的株高显著高于 N_0 处理($p<0.05$)，而 $N_{0.05}$ 和 $N_{0.1}$ 处理下的株高在分蘖期差异不明显，开花期白羊草和柳枝稷的株高差异显著性顺序为 $N_{0.1}$>$N_{0.05}$>N_0($p<0.05$)；在 LW 水平下，柳枝稷株高在 $N_{0.05}$ 和 $N_{0.1}$ 处理下始终差异不显著，表明在水分供应不足时，施氮对柳枝稷株高的作用有限。

2. 单株生物量及根冠比

总体而言，除在 LW 水平下，白羊草和柳枝稷单株生物量差异不显著外，在其余水分供应下，柳枝稷的单株生物量均大于白羊草的单株生物量，且随水氮供

应水平的提高,差异越来越显著(图 6-16)。水分胁迫显著降低了白羊草和柳枝稷的单株生物量,与充分供水相比,中水和低水条件下,柳枝稷的单株生物量分别下降了 35%和 49%,而白羊草的单株生物量分别下降了 26%和 42%;施氮显著增加了柳枝稷和白羊草的单株生物量,但其增加程度与水分水平有关。在 LW 水平下,施氮提高了柳枝稷和白羊草的单株生物量,但差异不显著;在 MW 和 HW 水平下,$N_{0.05}$ 处理下白羊草的单株生物量分别较 N_0 平均增加了 81.2%和 90.6%;$N_{0.1}$ 处理下分别增加了 97.5%和 143.2%。在 MW 和 HW 水平下,$N_{0.05}$ 处理使柳枝稷单株生物量分别较 N_0 处理平均增加了 99.8%和 118.6%,$N_{0.1}$ 处理分别增加了 127.3% 和 156.4%。统计分析表明,水分水平、氮肥处理、混播比例及其交互作用均对白羊草和柳枝稷的单株生物量均具有显著影响($p<0.05$)(表 6-12)。

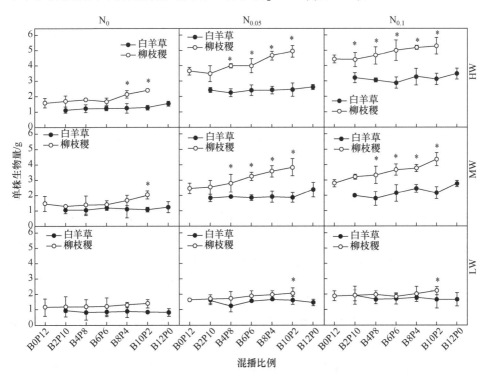

图 6-16　不同水氮供应水平及混播比例下白羊草和柳枝稷的单株生物量($n=5$)
*表示相同水氮处理下同一比例中白羊草和柳枝稷的生物量存在显著差异($p=0.05$)

各处理下,柳枝稷的根冠比均大于白羊草的根冠比(图 6-17)。不同混播比例下,白羊草和柳枝稷的根冠比均无明显的变化规律。分析表明,水分水平、氮肥处理及其交互作用对白羊草和柳枝稷的根冠比均具有显著影响($p<0.05$)(表 6-12)。

白羊草和柳枝稷的根冠比均随水分水平的增加而降低。与充分供水相比,在中水和低水条件下,白羊草的根冠比分别增加了 10.3%和 15.9%,而柳枝稷的根冠比分别增加了 6.2%和 14.6%;白羊草和柳枝稷的根冠比均随施氮量的增加而减小。在

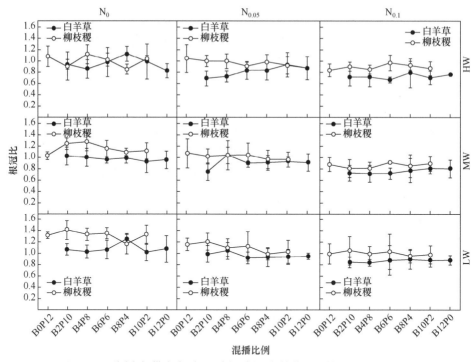

图 6-17　不同水氮供应水平及混播比例下白羊草和柳枝稷的根冠比(n=5)

HW 水平下，各混播比例下 $N_{0.05}$ 和 $N_{0.1}$ 处理的白羊草根冠比分别较 N_0 平均降低了 19.7%和 28.5%，柳枝稷平均分别降低了 2.7%和 10.1%。在 MW 条件下，$N_{0.05}$ 和 $N_{0.1}$ 处理的白羊草根冠比分别较 N_0 处理平均分别降低了 4.9%和 19.7%，柳枝稷分别降低了 11.2%和 26.8%。在 LW 条件下，$N_{0.05}$ 和 $N_{0.1}$ 处理的白羊草根冠比分别较 N_0 处理分别降低了 21.1%和 23.6%，而柳枝稷平均分别降低了 25.1%和 26.2%。

3. 总生物量及水分利用效率

水氮供应水平的增加显著增加了白羊草和柳枝稷的总生物量。在 LW 和 MW 水平下，白羊草的总生物量最低值出现在单播条件下，其他各混播比例间差异不显著；在 HW 水平和施氮条件下，柳枝稷单播总生物量显著最大，白羊草单播总生物量显著最小，而其余各混播比例总生物量差异不大；在 HW 和不施氮条件下，各混播比例间总生物量均无显著差异($p>0.05$)。

不论施氮量如何，混播总生物量均以 HW 条件下显著最高。MW 和 LW 水平间在不施氮下无显著差异，施氮条件下以 MW 水平的生物量显著较大($p<0.05$)。在同一水分供应水平下，两草种的总生物量随施氮量的增加而增大。在 HW 水平下，$N_{0.05}$ 和 $N_{0.1}$ 处理的总生物量分别较 N_0 平均增加了 105.8%和 155.6%；在 MW 水平下，$N_{0.05}$ 和 $N_{0.1}$ 处理的总生物量分别较 N_0 平均降低了 88.4%和 116.8%；在 LW 水平下，$N_{0.05}$ 和 $N_{0.1}$ 处理的总生物量分别较 N_0 平均降低了 60.0%和 73.6%(图 6-18)。

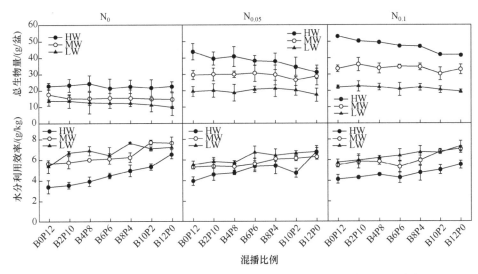

图 6-18　不同水氮供应水平及混播比例下两草种的总生物量及水分利用效率($n=5$)

　　两草种混播下的水分利用效率(WUE)均随白羊草所占比例的增加而升高,白羊草单播下最高;不同混播比例下的 WUE 以柳枝稷单播显著最低(图 6-18) ($p<0.05$)。不论施氮水平如何,WUE 均以 HW 条件下显著最低,MW 和 LW 水平间差异不大。在 N_0 处理下,HW 水平的 WUE 分别较 MW 和 LW 水平平均降低了 28.5%和 31.9%;在 $N_{0.05}$ 处理下,HW 水平的 WUE 分别较 MW 和 LW 平均降低了 11.3%和 18.6%;在 $N_{0.1}$ 处理下,HW 水平下 WUE 分别较 MW 和 LW 水平平均降低了 23.0%和27.7%(图 6-18)。施氮对 WUE 的影响在各水分水平间表现各异。HW 条件下,施氮促进了两草种混播的 WUE,MW 和 LW 条件下施氮则降低了二者混播的 WUE。HW 条件下,$N_{0.05}$ 和 $N_{0.1}$ 处理的 WUE 分别较 N_0 平均增加了 9.0%和 0.6%;MW 条件下,$N_{0.05}$ 和 $N_{0.1}$ 处理的 WUE 分别较 N_0 处理平均降低了 11.4%和 6.5%;LW 条件下,$N_{0.05}$ 和 $N_{0.1}$ 处理的 WUE 分别较 N_0 处理平均降低了 8.0%和 11.1%(图 6-18)。

4. 竞争系数

1) 竞争攻击力系数

　　不同水氮供应水平及混播比例下,白羊草对柳枝稷的竞争攻击力系数(A)均小于 0,表明柳枝稷为混播群体的优势种,白羊草对柳枝稷的竞争攻击力系数(A)随白羊草的相对比例减小而增加,最大值出现在 B2P10(表 6-13)。水分水平、氮肥处理、混播比例及其交互作用均对白羊草的 A 具有显著影响($p<0.05$)(表 6-14)。

　　水氮供应水平显著影响白羊草对柳枝稷的竞争攻击力系数(A)。在 MW 和 HW 水平下,白羊草对柳枝稷的 A 值均随施氮水平的增加而显著降低,表现为 N_0 处理下的 A 值显著最大($p<0.05$);LW 水平下,A 值则随施氮肥的加而增加;N_0 处理的 A 值(−0.094)显著小于 $N_{0.05}$(−0.056)和 $N_{0.1}$(−0.055)处理,后两者间无差异。

表 6-13 不同水氮供应水平及混播比例下白羊草和柳枝稷的竞争系数(均值±标准误, n=5)

竞争系数	混播比例	高水			中水			低水		
		低氮(N0)	中氮(N0.05)	高氮(N0.1)	低氮(N0)	中氮(N0.05)	高氮(N0.1)	低氮(N0)	中氮(N0.05)	高氮(N0.1)
白羊草竞争攻击力系数(A)	B10P2	-0.45±0.03	-0.62±0.06	-0.70±0.06	-0.29±0.02	-0.41±0.02	-0.46±0.02	-0.15±0.03	-0.10±0.02	-0.07±0.02
	B8P4	-0.37±0.02	-0.53±0.05	-0.59±0.04	-0.29±0.02	-0.25±0.03	-0.30±0.01	-0.12±0.02	-0.07±0.01	-0.04±0.02
	B6P6	-0.02±0.00	-0.44±0.04	-0.45±0.03	-0.20±0.02	-0.08±0.08	-0.10±0.06	-0.10±0.01	-0.05±0.01	-0.04±0.01
	B4P8	-0.12±0.01	-0.25±0.02	-0.47±0.06	-0.15±0.02	-0.15±0.04	-0.16±0.08	-0.07±0.02	-0.04±0.01	-0.10±0.02
	B2P10	-0.02±0.01	-0.17±0.02	-0.26±0.02	-0.04±0.02	-0.10±0.04	-0.14±0.09	-0.03±0.02	-0.02±0.01	-0.03±0.01
白羊草相对竞争强度(RCIab)	B10P2	0.13±0.01	0.13±0.02	0.23±0.01	0.10±0.01	0.12±0.00	0.14±0.01	0.08±0.05	0.05±0.05	0.05±0.00
	B8P4	0.10±0.05	0.12±0.050	0.19±0.00	0.09±0.00	0.10±0.01	0.12±0.01	0.05±0.05	0.04±0.00	0.04±0.05
	B6P6	0.09±0.00	0.16±0.00	0.17±0.01	0.06±0.01	0.12±0.00	0.13±0.01	0.04±0.05	0.06±0.00	-0.01±0.00
	B4P8	0.07±0.00	0.14±0.03	0.10±0.01	0.02±0.02	0.12±0.01	0.15±0.02	0.05±0.05	0.02±0.01	-0.02±0.00
	B2P10	0.05±0.00	0.03±0.03	0.05±0.00	0.02±0.00	0.10±0.01	0.11±0.01	0.00±0.05	0.02±0.00	-0.07±0.01
柳枝稷相对竞争强度(RCIba)	B10P2	-0.33±0.05	-0.34±0.05	-0.39±0.02	-0.28±0.02	-0.33±0.05	-0.46±0.04	-0.20±0.00	-0.06±0.00	-0.03±0.00
	B8P4	-0.16±0.04	-0.27±0.03	-0.37±0.02	-0.20±0.01	-0.35±0.03	-0.45±0.03	-0.13±0.01	-0.10±0.04	-0.01±0.01
	B6P6	-0.07±0.02	-0.09±0.02	-0.13±0.01	0.05±0.01	-0.32±0.02	-0.31±0.02	-0.07±0.01	-0.05±0.01	0.03±0.00
	B4P8	-0.05±0.01	-0.09±0.02	-0.10±0.01	0.06±0.00	-0.13±0.00	-0.19±0.02	-0.03±0.00	-0.04±0.01	0.05±0.00
	B2P10	-0.01±0.01	-0.05±0.01	-0.07±0.00	0.01±0.00	-0.03±0.00	-0.15±0.01	0.03±0.01	-0.02±0.00	0.07±0.01

同一施氮处理下，白羊草对柳枝稷的 A 值随水分供应水平的降低而增加。N_0 处理下，水分水平间 A 值高低顺序为 LW(-0.094)>MW(-0.194)>HW(-0.196) ($p<0.05$)；$N_{0.05}$ 处理下，水分水平间 A 值的大小顺序为 LW(-0.056)> MW(-0.198)> HW(-0.402)($p<0.05$)；$N_{0.1}$ 处理下，水分水平间 A 值的大小顺序为 LW(-0.056)> MW(-0.232)>HW(-0.494)($p<0.05$)。

表 6-14　水分水平、氮肥处理、混播比例及其交互作用对两草种总生物量、水分利用效率及竞争系数的影响

变异来源	自由度 (df)	总生物量	水分利用效率 (WUE)	白羊草竞争攻击力系数(A)	白羊草相对竞争强度 (RCI_{ab})	柳枝稷相对竞争强度 (RCI_{ba})
水分水平(W)	2	<0.001	<0.001	<0.001	<0.001	<0.001
氮肥处理(N)	2	<0.001	<0.001	<0.001	0.023	0.032
混播比例(M)	4	<0.001	<0.001	<0.001	0.053	0.065
水分水平×氮肥处理(W×N)	4	<0.001	0.011	0.037	<0.001	<0.001
水分水平×混播比例(W×M)	8	<0.001	0.004	0.015	0.015	0.021
氮肥处理×混播比例(N×M)	8	<0.001	<0.001	0.038	0.003	0.007
水分水平×氮肥处理×混播比例(W×N×M)	16	0.014	0.007	0.025	0.041	0.150

2) 相对竞争强度

相对竞争强度(RCI)的变化与水氮供应水平及混播比例有关。在不同水氮供应条件下，白羊草相对竞争强度 RCI_{ab} 随其所占比例的减小而减小，最小值出现在 B2P10。柳枝稷相对竞争指数 RCI_{ba} 表现出相反的趋势，随着白羊草所占比例减小而增大(表 6-13)。除混播比例对 RCI_{ab} 无显著影响外，水分水平、氮肥处理、混播比例及其交互作用对其均有显著影响($p<0.05$)(表 6-14)。

无论施氮水平如何，MW 和 HW 处理下的相对竞争强度(RCI_{ab})均大于 0，表明白羊草受柳枝稷的影响较强；且 RCI_{ab} 基本随施氮量的增加呈增加趋势；LW 条件下则表现出现相反的趋势，RCI_{ab} 总体着施氮量的增加而降低，但各处理下未表现出显著差异(表 6-13)。

柳枝稷相对竞争强度(RCI_{ba})总体表现为随白羊草所占比例减小而增大。无论施氮量如何，MW 和 HW 水平下的 RCI_{ba} 在各施氮处理下均小于 0，说明在混播条件下，柳枝稷受白羊草的影响较弱；除了混播比例、水分水平×氮肥处理×混播比例对 RCI_{ba} 无显著影响外，水分水平、氮肥处理、混播比例及其交互作用均对 RCI_{ba} 有显著影响($p<0.05$)。

在 HW 和 MW 条件下，柳枝稷对白羊草的各部分的 RCI_{ba} 均随施氮量的增加

呈降低趋势；在 LW 条件下，RCI$_{ba}$表现为随施氮量的增加而增加(表 6-13)。

3) 相对产量

在多数处理条件下，白羊草的相对产量(RY)普遍小于柳枝稷，并不随施氮量增加而发生明显变化(图 6-19)。在 HW 和 MW 条件下，柳枝稷单株总生物量的 RY 值随其相对比例的降低和施氮量的增加而呈增加趋势，且 RY 值大于 1.0，说明柳枝稷的种内竞争大于种间竞争。白羊草的 RY 值在各混播比例下差异不大，且随施氮量增加呈逐渐降低趋势，说明白羊草的种间竞争大于种内竞争，且随施氮量增加，种间竞争强度变大(图 6-19)。LW 处理下，白羊草的 RY 值趋于增加，柳枝稷的 RY 值趋于减少，且二者的 RY 值均与 1.0 无显著差异，表明二者种内竞争与种间竞争能力相当。

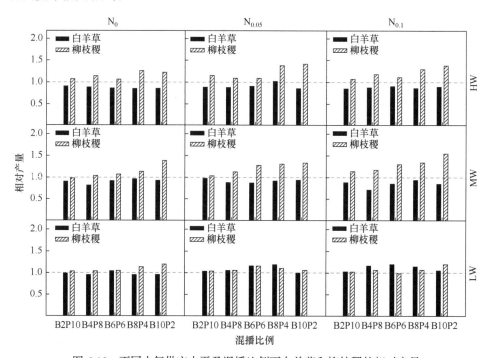

图 6-19　不同水氮供应水平及混播比例下白羊草和柳枝稷的相对产量

6.3　讨论与结论

水氮是半干旱生态系统中两个最大的限制因素(Yang et al.，2011；Hooper and Johnson，1999)。水分亏缺会限制植物生长的高度、分蘖数和生物量，施氮则可通过防止细胞膜损伤和调节植物渗透压来减轻(Abid et al.，2016，Guo et al.，2010)或增强这些负效应(Dziedek et al.，2016)。本章的研究结果证实，水分和氮素共同限制了白羊草和柳枝稷的生长，但施氮可减轻水分亏缺造成的负面影响。

6.3.1　光合气体交换参数

植物种间竞争能力的大小可通过初级生产力来反映，而植物初级生产力基本与叶片光合速率成正比(Song et al.，2012)。光合作用不仅与植物本身的属性和外界环境密切相关，也是评价植物对外界环境适应能力的一个重要指标(张卫强等，2013)。本章对柳枝稷和白羊草在分蘖期和开花期叶片的光合气体交换参数研究表明，白羊草和柳枝稷的叶片光合速率(P_n)、气孔导度(G_s)、蒸腾速率(T_r)、叶片水分利用效率(WUE_i)均表现为分蘖期>开花期，这与二者的生长节律相符，因为分蘖期是禾草生长的旺盛期，需积累更多的光合产物来维持自身生长及生理活动的需求；开花期则是其生长的衰退期(Gao et al.，2015；郭春燕等，2013)。此外，白羊草和柳枝稷的叶片 P_n、G_s、T_r、WUE_i 的种间差异达显著水平($p<0.05$)，说明两种植物对同一环境的适应能力存在很大差别，其中柳枝稷的 P_n 和 WUE_i 平均值均高于白羊草，而 G_s 和 T_r 值均显著小于白羊草，说明柳枝稷的光合能力较强，对光能和水分的利用效率较高。由此可见，与白羊草相比，柳枝稷能迅速进行生物量的产量和累积，这是其具有相对较高竞争能力的一个重要原因。

一般认为，植物叶片 P_n 和 G_s 值均随水分胁迫加剧而下降。本试验结果表明，随着土壤含水量的降低，白羊草和柳枝稷的 P_n 和 G_s 值都表现出降低的趋势，且白羊草下降的幅度更大，这主要是浅根系的白羊草对水分胁迫更敏感(Xu et al.，2011)。施氮可提高穗位叶的光合速率和叶绿素含量，还可以减缓水分胁迫对植物光合特性的不利影响(Wu et al.，2008)，其原因是施氮改善了叶肉细胞的光合能力，从而提高了生育后期叶片的光合速率，并延长了植物高光合速率的持续性(Karam et al.，2009)。Sandhu 等(2000)研究指出，只有水肥投入合理和供应协调，才能产生明显的水肥协同互作和增产效果。本试验结果表明，水氮的交互作用对白羊草和柳枝稷光合特性参数有显著影响，表现为在 MW 和 IIW 条件下，施氮显著提高了柳枝稷的光合速率，且增幅大于白羊草；在 LW 条件下，$N_{0.1}$ 和 $N_{0.05}$ 处理下的柳枝稷光合速率差异不大，说明 LW 条件下施氮对柳枝稷光合无作用。

在混播草地系统中，物种间的竞争强度会影响其个体光合生理过程，与其在无竞争(单播)条件下有明显差异(Niu et al.，2008)。不同生育期时柳枝稷的 P_n 在混播条件下均显著高于单播，但白羊草呈相反趋势(图 6-8 和图 6-9)，表明混播可明显改善柳枝稷的光合能力，这主要与柳枝稷较大的株高和相对生长速率(RGR)有关。在不同生育期，柳枝稷上述两参数均高于白羊草，使其优先长到群落上层，通过遮蔽作用排挤白羊草，并保持高光合速率(Fang et al.，2014)。在影响植物叶片光合特性的参数中，气孔导度变化是植物感受竞争者是否存在及其强弱的重要参数，当两者形成竞争关系时，优势植物可通过减少气孔导度，调节光合固碳量，巩固其竞争地位(Vysotskaya et al.，2011)。Kropp 和 Ogle(2014)研究指出，种间竞争可导致三齿拉雷亚灌木(*Larrea tridentata*)的气孔导度明显减小，且不同邻株竞争植物对其影响的程度存在明显差异。本章研究表明，在多数处理下，单播条件下柳枝稷的气孔导度小于混播条件，光合速率也表现出相似的规律，说明柳枝稷的种内竞争会导致叶片气孔导度明显降低(张永强等，2015)。

6.3.2　叶绿素荧光参数

叶绿素荧光动力学常用于评价植物光合机构功能，以及反映植物受环境胁迫的影响程度(Terzi et al.，2010)。白羊草和柳枝稷的 PS Ⅱ 最大光化学效率(F_v/F_m)，光化学淬灭系数(qP)均表现为分蘖期大于开花期，而非光化学淬灭系数(NPQ)为开花期大于分蘖期，这与植物的生长节律基本一致。因为随着生育期的进行，衰老叶片不能把所捕获的光能用于进行光合作用，逐渐增强非辐射能量的耗散，使光合器官免受到进一步破坏(张旺锋等，2003)。F_v/F_m 值是 PS Ⅱ 反应中心内光能转换效率，常用来鉴别评价植物抵抗干旱胁迫的能力。非逆境条件时，F_v/F_m 值变化范围很小，一般稳定在 0.75～0.85，但在逆境条件时会显著下降(Souza et al.，2004)。有研究表明，多数植物的 PS Ⅱ 具有很强的抗旱性，短期水分胁迫时 F_v/F_m 值的降低不明显(Cornic and Fresneau，2002)。水分水平降低了白羊草的 F_v/F_m 值，以低水不施氮条件下下降幅度最大，而施氮条件下 F_v/F_m 值下降幅度变小，说明施氮能提高水分胁迫下白羊草的光合活性。对柳枝稷来说，在 $N_{0.05}$ 条件下 F_v/F_m 值下降幅度最小，在低水高氮($LWN_{0.1}$)条件下，F_v/F_m 值下降幅度最大，说明适当施氮可提高柳枝稷的光合活性，而在低水条件下过量施氮则会降低柳枝稷的光合活性。二者混播后，F_v/F_m 值呈现出跟 P_n 变化相同的趋势，即柳枝稷在混播下的 F_v/F_m 值大于单播，说明二者混播后利用环境资源能力有所不同，混播有利于改善柳枝稷的光合作用(Tilman，1997)。

Shangguan 等(2000)对水氮互作下小麦叶片的荧光动力学进行了研究，结果表明水分亏缺下施氮肥可提高小麦叶片的 F_v/F_m 值，降低 qP 和 NPQ 值。Ciompi 等(1996)认为，F_v/F_m 值不受氮素亏缺的影响。本试验研究表明，施氮可提高白羊草和柳枝稷的 F_v/F_m 和 qP 值，而降低了其 NPQ，说明在干旱条件下施氮可提高 PS Ⅱ 反应中心的光能转换效率、潜在活性和开放比例，使叶片所吸收的光能较充分地用于光合作用，并降低非辐射能量耗散，这与施氮提高了叶片叶绿素含量、光合酶活性和抗氧化能力有关(张雷明等，2003；张旺锋等，2003)。

qP 反映 PS Ⅱ 反应中心天线色素吸收的光能用于光化学电子传递率和 PS Ⅱ 反应中心的开放程度，qP 值愈大，PS Ⅱ 的电子传递活性愈大。NPQ 反映 PS Ⅱ 天线色素吸收的光能以热的形式耗散的部分，是光合机构的一种自我保护机制(Lambrev et al.，2012)。杨文权等(2013)研究表明，水分胁迫使小冠花(*Coronilla varia*)叶片光合性能减弱，P_n、G_s、F_v/F_m、qP 值均呈下降趋势，而 NPQ 呈上升趋势。3 种水分水平下，不同混播比例与生育期下柳枝稷的 NPQ 值均显著大于白羊草，qP 值均显著低于白羊草，且 NPQ 值均随水分供应水平降低而增大($p<0.05$)，表明柳枝稷将较多的电子传递量以热能形式散失掉而保护光合器官，这进一步解释了柳枝稷具有相对较低 F_v/F_m 值的原因，即柳枝稷具有相对较低的 qP 值和相对较高的 NPQ 值(Rohacek，2002)；另外，柳枝稷在水分胁迫条件下的 PSⅡ通过 NPQ 具有较强的热耗散能力以保护其光合器官免受环境胁迫伤害。有研究认为，入侵种的热耗散能力强于本地种，以避免在强光下发生光抑制或者光破坏及产量下降(Durand and Goldstein，2001)，如入侵植物互花米草具有较高热耗散能力，因此可适应不同的逆境条件(袁琳等，2010)。

6.3.3 地上部形态特征

植物地上部形态特征和生长特性的改变是植物适应不同环境和资源水平的重要策略。无论水氮供应水平如何，柳枝稷的株高均显著高于白羊草，较高的株高有利于柳枝稷形成优势种群，以荫蔽本地植物白羊草，提高其竞争能力，这与外来入侵种飞机草的研究结果类似(柴伟玲等，2014)。柳枝稷株高在混播条件下均高于单播，说明柳枝稷较白羊草具有较强的相对竞争能力。水分水平和氮肥处理均显著提高了白羊草和柳枝稷的株高，但对柳枝稷的促进作用更显著，这种差异体现在单播和混播处理中，说明植物的形态学特征及其可塑性可能是实现竞争优胜的重要因子(Xu et al.，2011)。在低水条件下，柳枝稷株高在高氮($N_{0.1}$)与中氮($N_{0.05}$)处理下差异不大，甚至略有降低，这与前期柳枝稷对干旱复水的结果相符，进一步说明了在水分胁迫下施氮会加重柳枝稷的水分胁迫，主要是抑制了其生长。

6.3.4 根系形态特征

柳枝稷在高水高氮条件下的优异表现归因于其较高的资源获取效率。根系形态可反映植物生长及其资源获取策略，较长的根长和较大的根表面积总是与更好的水分和养分吸收呈正相关关系 (Lynch，2013；White et al.，2013)。入侵植物相对较高的资源获取能力或资源高效利用能力，可赋予其较强的竞争优势(Drenovsky et al.，2008；Funk and Vitousek，2007)。研究表明，入侵植物通过更多的生物量分配给根系(即更高的 RSR)来提高它们的竞争能力(Rajaniemi，2002；Aerts et al.，1991)。因此，生物量分配和根系形态的改变被广泛认为是植物应对竞争压力的有效策略(Semchenko et al.，2018；Ravenek et al.，2016)。相比白羊草，柳枝稷能够分配更多生物量到根系，使其在获取有限的土壤资源方面具有优势。同时，柳枝稷的总根长和根表面积随供水水平的增加而增加，说明柳枝稷的资源吸收能力随供水水平的增加而增加。施氮显著降低了低水条件下白羊草的总根长和根表面积，表明干旱条件下施氮降低了白羊草的资源获取能力。白羊草和柳枝稷总根长和根表面积的改变，还有柳枝稷较大的根冠比，部分解释了水氮供应良好条件下柳枝稷相对白羊草较强的竞争能力。

6.3.5　单株生物量

　　氮是植物所需的重要营养元素之一，影响着植物生长、生物量分配和植物种间关系。在一定的施氮量范围内，随施氮量的增加，植物的叶生物量比升高，根冠比降低(Meziane and Shipley，1999)。生物量是反映植物相对竞争能力的关键性状，生物量累积越多，越有利于其对植物种竞争能力的提高(Kolb et al.，2002)。研究表明，相同水分条件下，作物产量随施氮量的增加呈增加趋势；相同氮肥供应条件下，产量随水分状况的改善而增加(Yin et al.，2009；Asner et al.，2001)。本节中，低水(LW)水平下，施氮并未显著增加二者的生物量，这可能由于低水对两种植物的生长均有抑制，此时，来自非生物环境的适应压力可能比物种间的竞争压力更大(王晋萍等，2012)。谢志良和田长彦(2011)在棉花方面的研究结果表明，干旱胁迫条件下，水分条件会限制氮素的增产效果；在土壤干旱胁迫时，施肥有利于增产，但限制产量进一步提高的主导因素是水分，过高水分水平也不利于产量的进一步提高(郑重等，2000)。水分供应充足条件下，增加氮素增产效果更显著。在 MW和 HW 条件下，随着施氮量的增加，柳枝稷的生物量和株高均显著增大，且增幅比均大于白羊草，表明柳枝稷对氮肥的响应高于白羊草，这可能与其氮素利用效率较高有关。水分对白羊草和柳枝稷生物量均有显著促进作用，当水分不足时，生物量则不会随着施氮量增加而改变，如氮肥只有在 MW 和 HW 水平下才对生物量有促进作用，说明水分是影响白羊草和柳枝稷生物量累积的关键因素，也说明氮肥增产效应的发挥依赖于水分条件，即水氮对生物量存在交互作用(陈静等，2014)。

6.3.6　根冠比及水分利用效率

　　在不同水肥供应条件下，植物地上和地下部分的分配模式(即根冠比)反映其对资源的获取策略，也是表征植物生长和竞争能力的重要参数(Garten et al.，2011)。一般认为，当水分和养分为植物生长的限制因子时，植物倾向于分配更多的生物量到养分吸收器官，如增大根冠比，以增加对水分和养分的吸收(Muller et al.，2000)。本节中，白羊草和柳枝稷的根冠比均随水氮供应水平的增加而降低，且柳枝稷根冠比普遍大于白羊草。表明柳枝稷对地下资源的竞争能力强于白羊草，其向地下分配投资更多的资源将有利于争夺更多地下资源，也说明在长期的竞争中，柳枝稷竞争取胜白羊草的潜力更大(蒋智林等，2008)。

　　一般认为，资源的供应水平与该资源的利用效率呈负相关，即土壤水分越充足，WUE 越低，而适度的水分胁迫有利于提高 WUE，本节中两草种的 WUE 均在HW 条件下显著最低。有研究认为，适量施氮能够提高作物的 WUE，但作物 WUE

不会随着施氮量的增加而无限提高，甚至还会降低(陈年来等，2012)。刘晓宏等(2006)研究了不同水肥条件下春小麦 WUE 的变化表明，在水分充足条件下，春小麦耗水量和 WUE 随施氮量增加显著提高。在 HW 条件下，施氮促进了 WUE 的提高，但过量施氮后 WUE 降低；在 MW 和 LW 条件下，施氮显著降低了两草种的WUE，主要是施氮促进了植物地上和地下部的生长，这将提高植株的蒸腾和根系吸水，导致耗水量增加(陈小燕等，2008)。两草种 WUE 均随白羊草所占比例增加而增大，这与二者根系分布及耗水效率有关(徐炳成等，2003)。

6.3.7　柳枝稷和白羊草的种间关系

水分和氮肥是影响半干旱区植物生长和分布的关键限制因子，水氮供应水平的高低直接影响植物种间关系(Wright et al.，2001)。在研究植物种间关系时，竞争指标的选择对于正确解释竞争结果非常重要，而生物量往往是衡量种间竞争能力的关键标准。

竞争攻击力系数(A)是衡量不同植物种间竞争能力的重要指标，RYT 值可用于判断混合物中两个物种之间是否存在互补效应 (Weigelt and Jolliffe，2003；Fowler，1982)。不同水氮供应水平及混播比例下，白羊草的 A 值和柳枝稷的 RCI_{ba} 值均小于 0，表明白羊草的竞争能力小于柳枝稷，说明柳枝稷在二者混播体系中占据主导(优势)地位。在低水水平下，白羊草对柳枝稷的 A 值和柳枝稷的 RCI_{ba} 值显著最大，且随着施氮量增大 A 值和 RCI_{ba} 均变大，说明随着水分供应水平的降低，白羊草相对竞争能力变大，而柳枝稷的相对竞争能力变小，低水施氮可提高白羊草的竞争能力。研究认为，外来种一般不耐受本地植物所忍受的低资源供应水平，在实际竞争条件下往往有利于本地种；当可利用资源增加后，外来种对资源的利用效率高，有利于外来种生长(Durand and Goldstein，2001)。类似研究也有报道，如美国加利福尼亚的土著植物粉绿披碱草(*Elymus glaucus*)在土壤含氮量较高时比欧洲毛雀麦(*Bromus mollis*)竞争能力强，但当土壤氮素养分较低时两物种竞争关系相反(Claassen and Marler，1998)。

资源有效性波动理论(resources availability fluctuating theory)认为，当环境中可利用资源增加时，植物群落更易被外来种入侵(Davis et al.，2000)。由于土壤氮素增加对外来种和本地种生长的促进作用并不一致，因此土壤营养水平是决定群落可入侵性的关键因素(全晗等，2016；王晋萍等，2012)。综合竞争指数结果可以得出，柳枝稷对白羊草具有明显的竞争效应，但是竞争结果随不同水分和氮素供应水平而异，LW 施氮下白羊草的相对竞争能力较高，而 MW 和 HW 水平下施氮则促进了柳枝稷的相对竞争能力。白羊草 A 值随其在混播中所占比例增加而降低，主要是随着白羊草相对比例的增加，柳枝稷相对产量 RY_b 增加的幅度大于白的相对产量增加的幅度 RY_a，导致白羊草的 A 值降低。

相对产量(RY)是衡量种间和种内竞争的一个重要参数。在 LW 水平下,两草种的 RY 值与 1.0 相近,说明两草种的种内竞争与种间竞争相当;随着水氮供应水平的增加,白羊草的 RY 值小于 0,而柳枝稷的 RY 值大于 0,说明柳枝稷的种内竞争强于种间竞争,对种间竞争的响应不敏感可能归因于其较强的资源竞争能力。有报道表明,柳枝稷单播时比其与雨芒草混播时表现更强的种内竞争作用(Meyer et al., 2010),因此柳枝稷同白羊草混播可能降低了柳枝稷的种内竞争。白羊草的 RY 值在各混播比例下差异不大,也说明白羊草在与柳枝稷混播时能维持稳定的竞争能力。

在黄土丘陵半干旱区,可供草地建植的禾本科牧草种类较为单一,将引进种和本地种进行混播,可提高人工草地植被的多样性和对土地资源的利用效率。研究草种间的种间竞争关系对指导人工草地建设具有重大的指导意义,如将柳枝稷与白羊草混播,无益于二者总生物量的提高,但水分利用效率较柳枝稷单播显著增大,如何权衡这种效益的大小是需要进一步关注的问题。同时说明需要考虑如何削弱不同混播物种的种内和种间竞争,以同时获得高产和高水分利用效率的目的。全球气候变化加剧,包括极端降水的时空格局变化。大气环流模型结果表明,黄土高原地区将出现更加频繁和强烈的降水(Li et al., 2012),这可能会在短期内增加土壤含水量。有分析表明,黄土高原的年均降水量正以 4.46 mm/a 的速度显著增加(Zhao et al., 2018),全国的氮沉降量也在增加(Yu et al., 2019; Liu et al., 2013)。因此,根据本节结果可以推测,在黄土高原半干旱地区柳枝稷存在扩展的生态入侵风险。

综上,不论水氮供应水平如何,柳枝稷在各处理下的光合速率、水分利用效率、非光化学淬灭系数均高于同条件下的白羊草,但二者的气孔导度、蒸腾速率、最大光化学效率和光化学淬灭系数恰好相反。水氮对白羊草和柳枝稷的光合参数和荧光特性具有显著的正效应,表现为光合速率、蒸腾速率、最大光化学效率、光化学淬灭系数均随着水氮供应水平的增加而增大,并在分蘖期大于开花期,非光化学淬灭系数恰好相反。在高水和中水水平下,二者的光合速率均随施氮量增加而增大,且柳枝稷的增幅大于白羊草;在低水水平下,施氮对柳枝稷光合速率影响效果不显著,但显著提高了白羊草的光合速率。各生育期混播下柳枝稷的光合速率值均高于单播,白羊草相反,表明混播有利于提高柳枝稷个体的光合能力,而抑制白羊草的生长。在 80%FC 和 60%FC 水分条件下,氮肥供应量的增加显著增加了柳枝稷的单株生物量,且增幅大于白羊草;在 40%FC 水分条件下,高氮对柳枝稷生长促进作用不显著;白羊草的株高和单株生物量较单播有所降低,而柳枝稷则相反。在不施氮和施氮条件下,水分水平的提升均显著增加了白羊草和柳枝稷的生物量,而且施氮可以减轻水分胁迫对生物量的负面影响。不施氮条件下,各混播比例下两草种的总生物量无显著差异;施氮条件下均以柳枝稷单播的总生物量显著最高；相比白羊草，柳枝稷分配更多生物量到根系，使其在获取有限的土壤资源方面具有优势。同时，柳枝稷的总根长和根表面积随供水量的增加而增加。但施氮显著降低了低水条件下白羊草的总根长和根表面积。白羊草对柳枝稷的竞争攻击力系数和柳枝稷对白羊草的相对竞争强度均小于 0，且随其混播中所占比例增加而降低，但白羊草的相对竞争强度相反，说明柳枝稷在混播体系中占据优势地位。在 80%FC 和 60%FC 条件下，氮供应量增加后白羊草的竞争攻击力系数和柳枝稷的相对竞争强度变小，而白羊草的相对竞争强度变大。40%FC 水平下，施氮量增加后白羊草竞争攻击力系数和柳枝稷的相对竞争强度变大，表明在较高水分供应条件下，施氮利于提高柳枝稷的种间竞争能力，而低水条件下施氮提高了白羊草的种间竞争能力。

参 考 文 献

柴伟玲, 类延宝, 李扬苹, 等, 2014. 外来入侵植物飞机草和本地植物异叶泽兰对大气 CO_2 浓度升高的响应 [J]. 生态学报, 34 (13): 3744-3751.

陈静, 李玉霖, 崔夺, 等, 2014. 氮素及水分添加对科尔沁沙地 4 种优势植物地上生物量分配的影响 [J]. 中国沙漠, 34 (3): 696-703.

陈年来, 孙小妹, 张玉鑫, 等, 2012. 土壤水分和氮素水平对春小麦水分与氮素利用效率的影响 [J]. 自然资源学报, 27(1): 74-81.

陈小燕, 王璐, 王永泉, 等, 2008. 常规灌溉条件下嫁接和增施氮肥对温室黄瓜耗水量及水分利用效率的影响 [J]. 应用生态学报, 19(12): 2656-2660.

丁文利, 2014. 水氮条件对混播下白羊草和柳枝稷的生长及相对竞争力的影响 [D]. 杨凌: 西北农林科技大学.

郭春燕, 李晋川, 岳建英, 等, 2013. 两种高质牧草不同生育期光合生理日变化及光响应特征 [J]. 生态学报, 33 (6): 1751-1761.

蒋智林, 刘万学, 万方浩, 等, 2008. 非洲狗尾草与紫茎泽兰的竞争效应 [J]. 中国农业科学, 41(5): 1347-1354.

李代琼, 黄瑾, 刘国彬, 1999. 安塞黄土丘陵区优良草种引种试验研究 [J]. 土壤侵蚀与水土保持学报, 5: 116-124.

李建东, 孙备, 王国骄, 等, 2006. 菊芋对三裂叶豚草叶片光合特性的竞争机理 [J]. 沈阳农业大学学报, 37 (4): 569-572.

刘晓宏, 肖洪浪, 赵良菊, 2006. 不同水肥条件下春小麦耗水量和水分利用率 [J]. 干旱地区农业研究, 24 (1): 56-59.

全晗, 董必成, 刘录, 等, 2016. 水陆生境和氮沉降对香菇草(Hydrocotyle vulgaris)入侵湿地植物群落的影响 [J]. 生态学报, 36 (13): 4045-4054.

山仑, 徐炳成, 2009. 黄土高原半干旱地区建设稳定人工草地的探讨 [J]. 草业学报, 18: 1-2.

王晋萍, 董朝佳, 桑卫国, 2012. 不同氮素水平下入侵种豚草与本地种黄花蒿、蒙古蒿的竞争关系 [J]. 生物多样性, 20(1): 3-11.

谢志良, 田长彦, 2011. 膜下滴灌水氮耦合对棉花干物质积累和氮素吸收及水氮利用效率的影响 [J]. 植物营养与肥料学报, 17 (1): 160-165.

徐炳成, 山仑, 黄瑾, 等, 2003. 柳枝稷和白羊草苗期水分利用与根冠比的研究 [J]. 草业学报, 12(4): 71-77.

袁琳, 张利权, 古志钦, 2010. 入侵植物互花米草 (Spartina alterniflora)叶绿素荧光对淹水胁迫的响应 [J]. 环境科学学报, 30(4): 882-889.

杨晴, 李婧实, 郭艾英, 等, 2014. 遮阴和藜竞争对黄顶菊光合荧光和生长特性的影响 [J]. 应用生态学报, 25(9): 2536-2542.

杨文权, 顾沐宇, 寇建村, 等, 2013. 干旱及复水对小冠花光合及叶绿素荧光参数的影响 [J]. 草地学报, 21 (6): 1130-1135.

张雷明, 上官周平, 毛明策, 等, 2003. 长期施氮对旱地小麦灌浆期叶绿素荧光参数的影响 [J]. 应用生态学报, 14 (5): 695-698.

张永强, 张娜, 王娜, 等, 2015. 种植密度对夏大豆光合特性及产量构成的影响 [J]. 核农学报, 29 (7): 1386-1391.

张旺锋, 勾玲, 王振林, 等, 2003. 氮肥对新疆高产棉花叶片叶绿素荧光动力学参数的影响 [J]. 中国农业科学, 36 (8): 893-898.

张卫强, 肖辉林, 殷祚云, 等, 2013. 模拟氮沉降对入侵植物薇甘菊光合特性的影响 [J]. 生态环境学报, 22(12): 1859-1866.

郑重, 马富欲, 慕自新, 等, 2000. 膜下滴灌棉花水肥耦合效应及其模式研究 [J]. 棉花学报, 12 (4): 198-201.

Abid M, Tian Z, Ata-Ul-Karim S T, et al. , 2016. Nitrogen nutrition improves the potential of wheat (*Triticum aestivum* L.) to alleviate the effects of drought stress during vegetative growth periods [J]. Frontiers in Plant Science, 7: 981.

Aerts R, Boot R G A, van der Aart P J M, 1991. The relation between above- and belowground biomass allocation patterns and competitive ability [J]. Oecologia, 87: 551-559.

Asner G P, Townsend A R, Riley W J, et al. , 2001. Physical and biogeochemical controls over terrestrial ecosystem responses to nitrogen deposition [J]. Biogeochemistry, 54(1): 1-39.

Ashworth A J, Moore J P A, King R, et al. , 2019. Switchgrass forage yield and compositional response to phosphorus and potassium [J]. Agrosystems, Geosciences and Environment, 2: 1-8.

Bennett J A, Riibak K, Tamme R, et al. , 2016. The reciprocal relationship between competition and intraspecific trait variation [J]. Journal of Ecology, 104: 1410-1420.

Blumenthal D, 2005. Interrelated causes of plant invasion [J]. Science, 310: 243-244.

Blumenthal D, Chimner R A, Welker J M, et al. , 2008. Increased snow facilitates plant invasion in mixed grass prairie [J]. New Phytologist, 179: 440-448.

Bobbink R, Hicks K, Galloway J, et al. , 2010. Global assessment of nitrogen deposition effects on terrestrial plant diversity: A synthesis [J]. Ecological Applications, 20: 30-59.

Ciompi S, Gentili E, Guidi L, et al. , 1996. The effect of nitrogen deficiency on leaf gas exchange and chlorophyll fluorescence parameters in sunflower [J]. Plant Science, 118(2): 177-184.

Claassen V P, Marler M, 1998. Annual and perennial grass growth on nitrogen-depleted decomposed granite [J]. Restoration Ecology, 6 (2): 175-180.

Collins H P, Kimura E, Polley W, et al. , 2020. Intercropping switchgrass with hybrid poplar increased carbon sequestration on a sand soil [J]. Biomass and Bioenergy, 138: 105558.

Cooney D, Kim H, Quinn L, et al. , 2017. Switchgrass as a bioenergy crop in the Loess Plateau, China: Potential lignocellulosic feedstock production and environmental conservation [J]. Journal of Integrative Agriculture, 16: 1211-1226.

Cornic G, Fresneau C, 2002. Photosynthetic carbon reduction and carbon oxidation cycles are the main electron sinks for photosystem II activity during a mild drought [J]. Annals of Botany, 89 (7): 887-894.

Daehler C C, 2003. Performance comparisons of co-occurring native and alien invasive plants: Implications for conservation and restoration [J]. Annual Review of Ecology, Evolution, and Systematics, 34: 183-211.

Davis M A, Grime J P, Thompson K, 2000. Fluctuating resources in plant communities: A general theory of invasibility [J]. Journal of Ecology, 88: 528-534.

de Wit C T, van den Bergh J P, 1965. Competition between herbage plants [J]. Netherlands Journal of Agricultural Science, 13(3): 212-221.

Ding W L, Xu W Z, Gao Z J, Xu B C, 2021. Effects of water and nitrogen on growth and relative competitive ability of introduced versus native C$_4$ grass species in the semi-arid Loess Plateau of China [J]. Journal of Arid Land, 13(7):730-743.

Drenovsky R E, Martin C E, Falasco M R, 2008. Variation in resource acquisition and utilization traits between native and invasive perennial forbs [J]. American Journal of Botany, 95: 681-687.

Durand L Z, Goldstein G, 2001. Photosynthesis, photoinhibition, and nitrogen use efficiency in native and invasive tree ferns in Hawaii [J]. Oecologia, 126: 345-354.

Dukes J S, Mooney H A, 1999. Does global change increase the success of biological invaders? [J]. Trends in Ecology and

Evolution, 14(4): 135-139.

Dziedek C, Härdtle W, von Oheimb G, 2016. Nitrogen addition enhances drought sensitivity of young deciduous tree species [J]. Frontiers in Plant Science, 7: 1100.

Elberse I A M, van Damme J M M, van Tienderen P H, 2003. Plasticity of growth characteristics in wild barley (*Hordeum spontaneum*) in response to nutrient limitation [J]. Journal of Ecology, 91: 371-382.

Fang Y, Xu B C, Liu L, et al. , 2014. Does a mixture of old and modern winter wheat cultivars increase yield and water use efficiency in water-limited environments? [J]. Field Crops Research, 156: 12-21.

Facelli E, Facelli J M, Smith S E, et al., 1999. Interactive effects of arbuscular mycorrhizal symbiosis, intraspecific competition and resource availability on Trifolium subterraneum cv. Mt. Barker [J]. New Phytologist, 141: 535-547.

Fowler N, 1982. Competition and coexistence in a North Carolina grassland: Ⅲ. Mixtures of component species [J]. Journal of Ecology, 70: 77-92.

Funk J L, Vitousek P M, 2007. Resource-use efficiency and plant invasion in low-resource systems [J]. Nature, 446: 1079-1081.

Galloway J N, Townsend A R, Erisman J W, et al. , 2008. Transformation of the nitrogen cycle: Recent trends, questions, and potential solutions [J]. Science, 320: 889.

Gao Z J, Xu B C, Wang J, et al. , 2015. Diurnal and seasonal variations in photosynthetic characteristics of switchgrass in semiarid region on the Loess Plateau of China [J]. Photosynthetica, 53 (4): 489-498.

Garten C T Jr, Brice D J, Castro H F, et al. , 2011. Response of "Alamo" switchgrass tissue chemistry and biomass to nitrogen fertilization in West Tennessee, USA [J]. Agriculture, Ecosystems & Environment, 140 (1): 289-297.

Guo J Y, Yang Y, Wang GX, et al. , 2010. Ecophysiological responses of Abies fabri seedlings to drought stress and nitrogen supply [J]. Physiologia Plantarum, 139: 335-347.

He W M, Yu G L, Sun Z K, 2011. Nitrogen deposition enhances *Bromus tectorum* invasion: Biogeographic differences in growth and competitive ability between China and North America [J]. Ecography, 34: 1059-1066.

Hooper D U, Johnson L, 1999. Nitrogen limitation in dryland ecosystems: Responses to geographical and temporal variation in precipitation [J]. Biogeochemistry, 46: 247-293.

Jolliffe P A, 2000. The replacement series [J]. Journal of Ecology, 88 (3): 371-385.

Karam F, Kabalan R, Breidi J, et al. , 2009. Yield and water Production functions of two durum wheat cultivars grown under different irrigation and nitrogen regimes [J]. Agricultural Water Management, 96 (4): 603-615.

Keane R M, Crawley M J, 2002. Exotic plant invasions and the enemy release hypothesis [J]. Trends in Ecology and Evolution, 17: 164-170.

Keshwani D R, Cheng J J, 2009. Switchgrass for bioethanol and other value-added applications: A review [J]. Bioresource Technology, 100: 1515-1523.

Kiær L P, Weisbach A N, Weiner J, 2013. Root and shoot competition: A meta-analysis [J]. Journal of Ecology, 101: 1298-1312.

Kolb A, Alpert P, Enters D, et al. , 2002. Patterns of invasion within a grassland community [J]. Journal of Ecology, 90 (5): 871-881.

Kropp H, Ogle K, 2014. Seasonal stomatal behavior of a common desert shrub and the influence of plant neighbors [J]. Oecologia, 177 (2): 345-355.

Kunstler G, Falster D, Coomes D A, et al. , 2016. Plant functional traits have globally consistent effects on competition [J]. Nature, 529: 204-207.

Lambrev P H, Miloslavina Y, Jahns P, et al. , 2012. On the relationship between non-photochemical quenching and photoprotection of photosystem Ⅱ [J]. Biochimica et Biophysica Acta (BBA)-Bioenergetics, 1817 (5): 760-769.

Levine J M, Vilà M, Antonio C M D, et al. , 2003. Mechanisms underlying the impacts of exotic plant invasions [J]. Proceedings of the Royal Society of London. Series B: Biological Sciences, 270: 775-781.

Li Z, Zheng F L, Liu W Z, et al. , 2012. Spatially downscaling GCMs outputs to project changes in extreme precipitation and temperature events on the Loess Plateau of China during the 21st Century [J]. Global and Planetary Change, 82-83: 65-73.

Liu X J, Zhang Y, Han W X, et al. , 2013. Enhanced nitrogen deposition over China [J]. Nature, 494: 459-462.

Liu Y J, Oduor A M O, Zhang Z, et al. , 2017. Do invasive alien plants benefit more from global environmental change than native plants? [J]. Global Change Biology, 23: 3363-3370.

Lynch J P, 2013. Steep, cheap and deep: An ideotype to optimize water and N acquisition by maize root systems [J]. Annals of Botany, 112: 347-357.

McDowell S C, 2002. Photosynthetic characteristics of invasive and noninvasive species of Rubus (Rosaceae) [J]. American Journal of Botany, 89(9): 1431-1438.

Meyer M H, Paul J, Anderson N O, 2010. Competitive ability of invasive Miscanthus biotypes with aggressive switchgrass [J]. Biological Invasions, 12 (11): 3809-3816.

Meziane D, Shipley B, 1999. Interacting components of interspecific relative growth rate: Constancy and change under differing conditions of light and nutrient supply [J]. Functional Ecology, 13(5): 611-622.

Mitchell R, Vogel K P, Sarath G, 2008. Managing and enhancing switchgrass as a bioenergy feedstock [J]. Biofuels, Bioproducts and Biorefining, 2: 530-539.

Muir J P, Sanderson M A, Ocumpaugh W R, et al. , 2001. Biomass production of 'Alamo' switchgrass in response to nitrogen, phosphorus, and row spacing [J]. Agronomy Journal, 93: 896-901.

Muller I, Schmid B, Weiner J, 2000. The effect of nutrient availability on biomass allocation patterns in 27 species of herbaceous plants [J]. Perspectives in Plant Ecology, Evolution and Systematics, 3(2): 115-127.

Niu S L, Liu W X, Wan S Q, 2008. Different growth responses of C_3 and C_4 grasses to seasonal water and nitrogen regimes and competition in a pot experiment. Journal of Experimental Botany, 59 (6): 1431-1439.

Rajaniemi T K, 2002. Why does fertilization reduce plant species diversity? Testing three competition-based hypotheses [J]. Journal of Ecology, 90: 316-324.

Rao L E, Allen E B, 2010. Combined effects of precipitation and nitrogen deposition on native and invasive winter annual production in California deserts [J]. Oecologia, 162: 1035-1046.

Ravenek J M, Mommer L, Visser E J W, et al. , 2016. Linking root traits and competitive success in grassland species [J]. Plant and Soil, 407: 39-53.

Ren G Q, Li Q, Li Y, et al., 2019. The enhancement of root biomass increases the competitiveness of an invasive plant against a co-occurring native plant under elevated nitrogen deposition [J]. Flora, 261: 151486.

Rohacek K, 2002. Chlorophyll fluorescence parameters: The definitions, photosynthetic meaning and mutual relationships [J]. Photosynthetica, 40(1): 13-29.

Roy J, 1990. In Search of the Characteristics of Plant Invaders [M]. Dordrecht: Kluwer Academic Publishers.

Sanderson M A, Adler P R, Boateng A A, et al. , 2006. Switchgrass as a biofuels feedstock in the USA [J]. Canadian Journal of Plant Science, 86: 1315-1325.

Sandhu K S, Arora V K, Chand R, et al. , 2000. Optimizing time distribution of water supply and fertilizer nitrogen rates in relation to targeted wheat yields [J]. Experimental Agriculture, 36: 115-125.

Semchenko M, Lepik A, Abakumova M, et al. , 2018. Different sets of belowground traits predict the ability of plant species to suppress and tolerate their competitors [J]. Plant and Soil, 424: 157-169.

Shangguan Z P, Shao M A, Dyckmans J, 2000. Effects of nitrogen nutrition and water deficit on net photosynthetic rate and chlorophyll fluorescence in winter wheat [J]. Journal of Plant Physiology, 156 (1): 46-51.

Shui J, An Y, Ma Y, et al. , 2010. Allelopathic potential of switchgrass (*Panicum virgatum* L.) on perennial ryegrass (*Lolium perenne* L.) and alfalfa (*Medicago sativa* L.) [J]. Environmental Management, 46: 590-598.

Song H, Gao J F, Gao X L, et al. , 2012. Relations between photosynthetic parameters and seed yields of adzuki bean cultivars (*Vigna angularis*) [J]. Journal of Integrative Agriculture, 11 (9): 1453-1461.

Souza R P, Machado E C, Silva J A B, et al. , 2004. Photosynthetic gas exchange, chlorophyll fluorescence and some associated metabolic changes in cowpea (*Vigna unguiculata*) during water stress and recovery [J]. Environmental and Experimental Botany, 51(1): 45-56.

Terzi R, Sağlam A, Kutlu N, et al. , 2010. Impact of soil drought stress on photochemical efficiency of photosystem Ⅱ and antioxidant enzyme activities of Phaseolus vulgaris cultivars [J]. Turkish Journal of Botany, 34 (1): 1-10.

Theoharides K A, Dukes J S, 2007. Plant invasion across space and time: Factors affecting nonindigenous species success during four stages of invasion [J]. New Phytologist, 176: 256-273.

Tilman D, 1997. Community invasibility, recruitment limitation, and grassland biodiversity [J]. Ecology, 78 (1): 81-92.

Vysotskaya L, Wilkinson S, Davies W J, et al. , 2011. The effect of competition from neighbours on stomatal conductance in lettuce and tomato plants [J]. Plant, Cell & Environment, 34 (5): 729-737.

Weigelt A, Jolliffe P, 2003. Indices of plant competition [J]. Journal of Ecology, 91: 707-720.

White P, George T, Dupuy L, et al. , 2013. Root traits for infertile soils [J]. Frontiers in Plant Science, 4: 193.

Williamson M, Fitter A, 1996. The varying success of invaders [J]. Ecology, 77: 1661-1666.

Wilson J B, 1988. Shoot competition and root competition [J]. Journal of Applied Ecology, 25: 279-296.

Wright I J, Reich P B, Westoby M, 2001. Strategy shifts in leaf physiology, structure and nutrient content between species of high- and low-rainfall and high-and low-nutrient habitats [J]. Functional Ecology, 15(4): 423-434.

Wu F, Bao W, Li F, et al. , 2008. Effects of drought stress and N supply on the growth, biomass partitioning and water-use efficiency of Sophora davidii seedlings [J]. Environmental and Experimental Botany, 63(1): 248-255.

Xu B C, Xu W Z, Huang J, et al. , 2011. Biomass production and relative competitiveness of a C_3 legume and a C_4 grass co-dominant in the semiarid Loess Plateau of China [J]. Plant and Soil, 347 (1-2): 25-39.

Xu W Z, Deng X P, Xu B C, 2013. Effects of water stress and fertilization on leaf gas exchange and photosynthetic light-response curves of Bothriochloa ischaemum L [J]. Photosynthetica, 51: 603-612.

Yang H, Li Y, Wu M Y, et al. , 2011. Plant community responses to nitrogen addition and increased precipitation: The importance of water availability and species traits [J]. Global Change Biology, 17: 2936-2944.

Yin C Y, Pang X Y, Chen K, 2009. The effects of water, nutrient availability and their interaction on the growth, morphology and physiology of two poplar species [J]. Environmental and Experimental Botany, 67: 196-203.

Yu G R, Jia Y L, He N P, et al. , 2019. Stabilization of atmospheric nitrogen deposition in China over the past decade [J]. Nature Geoscience, 12: 424-429.

Zhao Q, Chen Q Y, Jiao M Y, et al. , 2018. The temporal-spatial characteristics of drought in the Loess Plateau using the remote-sensed TRMM precipitation data from 1998 to 2014 [J]. Remote Sensing, 10: 838.

Zuur A F, Leno E N, Walker N J , et al. , 2009. Mixed Effects Models and Extensions in Ecology with R [M]. New York: Spring Science and Business Media.

第7章 柳枝稷和达乌里胡枝子种间关系

7.1 引　言

黄土丘陵区地形破碎，土壤结构疏松，是我国水土流失严重的地区之一，也是国家退耕还林(草)与生态建设的重点区域(唐克丽和贺秀斌，1999)。植被恢复与建设是黄土高原水土保持与生态建设的重要措施，可有效保持水土、涵养水源、减少土壤侵蚀，是实现区域可持续发展的基础和关键(王巧利等，2012；张文辉和刘国彬，2009)。人工草地建设是植被建设的重要组成部分。黄土丘陵区降水量低且时间分布不均，土壤侵蚀导致土壤养分含量低，这些不仅影响人工草地能否成功建植以及草地生产力，且不同时期和程度的干旱，影响植物正常生理、生长以及种间关系，从而影响草地结构稳定性(Song et al.，2012；Suriyagoda et al.，2010；梁霞等，2006)。此外，严重的水土流失加剧了淋溶作用、地表径流和风蚀作用，使得土壤中磷的输出大于输入(Zhou et al.，2017；Oelmann et al.，2007)，导致该地区土壤中磷含量偏低(Liu et al.，2013)，磷成为限制草地生产力稳定和提高的重要因素(Zhou et al.，2017；Li et al.，2015)。研究表明，适当施磷可提高土壤磷含量，从而有利于提升草地产量(Zhou et al.，2017；Avolio et al.，2014)。磷素有效性的高低受水分条件限制。因此，水分和磷交互作用对植物生长及物种间关系的影响逐渐受到重视(Fan et al.，2015；Turner et al.，2011；Suriyagoda et al.，2010)。

在半干旱地区，草地可提供包括饲料供应、碳储存、土壤质量提升和生物多样性保护等多种生态系统服务功能(Xiong et al.，2017)。人工草地建设可补充天然草地的不足并满足家畜的饲料需要，也是恢复退化草地生态系统功能，改善生态环境质量的重要措施(张文辉和刘国彬，2009)。不利的自然环境条件和不合理的人为干扰，容易引起人工草地生态退化，造成草地生物产量降低、饲草品质下降、草地利用性能降低(韦丽军等，2007)。在人工草地建设中，混播，尤其是豆禾混播栽培可在时间和空间上实现更有效的资源利用，有利于提高草地生产力、草地生态系统功能和草地群体稳定性(山仑和徐炳成，2009；张文辉和刘国彬，2009)。豆禾混播因其具有较高生产力和资源利用效率，被广泛应用于半干旱地区人工草地建设和作物生产(Xu et al.，2011；Li et al.，2006，2001)。

黄土丘陵区高产的优良禾本草品种很少，且人工草地群体配置不合理等问题，造成人工草地生产力低下。选育优良禾草并探索合适的豆禾混播模式，对建立高产稳产的人工草地有重要意义(魏永胜等，2006；徐炳成等，2005)。柳枝稷引种到黄土丘陵区以来，表现出良好的区域适应性，具有较高的生物量和水土保持能力(Cooney et al., 2017; Gao et al., 2017; Ma et al., 2011)。然而，柳枝稷主要以单播为主，其与乡土草种是否能建立稳定的混播草地，是人工草地建设中需要考虑的重要问题，也是影响其能否推广种植的关键因素。研究表明，柳枝稷与豆科栽培种红豆草(*Onobrychis viciaefolia*)和沙打旺混播后具有较强的竞争能力(Xu et al., 2008a, 2008b)，与乡土禾本科草种白羊草混播可建立稳定的人工草地(高志娟, 2017)。但柳枝稷与乡土豆科草本植物间的种间关系究竟如何少有报道。达乌里胡枝子是黄土丘陵区优良的乡土豆科牧草，具有耐贫瘠、抗旱、耐寒和抗病虫等特性，是该区天然草地群落的主要建群种之一(程杰等, 2011)。达乌里胡枝子和柳枝稷混播后的生物量和水分利用如何？不同土壤水分和磷素供应条件下二者的生长和种间关系如何？针对以上问题，将柳枝稷与达乌里胡枝子混播，通过设置不同水分和磷素供应水平，系统分析二者的生长和生理生态特征及种间关系，以期探讨利用二者建植禾豆混播人工草地的可行性，也为进一步明确引种禾草柳枝稷的生态入侵风险提供理论依据(刘金彪, 2020)。

7.2　材料与方法

柳枝稷品种为 'Alamo'，种源美国。达乌里胡枝子种子采自天然草地，是豆科胡枝子属，多年生的 C_3 半灌木，属陕北黄土高原森林草原地带的重要建群种之一，也是严重水土流失和土壤贫瘠地块形成次生群落的重要成分。达乌里胡枝子在黄土丘陵区一般于 4 月中旬返青，6 月至 7 月中旬开花，8 月至 9 月下旬结实，10 月枯黄。供试柳枝稷和达乌里胡枝子种子均于 2014 年 10 月采自陕西安塞农田生态系统国家野外科学观测研究站山地试验场(N36°51′60″，E109°19′23″)，海拔 1068~1309m。种子晒干后自然状态下贮藏，试验时的发芽率均在 90%以上。

7.2.1　试验条件

采用盆栽控制试验，盆栽桶采用底部密封的 PVC 管，规格(高度×内径)为 30cm×20cm。盆栽土壤采自安塞农田耕层(0~20cm)的黄绵土，土壤养分含量分别为有机质含量 2.60g/kg、速效氮含量 2.80mg/kg、速效磷含量 6.67mg/kg、全氮含量 0.97g/kg、全磷含量 0.61g/kg。装桶前先在桶底平铺一层碎石子，将灌水管道(直径 2cm，长度为 25cm 的 PVC 管)紧贴桶内壁安置在碎石子上(防止泥土倒灌入灌水管)，之后每桶内装入干土 9kg。试验布设在位于中国科学院水利部水土保持研究所室外盆栽试验场(34°12′N，108°7′E，海拔 530m)，试验场设有遮雨棚。

7.2.2　试验处理

试验土壤的田间持水量(field capacity，FC)为20%。设置两种水分水平，分别为充分供水，即高水(high water，HW)，土壤含水量为(75%±5%)FC，对应土壤质量含水量约为 15%±1%；干旱处理，即低水(low water，LW)，土壤含水量为(35%±5%)FC，对应土壤含水量约为 7%±1%。设置 3 个施磷处理，分别为未施磷(P_0)、每千克干土施 0.05g P_2O_5($P_{0.05}$)和每千克干土施 0.1g P_2O_5 ($P_{0.1}$)。

采用 de Wit 生态替代法，设置 5 个混播比例，指相同密度下二者构成株数比不同，即柳枝稷(S)与达乌里胡枝子(B)株数比分别为12∶0、8∶4、6∶6、4∶8 和0∶12，每处理 12 个重复，则盆栽总数为 5(混播比例)×3(磷处理)×2(水分水平)×12(重复)=360 盆。

磷肥采用过磷酸钙(P_2O_5 含量为 15%)，装桶时一次性均匀混入土中。于 2016年 4 月 17 日播种，每穴播种约 5 粒，穴深 1.0cm，每盆 12 穴，播种方式如图 7-1所示。

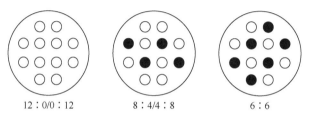

12∶0/0∶12　　　　8∶4/4∶8　　　　6∶6

图 7-1　柳枝稷与达乌里胡枝子播种方式示意图
空心和实心圆分别表示柳枝稷或达乌里胡枝子

播种后保持桶内土壤水分充足。于 2016 年 4 月 30 日间苗一次，每穴保留植株两株，5 月 20 日进行第二次间苗，每穴保留一株，即每盆保留 12 株。2016 年7 月 14 日(此时柳枝稷处于拔节期)开始水分控制，在控水前每桶覆盖 2cm 厚的珍珠岩以阻断土面水分蒸发。同时，设置三桶无植株幼苗作为对照，用于核准土面水分蒸发量。土壤含水量采用称重法测定，并控制每桶土壤水分至相应水平，水从灌水管缓慢加入桶中。试验期间，随时收集柳枝稷和达乌里胡枝子的枯落物，并计入最终各物种的年度生物量中，若发现桶内有其他杂草则立即拔除。

2016 年 10 月底随机选取 6 个重复收获，用于测定地上生物量及地下生物量等，余下 6 个重复继续控水和记录至次年 10 月收获。

7.2.3　测定指标和方法

(1) 光合气体交换参数。测定于 2016～2017 年两种植物关键生育期进行(以柳枝稷生育期为参考)：2016 年 8 月 5～10 日(开花期)、2017 年 5 月 1～6 日(分蘖期)、6 月 1～6 日(拔节期)、7 月 22～27 日(开花期)和 8 月 22～27 日(结实期)。每个处理随机选取柳枝稷和达乌里胡枝子植株顶端的新近完全展开叶片，每日上午 9:30～11:30 使用 Li-6400 便携式光合仪，光源为系统自带的红蓝光源叶室(6400-02B)，光强设定为 1200μmol/(m² · s)。测定指标主要包括光合速率[P_n，μmol/(m² · s)]、蒸腾速率[T_r，mmol/(m² · s)]和气孔导度[G_s，mmol/(m² · s)]等，每处理重复 4 次。依据测得的各时刻 P_n 和 T_r，计算叶片水分利用效率(WUE$_i$，μmol / mmol)，即 WUE$_i$=P_n/T_r。

(2) 叶绿素荧光参数。与光合气体交换参数同步测定，于 2016～2017 年两种植物关键生育期进行测定(以柳枝稷生育期为参考)，2016 年 8 月 5～10 日(开花期)、2017 年 5 月 1～6 日(分蘖期)、6 月 1～6 日(拔节期)、7 月 22～27 日(开花期)和 8 月 22～27 日(结实期)。测定日的凌晨 6:00，将所有处理桶移至室内，暗适应 30min 后，随机选取柳枝稷和达乌里胡枝子植株顶端完全展开叶片，于 6:30～9:30 使用 Imaging-PAM 调制叶绿素荧光成像系统测定。测定顺序为打开低频率的(1 Hz)测量光[强度 0.5μmol/(m² · s)]，测得初始荧光参数(F_o)，之后打开饱和脉冲光[强度 1580μmol/(m² · s)]，持续时间为 0.8s，测得最大荧光参数(F_m)，然后用可见光照射 5min 后再打开饱和脉冲光，测得光适应下的最大荧光参数(F_m')，之后关闭光化光，打开远红光测得光适应下的初始荧光参数(F_o')和稳态荧光参数(F_s)。利用软件 ImagingWin (Version 2.40)进行数据拟合处理，计算光系统Ⅱ(PSⅡ)最大光化学效率 F_v/F_m、实际光化学量子效率 $\Phi_{PSⅡ}$、非光化学淬灭系数 NPQ、光化学淬灭系数 qP 等值。各指标计算公式如下：

$$\frac{F_v}{F_m} = \frac{F_m - F_o}{F_m} \tag{7-1}$$

$$\Phi_{PSⅡ} = \frac{F_m' - F_s}{F_m'} \tag{7-2}$$

$$NPQ = \frac{F_m - F_m'}{F_m'} \tag{7-3}$$

$$qP = \frac{F_m' - F_s}{F_m' - F_o'} \tag{7-4}$$

(3) 叶片氮、磷含量。于 2016 年两种植物关键生育期进行叶片采样和测定，以柳枝稷的生育期为参考，即 2016 年 8 月 5 日(开花期)、2016 年 9 月 5 日(结实期)、2016 年 10 月 5 日(枯黄期)。每个处理分别随机选取柳枝稷和达乌里胡枝子植株顶端新近充分完全展开新叶 1～2 片和 3～5 片，于 105℃杀青 30min，80℃烘干至恒重后，用 MM400 高通量组织研磨仪研磨。叶片氮含量(leaf N concentration，%)采用凯氏定氮法测定，叶片磷含量(leaf P concentration，%)采用钼锑抗比色法测定(鲍士旦，2008)。叶片氮磷比(leaf N∶P ratio)为叶片氮含量和叶片磷含量的比值。

(4) 光合氮、磷利用效率。于 2016 年 8 月 5 日(柳枝稷开花期)测定。用佳能 EOS M2 相机拍摄用于测定氮含量、磷含量的叶片，通过 Image J 图像处理软件分析得到单叶的叶面积。比叶重为叶面积与叶片干重的比值(specific leaf weight，SLW，cm^2/g)。单位面积氮(磷)含量为叶片氮(磷)含量与比叶重的乘积。光合氮利用效率[photosynthetic N-use efficiency，PNUE，$\mu mol/(g·s)$] = P_n/单位面积氮含量。光合磷利用效率[photosynthetic P-use efficiency，PPUE，$\mu mol/(g·s)$] = P_n/单位面积磷含量。

(5) 植株生长特征。于 2016～2017 年两种植物关键生育期测定，以柳枝稷生育期为参考。测定时间分别为 2016 年 8 月 5～6 日(开花期)、2016 年 9 月 5～6 日(结实期)、2016 年 10 月 5～6 日(枯黄期)、2017 年 5 月 5～6 日(分蘖期)、6 月 5～6 日(拔节期)、7 月 26～27 日(开花期)、8 月 26～27 日(结实期)。每个处理随机选取柳枝稷和达乌里胡枝子测定株高(plant height，cm)和分蘖(枝)数(tiller/branch number)。

(6) 根系形态特征。每年生育期结束时，将两种植物的根系在 60 目的孔筛中用自来水清洗干净后，用吸水纸吸干水分，每桶随机选取两株柳枝稷和达乌里胡枝子根系用于形态特征测定，两株用于解剖结构测定。根系扫描和解剖后，将全部根系装入纸袋，于 105℃杀青 30min，80℃烘干至恒重后，得到根系生物量(root biomass，RB，g)。将每桶随机选取 2 株柳枝稷和达乌里胡枝子根系平铺在透明胶片上，利用 EPSON 扫描仪进行扫描，然后用根系分析软件 WinRHIZO 分析得到总根长(total root length，TRL，m)、根表面积(root surface area，RSA，m^2)、根系平均直径(root average diameter，RAD，mm)及根系每 0.1mm 径级的根长。草本植物粗根和细根可通过直径跳跃来区分，这种跳跃通常发生在 1～2 级根系和其余根系部分之间(Comas et al.，2013)。细根是根系吸收水分和养分最活跃的部分，在草本植物中，细根占根系长度和表面积的大部分(Comas et al.，2013；Mou et al.，2013)。本节中，柳枝稷和达乌里胡枝子径级在 0.5mm 出现跳跃，且二者 0～0.5mm 径级的根长约占总根长的 80%。因此，按照每 0.5mm 划分径级，根长百分比(proportion of root length，%)为每 0.5mm 径级的根长之和与总根长的比值。比根长(specific root length，SRL，m/g)为总根长和根系生物量的比值，即 SRL=TRL/RB。比根面积(specific root area，SRA，m^2/g)为根表面积与根系生物量的比值，即 SRA=RSA/RB。

(7) 根瘤数与根瘤质量。2016 年 10 月 10～17 日，每个处理随机选取 6 株植物，收获地上部分后，将所有植物根系在 60 目孔筛中用自来水冲洗干净，收集整桶全部根瘤放入纸袋，于 105℃杀青 30min，80℃烘干至恒重后得到整桶根瘤数和整桶根瘤干重。根据达乌里胡枝子株数换算单株根瘤数(nodule number)和根瘤质量(nodule mass，mg)。单株根瘤质量(single nodule mass，mg)=根瘤质量/根瘤数。

(8) 根系解剖结构。每处理随机选取 3 株植物，每个重复随机选取 2 条柳枝稷不定根和 2 条达乌里胡枝子主根，在距离根基部 4～6cm 处截取根段(刘梅等，2017；Kadam et al.，2015；Zhu et al.，2010)，将根段做徒手切片，并用番红简单染色，在 MoticBA 410 型光学显微镜下观察，每条根观察 5 个切片，选取最清晰的一个切片，用 Motic Images Advanced 3.2 软件拍照保存，并分析得到根直径(root diameter，RD，μm)、导管数量(number of vessels)和导管直径(vessel diameter，VD，μm)，以及柳枝稷的中柱直径(stele diameter，SD，μm)，达乌里胡枝子的根横截面积(root cross-sectional area，RCA，$10^4 \mu m^2$)和木质部面积(xylem area，XA，$10^4 \mu m^2$)。中柱直径比(SD：RD，%)为中柱直径比根直径，导管面积比例(ratio of vessel area，%)为导管面积之和与根横截面积的比值。

(9) 生物量及分配。2016 年 10 月 10～17 日统一收获生物量后，将每个重复的柳枝稷和达乌里胡枝子的根、茎、叶分别装入纸袋，于 105℃杀青 30 min，80℃烘干至恒重后分别得到根系生物量、茎生物量和叶生物量，其中，柳枝稷和达乌里胡枝子的单株生物量(biomass per plant，g)分别为每桶柳枝稷和达乌里胡枝子的生物量与对应株数的比值。总生物量(total biomass，g/盆)为整盆柳枝稷和达乌里胡枝子生物量总和，地上生物量=茎生物量+叶生物量，茎叶比(stem/leaf ratio，SLR)=茎生物量/叶生物量，根冠比(root/shoot ratio，RSR)=根系生物量/地上生物量。余下的 6 个重复将地上部收割并留茬 1.0cm，继续控制相应土壤水分留至第二年继续试验，直至生育期末收获(即 2017 年 10 月 10～17 日)。

(10) 生育期耗水量与水分利用效率。根据试验过程中的控水记录，计算生育期内总耗水量，总耗水量减去总土壤表面蒸发量为生育期内蒸腾耗水量。2016 年和 2017 年的水分利用效率(water use efficiency，WUE，g/kg)分别为 2016 年 7 月 14 日～10 月 10 日和 2016 年 10 月 10 日～2017 年 10 月 10 日形成的生物量与对应时期蒸腾耗水量的比值。

(11) 竞争系数。根据单播和各混播比例下柳枝稷和达乌里胡枝子的生物量干重，计算混播群体的相对总生物量(relative yield total，RYT)、实际产量损失(actual yield loss，AYL)，以及两种物种植物的竞争比(competitive ratio，CR)、竞争攻击力系数(A)和相对竞争强度(relative competition intensity，RCI)。

① 相对总生物量(RYT)用于评价间作体系中生物学效益的竞争系数。采用式(7-5)计算(de Wit and van den Bergh，1965)：

$$RYT = \frac{Y_{ab}}{Y_{aa}} + \frac{Y_{ba}}{Y_{bb}} \tag{7-5}$$

式中，Y_{bb} 表示两物种在单播下的生物量；$Y_{ab}(Y_{ba})$表示混播下物种 $a(b)$ 的生物量。若 RYT>1.0，则说明两物种占据着不同的生态位，存在共生关系；若 RYT=1.0，则说明两物种争夺相同的资源；若 RYT<1.0，则说明两物种存在竞争关系。

② 实际产量损失(AYL)用于比较物种在间作体系中相对于单作的产量变化，采用公式(7-6)～公式(7-8)计算(Banik et al.，2000)：

$$AYL = AYL_a + AYL_b \tag{7-6}$$

$$AYL_a = \frac{Y_{ab}}{Y_{aa} \times Z_{ab}} - 1 \tag{7-7}$$

$$AYL_b = \frac{Y_{ba}}{Y_{bb} \times Z_{ba}} - 1 \tag{7-8}$$

式中，$Z_{ab}(Z_{ba})$表示混播条件下物种 $a(b)$所占的比例，$Z_{ab}+Z_{ba}=1$。若 AYL>0，则说明物种 a 和 b 间作对产量具有正效应；若 AYL=0，则说明无间作优势；若 AYL<0，则说明间作系统内种间竞争对产量具有负效应。若 $AYL_{a(b)}>0$，则说明物种 $a(b)$在间作体系中相对产量增加；若 $AYL_{a(b)}=0$，则说明物种 $a(b)$在间作体系中相对产量无变化；若 $AYL_{a(b)}<0$，则说明物种 $a(b)$在间作体系中相对产量损失。

③ 竞争比率(CR)也是评价混播体系中物种竞争能力的重要指标之一，采用如下公式计算(Willey and Rao，1980)：

$$CR_{ab} = \left(\frac{Y_{ab}}{Y_{aa} \times Z_{ab}} \right) \Big/ \left(\frac{Y_{ab}}{Y_{bb} \times Z_{ba}} \right) \tag{7-9}$$

若 CR_{ab}>1，则说明物种 a 的竞争能力大于物种 b；若 CR_{ab}=1，则说明两物种竞争能力相同；若 CR_{ab}<1，则说明物种 a 的竞争能力小于物种 b。

④ 竞争攻击力系数(A)可用来比较混播体系中物种 a 和物种 b 的产量增加程度，是评价物种竞争能力的重要指标之一，采用如下公式计算(Ghosh，2004)：

$$A_a = \frac{Y_{ab}}{Y_{aa} \times Z_{ab}} - \frac{Y_{ba}}{Y_{bb} \times Y_{bb}} \tag{7-10}$$

若 A_a>0，说明物种 a 的竞争能力大于 b 的竞争能力；若 A_a=0，说明两物种竞争能力相同；若 A_a<0，说明物种 a 的竞争能力小于 b 的竞争能力。

⑤ 相对竞争强度(RCI)指某物种受到伴生物种影响的程度，可用于评价柳枝稷和达乌里胡枝子的种间竞争强度，用如下公式计算(Facelli et al.，1999)：

$$RIC_{ab} = \frac{Y_{aa} \times Z_{ab} - Y_{ab}}{Y_{aa} \times Z_{ab}} \tag{7-11}$$

若 RCI_{ab}>0，说明物种 a 的种间竞争强度大于种内竞争强度；若 RCI_{ab}=0，说明物种 a 的种间竞争强度和种内竞争强度相等；若 RCI_{ab}<0，说明物种 a 的种间竞争强度小于种内竞争强度。

(12) 数据统计与分析。采用 Excel 2010 进行数据整理和计算，Sigmaplot 12.0

制图，Genstat 19.1 进行统计分析。采用三因素方差分析(three-way ANOVA)检验水分水平、磷处理和混播比例及三者的交互作用对光合气体交换参数、叶绿素荧光参数、叶片氮含量与磷含量、形态特征、生物量、水分利用效率和竞争系数，以及根系形态特征的影响(p=0.05)。用最小显著差异法(LSD)进行多重比较。

7.3　柳枝稷和达乌里胡枝子光合气体交换参数

　　光合作用是植物生长发育的基础，不仅与植物生产能力密切相关，也能反映植物在混播群体中的竞争能力(Ai et al.，2017；徐伟洲等，2010)，具有高生长速率和较强光合能力的植物在混播体系中，通常具有较高的竞争能力(Reichmann et al.，2016；Pyšek and Richardson，2007)。一般来说，引进种与本地种相比具有较高的光合速率，这符合引种植物的快速生长和生物量累积，有助于引进种适应新的环境条件(Anderson and Cipollini，2013)。植物在逆境中将产生一系列的生理生态适应性变化，其中光合能力的强弱可反映植物对外界环境的适应能力(Song et al.，2012；梁霞等，2006)。干旱胁迫条件下，叶片光合速率、蒸腾速率和气孔导度均降低，叶片气体交换参数的下降是植物生物量降低的主要因素，具有较强干旱适应性的植物往往具有较高的光合能力(Dukes and Mooney，1999)。磷作为植物光合底物或调节物，直接参与光合作用的各个环节，包括光能吸收、腺苷三磷酸(ATP)和腺苷二磷酸(ADP)能量代谢、卡尔文循环、同化产物运输，以及一些关键酶的合成与活性调节等(Wu et al.，2018；Hidaka and Kitayama，2009；Pieters et al.，2001)。在植物生长期间，叶片中磷浓度与光合速率密切相关(廉满红等，2011)，缺磷不仅会降低植物叶片的叶绿素含量，还将减少气孔密度，从而影响植物的光合作用(曹翠玲等，2010)。在低磷环境中，植物可通过提高蒸腾速率增加对磷的吸收，施磷可降低其叶片蒸腾速率，从而提高水分利用效率(Pang et al.，2018；Singh et al.，2000b)。

　　黄土丘陵区引种柳枝稷表现出良好的生态适应性和较高的生产力(Cooney et al.，2017；Gao et al.，2017；Ma et al.，2011)，其与豆科植物沙打旺、红豆草及本土草种混播后，均表现出较强的竞争能力(高志娟，2017；Xu et al.，2008a，2008b)，这可能与其 C₄ 光合途径及高养分利用效率有关。本节旨在通过测定不同水分和磷素供应条件下，柳枝稷和达乌里胡枝子在不同生育期的光合气体交换参数，探究二者在竞争与共存下的生理生态响应机制(刘金彪，2020)，为黄土丘陵区利用二者混播建植人工草地管理及磷肥合理运用管理提供理论依据。

7.3.1　光合速率

　　2016 年，水分水平、磷处理和组合比例(混播比例)，以及磷处理和组合比例的

交互作用对柳枝稷的叶片光合速率(P_n)影响显著($p<0.05$)(表 7-1)。在充分供水条件
(HW)下，柳枝稷叶片 P_n 均值显著大于干旱处理(LW)，且 P_n 均值随施磷量增加而
降低。不同组合比例下，混播下柳枝稷的 P_n 均值显著大于单播($p<0.05$)。2017 年，
柳枝稷的 P_n 均值表现为随生长月份降低的趋势。相同水分和组合比例下，不同施
磷处理间柳枝稷 P_n 整体无显著差异；在不同生长月份，各组合比例间柳枝稷的 P_n
差异显著($p<0.05$)；HW 水平下，5 月和 6 月柳枝稷 P_n 均值表现为随组合比例中的
株数比减小而增加，在其他月份无明显变化规律；LW 水平下，5 月和 8 月柳枝稷
的 P_n 均值在各组合比例间无显著差异，但在 6 月和 7 月均表现为混播显著高于单
播($p<0.05$)。

表 7-1　不同水分水平、磷处理和组合比例下柳枝稷叶片光合速率　[单位：$\mu mol/(m^2 \cdot s)$]

水分水平 (WR)	磷处理 (PT)	组合比例 (MR)	2016 年	2017 年			
			8 月	5 月	6 月	7 月	8 月
充分供水 (HW)	P_0	S12B0	28.1±0.6	23.1±1.5	14.5±1.1	10.5±1.0	11.3±1.2
		S8B4	28.2±0.8	23.1±1.2	15.3±1.1	7.9±0.9	10.2±1.5
		S6B6	35.1±1.6	28.5±1.9	15.3±0.8	11.4±0.2	13.7±0.6
		S4B8	35.3±1.2	25.2±2.9	16.6±1.8	14.4±1.2	13.4±0.9
	$P_{0.05}$	S12B0	28.2±1.7	20.5±1.0	14.7±0.7	10.3±0.7	13.7±0.2
		S8B4	33.7±1.4	23.0±3.3	14.7±1.0	9.9±0.6	14.2±0.7
		S6B6	26.7±2.9	24.2±0.3	15.5±0.5	11.5±0.5	10.8±1.3
		S4B8	33.4±2.1	28.2±0.9	18.0±0.4	9.9±0.8	13.7±1.3
	$P_{0.1}$	S12B0	25.2±1.5	22.4±1.7	13.0±0.7	10.2±0.8	12.9±0.6
		S8B4	25.0±1.7	22.5±1.4	17.8±2.0	8.2±0.7	12.7±1.1
		S6B6	32.3±2.6	24.2±1.5	15.2±1.3	10.3±1.6	11.2±0.7
		S4B8	24.7±4.2	25.7±0.4	19.5±2.6	12.2±0.2	15.1±1.3
干旱处理 (LW)	P_0	S12B0	23.0±1.2	22.8±1.4	16.7±0.6	7.4±1.3	11.5±1.4
		S8B4	26.4±2.7	21.4±1.4	18.0±3.2	8.2±0.8	10.7±0.9
		S6B6	27.2±2.4	23.8±2.1	17.2±0.8	8.6±1.2	10.9±1.8
		S4B8	26.9±1.3	21.2±0.3	18.5±1.0	9.3±1.5	12.0±1.0
	$P_{0.05}$	S12B0	25.2±1.6	24.6±0.9	13.3±1.5	6.5±1.3	10.8±0.2
		S8B4	27.7±1.5	23.5±1.7	15.0±0.9	9.0±0.5	11.6±1.2
		S6B6	24.8±0.6	22.9±2.4	17.4±1.5	6.0±0.8	10.6±0.3
		S4B8	30.0±0.9	23.0±2.7	18.1±1.1	9.9±0.9	11.3±1.4

续表

水分水平 (WR)	磷处理 (PT)	组合比例 (MR)	2016 年	2017 年			
			8 月	5 月	6 月	7 月	8 月
干旱处理 (LW)	$P_{0.1}$	S12B0	23.3±3.6	22.5±2.8	13.8±0.6	8.2±1.4	10.6±0.4
		S8B4	23.6±2.9	21.4±1.2	15.6±1.7	6.6±0.8	11.7±0.7
		S6B6	28.0±1.3	21.5±0.1	16.7±1.1	7.9±0.2	11.6±1.3
		S4B8	21.5±2.1	22.2±1.8	19.1±2.1	11.2±1.3	11.5±1.5
WR			**(1.7)	**(1.4)	NS	**(0.8)	*(0.9)
PT			*(2.1)	NS	NS	NS	NS
MR			*(2.2)	**(2.0)	**(1.6)	*(1.1)	**(1.2)
WR × PT			NS	NS	NS	NS	NS
WR × MR			NS	**(2.9)	NS	NS	NS
PT × MR			**(4.2)	*(3.5)	NS	*(2.0)	**(2.2)
WR × PT × MR			NS	*(5.0)	NS	**(2.8)	*(3.1)

注：S 表示柳枝稷，B 表示达乌里胡枝子，如 S8B4 表示柳枝稷和达乌里胡枝子的比例为 8∶4，其余类似；* 表示 $p<0.05$，** 表示 $p<0.01$，NS 表示无显著差异；括号内数字为最小显著性值(LSD)；下同。

在 2016 年，水分水平、磷处理、组合比例，以及磷处理和组合比例的交互作用对达乌里胡枝子的 P_n 影响显著($p<0.05$)(表 7-2)。HW 下，达乌里胡枝子 P_n 均值显著高于 LW($p<0.05$)。不同水分和磷处理下，达乌里胡枝子 P_n 均值均表现为单播显著大于混播($p<0.05$)。在 2017 年，HW 水平下达乌里胡枝子 P_n 均值在 5 月和 6 月大于 7 月和 8 月，LW 水平下表现为 7 月和 8 月大于 5 月和 6 月。组合比例对 5 月达乌里胡枝子的 P_n 无显著影响，但显著影响 6～8 月的达乌里胡枝子 P_n ($p<0.05$)。6 月，在 P_0 和 $P_{0.1}$ 处理下，达乌里胡枝子的 P_n 均值表现为混播低于单播，$P_{0.05}$ 处理下无明显规律，但 LW 水平下各组合比例下的 P_n 与单播均无显著差异；7 月，HW 水平下达乌里胡枝子的 P_n 均值在混播显著低于单播，LW 水平下各施磷处理的 P_n 均值均表现为混播大于单播；8 月，HW 水平下在各比例间 P_n 均值无明显规律，LW 水平下的 P_n 均值均表现为混播下显著大于单播($p<0.05$)。

表 7-2　不同水分水平、磷处理和组合比例下达乌里胡枝子叶片光合速率

[单位：μmol/(m² · s)]

水分水平 (WR)	磷处理 (PT)	组合比例 (MR)	2016 年	2017 年			
			8 月	5 月	6 月	7 月	8 月
充分供水 (HW)	P_0	S8B4	20.9±1.9	20.6±3.7	21.8±2.1	9.3±1.2	19.6±1.2
		S6B6	21.6±2.2	18.5±0.9	22.8±1.6	14.4±0.7	16.3±0.6

续表

水分水平 (WR)	磷处理 (PT)	组合比例 (MR)	2016年 8月	2017年 5月	6月	7月	8月
充分供水 (HW)	P₀	S4B8	21.4±0.6	23.9±1.3	20.3±4.6	11.6±3.5	16.3±2.2
		S0B12	23.8±2.0	22.2±2.0	25.5±1.7	11.9±1.7	19.5±1.1
	P₀.₀₅	S8B4	22.3±2.1	19.9±1.9	25.7±1.6	13.9±3.9	18.0±1.0
		S6B6	23.8±2.0	22.9±3.3	22.8±1.3	10.1±1.6	13.7±2.4
		S4B8	22.6±1.8	21.4±2.3	25.0±2.8	16.2±2.9	18.9±1.4
		S0B12	22.6±1.5	18.1±1.1	23.0±4.9	22.2±1.5	21.2±2.9
	P₀.₁	S8B4	21.6±1.5	17.2±2.0	19.0±1.3	14.7±1.5	15.8±1.9
		S6B6	17.5±0.8	17.9±2.5	25.6±2.2	11.7±1.2	18.9±0.9
		S4B8	24.3±0.5	18.5±1.5	23.9±1.6	12.7±3.3	15.0±3.1
		S0B12	25.7±2.6	21.1±2.0	29.4±1.3	15.6±1.0	14.3±2.5
干旱处理 (LW)	P₀	S8B4	20.0±1.1	11.9±3.1	10.2±3.2	11.6±1.8	12.9±1.6
		S6B6	19.6±1.6	8.7±1.5	13.3±0.9	10.3±1.2	13.8±0.9
		S4B8	17.6±1.7	11.1±0.7	11.9±1.4	9.6±1.0	11.7±1.6
		S0B12	23.5±0.9	9.2±1.9	11.9±1.8	9.6±2.7	10.1±1.4
	P₀.₀₅	S8B4	16.2±0.7	10.2±1.7	10.8±2.6	14.7±2.0	18.6±2.2
		S6B6	18.3±1.4	7.7±2.4	11.2±1.7	16.7±1.7	20.7±0.3
		S4B8	19.4±2.7	4.9±1.9	10.3±1.3	16.3±1.0	14.6±1.0
		S0B12	24.1±2.0	6.9±0.6	9.7±0.5	11.1±0.8	12.3±2.4
	P₀.₁	S8B4	18.2±2.2	7.7±1.5	11.1±1.0	17.2±1.1	17.1±2.0
		S6B6	16.7±1.3	3.5±0.5	10.1±1.1	15.3±3.1	19.9±1.1
		S4B8	15.9±2.2	6.4±1.1	10.0±0.9	16.9±1.0	12.8±0.8
		S0B12	19.1±1.4	5.3±0.5	10.4±0.9	12.1±0.7	11.4±0.3
	WR		**(1.4)	**(1.6)	**(1.7)	NS	**(1.4)
	PT		*(1.7)	**(1.9)	NS	**(2.0)	**(1.7)
	MR		*(2.8)	NS	*(2.1)	*(2.3)	**(2.0)
	WR × PT		NS	NS	NS	NS	**(2.4)
	WR × MR		NS	NS	NS	NS	**(2.8)
	PT × MR		**(3.5)	NS	NS	*(4.0)	**(3.5)
	WR × PT × MR		NS	NS	NS	NS	NS

施磷提高了混播下达乌里胡枝子 7 月的 P_n 值。HW 水平下，相比 P_0 处理，$P_{0.05}$ 和 $P_{0.1}$ 处理的 P_n 值分别显著增加了 32.0%和 15.9%($p<0.05$)；LW 水平下，$P_{0.05}$ 和 $P_{0.1}$ 处理的 P_n 值分别显著增加了 34.9%和 45.9%($p<0.05$)。施磷提高了 8 月 LW 处理下达乌里胡枝子的 P_n 值，且 $P_{0.05}$ 和 $P_{0.1}$ 处理相对 P_0 平均分别显著提高了 39.6% 和 26.1%($p<0.05$)。

7.3.2　气孔导度

2016 年，HW 水平下柳枝稷的叶片气孔导度(G_s)均值显著大于 LW 水平 ($p<0.05$)(表 7-3)。施磷显著了降低两水分供应水平下混播柳枝稷的 G_s 均值，且相对于 P_0 处理，$P_{0.05}$ 和 $P_{0.1}$ 处理下分别显著降低了 4.8%和 25.7%($p<0.05$)。

表 7-3　不同水分水平、磷处理和组合比例下柳枝稷叶片气孔导度　[单位：mmol/(m² · s)]

水分水平 (WR)	磷处理 (PT)	组合比例 (MR)	2016 年	2017 年			
			8 月	5 月	6 月	7 月	8 月
充分供水 (HW)	P_0	S12B0	0.18±0.01	0.17±0.01	0.14±0.01	0.08±0.01	0.10±0.01
		S8B4	0.18±0.01	0.17±0.01	0.11±0.01	0.08±0.01	0.08±0.01
		S6B6	0.20±0.01	0.23±0.01	0.13±0.01	0.08±0.01	0.10±0.01
		S4B8	0.23±0.01	0.20±0.02	0.13±0.01	0.09±0.01	0.09±0.01
	$P_{0.05}$	S12B0	0.16±0.01	0.17±0.01	0.17±0.03	0.08±0.01	0.11±0.01
		S8B4	0.22±0.01	0.21±0.02	0.11±0.01	0.07±0.01	0.10±0.01
		S6B6	0.16±0.01	0.17±0.01	0.13±0.01	0.05±0.01	0.10±0.01
		S4B8	0.18±0.01	0.18±0.01	0.15±0.01	0.07±0.01	0.10±0.01
	$P_{0.1}$	S12B0	0.13±0.01	0.16±0.01	0.11±0.01	0.07±0.01	0.07±0.01
		S8B4	0.13±0.01	0.16±0.01	0.14±0.02	0.07±0.01	0.09±0.01
		S6B6	0.18±0.02	0.20±0.02	0.14±0.01	0.08±0.01	0.08±0.01
		S4B8	0.13±0.02	0.16±0.01	0.15±0.02	0.06±0.01	0.10±0.01
干旱处理 (LW)	P_0	S12B0	0.14±0.01	0.17±0.01	0.15±0.01	0.07±0.01	0.10±0.01
		S8B4	0.15±0.01	0.16±0.01	0.15±0.01	0.05±0.01	0.06±0.01
		S6B6	0.13±0.01	0.16±0.01	0.16±0.01	0.05+0.01	0.04+0.01
		S4B8	0.16±0.01	0.16±0.01	0.17±0.01	0.08±0.02	0.09±0.01
	$P_{0.05}$	S12B0	0.18±0.01	0.17±0.01	0.16±0.03	0.04±0.01	0.06±0.01
		S8B4	0.14±0.01	0.16±0.01	0.13±0.01	0.07±0.01	0.07±0.01
		S6B6	0.15±0.01	0.16±0.01	0.12±0.01	0.05±0.01	0.06±0.01
		S4B8	0.15±0.01	0.16±0.02	0.18±0.01	0.05±0.01	0.08±0.01

水分水平 (WR)	磷处理 (PT)	组合比例 (MR)	2016 年	2017 年			
			8 月	5 月	6 月	7 月	8 月
干旱处理 (LW)	$P_{0.1}$	S12B0	0.11±0.04	0.16±0.02	0.11±0.01	0.05±0.01	0.06±0.01
		S8B4	0.10±0.01	0.16±0.01	0.09±0.01	0.04±0.01	0.08±0.01
		S6B6	0.13±0.01	0.16±0.01	0.15±0.02	0.08±0.01	0.10±0.01
		S4B8	0.11±0.01	0.17±0.01	0.19±0.02	0.07±0.01	0.07±0.01
	WR		**(0.01)	**(0.01)	NS	**(0.01)	**(0.01)
	PT		**(0.01)	*(0.01)	NS	NS	NS
	MR		NS	**(0.02)	**(0.02)	NS	NS
	WR × PT		NS	NS	NS	NS	*(0.01)
	WR × MR		NS	**(0.02)	NS	NS	NS
	PT × MR		**(0.03)	NS	NS	*(0.02)	**(0.01)
	WR × PT × MR		NS	*(0.04)	NS	NS	**(0.02)

2017 年，柳枝稷 G_s 值的变化趋势与 P_n 相似，整体表现为随月份增加呈降低趋势。水分水平和组合比例对 5 月柳枝稷的 G_s 值有交互影响，HW 水平下柳枝稷 G_s 均值表现为混播显著大于单播，LW 水平下柳枝稷的 G_s 值在各混播比例间无显著差异($p>0.05$)。水分水平和磷处理对 6 月柳枝稷的 G_s 值无显著影响，但组合比例有显著影响($p<0.05$)。HW 水平下，不同磷处理的单播与混播柳枝稷的 G_s 无明显规律；LW 水平下，均以柳枝稷和达乌里胡枝子混播株比为 4 : 8 时最高。

2016 年，HW 水平下达乌里胡枝子 G_s 均值显著高于 LW($p<0.05$)(表 7-4)。2017 年，达乌里胡枝子 G_s 值与 P_n 值呈相似的变化规律。不同生长月份，各组合比例下达乌里胡枝子的 G_s 值均无显著差异，但水分供应水平有显著影响($p<0.05$)，表现为 HW 水平下达乌里胡枝子的 G_s 均值显著高于 LW。LW 水平下，施磷显著提高了 7 月和 8 月达乌里胡枝子的 G_s 均值，其中 7 月 $P_{0.05}$ 和 $P_{0.1}$ 处理相对 P_0 分别提高了 25.2% 和 58.7%，8 月分别显著提高了 46.8% 和 22.8%($p<0.05$)。

表 7-4　不同水分水平、磷处理和组合比例下达乌里胡枝子叶片气孔导度

[单位：$mmol/(m^2 \cdot s)$]

水分水平 (WR)	磷处理 (PT)	组合比例 (MR)	2016 年	2017 年			
			8 月	5 月	6 月	7 月	8 月
充分供水 (HW)	P_0	S8B4	0.28±0.03	0.35±0.07	0.36±0.05	0.13±0.01	0.29±0.03
		S6B6	0.32±0.03	0.28±0.03	0.36±0.02	0.21±0.02	0.33±0.01

续表

水分水平 (WR)	磷处理 (PT)	组合比例 (MR)	2016 年	2017 年			
			8 月	5 月	6 月	7 月	8 月
充分供水 (HW)	P_0	S4B8	0.27±0.01	0.38±0.05	0.51±0.06	0.22±0.04	0.28±0.05
		S0B12	0.33±0.04	0.35±0.04	0.47±0.01	0.16±0.02	0.34±0.01
	$P_{0.05}$	S8B4	0.30±0.03	0.30±0.03	0.55±0.10	0.21±0.04	0.33±0.01
		S6B6	0.36±0.05	0.32±0.06	0.44±0.05	0.19±0.01	0.27±0.04
		S4B8	0.34±0.02	0.39±0.01	0.55±0.13	0.16±0.03	0.32±0.03
		S0B12	0.24±0.02	0.28±0.03	0.52±0.05	0.28±0.01	0.35±0.06
	$P_{0.1}$	S8B4	0.30±0.03	0.27±0.03	0.42±0.05	0.25±0.04	0.31±0.04
		S6B6	0.23±0.02	0.27±0.06	0.44±0.05	0.16±0.02	0.31±0.03
		S4B8	0.30±0.01	0.24±0.02	0.59±0.11	0.21±0.03	0.27±0.03
		S0B12	0.46±0.06	0.37±0.03	0.58±0.02	0.23±0.02	0.29±0.06
干旱处理 (LW)	P_0	S8B4	0.12±0.01	0.12±0.03	0.09±0.03	0.16±0.03	0.14±0.03
		S6B6	0.21±0.02	0.07±0.01	0.14±0.02	0.11±0.01	0.13±0.01
		S4B8	0.21±0.04	0.09±0.01	0.11±0.01	0.13±0.02	0.08±0.01
		S0B12	0.20±0.01	0.08±0.01	0.11±0.02	0.12±0.03	0.19±0.01
	$P_{0.05}$	S8B4	0.14±0.01	0.10±0.01	0.10±0.02	0.18±0.02	0.23±0.02
		S6B6	0.25±0.01	0.06±0.01	0.12±0.01	0.18±0.02	0.16±0.03
		S4B8	0.19±0.04	0.05±0.02	0.14±0.04	0.15±0.01	0.20±0.02
		S0B12	0.18±0.01	0.06±0.00	0.11±0.01	0.14±0.01	0.20±0.04
	$P_{0.1}$	S8B4	0.14±0.02	0.08±0.01	0.15±0.02	0.26±0.02	0.19±0.03
		S6B6	0.16±0.01	0.03±0.01	0.09±0.01	0.22±0.04	0.24±0.02
		S4B8	0.12±0.02	0.05±0.01	0.10±0.01	0.20±0.01	0.15±0.03
		S0B12	0.16±0.02	0.05±0.01	0.12±0.01	0.16±0.02	0.08±0.01
WR			**(0.03)	**(0.03)	**(0.04)	**(0.02)	**(0.03)
PT			NS	*(0.04)	NS	**(0.03)	**(0.03)
MR			*(0.04)	NS	NS	NS	NS
WR × PT			NS	NS	NS	NS	NS
WR × MR			*(0.05)	NS	NS	NS	NS
PT × MR			**(0.06)	NS	NS	NS	NS
WR × PT × MR			NS	NS	NS	*(0.081)	NS

7.3.3　蒸腾速率

2016 年，不同混播比例下柳枝稷的叶片蒸腾速率(T_r)均值表现为 HW 水平显著大于 LW 水平($p<0.05$)(表 7-5)。施磷显著降低了 LW 水平下混播柳枝稷的 T_r 均值，与 P_0 处理相比，$P_{0.05}$ 和 $P_{0.1}$ 处理下分别显著降低了 12.6%和 21.6%($p<0.05$)。2017 年，磷处理显著影响 5 月和 6 月柳枝稷的 T_r 值($p<0.05$)。HW 水平下，$P_{0.05}$ 处理相对 P_0 平均显著降低了 18.5%，$P_{0.1}$ 处理相对 P_0 平均提高了 3.0%；LW 水平下，$P_{0.05}$ 处理相对 P_0 平均降低 29.4%，$P_{0.1}$ 处理相对 P_0 平均提高了 9.0%。磷处理和组合比例对 6 月柳枝稷的 T_r 有交互效应，P_0 处理下，各组合比例间柳枝稷的 T_r 无明显变化规律，$P_{0.05}$ 和 $P_{0.1}$ 处理下在柳枝稷和达乌里胡枝子的株数比为 4∶8 时最高。

表 7-5　不同水分水平、磷处理和组合比例下柳枝稷蒸腾速率　[单位：mmol/(m²·s)]

水分水平 (WR)	磷处理 (PT)	组合比例 (MR)	2016 年	2017 年			
			8 月	5 月	6 月	7 月	8 月
充分供水 (HW)	P_0	S12B0	4.2±0.2	4.8±0.6	3.7±0.5	5.7±0.1	2.9±0.3
		S8B4	4.1±0.1	5.0±0.3	2.7±0.3	3.6±0.2	2.0±0.3
		S6B6	5.0±0.3	7.2±0.6	4.2±0.3	3.1±0.2	2.3±0.4
		S4B8	5.5±0.5	5.9±1.2	3.2±0.6	6.2±1.4	2.8±0.1
	$P_{0.05}$	S12B0	3.7±0.2	3.8±0.7	2.6±0.4	4.7±0.3	3.2±0.2
		S8B4	5.4±0.2	5.4±1.3	2.2±0.5	4.1±0.2	2.9±0.1
		S6B6	3.8±0.5	3.9±0.4	2.6±0.1	2.8±0.4	2.2±0.2
		S4B8	4.8±0.3	4.0±0.6	3.7±0.2	4.1±0.4	2.9±0.1
	$P_{0.1}$	S12B0	3.5±0.7	5.1±0.5	2.4±0.3	5.0±0.4	1.8±0.2
		S8B4	3.0±0.5	4.4±0.4	4.1±0.7	4.9±0.3	2.8±0.4
		S6B6	4.9±0.5	5.6±0.2	2.9±0.5	3.9±0.7	2.1±0.1
		S4B8	3.5±0.6	4.4±0.3	4.8±0.9	5.0±0.2	2.0±0.2
干旱处理 (LW)	P_0	S12B0	3.5±0.1	4.5±0.5	4.1±0.5	3.8±0.8	2.9±0.2
		S8B4	3.9±0.6	4.8±0.7	3.7±0.8	2.2±0.1	1.6±0.1
		S6B6	3.7±0.2	5.6±0.7	4.6±0.3	1.8±0.1	1.1±0.1
		S4B8	4.2±0.4	5.7±0.1	3.8±0.4	3.7±1.1	2.6±0.2
	$P_{0.05}$	S12B0	3.4±0.6	3.7±0.4	2.3±0.5	2.7±0.4	1.9±0.1
		S8B4	3.9±0.3	4.0±0.7	3.0±0.3	2.0±1.0	2.2±0.1
		S6B6	3.1±0.3	4.4±0.4	3.2±0.4	2.2±0.6	1.5±0.1
		S4B8	4.0±0.1	4.3±0.2	3.9±0.3	3.5±0.4	2.5±0.2

续表

水分水平 (WR)	磷处理 (PT)	组合比例 (MR)	2016年 8月	2017年 5月	6月	7月	8月
干旱处理 (LW)	$P_{0.1}$	S12B0	3.0±0.7	5.1±0.8	2.6±0.4	3.7±0.7	1.7±0.1
		S8B4	2.6±0.4	4.0±0.2	3.4±0.7	3.0±0.4	2.3±0.1
		S6B6	3.7±0.1	3.7±0.2	3.0±0.4	4.1±0.2	2.9±0.3
		S4B8	3.0±0.2	4.0±0.3	5.8±0.8	2.0±0.5	1.5±0.2
WR			**(0.3)	**(0.5)	NS	**(0.4)	**(0.2)
PT			NS	**(0.6)	**(0.5)	NS	NS
MR			NS	*(0.7)	**(0.6)	**(0.6)	*(0.2)
WR × PT			NS	NS	NS	NS	*(0.3)
WR × MR			NS	*(1.0)	NS	NS	NS
PT × MR			**(0.8)	*(1.2)	**(1.0)	**(1.1)	**(0.4)
WR × PT × MR			NS	NS	NS	NS	*(0.6)

2016 年，HW 水平下不同混播比例达乌里胡枝子的 T_r 均值显著高于 LW 水平 (表 7-6)。2017 年，达乌里胡枝子的 T_r 值与 P_n 和 G_s 值变化相似。磷处理对不同生长月份达乌里胡枝子的 T_r 值均有显著影响($p<0.05$)。5 月，两水分水平下 $P_{0.05}$ 和 $P_{0.1}$ 处理达乌里胡枝子 T_r 均值均显著低于 P_0 处理；6 月，两水分水平下达乌里胡枝子在 $P_{0.05}$ 处理的 T_r 均值显著低于 P_0，而 $P_{0.1}$ 显著高于 P_0 处理。LW 条件下，施磷显著提高了 7 月和 8 月达乌里胡枝子的 T_r 值，其中 7 月 $P_{0.05}$ 和 $P_{0.1}$ 处理相较 P_0 处理分别显著提高了 26.5%和 39.7%，8 月分别显著提高了 8.8%和 8.4%($p<0.05$)。

表 7-6　不同水分水平、磷处理和组合比例下达乌里胡枝子蒸腾速率　[单位：mmol/(m² · s)]

水分水平 (WR)	磷处理 (PT)	组合比例 (MR)	2016年 8月	2017年 5月	6月	7月	8月
充分供水 (HW)	P_0	S8B4	7.0±0.9	9.7±1.6	12.7±1.3	8.1±0.96	9.3±1.0
		S6B6	7.6±0.8	9.4±0.5	13.7±1.2	11.5±1.28	9.3±0.4
		S4B8	6.0±0.2	11.3±1.6	17.6±1.8	10.6±1.71	10.8±1.7
		S0B12	7.7±0.8	10.7±1.2	16.5±1.4	9.0±1.01	10.4±0.1
	$P_{0.05}$	S8B4	6.3±0.5	6.8±1.1	15.0±4.3	12.0±2.16	11.0±0.3
		S6B6	8.0±1.0	8.1±2.2	12.5±1.6	10.9±1.03	8.5±1.2
		S4B8	7.4±0.6	7.3±2.0	9.5±2.2	9.0±1.65	11.1±0.8
		S0B12	6.0±0.4	7.4±0.5	16.0±2.5	15.0±1.53	11.1±1.8

续表

水分水平 (WR)	磷处理 (PT)	组合比例 (MR)	2016 年 8 月	2017 年 5 月	6 月	7 月	8 月
充分供水 (HW)	$P_{0.1}$	S8B4	7.1±0.6	8.6±1.3	16.2±1.5	10.2±1.30	12.4±1.5
		S6B6	5.6±0.7	7.4±1.1	14.1±1.5	9.1±1.17	9.9±1.1
		S4B8	7.1±0.2	8.5±1.0	18.1±2.3	9.5±2.85	6.4±0.6
		S0B12	8.2±1.1	11.0±1.2	20.6±1.0	9.9±0.39	11.7±2.4
干旱处理 (LW)	P_0	S8B4	5.2±0.2	3.9±1.0	3.7±1.1	9.4±1.75	5.5±0.6
		S6B6	5.2±0.4	3.1±0.5	6.2±1.2	6.4±0.79	5.5±0.6
		S4B8	5.2±1.1	3.4±0.3	5.3±0.9	7.1±1.25	5.9±0.7
		S0B12	5.0±0.4	3.1±0.4	5.0±0.6	6.8±1.69	5.6±1.3
	$P_{0.05}$	S8B4	3.0±0.1	1.9±0.5	3.2±0.8	10.3±1.54	7.4±1.0
		S6B6	6.2±0.1	1.7±0.2	4.4±0.6	10.5±1.38	8.0±0.6
		S4B8	4.5±0.9	1.5±0.8	3.8±0.5	9.0±0.84	4.9±0.7
		S0B12	4.5±0.3	2.5±0.2	4.7±0.8	7.9±0.89	4.2±0.4
	$P_{0.1}$	S8B4	3.6±0.6	1.9±0.4	5.6±1.3	12.0±1.04	8.1±1.3
		S6B6	4.0±0.3	1.2±0.2	4.1±0.5	11.6±1.98	8.1±0.6
		S4B8	3.1±0.6	2.1±0.3	4.7±0.4	11.6±0.98	4.5±0.8
		S0B12	3.5±0.3	2.9±0.3	7.5±0.4	6.3±0.27	3.8±0.2
	WR		**(0.5)	**(0.8)	**(1.3)	*(1.1)	**(0.8)
	PT		NS	**(1.0)	**(1.6)	*(1.4)	NS
	MR		*(0.7)	NS	NS	NS	NS
	WR × PT		NS	NS	NS	NS	*(1.5)
	WR × MR		NS	NS	NS	NS	*(1.7)
	PT × MR		**(1.3)	NS	NS	NS	*(2.1)
	WR × PT × MR		NS	NS	NS	*(4.0)	NS

7.3.4　水分利用效率

2016 年，水分水平和磷处理的交互作用对柳枝稷叶片水分利用效率(WUE_i)有显著影响($p < 0.05$)(表 7-7)。与 P_0 处理相比，施磷可显著提高 LW 水平下柳枝稷的 WUE_i 均值，且 $P_{0.05}$ 和 $P_{0.1}$ 处理间无显著差异。在 2017 年的 5～7 月，水分供应水平对柳枝稷的 WUE_i 无显著影响，不同磷处理对柳枝稷的 WUE_i 均有显著影响($p < 0.05$)，相对 P_0 处理，$P_{0.05}$ 处理的柳枝稷 WUE_i 均值显著增加，在 5 月、6 月和

7月分别增加了36.1%、20.2%和1.9%，而 $P_{0.1}$ 和 $P_{0.05}$ 处理间无显著差异($p<0.05$)。8月，$P_{0.1}$ 处理下柳枝稷的 WUE_i 均值显著高于 $P_{0.05}$，但二者均与 P_0 处理间无显著差异($p>0.05$)。

表 7-7　不同水分水平、磷处理和组合比例下柳枝稷叶片水分利用效率 (单位：µmol/mmol)

水分水平 (WR)	磷处理 (PT)	组合比例 (MR)	2016年 8月	2017年 5月	6月	7月	8月
充分供水 (HW)	P_0	S12B0	6.6±0.3	4.9±0.4	4.8±0.4	1.8±0.1	3.8±0.1
		S8B4	6.8±0.3	4.6±0.4	5.4±0.5	2.2±0.1	5.1±0.7
		S6B6	6.9±0.1	4.0±0.2	3.6±0.2	3.7±0.2	6.5±1.1
		S4B8	6.4±0.5	4.5±0.4	5.4±0.5	2.5±0.3	4.7±0.2
	$P_{0.05}$	S12B0	7.6±0.1	5.9±0.9	6.2±1.2	2.3±0.1	4.2±0.2
		S8B4	6.2±0.1	5.7±0.8	7.1±1.3	2.4±0.1	4.8±0.1
		S6B6	7.1±0.5	6.4±0.6	5.9±0.4	3.1±0.3	4.8±0.5
		S4B8	6.9±0.2	6.4±1.2	4.8±0.3	2.5±0.4	4.6±0.1
	$P_{0.1}$	S12B0	7.2±0.7	4.3±0.2	5.6±0.8	2.0±0.2	4.8±0.3
		S8B4	7.5±0.6	4.8±0.3	5.2±0.8	2.5±0.1	4.7±0.3
		S6B6	6.6±0.4	4.5±0.1	5.5±0.7	2.6±0.1	5.2±0.3
		S4B8	6.6±0.2	4.9±0.3	3.8±0.4	1.6±0.1	7.5±0.6
干旱处理 (LW)	P_0	S12B0	6.8±0.3	5.1±0.3	4.1±0.3	1.8±0.2	4.2±0.1
		S8B4	6.8±0.4	4.6±0.5	5.1±0.8	3.2±0.3	5.6±0.5
		S6B6	7.3±0.3	4.3±0.2	3.7±0.2	4.6±0.6	6.0±1.1
		S4B8	6.5+0.4	3.7±0.3	4.9±0.6	1.6±0.1	5.2±0.1
	$P_{0.05}$	S12B0	7.4±0.7	7.6±0.9	5.7±1.1	2.4±0.2	5.0±0.2
		S8B4	7.2±0.4	6.2±0.9	5.0±1.1	1.9±0.2	5.1±0.2
		S6B6	7.9±0.6	5.2±0.9	5.4±0.2	1.9±0.3	5.9±0.6
		S4B8	7.5±0.1	5.3±1.1	4.9±0.5	2.9±0.3	5.2±0.1
	$P_{0.1}$	S12B0	7.7±0.4	4.5±0.3	5.5±0.6	2.2±0.1	5.6±0.5
		S8B4	7.1±0.4	5.3±0.1	5.3±1.1	2.1±0.1	5.0±0.1
		S6B6	7.6±0.3	5.4±0.4	5.8±0.7	1.9±0.1	4.7±0.3
		S4B8	7.1±0.1	5.5±0.5	3.5±0.2	2.2±0.3	7.6±1.0
WR			NS	NS	NS	NS	**(0.4)
PT			NS	**(0.6)	*(0.7)	**(0.2)	*(0.5)

续表

水分水平 (WR)	磷处理 (PT)	组合比例 (MR)	2016年	2017年			
			8月	5月	6月	7月	8月
		MR	NS	NS	NS	**(0.3)	**(0.6)
		WR × PT	*(0.6)	NS	NS	NS	NS
		WR × MR	NS	NS	NS	NS	NS
		PT × MR	NS	NS	*(1.5)	**(0.5)	**(1.1)
		WR × PT × MR	NS	NS	NS	**(0.7)	NS

2016 年,达乌里胡枝子的 WUE_i 均值在 LW 水平下显著高于 HW 水平,在 P_0、$P_{0.05}$ 和 $P_{0.1}$ 处理下分别平均显著提高了 41.6%、47.9%和 56.9%($p<0.05$)(表 7-8)。与 P_0 处理相比,施磷显著提高了 LW 条件下达乌里胡枝子的 WUE_i,且 $P_{0.05}$ 和 $P_{0.1}$ 处理间无显著差异($p>0.05$)。2017 年,施磷对不同生长月份达乌里胡枝子的 WUE_i 有显著影响。HW 水平下,施磷提高了 5 月和 6 月的 WUE_i,且 $P_{0.05}$ 处理显著高于 P_0,但 $P_{0.1}$ 与 P_0 处理间无显著差异;LW 水平下,达乌里胡枝子各生长月份的 WUE_i 在 $P_{0.05}$ 处理下显著高于 P_0,$P_{0.1}$ 与 P_0 处理间无显著差异,相比 P_0 处理,$P_{0.05}$ 处理下 5~8 月达乌里胡枝子的 WUE_i 均值分别显著提高了 34.2%、17.9%、9.0%和 30.0%($p<0.05$)。

表 7-8 不同水分水平、磷处理和组合比例下达乌里胡枝子叶片水分利用效率

(单位: μmol/mmol)

水分水平 (WR)	磷处理 (PT)	组合比例 (MR)	2016年	2017年			
			8月	5月	6月	7月	8月
充分供水 (HW)	P_0	S8B4	3.0±0.1	2.1±0.1	1.7±0.1	1.1±0.1	2.1±0.2
		S6B6	3.1±0.1	1.9±0.1	1.7±0.2	1.2±0.1	1.7±0.1
		S4B8	3.5±0.2	2.2±0.2	1.2±0.3	1.0±0.2	1.5±0.1
		S0B12	3.1±0.2	2.0±0.1	1.5±0.1	1.3±0.1	1.8±0.1
	$P_{0.05}$	S8B4	3.5±0.1	3.1±0.4	2.2±0.6	1.1±0.3	1.6±0.1
		S6B6	3.0±0.2	3.1±0.4	1.9±0.2	0.9±0.2	1.5±0.1
		S4B8	3.0±0.1	3.6±0.8	3.4±1.2	1.8±0.1	1.7±0.1
		S0B12	3.8±0.1	2.4±0.1	1.6±0.4	1.5±0.1	1.9±0.1
	$P_{0.1}$	S8B4	3.1±0.2	2.0±0.1	1.1±0.1	1.4±0.2	1.3±0.1
		S6B6	3.2±0.2	2.4±0.1	1.8±0.2	1.3±0.1	1.9±0.1
		S4B8	3.2±0.1	2.2±0.1	1.3±0.1	1.3±0.1	2.4±0.5
		S0B12	3.1±0.1	1.9±0.1	1.4±0.1	1.5±0.1	1.3±0.1

续表

水分水平 (WR)	磷处理 (PT)	组合比例 (MR)	2016 年	2017 年			
			8 月	5 月	6 月	7 月	8 月
干旱处理 (LW)	P_0	S8B4	3.1±0.3	3.0±0.1	2.8±0.4	1.3±0.1	2.3±0.1
		S6B6	3.7±0.1	2.7±0.1	2.3±0.3	1.6±0.1	2.5±0.1
		S4B8	4.3±0.5	3.3±0.2	2.4±0.4	1.4±0.2	1.9±0.2
		S0B12	4.7±0.3	2.8±0.3	2.3±0.2	1.4±0.1	1.7±0.1
	$P_{0.05}$	S8B4	5.4±0.2	4.2±0.8	3.9±1.2	1.4±0.1	2.5±0.1
		S6B6	4.5±0.2	4.1±0.8	2.6±0.4	1.6±0.1	2.9±0.2
		S4B8	4.5±0.3	4.0±0.9	2.8±0.4	1.8±0.1	2.9±0.2
		S0B12	5.3±0.3	3.6±0.1	2.3±0.4	1.4±0.1	2.5±0.2
	$P_{0.1}$	S8B4	5.2±0.3	2.5±0.3	1.5±0.1	1.4±0.1	2.1±0.1
		S6B6	4.1±0.1	2.7±0.2	2.5±0.4	1.3±0.1	2.4±0.1
		S4B8	5.3±0.4	3.1±0.6	2.1±0.1	1.4±0.1	2.3±0.4
		S0B12	5.4±0.2	2.9±0.2	1.8±0.1	1.9±0.1	2.7±0.1
	WR		**(0.2)	**(0.3)	**(0.3)	**(0.1)	**(0.1)
	PT		NS	**(0.4)	**(0.4)	NS	NS
	MR		**(0.3)	NS	NS	*(0.1)	NS
	WR × PT		NS	NS	NS	NS	NS
	WR × MR		*(0.4)	NS	NS	NS	NS
	PT × MR		**(0.5)	NS	NS	**(0.3)	**(0.4)
	WR × PT × MR		NS	NS	NS	NS	**(0.5)

7.3.5　讨论与结论

　　水分是限制半干旱区植物光合生理过程的主要环境因子(Ashraf and Harris，2013)。植物光合生理过程对干旱的适应性变化与植物光合途径和根系形态差异等有关(Sánchez et al.，2016；Kadam et al.，2015；Lynch et al.，2014)。通常具有 C_4 光合作用途径的植物比具有 C_3 途径植物能更有效地吸收并利用有限的土壤水分，在水分条件有限时仍能维持一定的光合速率(Sánchez et al.，2016；Ashraf and Harris，2013)。本节中，在种植当年，柳枝稷和达乌里胡枝子的叶片光合速率在干旱处理下均显著低于充分供水，且柳枝稷叶片光合速率的降幅较小，表明柳枝稷在适度干旱下能维持较高的光合速率，叶片光合速率、气孔导度和蒸腾速率均在 5 月份最高,且随着生长月份的推移而降低,说明柳枝稷在分蘖期的生长较旺盛,这与柳枝稷的生长节律相符。研究表明,柳枝稷在生长旺盛的分蘖期,具有更高的光合速率以维持自身的生物量累积及生理活动需求,开花期则是其生长衰退期(Gao et al., 2016)。达乌里胡枝子的叶片光合速率、气孔导度和蒸腾速率在充分供水下均以 6 月最高,在干旱处理下表现为 5 月和 6 月较低,在 7 月和 8 月有所提高,说明干旱处理下达乌里胡枝子在生殖生长期光合产物的积累速率较大,这可能是其长期适应黄土丘陵区雨热同期环境的生存策略,说明其具有一定的避旱机制(Fang and Xiong, 2015;Kooyers, 2015)。在干旱处理下,柳枝稷根系生长表现为导管直径增加和细根生长,显示出水分吸收型策略,而达乌里胡枝子与其相反,表现出水分保守型策略(王世琪, 2019;Kadam et al., 2015)。水分吸收型植物在干旱环境中维持对水分的吸收,水分保守型植物则通过改变根系及地上部分叶片形态等以减少营养生长期对水分的吸收和损失,从而将土壤水分保存至开花期和结实期(Kadam et al., 2015;Lynch et al., 2014;Xu et al., 2006)。综上所述,柳枝稷和达乌里胡枝子在生育期重合阶段的光合作用调节,可能使二者对环境资源的竞争和利用存在动态变化和调整,从而有助于缓解二者在水分短缺条件下的竞争。

　　光合速率不仅与植物的生物量累积量呈正相关,还体现植物对竞争的适应性。在竞争激烈的环境中,光合速率体现植物对竞争的适应性,高光合速率有利于植物快速生长并占据有利的空间资源,从而具有较强的竞争能力(Ai et al., 2017)。一般来说,与本地种相比,引进种具有较高的光合速率(Anderson and Cipollini, 2013)。有研究认为,引进种在土壤资源有效性高的环境中更能充分利用资源,在营养丰富或多变的土壤资源环境中更具竞争优势,本地种由于长期适应较低的土壤资源水平和条件,在此类环境条件下往往对其竞争更有利(卜祥祺等, 2017;Daehler, 2003;Durand and Goldstein, 2001)。本节中,在种植当年,不论水分和磷素供应水平如何,柳枝稷的叶片光合速率均显著高于达乌里胡枝子,说明在种植当年柳枝稷具有更强的光合竞争能力。在种植第二年,柳枝稷叶片光合速率均值在充分供水下的 5 月,以及干旱处理下的 5 月和 6 月均显著高于达乌里胡枝子,而达乌里胡枝子在干旱处理下的 7 月和 8 月显著高于柳枝稷,表明二者混播体系中对环境资源的竞争能力随着生育期而发生改变,这可能是达乌里胡枝子在种植第二年竞争能力增强的原因之一。

　　在禾豆混播体系中,混播植物对地上光照资源和土壤水肥的竞争,将影响植物的光合生理特征,并与各自单播存在差异,这种差异将影响植物的混播优势(徐伟洲, 2014;Fang et al., 2011)。在种植当年,不论水分和磷供应如何,二者混播均可提高柳枝稷的叶片光合速率,而抑制了达乌里胡枝子的叶片光合速率。在种植第二年,柳枝稷叶片光合速率在充分供水下的 5 月和 6 月为混播显著大于单播,干旱处理下的 6 月和 7 月为混播下显著大于单播,且 5 月和 8 月与单播无显著差异，说明与达乌里胡枝子混播可促进柳枝稷的光合作用，这可能是因为与达乌里胡枝子混播降低了柳枝稷激烈的种内竞争，提升了对资源利用的互补效应(高阳等，2016；Mann et al.，2013)，也可能是因为与达乌里胡枝子混播提高了柳枝稷叶片氮含量。研究表明，禾豆混播草地中禾本科植物体内的氮素很大比例来自与之混播的豆科植物(Schipanski and Drinkwater，2012)，而叶片氮含量通常与光合速率显著相关(Goedhart et al.，2010)。

在充分供水条件下，达乌里胡枝子 6 月的叶片光合速率整体表现为混播低于单播，说明在充分供水下达乌里胡枝子分枝期的光合作用可能受到抑制，这可能是因为充分供水下柳枝稷具有较高的竞争能力(高志娟，2017；Mann et al.，2013)。此外，柳枝稷相对达乌里胡枝子在早期具有较快的生长速率，充分供水下其个体株高在营养生长期显著大于达乌里胡枝子，对达乌里胡枝子造成遮阴并影响其光合作用(Fang et al.，2011)。干旱处理下，混播下达乌里胡枝子 7 月和 8 月的叶片光合速率值显著大于单播，在 5 月和 6 月与单播无显著差异，表明二者混播提高了干旱处理下达乌里胡枝子生殖生长期的光合能力，这是因为柳枝稷处于衰退期，而达乌里胡枝子处在较为旺盛的生殖生长期(徐伟洲，2014)。这些进一步表明随着生育期推进，二者对环境资源竞争能力发生改变并形成互补，有利于两草种在干旱环境中对资源利用达到动态平衡，从而显示出混播互补优势。

干旱处理下，施磷提高了种植第二年达乌里胡枝子生殖生长期的叶片光合速率，且混播下的提高幅度大于单播，说明施磷有助于提高干旱条件下达乌里胡枝子生殖生长期的竞争能力，同时说明磷肥对不同生育期光合作用的影响存在差异。磷处理对柳枝稷叶片光合速率值影响较小，但施磷显著提高了其生物量，可能是因为施磷增加了植株总叶面积(冯志威等，2016；陈远学等，2011)，也可能是因为施磷有利于改善植株体内水分状况，提高了其气孔调节能力而缓解光合"午休"现象，从而提高了光合速率日均值和生物量累积(王瑜等，2012；赵海波等，2010；张岁岐等，2000)。

叶片水分利用效率被认为是判断植物抗旱性的重要指标之一(Ashraf and Harris，2013)。磷是影响植物光合作用和蒸腾作用的重要营养元素，研究表明，施磷对植物叶片光合速率的增加幅度大于蒸腾速率，从而提高了叶片水分利用效率；也有研究证明，植物可通过蒸腾作用吸收土壤中的磷，即使土壤磷含量在较低水平时植物的蒸腾速率仍受叶片磷含量的影响(Pang et al.，2018)。施磷可降低植物为吸收磷素而蒸腾损失的水分，从而提高叶片水分利用效率(Pang et al.，2018；Singh et al.，2000b)，但水分利用效率不会因磷肥增加而无限升高(Gu et al.，2018)。本节中，适当施磷($P_{0.05}$处理)提高了种植当年干旱处理下两物种的叶片水分利用效率，以及种植第二年两种植物在两种水分供应水平下的叶片水分利用效率，施磷对柳枝稷叶片水分利用效率的提高主要源于叶片蒸腾速率的降低，而施磷对达乌里胡枝子叶片水分利用效率的影响主要源于对叶片光合速率的提高。相对 $P_{0.05}$ 处理，$P_{0.1}$ 处理下两物种的叶片水分利用效率不再提高或出现下降，表明磷对叶片水分利用效率的影响与施磷量有关，适当施磷($P_{0.05}$ 处理)有助于提高二者的水分利用效率，进而增强其对干旱的适应能力。

7.4 水磷供应对柳枝稷和达乌里胡枝子叶绿素荧光参数的影响

光合作用是植物生长发育和产量形成的基础，光合速率的降低可能是由多种生物和非生物因素共同作用的结果，其中 PSⅡ在植物对逆境的响应中具有重要作用(Chaves et al.，2009)。植物 PSⅡ的光化学量子效率通常与光合速率密切相关，当植物受到轻度或中度胁迫时，PSⅡ最大光化学量子效率无明显变化，此时光合速率下降主要是气孔限制引起的，而重度胁迫下植物 PSⅡ活性降低，光合器官会受到损伤(Ashraf and Harris，2013)，此时，植物会通过非光化学淬灭散失过剩的热量以保护光合器官(Colom and Vazzana，2003)。因此，叶绿素荧光参数在指示叶片光合作用过程中对光能的吸收、传递、耗散、分配等方面具有独特的作用。与表观性的气体交换指标相比，叶绿素荧光参数具有反映内在性的特点，被称为快速、无损地测定叶片光合功能的探针，已广泛应用于光合作用研究领域(Chaves et al.，2009；Ralph and Gademann，2005；Schreiber，2004)。

在混播体系中，植物的竞争作用引起环境和资源的变化，将影响植物的生理生态特征(朱亚琼等，2018)。同时，混播植物在生活史或形态特征(如光合途径、生物固氮性能和根系结构)方面的差异也会影响其生理生态过程对环境变化的响应(Dijkstra et al.，2010)。本节旨在通过测定不同水分水平、磷处理及混播比例下，柳枝稷和达乌里胡枝子的叶绿素荧光参数，探明水分水平、磷处理和组合比例对两种植物的最大光化学效率(F_v/F_m)、实际光化学效率($\Phi_{PSⅡ}$)、光化学淬灭系数(qP)以及非光化学淬灭系数(NPQ)等指标的影响，比较两种植物种间的差异以及不同生育期各叶绿素荧光参数的动态变化特征，探究二者在竞争或共存下的光合生理生态机制，以期从光合生理生态角度判别二者在混播下的表现(刘金彪，2020)。

7.4.1 最大光化学效率

2016 年，水分水平及其与磷处理的交互作用对柳枝稷的最大光化学效率(F_v/F_m)值影响显著($p<0.05$)(表 7-9)。不同磷处理下，柳枝稷的 F_v/F_m 值在干旱处理下(LW)多低于充分供水(HW)；相对 HW 水平，LW 水平下柳枝稷的 F_v/F_m 值在 P_0 和 $P_{0.05}$ 处理下分别显著降低了 3.6%和 4.6%，但 $P_{0.1}$ 处理下柳枝稷的 F_v/F_m 值在两水分水平间差异不显著。2017 年，柳枝稷的 F_v/F_m 值随生育期变化而变化，5 月柳枝稷的 F_v/F_m 值均在 0.75 以上，而后其他月份均小于 0.75。水分水平对 7 月和 8

月柳枝稷的 F_v/F_m 值影响显著，LW 条件下柳枝稷 F_v/F_m 值均值在显著低于 HW 下（$p<0.05$）。磷处理对 5 月和 6 月柳枝稷的 F_v/F_m 值影响显著，$P_{0.1}$ 处理下柳枝稷的 F_v/F_m 值显著高于 P_0 和 $P_{0.05}$ 处理（$p<0.05$），而 $P_{0.05}$ 和 P_0 处理间无显著差异。组合比例对柳枝稷 6～8 月的 F_v/F_m 值影响显著，其中 6 月混播下柳枝稷的 F_v/F_m 均值显著大于单播，而 7 月和 8 月混播下柳枝稷的 F_v/F_m 均值显著低于单播（$p<0.05$）。

表 7-9　不同水分水平、磷处理和组合比例下柳枝稷最大光化学效率

水分水平 (WR)	磷处理 (PT)	组合比例 (MR)	2016 年	2017 年			
			8 月	5 月	6 月	7 月	8 月
充分供水 (HW)	P_0	S12B0	0.74±0.01	0.76±0.01	0.69±0.01	0.73±0.01	0.73±0.01
		S8B4	0.74±0.01	0.75±0.01	0.69±0.012	0.70±0.01	0.73±0.01
		S6B6	0.74±0.06	0.76±0.01	0.72±0.01	0.71±0.01	0.70±0.02
		S4B8	0.75±0.01	0.76±0.01	0.69±0.01	0.74±0.01	0.71±0.02
	$P_{0.05}$	S12B0	0.74±0.01	0.75±0.01	0.69±0.02	0.73±0.01	0.73±0.01
		S8B4	0.74±0.01	0.75±0.01	0.69±0.02	0.69±0.02	0.73±0.01
		S6B6	0.75±0.01	0.76±0.01	0.70±0.01	0.71±0.01	0.72±0.01
		S4B8	0.74±0.01	0.76±0.01	0.72±0.01	0.71±0.02	0.73±0.01
	$P_{0.1}$	S12B0	0.73±0.01	0.76±0.01	0.69±0.02	0.74±0.01	0.72±0.01
		S8B4	0.73±0.01	0.76±0.01	0.72±0.02	0.71±0.01	0.72±0.01
		S6B6	0.73±0.01	0.78±0.01	0.72±0.01	0.71±0.01	0.70±0.01
		S4B8	0.74±0.01	0.76±0.01	0.73±0.02	0.72±0.01	0.72±0.01
干旱处理 (LW)	P_0	S12B0	0.74±0.01	0.75±0.01	0.62±0.05	0.70±0.02	0.73±0.01
		S8B4	0.71±0.01	0.76+0.01	0.69+0.02	0.66±0.02	0.71±0.01
		S6B6	0.73±0.01	0.76±0.01	0.72±0.01	0.67±0.01	0.69±0.02
		S4B8	0.71±0.01	0.77±0.01	0.68±0.02	0.71±0.03	0.71±0.02
	$P_{0.05}$	S12B0	0.70±0.03	0.76±0.01	0.66±0.04	0.72±0.01	0.72±0.01
		S8B4	0.70±0.01	0.76±0.02	0.68±0.03	0.62±0.04	0.71±0.01
		S6B6	0.71±0.03	0.76±0.01	0.70±0.01	0.69±0.03	0.71±0.01
		S4B8	0.70±0.02	0.77±0.01	0.67±0.04	0.67±0.04	0.69±0.02
	$P_{0.1}$	S12B0	0.72±0.01	0.77±0.01	0.70±0.01	0.70±0.02	0.72±0.01
		S8B4	0.73±0.01	0.77±0.01	0.74±0.01	0.71±0.02	0.73±0.01
		S6B6	0.74±0.01	0.76±0.01	0.74±0.02	0.68±0.02	0.69±0.02
		S4B8	0.73±0.01	0.77±0.01	0.71±0.04	0.68±0.03	0.72±0.02

续表

水分水平 (WR)	磷处理 (PT)	组合比例 (MR)	2016年 8月	2017年 5月	6月	7月	8月
WR			**(0.01)	NS	NS	**(0.02)	*(0.01)
PT			NS	**(0.01)	*(0.02)	NS	NS
MR			NS	NS	*(0.02)	*(0.02)	*(0.02)
WR × PT			*(0.02)	NS	NS	NS	NS
WR × MR			NS	NS	NS	NS	NS
PT × MR			NS	NS	NS	NS	NS
WR × PT × MR			NS	NS	NS	NS	NS

2016年，水分水平和磷处理对达乌里胡枝子的 F_v/F_m 值影响不显著(表7-10)。2017年，HW 水平下达乌里胡枝子的 F_v/F_m 值在不同月份间无明显变化规律，LW 水平下表现为在7月和8月相比5月和6月有所升高。磷处理对5月和8月达乌里胡枝子的 F_v/F_m 值影响显著，其中5月达乌里胡枝子 F_v/F_m 值均值在 $P_{0.05}$ 处理显著高于 P_0 处理，而 P_0 和 $P_{0.1}$ 处理间无显著差异；施磷显著提高了7月和8月 LW 下的混播达乌里胡枝子的 F_v/F_m 均值。水分水平对6月和7月达乌里胡枝子的 F_v/F_m 影响显著。整体上，LW 水平下达乌里胡枝子的 F_v/F_m 显著低于 HW 水平。组合比例对7月和8月达乌里胡枝子的 F_v/F_m 影响显著，HW 水平下达乌里胡枝子的 F_v/F_m 均值在各组合比例间无明显变化规律，LW 水平下表现为混播显著大于单播($p<0.05$)。

表 7-10 不同水分水平、磷处理和组合比例下达乌里胡枝子最大光化学效率

水分水平 (WR)	磷处理 (PT)	组合比例 (MR)	2016年 8月	2017年 5月	6月	7月	8月
充分供水 (HW)	P_0	S8B4	0.81±0.01	0.80±0.01	0.80±0.01	0.82±0.01	0.83±0.01
		S6B6	0.82±0.01	0.79±0.01	0.82±0.01	0.83±0.01	0.80±0.01
		S4B8	0.81±0.01	0.81±0.01	0.81±0.01	0.82±0.01	0.81±0.01
		S0B12	0.82±0.01	0.80±0.01	0.81±0.01	0.82±0.01	0.82±0.01
	$P_{0.05}$	S8B4	0.83±0.01	0.81±0.01	0.81±0.01	0.82±0.01	0.83±0.01
		S6B6	0.82±0.01	0.81±0.01	0.82±0.01	0.82±0.01	0.83±0.01
		S4B8	0.82±0.01	0.81±0.01	0.82±0.01	0.82±0.01	0.83±0.01
		S0B12	0.81±0.01	0.81±0.01	0.82±0.01	0.82±0.01	0.83±0.01

续表

水分水平 (WR)	磷处理 (PT)	组合比例 (MR)	2016 年	2017 年			
			8 月	5 月	6 月	7 月	8 月
充分供水 (HW)	$P_{0.1}$	S8B4	0.82±0.01	0.80±0.01	0.81±0.01	0.83±0.01	0.82±0.01
		S6B6	0.82±0.01	0.72±0.01	0.82±0.01	0.81±0.01	0.83±0.01
		S4B8	0.82±0.01	0.81±0.01	0.82±0.01	0.82±0.01	0.81±0.01
		S0B12	0.81±0.01	0.81±0.01	0.81±0.02	0.83±0.01	0.82±0.01
干旱处理 (LW)	P_0	S8B4	0.82±0.01	0.81±0.01	0.79±0.01	0.82±0.01	0.82±0.01
		S6B6	0.82±0.01	0.80±0.01	0.79±0.01	0.81±0.01	0.80±0.01
		S4B8	0.83±0.01	0.81±0.01	0.78±0.01	0.82±0.01	0.82±0.02
		S0B12	0.81±0.01	0.76±0.01	0.78±0.01	0.81±0.01	0.80±0.01
	$P_{0.05}$	S8B4	0.81±0.01	0.81±0.01	0.80±0.01	0.82±0.01	0.83±0.01
		S6B6	0.81±0.01	0.82±0.01	0.80±0.01	0.82±0.01	0.83±0.01
		S4B8	0.82±0.01	0.82±0.01	0.79±0.01	0.81±0.01	0.83±0.01
		S0B12	0.81±0.01	0.82±0.01	0.81±0.01	0.81±0.01	0.82±0.01
	$P_{0.1}$	S8B4	0.81±0.01	0.81±0.01	0.79±0.01	0.82±0.01	0.83±0.01
		S6B6	0.82±0.01	0.80±0.01	0.80±0.01	0.83±0.01	0.83±0.01
		S4B8	0.82±0.01	0.79±0.02	0.80±0.01	0.82±0.02	0.82±0.01
		S0B12	0.82±0.01	0.80±0.01	0.79±0.02	0.81±0.01	0.82±0.01
WR			NS	NS	**(0.01)	*(0.01)	NS
PT			NS	**(0.01)	NS	NS	**(0.01)
MR			*(0.01)	NS	NS	NS	*(0.01)
WR × PT			NS	NS	NS	NS	NS
WR × MR			NS	NS	NS	*(0.01)	NS
PT × MR			NS	NS	NS	NS	*(0.01)
WR × PT × MR			NS	NS	NS	NS	NS

7.4.2　实际光化学效率

2016 年，水分水平和磷处理交互作用以及水分水平、磷处理和组合比例间的交互作用对柳枝稷的实际光化学效率($\Phi_{PSⅡ}$)值影响显著($p<0.05$)(表 7-11)，但各处理对柳枝稷 $\Phi_{PSⅡ}$ 值的影响无明显规律。2017 年，水分水平、磷处理和组合比例对 6 月柳枝稷的 $\Phi_{PSⅡ}$ 均值均无显著影响，水分水平对 7 月和 8 月柳枝稷的 $\Phi_{PSⅡ}$ 值影

响显著；相比 HW 水平，LW 水平下柳枝稷的 Φ_{PSII} 均值显著降低($p<0.05$)；7 月和 8 月，施磷显著提高了柳枝稷单播的 Φ_{PSII} 值($p<0.05$)，磷处理及水分水平和组合比例的交互作用对柳枝稷的 Φ_{PSII} 值影响不显著。

表 7-11 不同水分水平、磷处理和组合比例下柳枝稷实际光化学效率

水分水平 (WR)	磷处理 (PT)	组合比例 (MR)	2016 年	2017 年			
			8 月	5 月	6 月	7 月	8 月
充分供水 (HW)	P_0	S12B0	0.54±0.02	0.42±0.02	0.44±0.02	0.32±0.03	0.29±0.01
		S8B4	0.50±0.04	0.43±0.03	0.39±0.02	0.35±0.06	0.47±0.02
		S6B6	0.57±0.01	0.46±0.01	0.36±0.04	0.33±0.02	0.46±0.03
		S4B8	0.56±0.02	0.38±0.03	0.40±0.02	0.41±0.05	0.40±0.01
	$P_{0.05}$	S12B0	0.59±0.001	0.44±0.04	0.43±0.03	0.36±0.04	0.39±0.06
		S8B4	0.57±0.01	0.43±0.02	0.43±0.03	0.40±0.03	0.37±0.06
		S6B6	0.55±0.01	0.44±0.03	0.44±0.02	0.31±0.01	0.46±0.02
		S4B8	0.53±0.02	0.37±0.02	0.40±0.02	0.32±0.01	0.41±0.04
	$P_{0.1}$	S12B0	0.57±0.01	0.42±0.02	0.45±0.02	0.40±0.04	0.43±0.01
		S8B4	0.57±0.01	0.38±0.04	0.34±0.05	0.33±0.02	0.34±0.04
		S6B6	0.58±0.01	0.41±0.01	0.37±0.03	0.28±0.03	0.42±0.02
		S4B8	0.56±0.03	0.40±0.02	0.34±0.05	0.34±0.02	0.43±0.04
干旱处理 (LW)	P_0	S12B0	0.56±0.02	0.43±0.02	0.38±0.02	0.29±0.04	0.26±0.04
		S8B4	0.56±0.01	0.41±0.01	0.45±0.03	0.28±0.05	0.37±0.04
		S6B6	0.59±0.01	0.38±0.04	0.40±0.04	0.29±0.05	0.36±0.03
		S4B8	0.52±0.01	0.39±0.02	0.38±0.03	0.38±0.04	0.44±0.01
	$P_{0.05}$	S12B0	0.52±0.05	0.43±0.02	0.38±0.03	0.32±0.03	0.31±0.06
		S8B4	0.59±0.03	0.38±0.02	0.40±0.05	0.34±0.04	0.33±0.04
		S6B6	0.55±0.03	0.38±0.02	0.47±0.02	0.25±0.02	0.41±0.02
		S4B8	0.54±0.01	0.38±0.02	0.44±0.04	0.30±0.04	0.29±0.04
	$P_{0.1}$	S12B0	0.53±0.02	0.41±0.02	0.41±0.04	0.36±0.04	0.42±0.02
		S8B4	0.60±0.01	0.37±0.01	0.45±0.03	0.31±0.03	0.28±0.01
		S6B6	0.57±0.02	0.41±0.01	0.41±0.07	0.26±0.02	0.36±0.02
		S4B8	0.54±0.02	0.38±0.02	0.36±0.02	0.33±0.03	0.34±0.03
	WR		NS	NS	NS	*(0.03)	**(0.03)
	PT		NS	NS	NS	NS	NS

续表

水分水平 (WR)	磷处理 (PT)	组合比例 (MR)	2016 年	2017 年			
			8 月	5 月	6 月	7 月	8 月
MR			NS	*(0.03)	NS	*(0.04)	*(0.04)
WR × PT			*(0.03)	NS	NS	NS	NS
WR × MR			NS	NS	NS	NS	NS
PT × MR			NS	NS	NS	*(0.07)	**(0.07)
WR × PT × MR			*(0.06)	NS	NS	NS	NS

　　2016 年，水分水平、磷处理及磷处理和组合比例的交互作用对达乌里胡枝子的 Φ_{PSII} 值影响显著($p<0.05$)(表 7-12)。相比 HW 水平，LW 水平下达乌里胡枝子的 Φ_{PSII} 值显著降低，在 P_0、$P_{0.05}$ 和 $P_{0.1}$ 处理平均分别降低了 5.4%、2.5% 和 8.9%。$P_{0.1}$ 处理下，达乌里胡枝子单播的 Φ_{PSII} 值最大。水分水平对 2017 年 5 月达乌里胡枝子的 Φ_{PSII} 值影响显著($p<0.05$)，相对 HW 水平，LW 水平下达乌里胡枝子的 Φ_{PSII} 值显著降低，在 P_0、$P_{0.05}$ 和 $P_{0.1}$ 处理分别平均显著降低了 12.6%、8.3% 和 5.8%($p<0.05$)。7 月，水分水平和组合比例的交互作用对达乌里胡枝子的 Φ_{PSII} 值影响显著，HW 水平下其 Φ_{PSII} 均值在混播下显著低于单播，LW 水平下混播下则表现为显著高于单播($p<0.05$)；8 月，混播下达乌里胡枝子的 Φ_{PSII} 均值显著大于单播($p<0.05$)。

表 7-12　不同水分水平、磷处理和组合比例下达乌里胡枝子实际光化学效率

水分水平 (WR)	磷处理 (PT)	组合比例 (MR)	2016 年	2017 年			
			8 月	5 月	6 月	7 月	8 月
充分供水 (HW)	P_0	S8B4	0.63±0.01	0.47±0.01	0.50±0.02	0.50±0.02	0.53±0.01
		S6B6	0.64±0.02	0.51±0.03	0.52±0.01	0.55±0.01	0.53±0.02
		S4B8	0.65±0.02	0.49±0.02	0.54±0.01	0.52±0.01	0.52±0.01
		S0B12	0.65±0.02	0.51±0.03	0.52±0.02	0.55±0.01	0.52±0.03
	$P_{0.05}$	S8B4	0.65±0.02	0.53±0.02	0.50±0.01	0.51±0.01	0.54±0.01
		S6B6	0.61±0.01	0.54±0.02	0.53±0.01	0.54±0.01	0.52±0.01
		S4B8	0.64±0.02	0.50±0.03	0.55±0.02	0.54±0.03	0.53±0.02
		S0B12	0.66±0.02	0.52±0.02	0.53±0.02	0.53±0.02	0.53±0.03
	$P_{0.1}$	S8B4	0.54±0.03	0.50±0.02	0.50±0.01	0.56±0.01	0.51±0.03
		S6B6	0.63±0.02	0.53±0.03	0.52±0.01	0.51±0.01	0.54±0.02
		S4B8	0.64±0.03	0.51±0.02	0.51±0.01	0.52±0.01	0.47±0.03

水分水平 (WR)	磷处理 (PT)	组合比例 (MR)	2016 年	2017 年			
			8 月	5 月	6 月	7 月	8 月
充分供水 (HW)	$P_{0.1}$	S0B12	0.67±0.02	0.53±0.02	0.49±0.02	0.59±0.02	0.52±0.02
干旱处理 (LW)	P_0	S8B4	0.65±0.01	0.49±0.02	0.51±0.04	0.54±0.01	0.54±0.01
		S6B6	0.61±0.01	0.48±0.02	0.52±0.01	0.57±0.03	0.54±0.02
		S4B8	0.63±0.01	0.44±0.02	0.52±0.03	0.54±0.02	0.53±0.02
		S0B12	0.59±0.01	0.44±0.02	0.52±0.02	0.50±0.02	0.52±0.01
	$P_{0.05}$	S8B4	0.65±0.01	0.44±0.02	0.50±0.02	0.51±0.02	0.54±0.02
		S6B6	0.64±0.02	0.50±0.01	0.56±0.01	0.55±0.04	0.53±0.01
		S4B8	0.60±0.02	0.46±0.05	0.53±0.02	0.56±0.04	0.52±0.01
		S0B12	0.62±0.02	0.47±0.02	0.53±0.03	0.50±0.02	0.53±0.01
	$P_{0.1}$	S8B4	0.55±0.03	0.49±0.03	0.55±0.03	0.54±0.03	0.53±0.01
		S6B6	0.56±0.08	0.47±0.01	0.54±0.02	0.57±0.02	0.54±0.01
		S4B8	0.58±0.04	0.48±0.02	0.51±0.03	0.56±0.02	0.54±0.01
		S0B12	0.62±0.01	0.49±0.02	0.55±0.02	0.53±0.01	0.51±0.01
	WR		*(0.02)	**(0.02)	NS	NS	NS
	PT		*(0.03)	NS	NS	NS	NS
	MR		NS	NS	NS	NS	*(0.02)
	WR × PT		NS	NS	NS	NS	NS
	WR × MR		NS	NS	NS	*(0.02)	NS
	PT × MR		*(0.05)	NS	NS	NS	NS
	WR × PT × MR		NS	NS	NS	NS	NS

7.4.3　光化学淬灭系数

2016 年，水分水平及其与磷处理的交互作用，以及水分水平、磷处理和组合比例三者的交互作用对柳枝稷的光化学淬灭系数(qP)值影响显著($p<0.05$)(表 7-13)。LW 水平下，柳枝稷的 qP 均值显著高于 HW 水平。HW 水平下，施磷显著提高了柳枝稷的 qP 值，$P_{0.05}$ 和 $P_{0.1}$ 处理相比 P_0 处理分别增加了 4.8%和 5.4%；LW 水平下，柳枝稷的 qP 均值在各施磷处理间无显著差异。

表 7-13　不同水分水平、磷处理和组合比例下柳枝稷光化学淬灭系数

水分水平 (WR)	磷处理 (PT)	组合比例 (MR)	2016 年	2017 年			
			8 月	5 月	6 月	7 月	8 月
充分供水 (HW)	P_0	S12B0	0.78±0.02	0.75±0.04	0.79±0.05	0.72±0.05	0.72±0.02
		S8B4	0.76±0.03	0.77±0.04	0.81±0.01	0.73±0.05	0.85±0.02
		S6B6	0.83±0.01	0.75±0.01	0.80±0.05	0.79±0.04	0.85±0.01
		S4B8	0.80±0.01	0.75±0.03	0.84±0.01	0.80±0.02	0.85±0.04
	$P_{0.05}$	S12B0	0.86±0.02	0.81±0.01	0.78±0.02	0.74±0.05	0.79±0.07
		S8B4	0.84±0.02	0.83±0.01	0.87±0.03	0.80±0.02	0.73±0.08
		S6B6	0.82±0.02	0.81±0.02	0.85±0.02	0.76±0.03	0.87±0.03
		S4B8	0.80±0.02	0.76±0.04	0.81±0.01	0.74±0.02	0.83±0.02
	$P_{0.1}$	S12B0	0.85±0.02	0.76±0.03	0.75±0.03	0.76±0.03	0.84±0.02
		S8B4	0.83±0.02	0.79±0.06	0.77±0.03	0.75±0.03	0.78±0.04
		S6B6	0.84±0.01	0.76±0.01	0.81±0.02	0.70±0.03	0.83±0.03
		S4B8	0.81±0.03	0.78±0.02	0.78±0.03	0.78±0.02	0.81±0.02
干旱处理 (LW)	P_0	S12B0	0.82±0.03	0.75±0.03	0.80±0.02	0.73±0.06	0.72±0.02
		S8B4	0.87±0.01	0.72±0.03	0.85±0.02	0.74±0.05	0.83±0.03
		S6B6	0.88±0.03	0.70±0.04	0.81±0.04	0.77±0.06	0.83±0.05
		S4B8	0.81±0.01	0.70±0.02	0.82±0.02	0.76±0.03	0.85±0.02
	$P_{0.05}$	S12B0	0.87±0.02	0.79±0.01	0.80±0.01	0.73±0.04	0.73±0.08
		S8B4	0.80±0.04	0.73±0.03	0.80±0.04	0.73±0.08	0.75±0.07
		S6B6	0.84±0.02	0.73±0.02	0.84±0.03	0.71±0.03	0.90±0.02
		S4B8	0.86±0.01	0.73±0.03	0.88±0.03	0.79±0.02	0.75±0.07
	$P_{0.1}$	S12B0	0.84±0.04	0.75±0.03	0.80±0.02	0.73±0.08	0.85±0.01
		S8B4	0.87±0.01	0.72±0.03	0.83±0.01	0.71±0.04	0.73±0.06
		S6B6	0.82±0.01	0.73±0.03	0.80±0.02	0.70±0.03	0.88±0.03
		S4B8	0.81±0.02	0.69±0.02	0.79±0.02	0.74±0.04	0.78±0.06
	WR		*(0.02)	**(0.02)	NS	NS	NS
	PT		NS	*(0.03)	NS	NS	NS
	MR		NS	NS	*(0.03)	NS	*(0.05)
	WR × PT		*(0.03)	NS	NS	NS	NS
	WR × MR		NS	NS	NS	NS	NS
	PT × MR		NS	NS	NS	NS	*(0.09)
	WR × PT × MR		*(0.06)	NS	NS	NS	NS

　　2017 年，水分水平和磷处理对 5 月柳枝稷的 qP 值影响显著，LW 水平显著低于 HW 水平($p<0.05$) $P_{0.05}$ 处理下显著高于 P_0 和 $P_{0.1}$ 处理，且 P_0 和 $P_{0.1}$ 处理间无显著差异。组合比例对 6 月和 8 月柳枝稷的 qP 值有显著影响，其中混播下 6 月柳枝稷的 qP 均值显著高于单播；8 月施磷提高了单播柳枝稷的 qP 值，$P_{0.05}$ 处理下 HW 和 LW 水平分别增加了 10.1%和 2.0%；$P_{0.1}$ 处理下 HW 和 LW 水平分别增加了 17.0%和 18.8%。

　　$P_{0.05}$ 处理下，达乌里胡枝子的 qP 均值显著高于 P_0 和 $P_{0.1}$ 处理，且 P_0 和 $P_{0.1}$ 处理间无显著差异。2017 年，水分水平对 5 月和 6 月达乌里胡枝子的 qP 值有显著影响，5 月 LW 水平下达乌里胡枝子的 qP 均值显著低于 HW 水平，6 月相反。组合比例对 8 月达乌里胡枝子的 qP 值影响显著，LW 水平下的 qP 均值均表现为混播下高于单播(表 7-14)。

表 7-14　不同水分水平、磷处理和组合比例下达乌里胡枝子光化学淬灭系数

水分水平 (WR)	磷处理 (PT)	组合比例 (MR)	2016 年	2017 年			
			8 月	5 月	6 月	7 月	8 月
充分供水 (HW)	P_0	S8B4	0.77±0.05	0.64±0.01	0.69±0.03	0.66±0.02	0.68±0.01
		S6B6	0.80±0.03	0.73±0.01	0.69±0.02	0.70±0.01	0.71±0.02
		S4B8	0.83±0.03	0.66±0.02	0.72±0.02	0.66±0.02	0.70±0.02
		S0B12	0.84±0.02	0.69±0.04	0.71±0.04	0.71±0.01	0.68±0.03
	$P_{0.05}$	S8B4	0.81±0.03	0.71±0.03	0.69±0.03	0.67±0.02	0.67±0.02
		S6B6	0.78±0.01	0.72±0.02	0.69±0.02	0.69±0.01	0.68±0.01
		S4B8	0.82±0.03	0.68±0.03	0.73±0.02	0.70±0.04	0.68±0.03
		S0B12	0.85±0.02	0.68±0.03	0.70±0.03	0.72±0.03	0.70±0.04
	$P_{0.1}$	S8B4	0.69±0.03	0.68±0.02	0.66±0.03	0.72±0.02	0.66±0.04
		S6B6	0.81±0.03	0.67±0.03	0.68±0.02	0.65±0.02	0.69±0.02
		S4B8	0.81±0.03	0.68±0.02	0.67±0.02	0.66±0.01	0.60±0.03
		S0B12	0.87±0.02	0.71±0.03	0.68±0.02	0.75±0.03	0.68±0.02
干旱处理 (LW)	P_0	S8B4	0.82±0.02	0.66±0.02	0.76±0.07	0.71±0.02	0.70±0.02
		S6B6	0.78±0.01	0.66±0.03	0.72±0.02	0.76±0.05	0.71±0.04
		S4B8	0.80±0.02	0.61±0.04	0.75±0.06	0.71±0.03	0.71±0.03
		S0B12	0.76±0.02	0.63±0.01	0.73±0.03	0.64±0.03	0.69±0.02

续表

水分水平 (WR)	磷处理 (PT)	组合比例 (MR)	2016 年	2017 年			
			8 月	5 月	6 月	7 月	8 月
干旱处理 (LW)	$P_{0.05}$	S8B4	0.83±0.02	0.59±0.02	0.66±0.03	0.76±0.03	0.68±0.02
		S6B6	0.83±0.01	0.65±0.01	0.75±0.02	0.70±0.05	0.69±0.01
		S4B8	0.76±0.02	0.62±0.05	0.72±0.02	0.65±0.05	0.67±0.01
		S0B12	0.80±0.02	0.62±0.03	0.70±0.05	0.66±0.05	0.63±0.03
	$P_{0.1}$	S8B4	0.71±0.04	0.67±0.03	0.76±0.03	0.70±0.04	0.68±0.01
		S6B6	0.71±0.10	0.64±0.00	0.73±0.03	0.75±0.02	0.70±0.01
		S4B8	0.74±0.05	0.67±0.04	0.71±0.04	0.74±0.04	0.71±0.02
		S0B12	0.80±0.02	0.69±0.01	0.75±0.03	0.67±0.01	0.68±0.01
WR			*(0.03)	**(0.02)	*(0.03)	NS	NS
PT			*(0.03)	NS	NS	NS	NS
MR			NS	NS	NS	NS	*(0.03)
WR × PT			NS	NS	NS	NS	NS
WR × MR			NS	NS	NS	*(0.04)	NS
PT × MR			NS	NS	NS	NS	NS
WR × PT × MR			NS	NS	NS	NS	NS

7.4.4　非光化学淬灭系数

2016 年，水分水平对柳枝稷的非光化学淬灭系数(NPQ)值无显著影响，磷处理对柳枝稷的 NPQ 值影响显著($p<0.05$)(表 7-15)。柳枝稷的 NPQ 值随施磷量的增加呈先增加后降低的趋势。2017 年，组合比例对各月份柳枝稷的 NPQ 值均影响显著，5 月柳枝稷 NPQ 的值大多在柳枝稷与达乌里胡枝子植株的比例为 4∶8 时最大；6 月柳枝稷的 NPQ 值在混播下大多显著低于单播；7 月 P_0 处理下柳枝稷单播时的 NPQ 值多大于混播，而 $P_{0.1}$ 处理下小于混播；8 月，施磷降低了单播下柳枝稷的 NPQ 值，HW 和 LW 水平下，$P_{0.05}$ 处理下柳枝稷的 NPQ 值分别比 P_0 处理降低了 34.9%和 14.8%，$P_{0.1}$ 处理下分别比 P_0 处理降低了 51.2%和 47.0%。

表 7-15　不同水分水平、磷处理和组合比例下柳枝稷非光化学淬灭系数

水分水平 (WR)	磷处理 (PT)	组合比例 (MR)	2016 年	2017 年			
			8 月	5 月	6 月	7 月	8 月
充分供水 (HW)	P_0	S12B0	0.07±0.01	0.41±0.02	0.33±0.04	0.65±0.10	0.82±0.06
		S8B4	0.07±0.01	0.37±0.07	0.30±0.06	0.48±0.15	0.34±0.04
		S6B6	0.08±0.01	0.34±0.04	0.47±0.05	0.57±0.02	0.27±0.04
		S4B8	0.07±0.01	0.52±0.05	0.24±0.03	0.44±0.13	0.39±0.04
	$P_{0.05}$	S12B0	0.06±0.01	0.40±0.12	0.39±0.04	0.49±0.06	0.53±0.14
		S8B4	0.08±0.01	0.42±0.05	0.32±0.03	0.40±0.04	0.52±0.12
		S6B6	0.11±0.01	0.36±0.06	0.31±0.05	0.67±0.08	0.35±0.04
		S4B8	0.10±0.02	0.57±0.05	0.20±0.05	0.55±0.10	0.53±0.13
	$P_{0.1}$	S12B0	0.09±0.02	0.43±0.09	0.62±0.04	0.41±0.07	0.40±0.04
		S8B4	0.06±0.01	0.44±0.07	0.26±0.13	0.54±0.11	0.64±0.11
		S6B6	0.06±0.01	0.41±0.02	0.55±0.07	0.71±0.06	0.39±0.07
		S4B8	0.09±0.01	0.51±0.06	0.51±0.12	0.57±0.04	0.38±0.07
干旱处理 (LW)	P_0	S12B0	0.08±0.01	0.37±0.03	0.39±0.04	0.65±0.12	0.86±0.08
		S8B4	0.10±0.01	0.37±0.04	0.23±0.05	0.60±0.10	0.57±0.15
		S6B6	0.07±0.02	0.37±0.07	0.35±0.08	0.63±0.11	0.50±0.13
		S4B8	0.08±0.01	0.43±0.03	026±0.04	0.36±0.02	0.36±0.07
	$P_{0.05}$	S12B0	0.12±0.03	0.33±0.04	0.33±0.01	0.66±0.17	0.73±0.14
		S8B4	0.12±0.01	0.43±0.05	0.30±0.04	0.26±0.09	0.62±0.11
		S6B6	0.08±0.02	0.38±0.04	0.23±0.06	0.78±0.02	0.65±0.06
		S4B8	0.10±0.01	0.52±0.04	0.27±0.07	0.64±0.21	0.73±0.09
	$P_{0.1}$	S12B0	0.09±0.01	0.40±0.02	0.40±0.14	0.31±0.04	0.45±0.05
		S8B4	0.06±0.01	0.53±0.06	0.39±0.10	0.54±0.08	0.83±0.03
		S6B6	0.07±0.01	0.48±0.01	0.56±0.10	0.70±0.17	0.59±0.09
		S4B8	0.10±0.02	0.46±0.04	0.39±0.06	0.35±0.12	0.62±0.11
	WR		NS	NS	NS	NS	**(0.07)

续表

水分水平 (WR)	磷处理 (PT)	组合比例 (MR)	2016 年	2017 年			
			8 月	5 月	6 月	7 月	8 月
	PT		*(0.14)	NS	**(0.07)	NS	NS
	MR		NS	**(0.06)	*(0.08)	*(0.01)	*(0.11)
	WR×PT		NS	NS	NS	NS	NS
	WR×MR		NS	NS	NS	NS	NS
	PT×MR		NS	NS	NS	*(0.02)	**(0.18)
	WR×PT×MR		NS	NS	NS	NS	NS

2016 年，水分水平及其与磷处理的交互作用对达乌里胡枝子的 NPQ 值影响显著($p<0.05$)(表 7-16)。HW 水平下，达乌里胡枝子的 NPQ 均值显著低于 LW 水平；施磷显著提高了 HW 水平下达乌里胡枝子的 NPQ 均值而显著降低 LW 水平下达乌里胡枝子的 NPQ 均值。

表 7-16　不同水分水平、磷处理和组合比例下达乌里胡枝子非光化学淬灭系数

水分水平 (WR)	磷处理 (PT)	组合比例 (MR)	2016 年	2017 年			
			8 月	5 月	6 月	7 月	8 月
充分供水 (HW)	P_0	S8B4	0.06±0.01	0.11±0.02	0.12±0.02	0.07±0.01	0.10±0.01
		S6B6	0.05±0.01	0.12±0.01	0.12±0.02	0.08±0.01	0.10±0.01
		S4B8	0.05±0.01	0.14±0.02	0.11±0.01	0.08±0.01	0.12±0.01
		S0B12	0.06±0.01	0.09±0.01	0.12±0.02	0.08±0.01	0.11±0.01
	$P_{0.05}$	S8B4	0.05±0.01	0.12±0.01	0.13±0.02	0.09±0.01	0.11±0.02
		S6B6	0.07±0.01	0.12±0.02	0.11±0.01	0.07±0.01	0.11±0.01
		S4B8	0.07±0.01	0.14±0.03	0.11±0.01	0.08±0.01	0.10±0.01
		S0B12	0.06±0.01	0.10±0.01	0.11±0.01	0.10±0.01	0.11±0.01
	$P_{0.1}$	S8B4	0.07±0.01	0.13±0.02	0.11±0.01	0.08±0.01	0.11±0.01
		S6B6	0.07±0.01	0.11±0.01	0.12±0.01	0.10±0.01	0.11±0.01
		S4B8	0.07±0.01	0.10±0.01	0.11±0.01	0.08±0.01	0.11±0.01
		S0B12	0.07±0.01	0.10±0.01	0.12±0.02	0.09±0.01	0.11±0.01

水分水平 (WR)	磷处理 (PT)	组合比例 (MR)	2016 年	2017 年			
			8 月	5 月	6 月	7 月	8 月
干旱处理 (LW)	P₀	S8B4	0.06±0.01	0.11±0.01	0.10±0.02	0.08±0.02	0.10±0.01
		S6B6	0.07±0.01	0.13±0.02	0.11±0.01	0.09±0.01	0.11±0.01
		S4B8	0.08±0.01	0.15±0.03	0.09±0.01	0.08±0.01	0.10±0.01
		S0B12	0.07±0.01	0.11±0.01	0.10±0.01	0.07±0.01	0.09±0.01
	P₀.₀₅	S8B4	0.06±0.01	0.10±0.01	0.10±0.01	0.07±0.01	0.10±0.01
		S6B6	0.07±0.01	0.11±0.01	0.09±0.01	0.07±0.01	0.11±0.01
		S4B8	0.06±0.01	0.14±0.03	0.08±0.01	0.07±0.01	0.10±0.01
		S0B12	0.07±0.01	0.10±0.01	0.10±0.01	0.07±0.01	0.10±0.02
	P₀.₁	S8B4	0.07±0.01	0.13±0.02	0.09±0.01	0.08±0.01	0.11±0.01
		S6B6	0.06±0.01	0.11±0.01	0.09±0.01	0.07±0.01	0.11±0.01
		S4B8	0.06±0.01	0.11±0.01	0.10±0.01	0.08±0.01	0.11±0.01
		S0B12	0.07±0.01	0.11±0.01	0.09±0.01	0.09±0.01	0.10±0.01
WR			*(0.01)	NS	**(0.01)	NS	NS
PT			NS	NS	NS	NS	NS
MR			NS	*(0.02)	NS	NS	NS
WR × PT			*(0.01)	NS	NS	*(0.01)	NS
WR × MR			NS	NS	NS	NS	NS
PT × MR			NS	NS	NS	NS	NS
WR × PT × MR			NS	NS	NS	NS	NS

2017 年，组合比例对 5 月达乌里胡枝子的 NPQ 值影响显著，其混播显著高于单播($p<0.05$)。水分水平对 6 月达乌里胡枝子的 NPQ 值影响显著，相对 HW 水平，LW 水平下达乌里胡枝子的 NPQ 均值显著降低($p<0.05$)。水分水平和磷处理的交互作用对 7 月达乌里胡枝子的 NPQ 值影响显著，其中 HW 水平下施磷增加了达乌里胡枝子的 NPQ 均值，而 LW 水平下随施磷量增加达乌里胡枝子的 NPQ 均值呈先降低后增加的变化趋势。

7.4.5　讨论与结论

　　叶绿素荧光参数可以反映植物受到环境胁迫的影响，其中最大光化学效率(F_v/F_m)值能反映 PS Ⅱ 原初光能转化效率，常用来评价植物抵抗干旱胁迫的能力(Terzi et al.，2010)。在非逆境条件下，植物的 F_v/F_m 值通常介于 0.75～0.85，而受到胁迫时则有所降低。在种植当年，柳枝稷叶片 F_v/F_m 值在干旱处理下均低于充分供水，但 $P_{0.1}$ 处理下两水分水平间差异不显著，说明适当施磷可改善柳枝稷在干旱条件下的叶片光合功能，可能是因为施磷改善了植株水分状况，维持植株生长和生理过程的正常进行(Pang et al.，2018；牛富荣等，2011)。达乌里胡枝子的 F_v/F_m 值在两种水分水平间无显著差异，说明达乌里胡枝子的 PS Ⅱ 具有较强的抗旱性。光化学淬灭系数(qP)值反映 PS Ⅱ 反应中心天线色素吸收的光能用于光化学电子传递率和 PS Ⅱ 反应中心的开放程度，qP 值越大，说明 PS Ⅱ 的电子传递活性越大；非光化学淬灭系数(NPQ)值反映 PS Ⅱ 天线色素吸收的光能以热的形式耗散的部分，是光系统的一种自我保护机制(Lambrev et al.，2012)。在种植当年，柳枝稷叶片 qP 值在干旱处理下显著高于充分供水，而 NPQ 值无显著差异，说明干旱处理提高了柳枝稷光合反应中心的开放比例，将更多的量子用于光合作用而非热耗散，这有助于其在干旱处理下仍维持较高的光合速率，是植物适应干旱环境的有效方式(苏国霞等，2017；徐伟洲等，2011)。达乌里胡枝子的 qP 值在干旱处理下显著降低，NPQ 值显著增加，说明干旱处理下达乌里胡枝子通过增加热耗散保护光系统，这也表明二者对干旱的适应策略不同(Maricle and Adler，2011)。

　　种植第二年，柳枝稷的 F_v/F_m 值在 5 月大于 0.75，之后各月均小于 0.75，这与柳枝稷生长的物候期有关，柳枝稷叶片随生育期推进而衰老，其最大光化学效率会降低(高志娟，2017)。达乌里胡枝子 F_v/F_m 值均大于 0.75，表现出较强的环境适应能力。LW 水平下，达乌里胡枝子的 F_v/F_m 值在 7 月和 8 月相对 6 月有所升高，与光合速率变化趋势一致，表明干旱处理下达乌里胡枝子生殖生长期仍具有较强的光合能力。柳枝稷和达乌里胡枝子的最大光化学效率在不同生育期的变化，体现了两物种光合能力的变化差异，也与二者生长动态密切相关。柳枝稷在营养生长期光合能力较强，而后期光合能力下降，生长相应变缓慢。干旱处理下，达乌里胡枝子生殖生长期的光合能力相对增加，这是其长期适应黄土丘陵区雨热同期环境的策略(Fang and Xiong，2015；Kooyers，2015)。

　　同化力的形成通过类囊体膜上的光合磷酸化和电子传递所实现(Jia and Gray，2004)。有研究表明，适当施磷可使植物的同化力增加，促进电子受体和质体的氧化还原过程，加快电子传递速率，从而使叶片的 F_v/F_m、qP、实际光化学效率($\Phi_{PSⅡ}$)和电子传递效率增加(朱文旭等，2012；牛富荣等，2011)。过高的施磷量抑制了卡尔文循环关键酶和 RuBP 羧化酶的合成，从而降低 PS Ⅱ 的有效量子产量和电子传递能力(李枫等，2009)。本节中，在种植第二年，施磷显著提高了两水分水平下柳枝稷 5 月的 F_v/F_m 和 qP 值，显著提高了干旱处理下达乌里胡枝子 7 月和 8 月的 F_v/F_m 值，说明施磷肥提高了柳枝稷分蘖期和达乌里胡枝子开花期和结实期 PS II 反应中心的最大光化学效率，也表明磷对植物光合作用的影响与生育期有关。

禾豆混播体系物种间的互补互惠关系可提高叶片氮磷含量、叶绿素含量、光合酶活性和抗氧化能力等，增加捕获和传递给 PS II 反应中心的光能，提高植物光合能力(丁文利等，2014；焦念元等，2013)。本节中，混播提高了柳枝稷在 6 月的 F_v/F_m 和 qP 值，达乌里胡枝子干旱处理下 7 月和 8 月的 F_v/F_m、qP 和 Φ_{PSII} 值，表明二者混播有利于改善柳枝稷在拔节期及干旱处理下达乌里胡枝子开花期和结实期 PS II 反映中心的光能转换效率、潜在活性和开放比例，有助于提高光合能力和干旱适应性(牛富荣等，2011)。两者的差异可能是因为开花期和结实期的柳枝稷处于衰退期，对资源的竞争能力下降，混播下达乌里胡枝子对资源的竞争能力将有所提高(Xia et al.，2013)。一般认为，群体中两种植物的资源需求越相似，其竞争越激烈，但不同的植物对资源的需求随生育期而变，混播物种在整个生育期内往往会交替出现"抑制—过渡—促进"的现象(Xia et al.，2013；朱文旭等，2012)。柳枝稷混播下 7 月和 8 月的 F_v/F_m 值显著低于单播，这可能是其对资源的竞争能力下降所致，而达乌里胡枝子的竞争能力增加，表明混播物种的种间关系随着对水分、光照和养分等资源竞争和互利，在不同生育期产生变化(Yachi and Loreau，2007)。

7.5 水磷供应对柳枝稷和达乌里胡枝子叶片氮磷化学计量特征的影响

氮和磷是影响植物生长的重要营养元素，在植物功能中发挥着重要作用(Cernusak et al.，2010；Vitousek et al.，2010)。在多数陆地生态系统中，植物和群落的初级生产力主要受到氮或磷的限制，植物对土壤氮和磷含量变化的响应可用于评估氮或磷的限制(Chapin et al.，1986)。研究表明，如一种养分含量增加，植物体内养分磷和氮的含量同时提高，并促进植物生长，说明植物受到该养分的限制；若植物体内养分浓度无变化，则说明不受该养分的限制(Xu et al.，2016；Vitousek et al.，2010；Elser et al.，2007；Chapin et al.，1986)。植物叶片氮磷比与陆生植物初级生产力和生长速率密切相关，已被广泛用作指示植物体内氮或磷是否出现限制的重要指标(Yan et al.，2016；Cernusak et al.，2010)。研究认为，当氮磷比大于 16.0 时，表明植物受到磷素限制，小于 14.0 时则表示受到氮素限制(Cernusak et al.，2010；刘文兰等，2018；Güsewell，2004)。然而，植物体中氮含量和磷含量往往与生物因素和非生物因素有关，如土壤水分和养分含量，以及生育期和物种类型差异等，这将影响植物体内氮磷比，以及物种间竞争和群落结构(Fujita et al.，2009)。

土壤水分是影响干旱半干旱地区植物生长和植物对氮磷养分吸收和利用的关键因素(Bai et al.，2008，2004)。禾豆混播影响植物的种间关系及混播体系的养分利用(Schipanski and Drinkwater，2012)。一般认为，豆科植物通过固氮作用可增加混播草地的土壤氮含量，而禾本科是高氮需求植物，与豆科混播将提高其氮含量，有利于缓解氮限制(Schipanski and Drinkwater，2012)；禾本科植物根系分泌物具有活化土壤中磷的功能，而豆科植物是高磷需求植物，土壤中磷素的增加有利于缓解磷限制并促进豆科植物的生长(Avolio et al.，2014；Batterman et al.，2013)。引进禾草柳枝稷和乡土豆科牧草达乌里胡枝子混播能否具有较高的相对产量与其二者的资源利用的互补效应有关，水分水平、磷处理和组合比例将影响其二者的养分利用。因此，本节通过设置不同水分供应水平和施磷处理，对混播下柳枝稷和达乌里胡枝子的叶片氮磷化学计量特征进行分析研究，以探究二者在不同水分和磷素供应条件下的种间关系与作用机制(刘金彪，2020)，为黄土丘陵区人工草地建设中合理利用这两草种及磷肥的合理利用提供依据。

7.5.1　叶片氮含量

水分水平、磷处理和组合比例及水分水平和磷处理的交互作用对柳枝稷的叶片 N 含量影响显著($p<0.05$)(表 7-17)。在干旱水平下(LW)，柳枝稷叶片 N 含量均值显著高于充分供水水平(HW)($p<0.05$)。相对于 HW 水平，8 月 LW 水平下柳枝稷叶片 N 含量平均提高了 21.0%，9 月平均提高了 13.3%，10 月平均提高了 7.0%($p<0.05$)(图 7-2)。HW 水平下，施磷显著降低了柳枝稷 8 月和 9 月的叶片 N 含量($p<0.05$)；LW 水平下，$P_{0.1}$ 处理下叶片 N 含量显著低于 P_0 和 $P_{0.05}$ 处理。

表 7-17　水分水平、磷处理、组合比例及其交互作用对柳枝稷和达乌里胡枝子
叶片氮含量的影响(2016 年)

因子	自由度	柳枝稷			达乌里胡枝子		
		8 月	9 月	10 月	8 月	9 月	10 月
水分水平(WR)	1	**(0.02)	**(0.02)	**(0.02)	**(0.04)	**(0.04)	**(0.02)
磷处理(PT)	2	**(0.02)	**(0.03)	**(0.02)	**(0.05)	NS	**(0.02)
组合比例(MR)	4	**(0.03)	**(0.03)	**(0.03)	**(0.06)	**(0.05)	**(0.02)
WR × PT	2	**(0.03)	*(0.04)	**(0.03)	**(0.07)	**(0.07)	**(0.03)
WR × MR	4	NS	NS	NS	**(0.08)	NS	**(0.03)

续表

因子	自由度	柳枝稷			达乌里胡枝子		
		8 月	9 月	10 月	8 月	9 月	10 月
PT × MR	8	NS	NS	NS	**(0.10)	**(0.10)	**(0.04)
WR × PT × MR	8	NS	NS	NS	NS	NS	**(0.06)

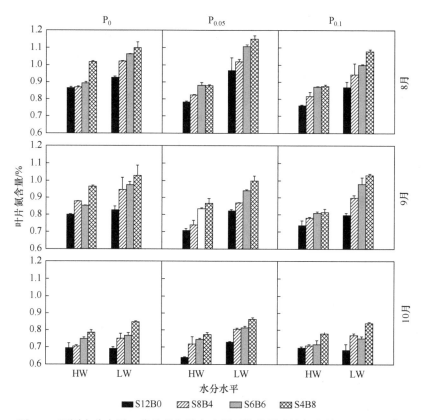

图 7-2　不同水分水平、磷处理和组合比例下柳枝稷叶片氮含量(n=3)(2016 年)
HW-充分供水；LW-干旱处理；S-柳枝稷；B-达乌里胡枝子；下同

柳枝稷叶片 N 含量总体表现为随混播比例降低而增加的趋势。与单播相比，8 月柳枝稷叶片 N 含量均值在柳枝稷与达乌里胡枝子植株比例为 8∶4、6∶6 和 4∶8 时分别提高了 8.5%、13.1%和 19.6%，9 月分别提高了 9.2%、15.5%和 21.4%，10 月分别提高了 8.1%、10.1%和 20.0%。柳枝稷叶片 N 含量表现为随生长月份增加而降低的趋势，8 月 HW 和 LW 水平下分别为 0.7%～1.1%和 0.8%～1.2%，9 月 HW 和 LW 水平下分别为 0.7%～1.0%和 0.8%～1.1%，10 月 HW 和 LW 水平下分别为 0.6%～0.8%和 0.6%～0.9%。

　　水分水平、磷处理和组合比例及两两交互作用对 8 月达乌里胡枝子的叶片 N 含量影响显著($p<0.05$)(表 7-17)。达乌里胡枝子叶片 N 含量均值在 LW 水平下显著低于 HW 水平($p<0.05$)(图 7-3)。施磷显著提高了 8 月柳枝稷叶片 N 含量($p<0.05$)，且 HW 水平下增幅大于 LW。水分水平和磷处理对 9 月和 10 月柳枝稷叶片 N 含量有交互作用，HW 水平下施磷后柳枝稷叶片 N 含量显著高于 P_0 处理，LW 水平下相反。组合比例对柳枝稷叶片 N 含量影响与是否施磷有关，8 月单播柳枝稷叶片 N 含量均值整体显著大于混播($p<0.05$)，相对于单播，混播柳枝稷的叶片 N 含量在 P_0、$P_{0.05}$ 和 $P_{0.1}$ 处理下分别降低了 20.4%、10.5% 和 11.1%，9 月混播后 P_0、$P_{0.05}$ 和 $P_{0.1}$ 处理下分别降低了 12.1%、1.2% 和 11.5%，10 月分别降低了 16.2%、12.1% 和 10.5%。不同处理条件下，柳枝稷叶片 N 含量整体表现为随月份增加而降低。

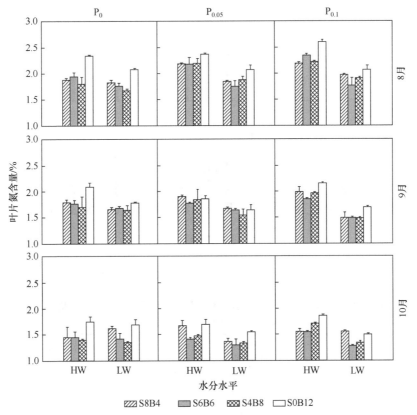

图 7-3　不同水分水平、磷处理和组合比例下达乌里胡枝子叶片氮含量($n=3$)(2016 年)

7.5.2　叶片磷含量

　　柳枝稷叶片 P 含量在不同月份间无明显变化规律(图 7-4)。水分水平和磷处理对柳枝稷叶片 P 含量影响显著，不同施磷处理下，各月柳枝稷叶片 P 含量在 HW 水平下均显著大于 LW 水平($p<0.05$)(表 7-18)。施磷显著提高了柳枝稷叶片 P 含量

($p<0.05$)，HW 水平下 P_0 处理叶片 P 含量在 0.09%～0.12%，施磷后叶片 P 含量在 0.11%～0.13%，$P_{0.05}$ 和 $P_{0.1}$ 处理后叶片 P 含量相对 P_0 处理分别平均提高了 7.8%和 18.6%；LW 水平下，P_0 处理的叶片 P 含量在 0.08%～0.09%，施磷后在 0.09%～ 0.11%，$P_{0.05}$ 和 $P_{0.1}$ 处理的叶片 P 含量相对于 P_0 分别提高 10.5%和 20.4%($p<0.05$)。

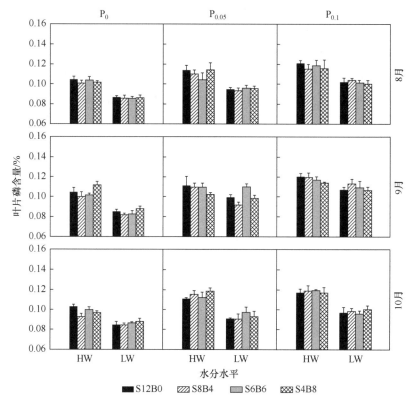

图 7-4　不同水分水平、磷处理和组合比例下柳枝稷叶片磷含量(n=3)(2016 年)

表 7-18　水分水平、磷处理、组合比例及其交互作用对柳枝稷和达乌里胡枝子 叶片磷含量的影响(2016 年)

因子	自由度	柳枝稷			达乌里胡枝子		
		8 月	9 月	10 月	8 月	9 月	10 月
水分水平(WR)	1	**(0.003)	**(0.003)	**(0.003)	**(0.003)	**(0.003)	**(0.004)
磷处理(PT)	2	**(0.004)	**(0.004)	**(0.004)	**(0.003)	**(0.003)	**(0.006)
组合比例(MR)	4	NS	NS	NS	**(0.004)	**(0.004)	**(0.006)
WR × PT	2	NS	**(0.005)	*(0.005)	**(0.005)	**(0.005)	**(0.007)
WR × MR	4	NS	NS	NS	**(0.006)	**(0.006)	**(0.008)
PT × MR	8	NS	*(0.008)	NS	*(0.007)	**(0.007)	*(0.010)
WR × PT × MR	8	NS	NS	NS	**(0.010)	**(0.010)	NS

水分水平、磷处理、组合比例及其两两交互作用对达乌里胡枝子不同月份叶片P 含量均影响显著($p<0.05$)(表 7-18)。在各生长月份，达乌里胡枝子叶片 P 含量均值均表现为 HW 水平下显著大于 LW 水平($p<0.05$)(图 7-5)。与不施磷相比(P_0)，施磷显著提高了 8 月达乌里胡枝子叶片 P 含量($p<0.05$)，HW 水平下，相对于 P_0 处理，$P_{0.05}$ 和 $P_{0.1}$ 处理的达乌里胡枝子叶片 P 含量均值分别提高了 17.3%和 30.3%，LW 水平下分别提高了 9.9%和 15.0%。HW 水平下，9 月和 10 月达乌里胡枝子叶片 P 含量均值随施磷量增加而显著增加($p<0.05$)，LW 水平下各施磷处理间无显著差异。达乌里胡枝子叶片 P 含量整体表现为随月份增加而降低的趋势，且 LW 水平叶片 P 含量的降低幅度大于 HW 水平，8 月 HW 水平下达乌里胡枝子的叶片 P 含量为 0.10%~0.19%，9 月为 0.09%~0.18%，10 月为 0.07%~0.18%；8 月 LW 水平下的达乌里胡枝子叶片 P 含量为 0.9%~0.14%，9 月为 0.07%~0.11%，10 月为 0.06%~0.11%。

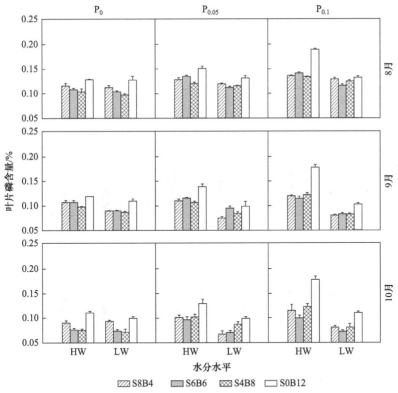

图 7-5　不同水分水平、磷处理和组合比例下达乌里胡枝子叶片磷含量($n=3$)(2016 年)

7.5.3　叶片氮磷比

水分水平、磷处理、组合比例及水分水平和磷处理交互作用对各生长月份柳枝稷叶片氮磷比影响显著($p<0.05$)(表 7-19)。LW 水平下柳枝稷的叶片氮磷比均值显著高于 HW 水平($p<0.05$)(图 7-6)。施磷显著降低了叶片氮磷比($p<0.05$)，相对 P_0 处理，HW 水

平下 $P_{0.05}$ 和 $P_{0.1}$ 处理分别降低了 17.1% 和 22.1%，LW 水平下分别降低了 6.6% 和 24.3%。柳枝稷叶片氮磷比表现为随柳枝稷植株比例降低而增加，且在柳枝稷和达乌里胡枝子植株比例为 8∶4、6∶6 和 4∶8 时相对于单播平均显著提高了 12.2%、12.6% 和 19.0%。HW 水平下 P_0 处理柳枝稷叶片氮磷比为 6.9~10.2，在 $P_{0.05}$ 和 $P_{0.1}$ 处理下为 6.0~8.5；LW 水平下 P_0 处理柳枝稷叶片氮磷比为 8.4~12.5，在 $P_{0.05}$ 和 $P_{0.1}$ 处理下为 7.1~12.1。

表 7-19　水分水平、磷处理、组合比例及其交互作用对柳枝稷和达乌里胡枝子叶片氮磷比的影响(2016 年)

因子	自由度	柳枝稷			达乌里胡枝子		
		8 月	9 月	10 月	8 月	9 月	10 月
水分水平(WR)	1	**(0.39)	**(0.33)	**(0.26)	**(0.43)	**(0.45)	**(0.74)
磷处理(PT)	2	**(0.32)	**(0.40)	**(0.32)	**(0.52)	**(0.60)	**(0.91)
组合比例(MR)	4	**(0.45)	**(0.47)	**(0.37)	NS	**(0.70)	**(1.05)
WR × PT	2	*(0.55)	*(0.57)	**(0.45)	NS	*(0.85)	*(1.29)
WR × MR	4	NS	NS	NS	NS	NS	NS
PT × MR	8	NS	NS	NS	*(1.05)	**(0.98)	**(1.82)
WR × PT × MR	8	NS	NS	NS	NS	**(1.20)	NS

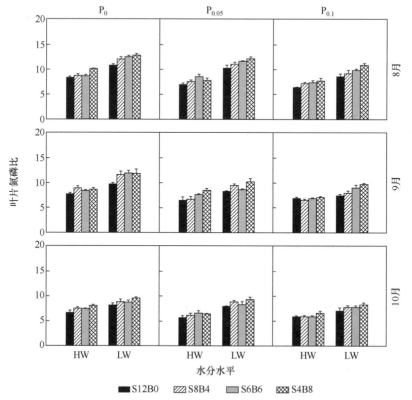

图 7-6　不同水分水平、磷处理和组合比例下柳枝稷叶片氮磷比(n=3)(2016 年)

达乌里胡枝子 8 月叶片氮磷比均值在 LW 水平下显著低于 HW 水平 ($p<0.05$)(图 7-7)，且 LW 水平下叶片氮磷比相对于 HW 水平平均降低了 4.4%；9 月和 10 月的叶片氮磷比在多数处理下表现为 HW 水平较低，且 LW 水平下的叶片氮磷比相对于 HW 水平平均提高了 14.4%和 16.2%。P_0、$P_{0.05}$ 和 $P_{0.1}$ 处理下，达乌里胡枝子叶片氮磷比分别为 16.7～18.9、15.2～17.7 和 13.5～16.7，$P_{0.05}$ 和 $P_{0.1}$ 相对于 P_0 处理在 8 月分别平均降低了 5.6%和 10.2%，9 月分别降低了 2.4%和 6.7%，10 月分别降低了 9.4%和 15.6%。

组合比例对 8 月达乌里胡枝子叶片氮磷比无显著影响(表 7-19)，9 月和 10 月的叶片氮磷比在 P_0 处理下各组合比例间无明显规律，施磷后整体表现为叶片氮磷比均值在混播下显著大于单播($p<0.05$)；P_0 处理下的叶片氮磷比随月份增加呈增加趋势，施磷后 LW 水平下表现为随月份增加而增加，HW 水平下呈降低趋势。

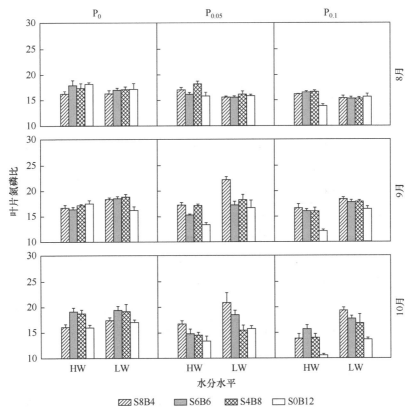

图 7-7　不同水分水平、磷处理和组合比例下达乌里胡枝子叶片氮磷比($n=3$)(2016 年)

7.5.4　光合氮利用效率与光合磷利用效率

柳枝稷的光合氮利用效率(PNUE)为 40.5～69.3μmol/(g·s)，且 PNUE 均值在 HW 水平下显著大于 LW 水平($p<0.05$)。2016 年 8 月，水分水平、磷处理和组合比

例对柳枝稷的光合磷利用效率(PPUE)均有显著影响($p<0.05$)(表 7-20)。柳枝稷的 PPUE 值为 432.7～624.7μmol/(g·s)，且 LW 水平下的 PPUE 均值显著低于 HW 水平($p<0.05$)。两水分水平下，柳枝稷的 PPUE 随施磷量增加呈降低趋势。磷处理和组合比例对 PPUE 有交互影响($p<0.05$)，混播下柳枝稷的 PPUE 显著高于单播，且 PPUE 均值在 P_0 处理下的增幅大于 $P_{0.05}$ 和 $P_{0.1}$ 处理。

表 7-20　不同水分水平、磷处理和组合比例下柳枝稷和达乌里胡枝子光合氮利用效率和光合磷利用效率(2016 年)

水分水平 (WR)	磷处理 (PT)	组合 比例 (MR)	柳枝稷		达乌里胡枝子	
			光合氮利用效率/ [μmol/(g·s)]	光合磷利用效率/ [μmol/(g·s)]	光合氮利用效率/ [μmol/(g·s)]	光合磷利用效率/ [μmol/(g·s)]
充分 供水 (HW)	P_0	S12B0	58.6±1.3	482.9±10.6	—	—
		S8B4	58.8±1.8	507.3±15.6	23.8±1.9	379.6±30.6
		S6B6	65.8±3.1	564.8±26.9	20.5±1.9	367.4±34.6
		S4B8	62.4±2.1	624.7±21.2	23.7±2.4	446.2±42.4
		S0B12	—	—	18.4±0.5	333.4±8.8
	$P_{0.05}$	S12B0	61.1±4.5	469.3±28.2	—	—
		S8B4	69.3±3.2	556.5±23.6	22.0±2.1	373.9±35.6
		S6B6	54.6±6.6	507.8±52.9	23.0±2.2	402.6±34.8
		S4B8	67.0±4.4	545.8±33.3	20.2±1.6	367.7±29.8
		S0B12	—	—	16.8±1.2	264.5±18.6
	$P_{0.1}$	S12B0	62.9±3.6	441.2±22.5	—	—
		S8B4	57.2±3.9	483.2±26.4	24.6±2.5	365.1±40.6
		S6B6	63.9±5.2	495.4±36.2	22.6±0.8	257.8±12.6
		S4B8	60.3±9.1	480.7±68.7	21.7±0.4	328.9±7.0
		S0B12	—	—	15.8±0.9	183.3±13.0
干旱 处理 (LW)	P_0	S12B0	46.0±2.4	493.1±25.8	—	—
		S8B4	44.6±4.7	531.5±55.5	21.3±0.8	324.4±13.6
		S6B6	45.0±3.7	563.4±46.5	19.2±1.6	327.3±27.7
		S4B8	44.3±2.2	566.1±28.7	19.5±1.6	334.0±27.6
		S0B12	—	—	16.2±1.1	276.5±19.2
	$P_{0.05}$	S12B0	44.7±3.1	470.5±31.7	—	—
		S8B4	47.8±2.8	537.7±30.8	19.9±0.8	302.8±13.0
		S6B6	40.5±1.1	490.7±12.8	21.5±1.7	317.7±25.8

续表

水分水平 (WR)	磷处理 (PT)	组合比例 (MR)	柳枝稷		达乌里胡枝子	
			光合氮利用效率/ [μmol/(g·s)]	光合磷利用效率/ [μmol/(g·s)]	光合氮利用效率/ [μmol/(g·s)]	光合磷利用效率/ [μmol/(g·s)]
干旱处理 (LW)	$P_{0.05}$	S4B8	47.9±1.6	538.5±19.0	21.4±2.9	329.8±47.2
		S0B12	—	—	16.3±1.7	280.0±26.7
	$P_{0.1}$	S12B0	49.1±2.9	432.7±24.9	—	—
		S8B4	44.3±1.4	490.3±12.4	22.4±1.5	312.4±23.0
		S6B6	49.3±2.3	450.9±21.3	20.5±1.5	282.0±22.5
		S4B8	40.9±3.6	450.9±35.6	19.5±2.2	237.1±33.0
		S0B12	—	—	16.2±1.8	220.8±27.7
WR			**(3.0)	*(28.1)	*(1.4)	**(22.5)
PT			NS	**(32.6)	NS	**(27.6)
MR			NS	*(40.4)	**(2.0)	**(31.8)
WR × PT			NS	NS	NS	NS
WR × MR			NS	NS	NS	*(45.0)
PT × MR			NS	**(65.3)	NS	*(55.1)
WR × PT × MR			NS	NS	NS	NS

达乌里胡枝子的 PNUE 为 15.8～24.6μmol/(g·s)，且 PNUE 均值在 LW 水平下显著低于 HW 水平($p<0.05$)(表 7-20)。各水分水平和磷处理下达乌里胡枝子的 PNUE 均值表现为混播显著大于单播($p<0.05$)。达乌里胡枝子的 PPUE 值为 183.3～446.2μmol/(g·s)，LW 水平下 PPUE 均值显著低于 HW 水平，施磷显著降低了达乌里胡枝子的 PPUE 值 ($p<0.05$)。各水分和磷处理下混播下达乌里胡枝子的 PPUE 均值均表现为混播显著大于单播($p<0.05$)。

7.5.5　讨论与结论

豆禾混播系统中，禾本科植物体内的氮素很大比例来自与之混播的豆科植物 (Schipanski and Drinkwater, 2012)。本节中，柳枝稷与达乌里胡枝子混播提高了柳枝稷的叶片氮含量，其原因可能有两个：一是混播刺激豆科植物达乌里胡枝子的固氮作用，增加了氮素向禾本科植物柳枝稷的转移(Bargaz et al., 2016; Banik et al., 2006)。结果显示，与柳枝稷混播显著降低了达乌里胡枝子的根瘤数，而增加了达乌里胡枝子单株根瘤质量，但对总根瘤质量却无显著影响，说明混播后达乌里胡枝子的根瘤较大。与小根瘤相比，根系对大根瘤的碳水化合物和水分供应的能力更强,大根瘤具有更高的相对含水量,这有利于提高豆科植物的固氮率(Fenta et al.,2014)。二是柳枝稷对氮素需求高于达乌里胡枝子,且种内竞争强度高于种间竞争强度,混播后激烈的种内竞争作用得到缓解,促进了有限氮肥资源的有效利用(Bargaz et al.,2016)。柳枝稷是禾本科植物,地上部或叶片氮含量的提高有利于增强其光合能力和提高生物量,与达乌里胡枝子混播利于柳枝稷的生长,氮素增加可能是保持较高光合速率和生物量的途径之一(Giannoulis et al.,2017;Staley et al.,1991)。

一般认为,氮磷比大于 16.0 时植物受到磷限制,小于 14.0 时受到氮限制(Cernusak et al.,2010;刘文兰等,2018;Güsewell,2004)。但植物的氮磷比与物种属性有关,Tessier 和 Raynal(2003)的研究表明,体现氮限制的氮磷比在不同物种间的变化范围为 6.7~16.0,而体现磷限制的氮磷比为 12.5~26.3。豆科通常是磷限制植物,施磷可缓解磷亏缺并促进豆科植物的生长(Avolio et al.,2014;Batterman et al.,2013)。不施磷时达乌里胡枝子叶片的氮磷比为 16.7~18.9,施磷后达乌里胡枝子叶片氮磷比降低,但提高了生物量累积量,说明未施磷处理下达乌里胡枝子存在磷限制(Xu et al.,2018)。柳枝稷叶片氮磷比小于 14.0,施磷虽降低了柳枝稷叶片氮磷比,但提高了其生物量,可能是因为叶片氮磷比不足以反映全株养分状况(Xu et al.,2016;Cernusak et al.,2010),也可能是植株对养分需求在不同生育期存在差异,在生长初期不受氮限制,随生育期推进逐渐转变为氮限制(唐美玲等,2018;Fujita et al.,2009)。与达乌里胡枝子混播提高了柳枝稷叶片 N 含量、氮磷比及生物量,表明在黄土丘陵区种植柳枝稷时,可在种植当年添加磷肥,还应考虑氮肥投入或与豆科植物建立混播草地以维持氮素来源(高志娟,2017)。

植物叶片养分含量与其自身结构特点和生长节律密切相关。一般来说,叶片营养元素随叶片衰老转移至粗根或根状茎作为储备(刘文兰等,2018;李曼等,2016;Garten et al.,2011)。本节中,柳枝稷叶片 N 含量在 10 月显著低于 8 月,这与 Garten 等(2011)的研究结果相似,表明柳枝稷叶片 N 元素在生育期末向根系转移储存。柳枝稷叶片 P 含量在 10 月与 8 月无显著差异,可能是随生育期推进,磷对柳枝稷的限制减弱(陈思同等,2018;唐美玲等,2018)。研究表明,植株受到低磷胁迫或长期生活在低磷环境中具有更强磷循环程度,在生育期末对磷素的转移量将更大(陈思同等,2018;Ryan et al.,2012;He et al.,2011)。达乌里胡枝子叶片 N 含量和 P 含量在 9 月降低,且叶片氮磷比提高,表明达乌里胡枝子叶片养分 N、P 开始转移,且磷的转移量大于氮的转移量,这可能是达乌里胡枝子长期生存于低磷环境中的适应机制,这一特性有助于其在土壤缺磷地区良好持续生长。

氮是植物生长过程中的重要影响元素,一方面与植物体内叶绿素及光合酶类的合成及活性有关(Amy et al.,2006),另一方面与植物根系活力及对水分和养分的吸收速率有关(Bowsher et al.,2016)。干旱环境中,植物可降低叶片氮含量并增加根系氮含量，有助于维持根系的吸收能力(王凯等，2018；Delucia，1994)，以及增加叶片氮含量以维持植物的光合速率或提高叶片的防御物质(曹让等，2013；Lambers et al.，2011；Onoda et al.，2004；Stroup et al.，2003)。本节中，柳枝稷的叶片 N 含量在干旱处理下提高，达乌里胡枝子相反，表明二者在氮素分配和需求方面对干旱的适应机制不同，达乌里胡枝子叶片 N 含量下降也可能与其根瘤的形成在干旱处理下受到抑制有关。

光合氮利用效率(PNUE)是描述叶片氮素分配利用和生产特性的重要指标之一(唐敬超等，2017；Onoda et al.，2004)。由于氮素在叶片中的分配存在着光合组织和非光合组织的权衡，外界环境的改变将影响 PNUE (Lambers et al.，2011；Onoda et al.，2004)。本节中，柳枝稷和达乌里胡枝子的 PNUE 在干旱处理下均显著低于充分供水，可能是二者在干旱处理下主要将氮素用于与叶片机械防御有关性状中，如耐受性和叶片结构组织，从而降低 PNUE，这有助于提高叶片寿命(Wright et al.，2005；Onoda et al.，2004)。磷通过影响卡尔文循环、能量(ATP 和 ADP)代谢及光合酶的活性等影响植物的光合作用(Hidaka and Kitayama，2009；Pieters et al.，2001)。研究表明，低磷环境中植物优先将磷素用于叶的光合作用，因而具有较高的 PPUE，当土壤中磷含量提高时，植物吸收的磷在叶片细胞中大部分储存于液泡中，少量用于光合作用(Funk and Vitousek，2007；Turnbull et al.，2007)。本节中，柳枝稷和达乌里胡枝子的 PPUE 在干旱处理下均显著低于充分供水，说明干旱处理下二者光合作用受到水分的限制，运用在光合作用中的磷较少。施磷降低了柳枝稷和达乌里胡枝子的 PPUE，说明施磷后植物磷含量分配给叶片结构和储存的比例更大，低磷环境中通过增加代谢磷的分配比例，以维持一定的光合速率(Funk and Vitousek，2007；Turnbull et al.，2007)。由于环境因素和物种差异，磷添加对植物 PNUE 的影响呈现增加、降低和无显著影响的现象(Hidaka and Kitayama，2009；Li et al.，2006)。本节中，施磷对二者的 PNUE 影响较小，可能是因为植物吸收的磷素优先分配给光合作用，以保证光合作用的正常运转，而磷胁迫环境中施磷可提高 PNUE。

C$_4$ 植物通常比 C$_3$ 植物具有更高的 PNUE 和 PPUE，这与 C$_4$ 植物光合路径有关(Vogan and Sage，2011；Ripley et al.，2008)。此外，根据天敌逃逸假说(Keane and Crawley，2002)，外来物种可将更多生物量和营养元素从防御或储存组织向生长或繁殖方面转移，具有较快生长速率及较高养分利用效率，往往在竞争关系中处于优势地位(Funk and Vitousek，2007)。本节中，柳枝稷的 PNUE 和 PPUE 均高于达乌里胡枝子，可使其在多变环境中具有较高生产力和竞争力(Vogan and Sage，2011；Ripley et al.，2008)。混播栽培改变了植物光照及土壤养分和水分竞争关系，将影响植物 PNUE 和 PPUE(朱启林等，2018)。本节中混播提高了柳枝稷的 PPUE，可能是因为混播下柳枝稷叶片氮含量提高，增加了磷在光合作用方面的应用，而种内竞争和氮素缺乏可能是限制柳枝稷光合作用的主要原因(Xu et al., 2016；Hidaka and Kitayama，2009)。混播降低了达乌里胡枝子叶片 N 含量和 P 含量，但增加了 PNUE 和 PPUE，一方面可能是因为混播增加了植物对养分的竞争，从而提高了养分利用效率(Funk and Vitousek，2007)，另一方面可能是因为地上部光资源竞争使植物增加氮磷在光合组织或能量代谢的分配比例，以缓解光照减少对生长的限制(王松等，2012)，这些表明达乌里胡枝子对养分的竞争能力低于柳枝稷，主要通过增加叶片氮磷在光合组织内的分配以提高其在混播体系中的竞争能力，这可能是其作为忍耐型伴生种广泛分布的重要原因之一(朱启林等，2018；Funk and Vitousek，2007)。

7.6　水磷供应对柳枝稷和达乌里胡枝子生长及水分利用的影响

　　合理的混播栽培可在时间和空间上更有效地利用资源，从而达到提高产量、土地利用效率和水分利用效率的目的，而不合理的混播体系和物种配置可能降低群体产量与稳定性，最终导致群落组成变化与功能下降。在混播条件下，地上竞争主要表现在植物对光资源的需求(Ren et al., 2010；Friday and Fownes，2002)，地下主要是土壤水分和多种养分的竞争(Schenk，2006；Casper and Jackson，1997)。混播体系中，植物的生长与形态的适应性变化将体现其对资源的获取策略和竞争能力，以及在竞争关系中的地位，可反映在混播群体中产量的高低及其结构的稳定性(Gilgen et al., 2010；Fotelli et al., 2001)。具有较强可塑性的植物在混播中具有较强的竞争优势，使其在混播体系中逐渐占据主导位置，反之将在长期竞争环境中被取代(Gilgen et al., 2010；Fotelli et al., 2001)。

　　磷是植物生长发育必需的大量营养元素之一，对植物生长发育及生物量形成有重要影响(Schachtman et al., 1998)。干旱限制了土壤中磷的迁移和有效性，以及植物对磷的获取，适当施磷可缓解土壤中磷的缺乏，有利于提高生物量和水分利用效率，保持生物多样性(Ren et al., 2017；Zhou et al., 2017；Avolio et al., 2014)，不合理施磷不仅无法提高植物生物量，还会影响群落的结构和稳定性(Ren et al., 2017；唐宏亮等，2016)。混播植物个体间对水分、养分和光照等存在竞争，不同水分和磷肥供应条件下，不同植物生长和发育对水分和磷肥的响应存在差异，这将影响其在混播体系中的作用和地位，并逐渐引起群落组成变化(Ren et al., 2017；Avilio et al., 2014)。

7.6.1　株高与分蘖(枝)数

　　2016 年，不同水磷处理下柳枝稷的株高均值在 10 月达到最大。干旱处理下(LW)柳枝稷株高显著低于充分供水(HW)(p<0.05)(表 7-21)；施磷显著提高了柳枝

稷株高均值($p<0.05$)，HW 水平下 $P_{0.05}$ 和 $P_{0.1}$ 处理的株高相对于 P_0 分别平均显著提高了 13.0%和 17.5%，LW 水平下分别提高了 11.4%和 15.6%。2016 年，柳枝稷分蘖数均值在 10 月达到最大，8 月的分蘖数均值约为 10 月的 87.4%；HW 水平下柳枝稷的分蘖数均显著大于 LW 水平($p<0.05$)(表 7-21)。施磷显著提高两水分水平下柳枝稷的分蘖数($p<0.05$)，且随月份增加提高幅度降低。HW 水平下，8 月柳枝稷的分蘖数在 $P_{0.05}$ 和 $P_{0.1}$ 处理下相对于 P_0 分别提高了 22.3%和 40.3%，9 月分别提高了 14.8%和 31.1%，10 月分别提高了 8.7%和 13.9%；LW 水平下；在 8 月，$P_{0.05}$ 和 $P_{0.1}$ 处理下柳枝稷分蘖数的均值相比 P_0 处理分别提高了 18.8%和 31.9%，9 月分别提高了 10.8%和 23.0%，10 月分别提高了 7.5%和 14.6%。

表 7-21 不同水分水平、磷处理和组合比例下柳枝稷株高和分蘖数($n=6$)(2016 年)

水分水平 (WR)	磷处理 (PT)	组合比例 (MR)	株高/cm			分蘖数		
			8 月	9 月	10 月	8 月	9 月	10 月
充分供水 (HW)	P_0	S12B0	47.1±2.1	48.2±2.4	49.0±1.8	2.0±0.3	2.2±0.1	2.5±0.2
		S8B4	47.7±2.8	46.3±2.0	47.0±1.1	2.2±0.3	2.6±0.3	2.9±0.3
		S6B6	52.2±3.0	52.1±2.0	51.0±1.7	2.6±0.3	2.7±0.2	3.2±0.2
		S4B8	48.8±1.4	48.1±2.1	50.8±1.9	2.8±0.2	3.1±0.3	3.4±0.3
	$P_{0.05}$	S12B0	52.1±2.3	57.6±2.4	58.0±1.6	2.6±0.4	2.7±0.3	2.8±0.4
		S8B4	52.7±1.6	56.8±1.9	55.5±2.0	2.8±0.1	2.9±0.2	3.3±0.3
		S6B6	54.1±1.6	54.6±2.0	53.2±2.1	3.0±0.3	3.2±0.1	3.3±0.3
		S4B8	55.6±1.8	56.3±2.1	57.2±2.4	3.3±0.2	3.3±0.3	3.6±0.3
	$P_{0.1}$	S12B0	54.5±2.2	58.6±1.3	54.3±1.1	3.2±0.3	3.2±0.2	3.1±0.3
		S8B4	56.9±2.2	57.1±1.4	58.0±1.9	3.2±0.2	3.2±0.2	3.2±0.2
		S6B6	54.4±2.6	57.4±2.2	59.6±1.1	3.4±0.2	3.6±0.3	3.5±0.3
		S4B8	59.7±2.6	59.6±2.7	59.7±1.3	3.5±0.3	3.8±0.2	3.8±0.2
干旱处理 (LW)	P_0	S12B0	38.0±1.7	38.7±1.6	41.2±1.4	1.8±0.2	2.2±0.2	2.7±0.3
		S8B4	38.2±0.8	38.2±1.7	41.3±2.0	2.1±0.2	2.3±0.2	2.5±0.3
		S6B6	37.9±1.8	37.8±1.8	40.3±1.6	2.4±0.2	2.7±0.2	2.9±0.2
		S4B8	36.7±0.7	37.7±1.5	37.7±1.5	2.4±0.3	2.6±0.2	3.1±0.2
	$P_{0.05}$	S12B0	39.9±1.0	43.1±2.2	41.6±1.9	2.2±0.2	2.5±0.2	2.7±0.3
		S8B4	44.0±1.9	43.6±1.7	44.4±1.6	2.6±0.2	2.8±0.3	3.0±0.2
		S6B6	45.9±1.3	43.6±2.5	41.8±2.4	2.7±0.2	2.7±0.3	3.1±0.3
		S4B8	41.8±2.2	42.6±1.5	43.3±1.6	2.8±0.2	2.8±0.2	3.2±0.2

续表

水分水平 (WR)	磷处理 (PT)	组合比例 (MR)	株高/cm			分蘖数		
			8 月	9 月	10 月	8 月	9 月	10 月
干旱处理 (LW)	P_{0.1}	S12B0	47.1±2.0	46.0±2.6	42.5±1.0	2.9±0.3	3.0±0.3	3.0±0.3
		S8B4	47.1±2.2	43.7±1.9	40.2±1.5	2.8±0.3	3.1±0.2	3.1±0.3
		S6B6	48.1±1.1	44.2±1.9	43.5±1.8	2.8±0.2	3.0±0.4	3.3±0.3
		S4B8	43.1±2.7	44.5±1.8	44.6±2.0	2.8±0.2	3.2±0.4	3.4±0.3
WR			**(1.6)	**(1.6)	**(1.4)	**(0.2)	**(0.2)	*(0.2)
PT			**(2.0)	**(2.0)	**(1.7)	**(0.3)	**(0.2)	**(0.3)
MR			NS	NS	NS	**(0.3)	**(0.3)	**(0.3)
WR × PT			NS	NS	NS	NS	NS	NS
WR × MR			NS	NS	NS	NS	NS	NS
PT × MR			NS	NS	NS	NS	NS	NS
WR × PT × MR			NS	NS	NS	NS	NS	NS

2017 年，不同处理下柳枝稷株高均值在 8 月最大(表 7-22)。在 2017 年，5 月和 6 月柳枝稷的平均分蘖数约为 8 月平均分蘖数的 95.4%和 98.1%。总体上，柳枝稷的分蘖数表现为随其在群体中的比例降低而逐渐提高。水分水平和组合比例对柳枝稷分蘖数影响与 2016 年相似，磷处理对柳枝稷分蘖数在 7 月及以后无显著影响(表 7-22)。

表 7-22 不同水分水平、磷处理和组合比例下柳枝稷株高和分蘖数($n=6$)(2017 年)

水分水平(WR)	磷处理 (PT)	组合比例(MR)	株高/cm				分蘖数			
			5 月	6 月	7 月	8 月	5 月	6 月	7 月	8 月
充分供水 (HW)	P_0	S12B0	30.2±1.5	49.1±1.8	48.2±0.4	50.7±0.8	4.2±0.2	5.0±0.4	4.9±0.5	4.8±0.3
		S8B4	34.3±1.6	53.5±3.1	55.0±2.0	53.5±1.7	4.4±0.4	5.3±0.4	5.4±0.7	5.4±0.4
		S6B6	32.0±1.5	54.6±3.1	55.9±2.9	58.7±1.4	5.5±0.5	6.0±0.6	6.0±0.8	5.9±0.5
		S4B8	32.5±1.8	47.5±2.4	45.6±3.5	50.7±3.0	6.7±0.6	7.2±0.6	6.9±0.7	7.2±0.6
	P_{0.05}	S12B0	31.6±1.5	50.6±2.0	50.0±2.5	46.8±1.7	4.8±0.6	4.5±0.5	4.9±0.4	5.2±0.4
		S8B4	31.6±1.4	49.8±1.6	52.6±1.6	52.3±2.5	6.0±0.4	5.6±0.3	5.6±0.5	5.4±0.7
		S6B6	31.2±1.0	54.9±3.1	50.5±0.5	51.7±1.8	6.4±0.7	6.0±0.6	6.4±0.3	6.0±0.6
		S4B8	30.7±2.3	51.9±2.8	46.4±2.8	47.8±4.4	6.9±0.6	6.6±0.7	6.8±0.6	6.8±0.6
	P_{0.1}	S12B0	30.8±1.5	52.1±1.8	51.9±2.7	49.9±0.8	5.4±0.4	5.3±0.3	5.5±0.3	5.3±0.3
		S8B4	35.5±1.7	56.7±2.0	53.5±1.3	51.1±0.6	6.0±0.5	6.0±0.4	6.1±0.5	6.1±0.5

续表

水分水平(WR)	磷处理(PT)	组合比例(MR)	株高/cm				分蘖数			
			5月	6月	7月	8月	5月	6月	7月	8月
充分供水(HW)	$P_{0.1}$	S6B6	33.2±1.5	53.0±2.1	51.2±2.4	50.9±1.9	5.8±0.5	6.0±0.6	6.1±0.5	6.0±0.6
		S4B8	29.8±2.0	46.5±1.9	48.8±3.3	49.4±2.0	7.5±0.6	7.2±0.6	6.9±0.5	7.0±0.6
干旱处理(LW)	P_0	S12B0	27.6±1.4	30.8±1.8	35.7±0.3	34.8±1.1	2.6±0.2	3.3±0.3	3.2±0.3	3.4±0.3
		S8B4	21.3±1.7	32.2±1.3	39.3±2.3	33.9±2.3	3.3±0.4	3.9±0.5	3.4±0.3	3.5±0.3
		S6B6	24.2±1.8	30.2±3.1	31.3±1.5	31.5±2.6	3.3±0.2	2.9±0.2	3.0±0.3	3.6±0.2
		S4B8	24.4±1.5	31.4±1.8	37.2±0.7	34.4±1.2	3.0±0.3	3.1±0.4	3.1±0.2	3.8±0.2
	$P_{0.05}$	S12B0	17.5±1.0	24.6±1.5	35.5±2.4	32.2±2.2	3.0±0.3	3.0±0.3	3.3±0.3	3.7±0.2
		S8B4	18.2±0.9	23.7±1.8	30.0±0.6	29.0±0.5	4.3±0.4	4.2±0.3	3.7±0.4	4.0±0.3
		S6B6	19.3±1.0	23.0±1.5	33.0±0.8	32.6±1.4	3.3±0.5	3.5±0.3	3.6±0.3	3.7±0.4
		S4B8	21.2±1.0	25.6±1.8	32.6±2.3	32.3±1.3	3.5±0.4	3.7±0.4	3.4±0.3	3.7±0.3
	$P_{0.1}$	S12B0	24.6±1.3	28.3±1.9	39.6±0.4	38.5±1.6	3.5±0.4	3.8±0.2	3.5±0.4	3.9±0.3
		S8B4	19.9±1.5	27.6±0.5	31.1±2.4	33.5±2.4	3.4±0.3	3.0±0.3	3.4±0.4	3.3±0.2
		S6B6	24.8±1.0	25.8±1.4	33.6±1.9	34.3±2.4	3.8±0.4	4.0±0.4	3.9±0.5	3.9±0.2
		S4B8	16.8±0.8	21.5±2.5	35.0±2.0	27.7±2.1	3.5±0.3	3.5±0.3	3.7±0.3	3.3±0.2
WR			**(1.2)	**(1.7)	**(1.7)	**(1.6)	**(0.4)	**(0.4)	**(0.4)	**(0.3)
PT			**(1.5)	**(2.7)	NS	NS	**(0.4)	NS	NS	NS
MR			NS	*(2.4)	NS	NS	**(0.5)	**(0.5)	**(0.5)	**(0.5)
WR×PT			*(2.1)	**(2.9)	NS	NS	NS	NS	NS	NS
WR×MR			**(2.4)	NS	**(3.3)	*(3.3)	**(0.7)	**(0.7)	**(0.7)	**(0.7)
PT×MR			*(2.9)	*(4.1)	NS	NS	NS	NS	NS	NS
WR×PT×MR			*(4.1)	NS	NS	NS	NS	NS	NS	NS

2016 年，达乌里胡枝子株高均值在 10 月达到最大，HW 水平下达乌里胡枝子的株高均值显著大于 LW 水平($p<0.05$)(表 7-23)。HW 水平下，施磷显著提高了各组合比例下达乌里胡枝子株高($p<0.05$)；LW 水平下，施磷对株高整体无显著影响。HW 水平下各施磷处理的达乌里胡枝子株高均表现为随其比例提高而提高，LW 水平下其株高在各组合比例间无明显变化规律。2016 年，达乌里胡枝子分枝数均值在 10 月达到最大，8 月的分枝数均值约为 10 月的 95.1%(表 7-23)。不同水分水平和磷处理下，达乌里胡枝子的分枝数随其在混播群体中的比例提高而提高。

表 7-23　不同水分水平、磷处理和组合比例下达乌里胡枝子株高和分枝数($n=6$)(2016 年)

水分水平 (WR)	磷处理 (PT)	组合比例 (MR)	株高/cm			分枝数		
			8 月	9 月	10 月	8 月	9 月	10 月
充分供水 (HW)	P_0	S8B4	17.1±0.7	17.0±1.3	18.4±1.3	3.5±0.6	4.3±0.4	4.0±0.4
		S6B6	18.1±1.2	22.9±1.7	23.0±1.1	4.5±0.5	5.1±0.3	4.5±0.7
		S4B8	21.5±1.1	29.8±2.0	31.6±1.0	4.6±0.3	5.3±0.6	5.1±0.6
		S0B12	26.1±2.0	34.4±3.4	38.7±1.7	4.7±0.3	5.4±0.3	5.6±0.4
	$P_{0.05}$	S8B4	25.8±1.1	31.2±3.5	33.2±1.7	3.7±0.4	3.9±0.4	4.7±0.4
		S6B6	22.3±1.3	30.0±2.1	30.5±1.7	3.7±0.7	4.6±0.4	4.2±0.4
		S4B8	31.0±1.3	36.6±2.3	40.1±0.3	5.5±0.4	5.3±0.3	5.0±0.4
		S0B12	28.3±1.2	38.8±2.6	44.9±1.4	4.4±0.5	5.1±0.5	5.7±0.5
	$P_{0.1}$	S8B4	19.4±1.4	21.1±2.1	20.9±1.1	4.1±0.5	3.7±0.3	4.5±0.4
		S6B6	20.5±1.0	30.1±2.5	31.4±2.7	5.3±0.4	4.8±0.4	4.9±0.5
		S4B8	23.3±1.3	29.8±3.0	29.8±1.7	5.1±0.5	4.8±0.5	5.1±0.5
		S0B12	28.0±1.5	41.3±1.8	42.3±1.4	5.7±0.6	5.6±0.4	5.6±0.3
干旱处理 (LW)	P_0	S8B4	13.7±0.9	14.6±1.0	14.7±0.6	4.3±0.5	4.4±0.3	4.3±0.5
		S6B6	14.2±0.5	13.8±1.2	14.1±0.5	3.6±0.4	4.5±0.2	4.0±0.4
		S4B8	17.3±1.0	17.4±0.7	19.8±1.1	4.6±0.3	4.5±0.3	4.6±0.3
		S0B12	17.8±1.1	19.5±2.0	19.5±0.8	4.8±0.5	5.0±0.6	5.3±0.5
	$P_{0.05}$	S8B4	13.6±1.1	13.7±1.0	15.8±1.0	4.7±0.4	4.3±0.5	4.3±0.5
		S6B6	15.3±1.0	18.0±1.5	18.1±1.0	4.3±0.4	3.8±0.4	4.7±0.6
		S4B8	16.9±1.6	21.2±1.2	21.3±0.6	5.0±0.3	5.0±0.5	5.6±0.4
		S0B12	18.6±1.0	19.1±1.6	20.2±0.7	4.3±0.4	5.3±0.4	5.3±0.4
	$P_{0.1}$	S8B4	15.5±0.8	15.7±0.9	16.0±0.6	3.4±0.4	3.4±0.5	3.7±0.3
		S6B6	15.8±0.6	16.1±1.0	16.8±1.4	4.8±0.4	4.1±0.5	4.3±0.4
		S4B8	15.4±0.6	16.7±1.1	18.0±0.7	4.4±0.6	4.2±0.5	4.5±0.4
		S0B12	16.4±0.8	17.0±1.3	17.4±0.6	5.1±0.4	4.5±0.5	4.9±0.4
WR			**(0.9)	**(1.6)	**(1.0)	NS	*(0.3)	NS
PT			**(1.1)	**(1.9)	**(1.2)	NS	NS	NS
MR			**(1.3)	**(2.2)	**(1.4)	**(0.5)	**(0.5)	**(0.5)
WR × PT			**(1.6)	**(2.7)	**(1.7)	NS	NS	NS
WR × MR			**(1.8)	**(3.1)	**(2.0)	NS	NS	NS
PT × MR			NS	NS	**(2.4)	NS	NS	NS
WR × PT × MR			*(3.2)	*(5.4)	**(3.1)	NS	NS	NS

2017 年，达乌里胡枝子株高均值在 8 月最大，5 月和 6 月的株高均值约为 8 月的 22.2%和 29.7%(表 7-24)；7 月施磷显著提高了两水分水平下达乌里胡枝子株高均值($p<0.05$)；组合比例对达乌里胡枝子株高有显著影响($p<0.05$)，5 月和 6 月达乌里胡枝子株高在两水分水平下表现为单播大于混播，7 月和 8 月达乌里胡枝子株高在 HW 水平下多为单播大于混播，LW 水平下多表现为混播大于单播。2017 年，达乌里胡枝子分枝数均值在 8 月最大，5 月和 6 月分枝数均值约为 8 月的 83.1%和 86.4%。水分水平对达乌里胡枝子分枝数有显著影响($p<0.05$)，组合比例和磷处理对分枝数整体无显著影响(表 7-24)。

表 7-24 不同水分水平、磷处理和组合比例下达乌里胡枝子株高和分枝数($n=6$)(2017 年)

水分水平 (WR)	磷处理 (PT)	组合比例 (MR)	株高/cm				分枝数			
			5 月	6 月	7 月	8 月	5 月	6 月	7 月	8 月
充分供水 (HW)	P_0	S8B4	8.0±0.6	11.9±0.9	27.9±2.1	53.1±2.0	3.2±0.3	2.7±0.3	4.3±0.5	3.8±0.3
		S6B6	10.3±0.5	14.2±0.7	26.6±1.9	52.0±3.5	3.4±0.3	3.0±0.4	4.0±0.4	3.8±0.3
		S4B8	9.2±0.4	12.4±0.8	27.6±1.7	42.1±1.7	3.3±0.4	3.5±0.2	4.0±0.6	4.3±0.5
		S0B12	11.3±0.8	18.1±0.1	37.0±2.6	50.9±3.0	3.1±0.4	4.2±0.7	4.5±0.6	4.3±0.3
	$P_{0.05}$	S8B4	9.5±0.6	12.3±0.6	35.5±2.6	55.7±1.2	3.9±0.3	3.5±0.3	5.0±0.4	4.5±0.3
		S6B6	9.5±0.5	13.1±1.0	38.6±1.7	59.9±2.9	3.6±0.3	3.5±0.3	4.3±0.5	3.8±0.3
		S4B8	9.6±0.6	12.6±0.8	40.1±2.1	51.9±2.7	3.6±0.3	4.0±0.4	4.3±0.3	4.3±0.3
		S0B12	11.6±0.4	13.7±0.6	43.5±2.2	62.6±5.6	3.6±0.3	4.5±0.3	4.8±0.5	4.5±0.5
	$P_{0.1}$	S8B4	8.1±0.7	13.1±0.8	36.7±2.4	63.4±5.0	3.6±0.3	3.8±0.4	4.0±0.4	4.3±0.3
		S6B6	9.7±0.5	13.8±1.0	39.8±1.3	58.2±6.7	3.8±0.4	3.7±0.4	4.5±0.6	3.8±0.3
		S4B8	11.5±0.5	12.7±0.4	37.3±3.4	48.0±1.6	3.8±0.3	3.3±0.6	4.8±0.3	4.3±0.5
		S0B12	13.1±0.6	17.7±1.8	42.9±1.0	57.7±1.4	3.3±0.3	4.5±0.6	4.8±0.5	3.8±0.5
干旱处理 (LW)	P_0	S8B4	6.5±0.4	8.6±0.5	14.9±1.1	26.6±1.4	2.4±0.2	2.3±0.2	2.8±0.3	3.0±0.4
		S6B6	9.0±0.5	10.5±0.5	14.1±1.2	23.6±1.5	2.2±0.2	2.5±0.2	3.8±0.3	2.5±0.3
		S4B8	7.5±0.3	7.8±0.4	14.4±2.0	29.4±2.9	2.4±0.2	2.5±0.4	3.0±0.6	2.5±0.5
		S0B12	8.6±0.5	10.6±0.5	14.4±0.8	24.6±1.5	2.1±0.1	2.5±0.2	2.8±0.5	3.0±0.4
	$P_{0.05}$	S8B4	5.0±0.3	6.7±0.2	12.0±1.2	27.9±1.5	2.1±0.2	2.3±0.2	2.8±0.5	3.5±0.5
		S6B6	6.9±0.5	7.1±0.6	14.4±0.9	29.6±1.5	2.4±0.2	2.2±0.4	2.8±0.8	3.0±0.4

水分水平 (WR)	磷处理 (PT)	组合比例 (MR)	株高/cm				分枝数			
			5月	6月	7月	8月	5月	6月	7月	8月
干旱处理 (LW)	P$_{0.05}$	S4B8	6.7±0.6	8.1±0.3	10.8±1.3	23.7±1.7	2.9±0.4	2.5±0.5	2.5±0.3	2.5±0.3
		S0B12	6.6±0.6	8.1±0.6	12.7±1.7	24.6±0.4	3.0±0.4	2.5±0.2	3.8±0.3	3.3±0.5
	P$_{0.1}$	S8B4	8.6±0.5	11.0±0.6	14.9±1.1	27.4±1.5	2.1±0.1	2.5±0.2	2.8±0.3	3.0±0.4
		S6B6	8.4±0.4	8.7±0.4	14.1±1.2	28.3±1.6	1.8±0.2	2.2±0.3	2.5±0.3	2.5±0.5
		S4B8	6.8±0.4	7.0±0.5	14.4±2.0	24.3±2.5	2.3±0.2	2.0±0.0	3.0±0.4	2.5±0.3
		S0B12	8.7±0.6	10.0±0.7	14.4±0.8	16.6±0.9	2.1±0.2	2.0±0.0	3.5±0.3	3.5±0.3
	WR		**(0.4)	**(0.6)	**(1.4)	**(2.3)	**(0.2)	**(0.3)	**(0.4)	**(0.3)
	PT		**(0.5)	**(0.7)	**(1.8)	NS	**(0.3)	NS	NS	NS
	MR		**(0.6)	**(0.8)	**(2.0)	**(2.8)	NS	NS	NS	NS
	WR × PT		**(0.7)	NS	**(2.5)	**(3.2)	NS	NS	NS	NS
	WR × MR		**(0.8)	**(1.2)	**(2.9)	**(4.0)	NS	NS	NS	NS
	PT × MR		NS	**(1.4)	NS	NS	NS	NS	NS	NS
	WR × PT × MR		**(1.5)	NS	NS	*(7.8)	NS	NS	NS	NS

7.6.2 根瘤数与根瘤质量

水分供应水平显著影响达乌里胡枝子的根瘤数。HW 水平下不同施磷处理的根瘤数均值显著大于 LW 水平($p<0.05$)(表 7-25)。施磷显著提高了达乌里胡枝子的根瘤数($p<0.05$)。HW 水平下，P$_{0.05}$ 和 P$_{0.1}$ 处理的根瘤数均值相对于 P$_0$ 处理分别增加了 18.4%和 11.2%；LW 水平下，分别平均增加了 57.1%和 12.2%。根瘤数在各组合比例间整体表现为随达乌里胡枝子比例增加而增加。水分水平对达乌里胡枝子根瘤质量有显著影响，HW 水平下根瘤质量均值显著大于 LW($p<0.05$)(表 7-25)。施磷显著提高了达乌里胡枝子的根瘤质量($p<0.05$)，HW 水平下 P$_{0.05}$ 和 P$_{0.1}$ 处理的根瘤质量均值相对于 P$_0$ 处理分别增加了 30%和 17%，LW 水平下分别增加了 62% 和 13%。混播时组合比例对达乌里胡枝子根瘤质量无显著影响。水分水平对达乌里胡枝子的单株根瘤质量有显著影响，单株根瘤质量均值在 HW 水平下显著大于 LW 水平($p<0.05$)(表 7-25)。组合比例对单株根瘤质量影响显著($p<0.05$)，其均值随达乌里胡枝子在群体中比例的增加而降低，HW 水平下单株根瘤质量均值在柳枝稷和达乌里胡枝子植株比例为 4∶8、6∶6 和 8∶4 时相对于单播分别增加了 38%、

60%和 96%，LW 水平下分别增加 8%、23%和 28%。施磷对达乌里胡枝子单株根瘤质量无显著影响(表 7-25)。

表 7-25 不同水分水平、磷处理和组合比例下达乌里胡枝子根瘤数、根瘤质量和单株根瘤质量(n=6)(2016 年)

水分水平 (WR)	磷处理 (PT)	组合比例 (MR)	根瘤数	根瘤质量/mg	单株根瘤质量/mg
充分供水 (HW)	P_0	S8B4	13.7±1.5	7.6±0.5	0.56±0.04
		S6B6	12.4±2.4	5.4±1.0	0.44±0.00
		S4B8	15.7±1.0	6.2±0.9	0.39±0.03
		S0B12	15.5±1.7	5.2±0.6	0.34±0.02
	$P_{0.05}$	S8B4	11.1±2.6	7.4±1.9	0.66±0.02
		S6B6	11.9±1.0	6.9±1.1	0.57±0.04
		S4B8	19.2±3.9	8.5±1.4	0.47±0.04
		S0B12	26.7±2.1	8.2±1.1	0.31±0.03
	$P_{0.1}$	S8B4	9.6±2.8	6.1±1.5	0.67±0.07
		S6B6	12.5±3.2	6.2±1.2	0.53±0.08
		S4B8	15.5±3.4	6.6±1.0	0.47±0.06
		S0B12	27.2±3.1	8.6±0.8	0.32±0.01
干旱处理 (LW)	P_0	S8B4	8.0±0.6	3.6±0.5	0.44±0.05
		S6B6	10.9±1.4	4.5±0.5	0.42±0.03
		S4B8	11.0±1.7	4.2±0.5	0.39±0.04
		S0B12	13.3±2.5	4.7±0.8	0.36±0.02
	$P_{0.05}$	S8B4	14.4±2.5	6.6±1.2	0.46±0.04
		S6B6	15.0±2.4	6.6±1.0	0.44±0.02
		S4B8	15.1±1.0	6.1±0.6	0.40±0.01
		S0B12	23.0±2.0	8.2±0.6	0.36±0.05
	$P_{0.1}$	S8B4	7.1±1.1	3.3±0.7	0.47±0.06
		S6B6	10.6±1.2	4.8±0.6	0.46±0.05
		S4B8	13.7±1.6	5.0±0.4	0.37±0.02
		S0B12	18.4±2.7	6.4±1.0	0.35±0.01
	WR		**(1.8)	**(0.8)	**(0.03)
	PT		**(2.2)	**(1.0)	NS
	MR		**(2.6)	NS	**(0.05)

水分水平 (WR)	磷处理 (PT)	组合比例 (MR)	根瘤数	根瘤质量/mg	单株根瘤质量/mg
WR × PT			NS	NS	NS
WR × MR			NS	NS	**(0.08)
PT × MR			*(4.5)	NS	NS
WR × PT × MR			NS	NS	NS

7.6.3 单株生物量及分配

2016 年，HW 水平下柳枝稷的单株生物量均显著大于 LW 水平($p<0.05$)(图 7-8、表 7-26)。施磷显著提高了两水分水平下各组合比例中柳枝稷的单株生物量($p<0.05$)，混播下柳枝稷单株生物量均值在 $P_{0.05}$ 和 $P_{0.1}$ 处理间无显著差异。柳枝稷单株生物量随其在混播群体中的组合比例降低而提高，HW 水平下柳枝稷在 8∶4、6∶6 和 4∶8(除非特别说明，本节中均指柳枝稷与达乌里胡枝子的植株比例)条件下相对于单播平均显著提高了 93.1%、107.3%和 133.1%($p<0.05$)；LW 水平下相对于单播处理，柳枝稷和达乌里胡枝子植株比例在 6∶6 和 4∶8 条件下平均显著提高了 25.5% 和 33.2%($p<0.05$)，在 8∶4 比例和单播下无显著差异。2017 年，水分水平、磷处

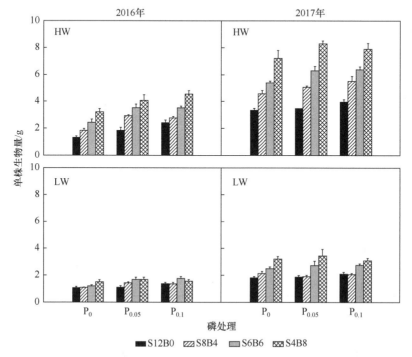

图 7-8 不同水分水平、磷处理和组合比例下柳枝稷单株生物量(n=6)(2016～2017 年)

理和组合比例对柳枝稷单株生物量的影响与 2016 年相似。2017 年柳枝稷的单株生物量均值相比 2016 年提高约 72.4%($p<0.05$)。

表 7-26 水分水平、磷处理、组合比例及其交互作用对柳枝稷和达乌里胡枝子单株生物量的影响(2016～2017 年)

因子	自由度	柳枝稷		达乌里胡枝子	
		2016 年	2017 年	2016 年	2017 年
水分水平(WR)	1	**(0.1)	**(0.2)	**(0.1)	**(0.2)
磷处理(PT)	2	**(0.2)	**(0.3)	**(0.1)	**(0.2)
组合比例(MR)	4	**(0.2)	**(0.3)	**(0.1)	**(0.3)
WR × PT	2	**(0.2)	*(0.4)	*(0.2)	**(0.3)
WR × MR	4	**(0.3)	**(0.4)	*(0.2)	*(0.4)
PT × MR	8	NS	NS	NS	NS
WR × PT × MR	8	NS	NS	NS	NS

2016 年，达乌里胡枝子单株生物量表现为 HW 水平下显著大于 LW 水平($p<0.05$)(图 7-9)。HW 水平下，施磷显著提高了各组合比例下达乌里胡枝子的单株生物量($p<0.05$)；LW 水平下，施磷显著提高了除 8:4 比例下达乌里胡枝子的单

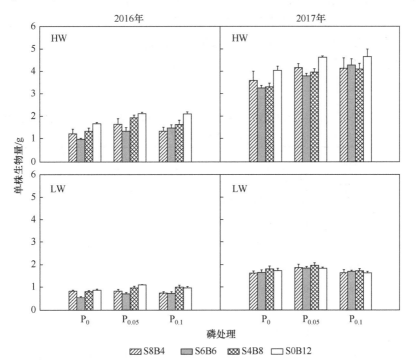

图 7-9 不同水分水平、磷处理和组合比例下达乌里胡枝子单株生物量($n=6$)(2016～2017 年)

株生物量。HW 水平下达乌里胡枝子单株生物量均值呈现混播显著小于单播，LW 水平下单株生物量在 8：4 和 6：6 比例下显著小于单播，在 4：8 比例下小于单播但无显著差异。

2017 年，HW 水平下单株生物量随施磷量的增加显著提高($p<0.05$)，LW 水平下施磷可显著提高各组合比例的单株生物量，但在 $P_{0.05}$ 和 $P_{0.1}$ 处理间均无显著差异。HW 水平下混播对生物量影响与 2016 年相似，LW 水平下各组合比例下的单株生物量与单播无显著差异，但 4：8 比例下大于单播。2017 年达乌里胡枝子的单株生物量的均值相比 2016 年显著提高约 121%($p<0.05$)。

在 2006~2007 试验中，施磷显著降低了两水分水平下柳枝稷和达乌里胡枝子的根冠比，其中柳枝稷的根冠比在各组合比例间均表现为随其在组合比例中株数降低而显著提高($p<0.05$)，达乌里胡枝子根冠比均表现为随其在组合比例中株数的提高而显著提高($p<0.05$)。

2016 年，柳枝稷的茎叶比均值在 LW 水平下显著低于 HW 水平($p<0.05$)(表7-27)。施磷显著提高了 HW 水平下柳枝稷的茎叶比($p<0.05$)，且 $P_{0.05}$ 和 $P_{0.1}$ 处理相对于 P_0 处理平均显著提高了 13.2%和 23.7%，施磷对 LW 水平下柳枝稷的茎叶比整体无显著影响。柳枝稷茎叶比整体表现为随其在混播群体中组合比例的降低而提高。2017 年，组合比例对柳枝稷茎叶比无显著影响。2016 年，达乌里胡枝子的茎叶比均值在 LW 水平下显著低于 HW 水平($p<0.05$)(表7-27)。HW 水平下，$P_{0.05}$ 处理达乌里胡枝子的茎叶比均值相对于 P_0 提高 27.2%，LW 下各施磷处理间达乌里胡枝子茎叶比无明显规律。2017 年，HW 水平下 $P_{0.1}$ 处理的达乌里胡枝子茎叶比均值相对于 P_0 处理降低 15.2%，LW 水平下 $P_{0.05}$ 和 $P_{0.1}$ 处理的茎叶比均值相对于 P_0 处理降低 13.1%和 25.6%。

表 7-27　不同水分水平、磷处理和组合比例下柳枝稷和达乌里胡枝子根冠比和茎叶比(n=6)(2016~2017 年)

水分水平(WR)	磷处理(PT)	组合比例(MR)	柳枝稷				达乌里胡枝子			
			根冠比		茎叶比		根冠比		茎叶比	
			2016 年	2017 年	2016 年	2017 年	2016 年	2017 年	2016 年	2017 年
充分供水(HW)	P_0	S12B0	1.3±0.1	2.4±0.1	0.49±0.01	0.76±0.06	—	—	—	—
		S8B4	1.4±0.1	2.7±0.2	0.46±0.03	0.76±0.03	1.5±0.1	1.0±0.1	0.61±0.05	1.64±0.16
		S6B6	1.3±0.1	2.6±0.2	0.55±0.04	0.79±0.02	1.5±0.1	1.2±0.1	0.74±0.02	1.30±0.09
		S4B8	1.7±0.2	3.0±0.4	0.58±0.04	0.94±0.07	1.7±0.1	1.2±0.1	0.76±0.03	1.35±0.04
		S0B12	—	—	—	—	1.8±0.1	1.6±0.1	0.72±0.04	1.05±0.05
	$P_{0.05}$	S12B0	1.3±0.0	2.5±0.1	0.55±0.02	0.74±0.01	—	—	—	—
		S8B4	1.4±0.1	2.7±0.1	0.61±0.02	0.88±0.04	1.1±0.0	0.9±0.0	0.88±0.09	1.81±0.13

续表

水分水平(WR)	磷处理(PT)	组合比例(MR)	柳枝稷				达乌里胡枝子			
			根冠比		茎叶比		根冠比		茎叶比	
			2016 年	2017 年	2016 年	2017 年	2016 年	2017 年	2016 年	2017 年
充分供水(HW)	$P_{0.05}$	S6B6	1.4±0.0	2.5±0.1	0.61±0.05	0.93±0.05	1.4±0.0	1.0±0.1	0.77±0.03	1.59±0.14
		S4B8	1.8±0.1	3.2±0.2	0.60±0.05	0.88±0.04	1.6±0.1	1.2±0.1	1.01±0.06	1.40±0.10
		S0B12	—	—	—	—	1.5±0.2	1.1±0.1	0.92±0.05	1.18±0.11
	$P_{0.1}$	S12B0	1.1±0.0	2.1±0.1	0.58±0.03	0.90±0.01	—	—	—	—
		S8B4	1.2±0.0	2.4±0.1	0.66±0.03	0.92±0.04	1.2±0.1	0.8±0.0	0.79±0.05	1.34±0.15
		S6B6	1.5±0.0	2.4±0.0	0.69±0.03	1.05±0.01	1.5±0.1	0.9±0.1	0.71±0.04	1.27±0.07
		S4B8	1.4±0.0	2.7±0.1	0.63±0.02	1.04±0.03	1.3±0.0	1.0±0.1	0.69±0.03	0.98±0.04
		S0B12	—	—	—	—	1.4±0.2	1.0±0.1	0.88±0.06	0.87±0.06
干旱处理(LW)	P_0	S12B0	1.1±0.0	1.1±0.2	0.40±0.02	0.77±0.06	—	—	—	—
		S8B4	1.4±0.0	1.3±0.1	0.43±0.04	0.76±0.04	1.8±0.0	1.3±0.1	0.66±0.02	0.87±0.03
		S6B6	1.1±0.1	1.7±0.1	0.43±0.04	0.74±0.03	1.7±0.1	1.4±0.1	0.55±0.02	0.81±0.05
		S4B8	1.5±0.1	1.7±0.2	0.46±0.02	0.74±0.05	2.1±0.2	1.3±0.1	0.54±0.02	0.83±0.05
		S0B12	—	—	—	—	2.2±0.2	1.4±0.0	0.60±0.02	0.76±0.06
	$P_{0.05}$	S12B0	1.1±0.1	1.1±0.1	0.40±0.01	0.76±0.02	—	—	—	—
		S8B4	1.1±0.0	1.2±0.1	0.44±0.03	0.87±0.08	1.6±0.1	1.2±0.0	0.55±0.02	0.74±0.07
		S6B6	1.3±0.1	1.1±0.0	0.43±0.04	0.70±0.03	1.6±0.1	1.1±0.0	0.60±0.01	0.62±0.04
		S4B8	1.4±0.1	1.0±0.1	0.44±0.04	0.74±0.08	1.6±0.1	1.2±0.1	0.62±0.02	0.59±0.01
		S0B12	—	—	—	—	1.9±0.1	1.2±0.1	0.57±0.02	0.65±0.03
	$P_{0.1}$	S12B0	1.0±0.0	1.3±0.2	0.43±0.02	0.94±0.02	—	—	—	—
		S8B4	1.2±0.0	1.3±0.1	0.38±0.02	0.81±0.03	1.6±0.2	1.1±0.1	0.65±0.02	0.60±0.05
		S6B6	1.4±0.1	1.2±0.1	0.47±0.02	0.82±0.03	1.8±0.1	1.0±0.0	0.63±0.01	0.69±0.02
		S4B8	1.2±0.0	1.2±0.1	0.46±0.05	0.80±0.06	2.1±0.2	1.2±0.1	0.54±0.01	0.43±0.03
		S0B12	—	—	—	—	2.1±0.2	1.2±0.1	0.61±0.02	0.47±0.03
	WR		**(0.1)	**(0.1)	**(0.03)	**(0.04)	**(0.1)	**(0.1)	**(0.03)	**(0.06)
	PT		**(0.1)	**(0.1)	**(0.03)	**(0.04)	**(0.1)	**(0.1)	**(0.04)	**(0.08)
	MR		**(0.1)	**(0.2)	**(0.04)	NS	**(0.1)	**(0.1)	NS	**(0.09)
	WR × PT		NS	**(0.2)	**(0.04)	NS	NS	NS	**(0.05)	**(0.11)
	WR × MR		NS	NS	NS	**(0.07)	NS	*(0.1)	**(0.06)	**(0.13)
	PT × MR		**(0.1)	NS	NS	NS	NS	*(0.1)	**(0.07)	NS
	WR × PT × MR		NS	NS	NS	NS	NS	NS	**(0.11)	NS

7.6.4　总生物量与水分利用效率

2016 年，水分水平、磷处理和组合比例及两两交互作用对柳枝稷和达乌里胡枝子总生物量有显著影响($p<0.01$)(图 7-10、表 7-28)；不论供磷与否，LW 水平下柳枝稷和达乌里胡枝子混播总生物量均显著低于 HW 水平($p<0.05$)。与 P_0 处理相比，施磷显著提高了两水分水平下各组合比例的总生物量($p<0.05$)。HW 水平下，与 P_0 处理相比，$P_{0.05}$ 处理的柳枝稷与达乌里胡枝子在 12∶0、8∶4、6∶6、4∶8 和 0∶12 的植株比例下总生物量分别提高了 38.6%、52.5%、41.8%、34.3% 和 26.9%，$P_{0.1}$ 处理的分别提高了 82.5%、44.2%、46.0%、32.6% 和 25.8%；LW 水平下，与 P_0 处理相比，$P_{0.05}$ 理的柳枝稷与达乌里胡枝子在 12∶0、8∶4、6∶6、4∶8 和 0∶12 的植株比例下总生物量分别提高了 3.2%、25.7%、18.0%、22.2% 和 27.6%，$P_{0.1}$ 处理分别提高了 28.3%、17.0%、23.2%、17.4% 和 11.0%。两水分水平条件下，柳枝稷和达乌里胡枝子混播总生物量在 $P_{0.05}$ 和 $P_{0.1}$ 处理间整体无显著差异。HW 水平下，各组合比例的总生物量在 P_0 处理下整体表现为混播显著大于单播($p<0.05$)，且总生物量在柳枝稷和达乌里胡枝子植株比例为 4∶8 时最高，柳枝稷单播时显著

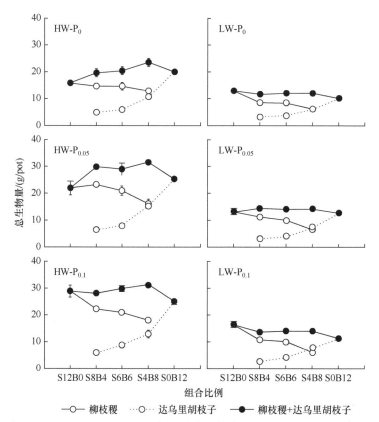

图 7-10　不同水分水平、磷处理和组合比例下柳枝稷与达乌里胡枝子总生物量(n=6)(2016 年)

最低，其余三个比例间无显著差异；$P_{0.05}$ 处理下，柳枝稷和达乌里胡枝子总生物量在 4∶8 比例时最高，柳枝稷单播最低，8∶4 和 6∶6 比例下的总生物量显著大于单播达乌里胡枝子($p<0.05$)；$P_{0.1}$ 处理下在柳枝稷和达乌里胡枝子 4∶8 比例时的总生物量显著大于柳枝稷单播，但与 6∶6 比例无显著差异，其次为 8∶4 比例，达乌里胡枝子单播最低。LW 水平下，各组合比例的总生物量在 P_0 处理下表现为达乌里胡枝子单播最低，其余比例间无显著差异；$P_{0.05}$ 处理下柳枝稷和达乌里胡枝子 8∶4 和 4∶8 比例的总生物量显著大于达乌里胡枝子单播($p<0.05$)，柳枝稷和达乌里胡枝子单播总生物量无显著差异；$P_{0.1}$ 处理下，单播柳枝稷的总生物量最高，混播下各比例间无显著差异，单播达乌里胡枝子的生物量最低。不同水分水平和磷处理下，柳枝稷对混播下总生物量的贡献比大于达乌里胡枝子，除 HW 水平下 $P_{0.1}$ 处理二者的总生物量折线无交点外，其余处理下交点均出现在 4∶8 比例。

表 7-28　水分水平、磷处理、组合比例及其交互作用对总生物量和水分利用效率的影响

因子	自由度	总生物量/g		水分利用效率/ (g/kg)	
		2016 年	2017 年	2016 年	2017 年
水分水平(WR)	1	**(0.8)	**(1.0)	**(0.1)	**(0.1)
磷处理(PT)	2	**(1.0)	**(1.3)	**(0.2)	**(0.2)
组合比例(MR)	4	**(1.3)	**(1.6)	**(0.2)	**(0.1)
WR × PT	2	**(1.4)	**(1.8)	**(0.2)	**(0.1)
WR × MR	4	**(1.9)	**(2.3)	**(0.3)	**(0.1)
PT × MR	8	**(2.3)	**(2.8)	**(0.3)	**(0.2)
WR × PT × MR	8	NS	NS	NS	NS

2017 年，水分水平、磷处理和组合比例及两两交互作用对柳枝稷和达乌里胡枝子总生物量有显著影响($p<0.01$)(图 7-11、表 7-28)。HW 水平下，混播下总生物量均显著大于两物种单播生物量，且均是柳枝稷和达乌里胡枝子植株比例 4∶8 时的总生物量显著高于 6∶6 和 8∶4 比例；LW 水平下，各施磷处理下的总生物量在柳枝稷和达乌里胡枝子 4∶8 比例下显著高于其余比例，在 8∶4 比例下均显著低于柳枝稷单播。不同水分和磷处理下，柳枝稷对混播总生物量的贡献大于达乌里胡枝子，在 HW 水平下 P_0 处理二者总生物量折线无交点外，其余处理下交点均出现在柳枝稷和达乌里胡枝子植株比例为 4∶8。

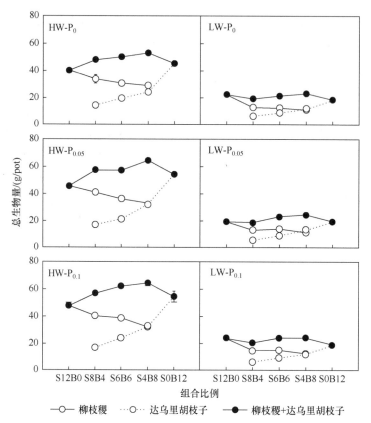

图 7-11 不同水分水平、磷处理和组合比例下柳枝稷与达乌里胡枝子总生物量(n=6)(2017 年)

2016 年，除单播柳枝稷，HW 水平下各组合比例的水分利用效率(WUE)整体小于 LW 水平，HW 水平下柳枝稷和达乌里胡枝子 8：4、6：6、4：8 和 0：12 植株比例的水分利用效率相对于 LW 水平平均降低了 1.0%、5.2%、23.1%和 43.4%(图 7-12、表 7-28)。HW 水平下，各组合比例下的 WUE 无明显变化规律，整体表现为随柳枝稷组合比例的降低而降低；施磷显著提高了单播柳枝稷的 WUE，与 P_0处理相比，$P_{0.05}$ 和 $P_{0.1}$ 处理的 WUE 分别显著提高了 16.5%和 28.3%(p<0.05)。LW 水平下，施磷显著提高了各组合比例的 WUE (p<0.05)；与 P_0 处理相比，$P_{0.05}$ 处理下柳枝稷和达乌里胡枝子 12：0、8：4、6：6、4：8 和 0：12 植株比例的 WUE 分别显著提高了 26.4%、28.1%、31.4%、25.0%和 11.8%，$P_{0.1}$ 处理下分别显著提高了 24.5%、30.0%、30.9%、24.5%和 20.0%，且混播各比例下的 WUE 在 $P_{0.05}$ 和 $P_{0.1}$ 处理间无显著差异。HW 水平下，与单播柳枝稷相比，柳枝稷和达乌里胡枝子植株比例为 8：4、6：6、4：8 和 0：12 的 WUE 均值分别显著降低了 25.1%、32.0%、41.2%和 63.5%，LW 水平下分别显著降低了 23.5%、27.2%、23.2%和 35.7%(p<0.05)。

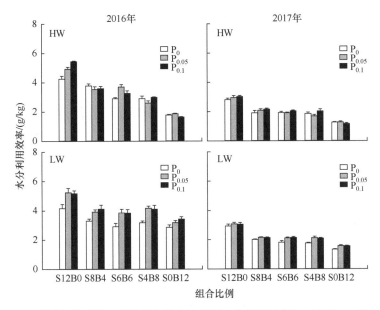

图 7-12　不同水分水平、磷处理和组合比例下水分利用效率(n=6)(2016~2017 年)

2017 年，混播群体的 WUE 显著小于单播柳枝稷，但显著大于单播达乌里胡枝子(p<0.05)，混播各组合比例间无显著差异。施磷显著提高了 LW 水平下混播群体的 WUE(p<0.05)，与 P_0 处理相比，$P_{0.05}$ 处理下柳枝稷和达乌里胡枝子植株比例为 12：0、8：4、6：6、4：8 和 0：12 的 WUE 显著提高了 4.3%、9.2%、16.0%、19.7% 和 18.6%，$P_{0.1}$ 处理下分别显著提高了 3.8%、7.0%、18.9%、18.0% 和 16.9%，且各组合比例下的 WUE 在 $P_{0.05}$ 和 $P_{0.1}$ 处理间无显著差异。

7.6.5　讨论与结论

1. 水磷供应对柳枝稷和达乌里胡枝子生长的影响

株高和分蘖(枝)数等形态特征可体现植物地上部占据的生态位，反映植物对光资源的竞争能力(Ren et al.，2016；Powell and Bork et al.，2004；Seabloom et al.，2003)。柳枝稷株高整体大于达乌里胡枝子，并且株高生长相对较快(高志娟，2017；Xu et al.，2008a)，使其相对达乌里胡枝子对光资源具有更强的竞争能力，有利于柳枝稷形成种群竞争优势(赵成章等，2013；王平等，2009)。施磷显著提高了柳枝稷营养生长期的株高、分蘖数及达乌里胡枝子生殖生长期的株高，表明施磷可加快柳枝稷营养生长期的生长速率，促进达乌里胡枝子生殖生长期的株高生长，这会增加二者地上部对光资源的竞争能力(Ren et al.，2010)。研究表明，在混播体系中，早期生长较快的植物具有较高的竞争优势，降低其比例有助于形成稳定共存的局面(Ren et al.，2016；赵成章等，2013)。因此，降低柳枝稷组合比例可缓解其对达乌里胡枝子的遮阴，有利于达乌里胡枝子的生长。光资源的竞争通常发生在土壤水分和养分较好地区，当土壤水分和养分限制植物生长时，混播植物对光资源的竞争能力对群落生产力和稳定性的重要性有所下降(Ren et al.，2010；Wilkinson et al.，1964)。本节中，不论供磷与否，柳枝稷和达乌里胡枝子的株高在干旱处理下均显著低于充分供水，表明干旱处理下柳枝稷和达乌里胡枝子地上部生长受限，二者对光资源的竞争强度相对减弱，这可能是柳枝稷在干旱处理下竞争能力降低的原因之一。

2. 水磷供应对柳枝稷和达乌里胡枝子单株生物量的影响

充分供水下，柳枝稷和达乌里胡枝子单株生物量均显著大于干旱处理，表明水分是影响二者生长的重要因素(高志娟，2017；Xu et al.，2011)。土壤含水量提高将会增强混播植物间的竞争作用，从而影响草地群落结构及生产力(Ren et al.，2016；He et al.，2013；Adiku et al.，2001)。在种植当年，柳枝稷单株生物量随其在群体中组合比例的降低而显著提高，充分供水下达乌里胡枝子表现为单播下显著大于混播，干旱处理下组合比例对达乌里胡枝子的影响降低，且达乌里胡枝子单株生物量在 4∶8(柳枝稷与达乌里胡枝子植株比例)下和单播比无显著差异，说明混播有助于促进柳枝稷生物量的形成。水分条件较好时，二者混播将限制达乌里胡枝子的生长，可能是因为充分供水有利于植物地上部和根系的生长，加剧了二者的种间竞争(高志娟，2017；Ren et al.，2016；Adiku et al.，2001)。在水分条件有限的地区，柳枝稷的种间竞争作用相对减弱，二者在 4∶8 比例下具有群体生物量优势，这也说明植物对低土壤水分环境的适应压力比竞争压力更大(王晋萍等，2012；Xu et al.，2011)。在种植第二年，干旱处理下达乌里胡枝子在 4∶8 比例下的单株生物量均大于单播，说明随种植年限的增加，达乌里胡枝子可逐步从混播中获益(王平等，2009)。研究表明，降低种间竞争能力强的物种组合比例，有助于混播物种双方向共同受益的方向转变(王平等，2009)。

根冠比反映植物对光合产物在地上部和地下部的分配策略，可表征植物生长状况和竞争能力(Freschet et al.，2015；Poorter and Ryser，2015)。通常认为，植物根系从土壤中获取的水分和养分不能满足植株生长时将提高根冠比，有利于提高植物对土壤资源的吸收，根冠比降低可反映植物生长受到光资源的限制(Freschet et al.，2015；Poorter and Ryser，2015)。茎叶比则体现地上部光合产物在茎和叶的分配模式，在光资源为竞争主要因子时，降低茎叶比可提高叶片生物量分配，有助于增大叶面积以提高对光资源的捕获；提高茎叶比，即增大对茎的生物量分配，可改变地上部生态位，提高冠层对上部光照的获取能力(Liu et al.，2017)。在混播体系中，植物可通过地上部生长及形态变化，如增加株高或提高比叶面积等提高对光资源的捕获能力(Liu et al.，2017)。然而，较矮植物冠层顶部的光合有效辐射降低，虽然植物可增大对光的获取能力，但这些形态上的适应性变化不能抵消荫蔽对其光截留能力的影响(Liu et al.，2017)。本节中，混播下柳枝稷根冠比增大，表明柳枝稷通过根系生长以提高其对土壤水肥的竞争能力(Novoplansky and Goldberg，2001)。达乌里胡枝子根冠比表现为随其组合比例的增大而提高，茎叶比呈相反趋势，且分枝数降低，这可能是因为柳枝稷组合比例较高时达乌里胡枝子受到光资源限制，达乌里胡枝子通过降低根冠比并增加茎叶比以提高对光资源的获取能力，这种适应性变化虽不能完全抵消荫蔽对其生物量的影响，但随时间的推移可能降低光资源对其生长的限制，这是其竞争能力在第二年提高的原因之一(Liu et al.，2017；Gálvez and Pearcy，2003)。

生物量是衡量植物相对竞争能力的重要参数之一，生物量的动态变化可反映群体结构的变化(Weigelt and Jolliffe，2003)。本节中，柳枝稷和达乌里胡枝子生物量在种植第二年均增加，且达乌里胡枝子的增幅大于柳枝稷，这可能是因为达乌里胡枝子在播种第一年生长缓慢，第二年生物量累积相对第一年大幅提高(Guan et al.，2013)。此外，混播植物生长过程中应对种内、种间竞争的资源分配策略随混播时间的推移而逐步调整，使种间关系和群落结构趋于稳定，进而实现资源利用的最大化(赵成章等，2013)。柳枝稷和达乌里胡枝子在竞争环境中的生长和形态特征的调节有助于二者在长期的竞争中达到合适的相处模式，有助于二者混播共存并形成优势(Avolio et al.，2014；赵成章等，2013)。

3. 水磷供应对柳枝稷和达乌里胡枝子混播生物量与水分利用效率的影响

禾本科和豆科的种间协同作用有助于提高混播草地的生产力和牧草质量，其中草地生产力很大程度上取决于组合比例(Yu et al.，2016；Xu et al.，2011)。生物量是衡量草地生产力和竞争能力的重要指标，混播物种具有相同竞争能力时，通过生物量绘制的折线图中，两物种生物量的交点应出现在二者均占1/2的比例(Xu et al.，2013)。若实际生物量和此预期不同，则表明种内与种间竞争强度不均衡(Xu et al.，2013；王平等，2009)。在种植两年中，两物种生物量的交点出现在植株比6∶6以右或无交点，柳枝稷单株生物量随其比例的降低而增加，达乌里胡枝子相反，说明柳枝稷种内竞争强度大于种间竞争，达乌里胡枝子则受到较强种间竞争的约束(Xu et al.，2013；王平等，2009)。当某物种受到的种间竞争压力较大时，增加其组合比例可形成种群优势，降低其所受到的种间竞争压力。这有利于不同物种利用不同的环境资源，从而提高群体的产量优势并形成共存的局面(王平等，2009)。本节中，增加达乌里胡枝子组合比例，即在4∶8(柳枝稷与达乌里胡枝子植株比例)时，柳枝稷种内竞争和达乌里胡枝子种间竞争减小，有助于提高混播群体生物量优势(柏文恋等，2018；王平等，2009)。研究表明，柳枝稷与其他牧草混种多年的生物量累积均受到较强种内竞争的限制(Xu et al.，2008a，2008b)；达乌里胡枝子则表现出种间竞争限制其生物量形成，但其在较高组合比例下随种植年限增加可逐步从混播中受益(王京等，2012；王平等，2009)，这可能使二者以4∶8的比例在建植多年中维持较高的生物量。

除了提高生产力，提高水分利用效率也是半干旱区农业生产的重点(Mao et al.，2012；Fang et al.，2011)。一般认为，植物在水分有限地区具有较高的水分利用效率。本节中干旱处理下达乌里胡枝子水分利用效率显著提高，而柳枝稷的水分利用效率未显著变化，说明柳枝稷的水分利用效率不仅可能受土壤水分的影响，也可能受干旱持续时间或土壤养分等影响(Byrd and May，2000)。不同组合比例下，柳枝稷的水分利用效率均大于达乌里胡枝子，这与柳枝稷的 C_4 光合路径有关(Sánchez et al.，2016；Mao et al.，2012)。组合比例也是影响混播草地水分利用效率的关键，合适的组合比例可提高混播体系的水分利用效率，然而不合理的组合比例可能与预期相反(Mao et al.，2012；Gao et al.，2009)。本节中，充分供水下混播群体水分利用效率随柳枝稷比例提高而提高，干旱处理下混播群体水分利用效率显著大于单播达乌里胡枝子，但混播下三比例间无显著差异，这是因为组合比例变化改变了种间作用并影响了水分利用效率(高志娟，2017；Amanullah et al.，2015)。

施磷是提高水分利用效率的有效措施(李新乐等，2004；Singh et al.，2000a，2000b)。一方面，施磷对生物量的提升作用大于蒸腾耗水量(Gu et al.，2018)，另一方面，施磷可降低植物在低磷环境中为吸收磷素而蒸腾损失的水分(Pang et al.，2018；Singh et al.，2000a，2000b)；但植物水分利用效率不会因施磷量的提高而无限升高(Gu et al.，2018)。本节中，干旱处理下施磷可显著提高水分利用效率，且 $P_{0.05}$ 和 $P_{0.1}$ 处理间无显著差异，表明 $P_{0.05}$ 的施磷量可在较少磷肥投入的条件下提高水分利用效率，是更加经济的施磷量。由于多年生人工草地生物量的收获将导致土壤磷和植株体内磷含量的逐年降低(Gu et al.，2018；山仑和徐炳成，2009)。因此，可定期追施适量的磷肥以维持较高的年度群体生物量和水分利用效率。

综上，在种植当年，不同水分和磷处理下柳枝稷的单株生物量随其在群体中组合比例降低呈增加趋势，达乌里胡枝子则相反；在种植第二年，干旱处理下两物种的单株生物量均在柳枝稷与达乌里胡枝子植株比例为4∶8时最大。两年的试验结果表明，不同水分供应水平和施磷处理下，柳枝稷根冠比随其比例增加而降低，达乌里胡枝子根冠比在混播下显著低于单播。干旱处理下柳枝稷与达乌里胡枝子为 4∶8 时具有最高的总生物量和较高的水分利用效率，施磷可显著提高干旱处理下二者混播的总生物量和水分利用效率，且 $P_{0.05}$ 和 $P_{0.1}$ 处理间无显著差异，表明混播可提高生物量和水分利用效率，干旱处理下施磷可进一步提高水分利用效率。

7.7　水分和磷对混播下柳枝稷和达乌里胡枝子根系形态特征的影响

　　根系作为植物重要的营养器官，起到了固着植物体、贮存营养物质、合成生长调节激素、吸收土壤水分和养分的作用，是植物生长繁殖的重要器官和有力保障(Poorter and Ryser，2015；Fort et al.，2012；Casper and Jackson，1997)。根系形态特征如根系生物量、总根长、根表面积、细根根长、根系平均直径、比根长和比根面积等，影响植物占据土壤空间的范围和吸收能力，也可作为衡量植物根系吸收能力的指标(Zhao et al.，2017；February et al.，2011)。根系生物量反映光合产物对根系的投入。一般情况下，当根系吸收养分不足以维持植物生长代谢时，植物会增加根系光合产物分配，以获取更多养分(Freschet et al.，2015；Poorter and Ryser，2015)。总根长和根表面积反映植物根系占用土壤空间及其与土壤接触面积的大小，细根是吸收养分和水分最活跃的部分。研究表明，总根长、根表面积、细根长度与养分的吸收效率呈显著的正相关关系(Waddell et al.，2017；Li et al.，2014)，比根长与根系呼吸，根系吸收能力与生长速率及周转时间呈正相关关系(de Vries et al.，2016；Eissenstat，1991)；根系平均直径与比根长成反比，根系平均直径越大寿命越长(Poorter and Ryser，2015；Eissenstat，1991)。一般认为，平均直径小、比根长大的根系具有较高吸收效率，反之寿命长(Kadam et al.，2015)。

　　在干旱半干旱地区，根系对土壤水分及养分的竞争比地上部对光的竞争更加重要(Li et al.，2017；Bargaz et al.，2016；Ren et al.，2010)。在带状间作时，引进禾草柳枝稷在与豆科植物沙打旺和红豆草混播草地中表现出具有较强的竞争能力，随着时间的推移，沙打旺和苜蓿逐渐被柳枝稷取代，根系生长与分布可能是柳枝稷具有较强竞争能力的原因(Xu et al.，2008a，2008b)。与栽培种沙打旺相比，乡土草种达乌里胡枝子具有的较强抗旱能力，成功建植后其产量更加稳定(Guan et al.，2013)。本节着重讨论柳枝稷与达乌里胡枝子混播后根系生长及形态特征对土壤水分和磷供应水平的响应(刘金彪，2020)，旨在从根系生长和形态特征的角度揭示柳枝稷和达乌里胡枝子根系生长及形态特征对混播的响应；混播后二者根系形态特征对土壤水分的响应；混播后二者根系形态特征对低土壤磷含量的响应以及施磷肥对混播根系形态特征的影响，为黄土丘陵区人工草地建设中柳枝稷与达乌里胡枝子种植配比提供依据，并为系统分析柳枝稷的生态入侵风险提供依据和奠定基础。

7.7.1　根系生物量

在柳枝稷和达乌里胡枝子生长第一年(2016 年)，充分供水水平(HW)下柳枝稷的根系生物量均显著大于干旱处理(LW)($p<0.05$)(图 7-13)。HW 水平下，施磷($P_{0.05}$ 和 $P_{0.1}$)显著提高了各比例下柳枝稷的根系生物量，与 P_0 处理相比约显著提高了 19.8%～54.8%；LW 条件下，施磷仅显著提高了柳枝稷与达乌里胡枝子 12∶0 和 8∶4 植株比例下的柳枝稷根系生物量，最高提高幅度约 13.6%。磷处理与混播比例以及水分水平、磷处理和混播比例的交互作用对柳枝稷根系生物量均无显著影响($p>0.05$)(图 7-13)。两种水分水平下，各施磷处理下柳枝稷的根系生物量均表现为随混播比例降低而显著提高，其中在 HW 水平下混播相对于单播平均提高约 64.9%，在 LW 下平均提高约 24.5%。

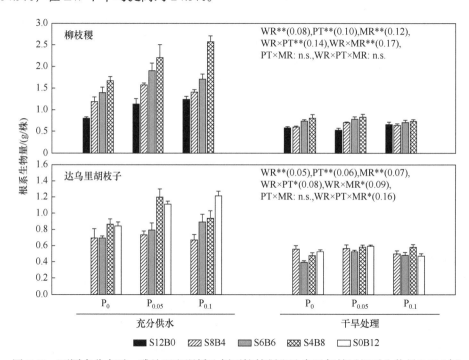

图 7-13　不同水分水平、磷处理和混播比例下柳枝稷和达乌里胡枝子根系生物量(2016 年)
S-柳枝稷；B-达乌里胡枝子；WR-水分水平；PT-磷处理；MR-混播比例。*和**分别表示 p 为 0.05 和 0.01 水平下的显著性差异，n.s.表示没有显著差异；括号内的数字为 $p=0.05$ 水平下的最小显著性值(LSD)；下同

2017 年，即柳枝稷和达乌里胡枝子生长第二年，水分水平和混播比例对柳枝稷根系生物量的影响与 2016 年相似，且施磷对柳枝稷根系生物量无显著影响。水分水平、混播比例、水分水平×磷处理和水分水平×混播比例的交互作用均显著影响 2016 年和 2017 年柳枝稷的根系生物量，而施磷处理仅显著影响 2016 年的柳枝稷根系生物量(图 7-13、图 7-14)。

2016 年,HW 水平下达乌里胡枝子的根系生物量均显著大于 LW 水平($p<0.05$)

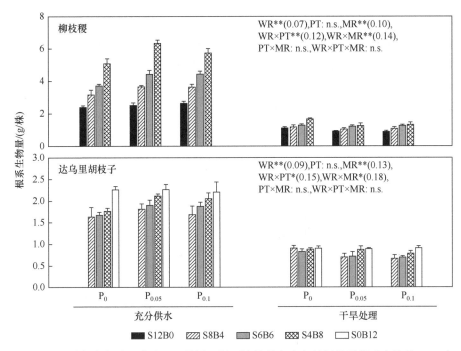

图 7-14 不同水分水平、磷处理和混播比例下柳枝稷和达乌里胡枝子根系生物量(2017 年)

(图 7-13)。HW 水平下，施磷对二者 8∶4 混播比例下达乌里胡枝子的根系生物量无显著影响，却显著提高了其余混播比例下达乌里胡枝子的根系生物量；LW 水平下，各施磷处理间达乌里胡枝子根系生物量无显著差异($p > 0.05$)。HW 水平下，P_0 和 $P_{0.05}$ 处理的达乌里胡枝子根系生物量在 4∶8 和 0∶12 混播比例下显著高于 8∶4 和 6∶6 混播比例，$P_{0.1}$ 处理下表现为随其比例提高而显著降低；LW 水平下，P_0 处理的根系生物量在 6∶6 混播比例显著最低，其他混播比例间无显著差异；$P_{0.05}$ 处理的根系生物量在各混播比例间无显著差异；$P_{0.1}$ 处理的根系生物量在 6∶6 混播比例显著最低，其他混播比例间无显著差异。

2017 年，HW 水平下达乌里胡枝子的根系生物量在各施磷处理下均表现为随其混播比例提高而显著提高；LW 水平下 P_0 处理的根系生物量在各混播比例间无显著差异，$P_{0.05}$ 和 $P_{0.1}$ 处理下也表现为随其混播比例提高而显著提高(图 7-14)。水分水平、混播比例、水分水平×磷处理、水分水平×混播比例交互作用显著影响 2016 年和 2017 年柳枝稷的根系生物量，三者交互作用仅显著影响 2016 年达乌里胡枝子的根系生物量。

7.7.2 总根长

2016 年，柳枝稷总根长在相同磷处理和混播比例下均为 HW 水平显著大于 LW 水平($p < 0.05$)(图 7-15)。HW 水平下，施磷($P_{0.05}$ 和 $P_{0.1}$)可显著提高各比例下柳

枝稷总根长，幅度约为 23.9%～62.2%；LW 水平下，施磷仅显著提高 12：0 和 8：4 混播比例下的柳枝稷总根长。HW 水平下，各施磷处理的柳枝稷总根长均随其混播比例降低而显著提高；LW 水平下，P_0 处理的柳枝稷总根长表现为随其混播比例的降低而显著提高，$P_{0.05}$ 处理的柳枝稷总根长表现为混播显著大于单播，$P_{0.1}$ 处理的柳枝稷总根长在各混播比例间无显著差异($p>0.05$)。

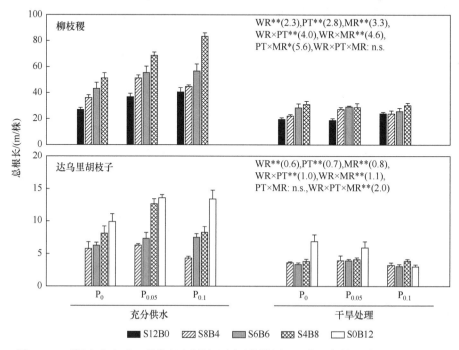

图 7-15　不同水分水平、磷处理和混播比例下柳枝稷和达乌里胡枝子总根长(2016 年)

2017 年，水分水平和混播比例对柳枝稷总根长的影响与 2016 年相似。施磷仅提高了 HW 水平下柳枝稷总根长的 6.5%～20.1%(图 7-16)。水分水平、磷处理、混播比例、水分水平×磷处理、水分水平×混播比例均显著影响了 2016 年和 2017 年柳枝稷的总根长，而磷处理×混播比例的交互作用仅显著影响了 2016 年柳枝稷的总根长。

2016 年，HW 水平的达乌里胡枝子总根长在相同磷处理和混播比例下均显著大于 LW ($p<0.05$)(图 7-15)。HW 水平下，施磷显著提高了单播达乌里胡枝子总根长；LW 水平下，施磷显著降低达乌里胡枝子单播总根长，对混播下的总根长无显著影响($p>0.05$)。HW 水平下，各施磷处理达乌里胡枝子总根长现为随混播比例降低而降低，相比单播，在 P_0、$P_{0.05}$ 和 $P_{0.1}$ 处理下混播总根长分别降低了 17.8%～41.9%、6.7%～53.5%和38.4%～67.7%；LW 水平下，P_0 和 $P_{0.05}$ 处理下的总根长为单播显著大于混播，$P_{0.1}$ 处理下总根长在各混播比例间无显著差异。

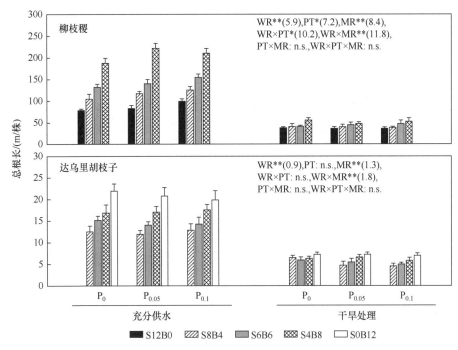

图 7-16 不同水分水平、磷处理和混播比例下柳枝稷和达乌里胡枝子总根长(2017 年)

2016 年，除磷处理×混播比例外，水分水平、磷处理和混播比例及其交互作用均显著影响达乌里胡枝子的总根长；2017 年，磷处理及与其他因素的交互作用对达乌里胡枝子总根长均无显著影响。

7.7.3 根表面积

2016 年，柳枝稷根表面积在相同磷处理和混播比例下均表现为 HW 水平显著大于 LW 水平($p<0.05$)(图 7-17)。HW 水平下，施磷($P_{0.05}$ 和 $P_{0.1}$)显著提高了各混播比例柳枝稷的根表面积；LW 水平下，施磷仅显著提高 12∶0 和 8∶4 混播比例下柳枝稷的根表面积。HW 水平下，各施磷处理的柳枝稷根表面积均表现为随其混播比例降低而显著提高；LW 水平下，P_0 处理的柳枝稷根表面积表现为随其混播比例降低而显著提高，$P_{0.05}$ 处理的柳枝稷根表面积表现为混播显著大于单播，$P_{0.1}$ 处理的柳枝稷根表面积在各混播比例间无显著差异($p>0.05$)。

水分水平、磷处理、混播比例及其交互作用显著影响 2016 年柳枝稷根表面积，磷处理、磷处理×混播比例及水分水平×磷处理×混播比例对 2017 年柳枝稷根表面积无显著影响(图 7-18)。

2016 年，HW 水平下达乌里胡枝子根表面积在相同磷处理和混播比例均显著大于 LW 水平($p<0.05$)(图 7-17)。施磷显著提高了 HW 水平下单播根表面积，显著

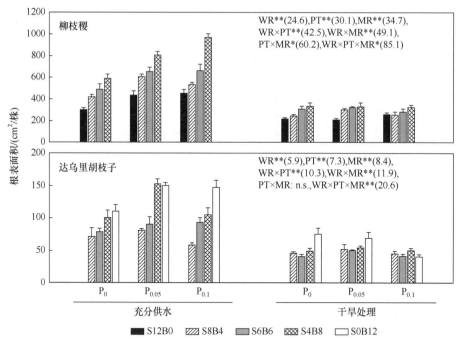

图 7-17　不同水分水平、磷处理和混播比例下柳枝稷和达乌里胡枝子根表面积(2016 年)

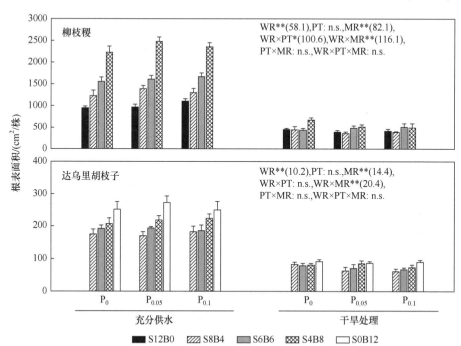

图 7-18　不同水分水平、磷处理和混播比例下柳枝稷和达乌里胡枝子根表面积(2017 年)

降低了 LW 水平下单播根表面积($p<0.05$)。HW 水平下，与单播相比，P_0 和 $P_{0.1}$ 处理的混播达乌里胡枝子的根表面积显著降低了约 8.6%~35.1% 和 28.5%~60.2%；

$P_{0.05}$ 处理下 8∶4 和 6∶6 混播比例的根表面积约显著降低了 45.9% 和 39.6%，8∶4 混播比例的根表面积与单播处理无显著差异。LW 水平下，P_0 和 $P_{0.05}$ 处理达乌里胡枝子的根表面积表现为单播显著大于混播，$P_{0.1}$ 处理下达乌里胡枝子根表面积在各混播比例间无显著差异。2016 年除磷处理×混播比例外，水分水平、磷处理和混播比例及其交互作用均显著影响达乌里胡枝子根表面积；2017 年磷处理及其与其他因素的交互作用对达乌里胡枝子的根表面积均无显著影响。

7.7.4　根长径级分布百分比

2016 年，柳枝稷 0~0.50mm 径级的根长百分比约占 80%~85%。在相同磷处理和混播比例下，柳枝稷 0~0.50mm 径级根长百分比均表现为 HW 水平显著小于 LW 水平($p<0.05$)(表 7-29)，而 1.00~1.50mm 径级的根长百分比表现为 HW 水平显著大于 LW 水平。HW 水平下，施磷显著提高了柳枝稷>1.00mm 根长百分比，LW 水平下施磷无显著影响。混播比例对柳枝稷各径级根系的根长百分比无显著影响($p>0.05$)。2017 年，施磷显著提高了两水分水平下柳枝稷 0~0.50mm 径级根系的根长百分比(表 7-30)。

表 7-29　不同水分水平、磷处理和混播比例下柳枝稷和达乌里胡枝子根长径级百分比(2016 年)

水分水平 (WR)	磷处理 (PT)	混播比例 (MR)	柳枝稷			达乌里胡枝子			
			0~0.50 mm	0.50~1.00 mm	>1.00 mm	0~0.50 mm	0.50~1.00 mm	1.00~1.50 mm	>1.50 mm
充分供水 (HW)	P_0	S12B0	0.83±0.01	0.15±0.01	0.01±0.00	—	—	—	—
		S8B4	0.83±0.01	0.15±0.01	0.02±0.00	0.80±0.01	0.13±0.01	0.03±0.00	0.04±0.01
		S6B6	0.84±0.01	0.15±0.01	0.02±0.00	0.80±0.01	0.13±0.00	0.04±0.00	0.03±0.00
		S4B8	0.83±0.01	0.15±0.01	0.02±0.01	0.82±0.01	0.12±0.01	0.03±0.00	0.03±0.00
		S0B12	—	—	—	0.85±0.02	0.10±0.02	0.04±0.00	0.02±0.00
	$P_{0.05}$	S12B0	0.81±0.01	0.17±0.01	0.02±0.01	—	—	—	—
		S8B4	0.81±0.01	0.16±0.01	0.02±0.01	0.78±0.01	0.13±0.00	0.05±0.00	0.03±0.00
		S6B6	0.81±0.02	0.15±0.02	0.03±0.01	0.81±0.01	0.11±0.01	0.04±0.00	0.02±0.00
		S4B8	0.82±0.01	0.16±0.01	0.02±0.01	0.83±0.01	0.12±0.01	0.03±0.00	0.02±0.00
		S0B12	—	—	—	0.88±0.01	0.08±0.00	0.03±0.00	0.02±0.00
	$P_{0.1}$	S12B0	0.83±0.01	0.15±0.01	0.02±0.00	—	—	—	—
		S8B4	0.82±0.01	0.15±0.01	0.03±0.00	0.80±0.02	0.11±0.01	0.05±0.02	0.04±0.01
		S6B6	0.83±0.01	0.14±0.01	0.03±0.00	0.81±0.01	0.14±0.01	0.04±0.01	0.02±0.00
		S4B8	0.82±0.01	0.14±0.01	0.03±0.00	0.81±0.01	0.12±0.01	0.05±0.00	0.03±0.00
		S0B12	—	—	—	0.84±0.01	0.11±0.01	0.03±0.00	0.02±0.00

续表

水分水平(WR)	磷处理(PT)	混播比例(MR)	柳枝稷			达乌里胡枝子			
			0~0.50 mm	0.50~1.00 mm	>1.00 mm	0~0.50 mm	0.50~1.00 mm	1.00~1.50 mm	>1.50 mm
干旱处理(LW)	P_0	S12B0	0.83±0.01	0.16±0.01	0.01±0.00	—	—	—	—
		S8B4	0.84±0.01	0.15±0.01	0.01±0.00	0.81±0.01	0.11±0.01	0.04±0.01	0.04±0.01
		S6B6	0.84±0.02	0.15±0.01	0.01±0.00	0.81±0.02	0.12±0.02	0.04±0.01	0.03±0.00
		S4B8	0.84±0.01	0.15±0.01	0.01±0.00	0.82±0.01	0.11±0.01	0.03±0.00	0.03±0.00
		S0B12	—	—	—	0.87±0.02	0.09±0.01	0.02±0.00	0.02±0.01
	$P_{0.05}$	S12B0	0.85±0.01	0.14±0.01	0.01±0.00	—	—	—	—
		S8B4	0.84±0.01	0.15±0.01	0.01±0.00	0.79±0.02	0.14±0.02	0.03±0.01	0.04±0.01
		S6B6	0.84±0.01	0.15±0.01	0.01±0.00	0.82±0.02	0.12±0.02	0.03±0.01	0.03±0.00
		S4B8	0.83±0.01	0.16±0.01	0.01±0.00	0.80±0.01	0.13±0.01	0.04±0.01	0.03±0.00
		S0B12	—	—	—	0.86±0.01	0.10±0.01	0.02±0.01	0.03±0.00
	$P_{0.1}$	S12B0	0.84±0.01	0.15±0.01	0.01±0.00	—	—	—	—
		S8B4	0.83±0.01	0.16±0.01	0.01±0.00	0.77±0.01	0.14±0.01	0.05±0.01	0.04±0.01
		S6B6	0.84±0.00	0.15±0.01	0.01±0.00	0.78±0.01	0.13±0.01	0.05±0.01	0.04±0.01
		S4B8	0.85±0.02	0.14±0.02	0.01±0.00	0.79±0.02	0.12±0.02	0.05±0.01	0.04±0.01
		S0B12	—	—	—	0.81±0.02	0.12±0.01	0.03±0.01	0.04±0.01
水分水平(WR)			**(0.008)	NS	**(0.003)	NS	NS	NS	**(0.003)
磷处理(PT)			NS	NS	*(0.004)	**(0.007)	NS	**(0.006)	*(0.004)
混播比例(MR)			NS	NS	NS	**(0.008)	**(0.013)	**(0.007)	**(0.005)
WR × PT			NS	NS	*(0.006)	NS	NS	NS	*(0.006)
WR × MR			NS	NS	NS	NS	NS	NS	NS
PT × MR			NS	NS	NS	NS	NS	NS	NS
WR × PT × MR			NS	NS	NS	NS	NS	NS	NS

表 7-30 不同水分水平、磷处理和混播比例下柳枝稷和达乌里胡枝子根长径级百分比(2017 年)

水分水平(WR)	磷处理(PT)	混播比例(MR)	柳枝稷			达乌里胡枝子				
			0~0.50 mm	0.50~1.00mm	>1.00 mm	0~0.50 mm	0.50~1.00mm	1.00~1.50mm	1.50~2.00mm	>2.00 mm
充分供水(HW)	P_0	S12B0	0.82±0.00	0.14±0.01	0.03±0.00	—	—	—	—	—
		S8B4	0.83±0.01	0.14±0.01	0.03±0.00	0.79±0.02	0.11±0.01	0.04±0.01	0.03±0.01	0.02±0.00
		S6B6	0.83±0.00	0.14±0.01	0.03±0.00	0.81±0.01	0.12±0.02	0.03±0.00	0.03±0.00	0.01±0.00

续表

水分水平(WR)	磷处理(PT)	混播比例(MR)	柳枝稷			达乌里胡枝子				
			0~0.50 mm	0.50~1.00mm	>1.00 mm	0~0.50 mm	0.50~1.00mm	1.00~1.50mm	1.50~2.00mm	>2.00 mm
充分供水(HW)	P_0	S4B8	0.83±0.00	0.13±0.01	0.04±0.00	0.82±0.02	0.12±0.02	0.02±0.01	0.01±0.00	0.02±0.00
		S0B12	—	—	—	0.84±0.01	0.10±0.01	0.03±0.00	0.02±0.00	0.02±0.00
	$P_{0.05}$	S12B0	0.83±0.01	0.14±0.01	0.03±0.00	—	—	—	—	—
		S8B4	0.82±0.01	0.14±0.01	0.04±0.00	0.79±0.02	0.14±0.02	0.03±0.00	0.02±0.00	0.02±0.00
		S6B6	0.83±0.01	0.13±0.01	0.03±0.00	0.81±0.01	0.12±0.01	0.04±0.01	0.02±0.00	0.01±0.00
		S4B8	0.84±0.00	0.14±0.00	0.03±0.00	0.81±0.02	0.11±0.02	0.05±0.00	0.02±0.00	0.01±0.00
		S0B12	—	—	—	0.82±0.01	0.11±0.01	0.03±0.00	0.02±0.00	0.01±0.00
	$P_{0.1}$	S12B0	0.84±0.01	0.13±0.01	0.02±0.01	—	—	—	—	—
		S8B4	0.83±0.01	0.13±0.01	0.04±0.00	0.80±0.02	0.12±0.01	0.03±0.00	0.04±0.01	0.01±0.00
		S6B6	0.83±0.01	0.13±0.01	0.04±0.01	0.79±0.02	0.12±0.01	0.05±0.01	0.03±0.00	0.02±0.00
		S4B8	0.84±0.00	0.13±0.01	0.03±0.00	0.81±0.02	0.12±0.01	0.03±0.00	0.03±0.00	0.01±0.00
		S0B12	—	—	—	0.81±0.01	0.11±0.01	0.04±0.01	0.03±0.00	0.01±0.00
干旱处理(LW)	P_0	S12B0	0.83±0.00	0.16±0.00	0.01±0.00	—	—	—	—	—
		S8B4	0.84±0.01	0.16±0.01	0.01±0.00	0.80±0.01	0.13±0.01	0.03±0.00	0.02±0.00	0.01±0.00
		S6B6	0.83±0.01	0.16±0.01	0.01±0.00	0.81±0.01	0.10±0.01	0.05±0.01	0.02±0.00	0.02±0.00
		S4B8	0.83±0.01	0.16±0.01	0.01±0.00	0.80±0.01	0.14±0.01	0.03±0.00	0.01±0.00	0.02±0.01
		S0B12	—	—	—	0.81±0.01	0.13±0.01	0.03±0.00	0.01±0.00	0.02±0.00
	$P_{0.05}$	S12B0	0.84±0.01	0.16±0.01	0.00±0.00	—	—	—	—	—
		S8B4	0.84±0.00	0.15±0.00	0.01±0.00	0.78±0.01	0.12±0.01	0.05±0.00	0.04±0.01	0.02±0.00
		S6B6	0.84±0.01	0.15±0.01	0.01±0.00	0.79±0.02	0.12±0.01	0.04±0.01	0.03±0.01	0.02±0.00
		S4B8	0.84±0.01	0.16±0.01	0.01±0.00	0.80±0.01	0.12±0.01	0.04±0.01	0.02±0.00	0.02±0.00
		S0B12	—	—	—	0.80±0.01	0.12±0.01	0.04±0.00	0.02±0.00	0.01±0.00
	$P_{0.1}$	S12B0	0.84±0.01	0.15±0.01	0.01±0.00	—	—	—	—	—
		S8B4	0.84±0.01	0.15±0.01	0.00±0.00	0.79±0.02	0.11±0.00	0.06±0.02	0.03±0.00	0.01±0.00
		S6B6	0.84±0.01	0.15±0.00	0.01±0.01	0.79±0.01	0.12±0.01	0.04±0.01	0.03±0.00	0.01±0.00
		S4B8	0.84±0.02	0.15±0.01	0.01±0.00	0.80±0.01	0.12±0.01	0.04±0.01	0.03±0.00	0.01±0.00
		S0B12	—	—	—	0.82±0.01	0.11±0.01	0.03±0.00	0.03±0.00	0.01±0.00
水分水平 (WR)			*(0.007)	**(0.007)	**(0.003)	NS	NS	NS	NS	NS
磷处理 (PT)			*(0.008)	NS	NS	NS	NS	NS	**(0.004)	**(0.004)

水分水平(WR)	磷处理(PT)	混播比例(MR)	柳枝稷			达乌里胡枝子				
			0~0.50mm	0.50~1.00mm	>1.00mm	0~0.50mm	0.50~1.00mm	1.00~1.50mm	1.50~2.00mm	>2.00mm
混播比例 (MR)			NS	NS	NS	*(0.015)	NS	NS	**(0.004)	NS
WR × PT			NS	NS	NS	NS	NS	NS	*(0.005)	NS
WR × MR			NS	NS	NS	NS	NS	NS	NS	NS
PT × MR			NS	NS	NS	NS	NS	NS	NS	NS
WR × PT × MR			NS	NS	NS	NS	NS	NS	NS	NS

2016 年，达乌里胡枝子 0~0.50mm 径级的根长百分比约占总根长的 77%~85%。在相同磷处理和混播比例下，达乌里胡枝子>1.50mm 径级的根长百分比为 HW 水平显著小于 LW 水平($p<0.05$) (表 7-29)。LW 水平下，施磷显著降低了达乌里胡枝子 0~0.50mm 的根长百分比，显著提高了>1.50mm 的根长百分比。在相同水分水平和磷处理下，随达乌里胡枝子在群体中混播比例的提高，其 0~0.50mm 径级根长百分比显著提高，其他径级根长百分比显著降低。2017 年，施磷显著提高了两水分水平下达乌里胡枝子 1.50~2.00mm 径级的根长百分比，显著降低了>2.00mm 径级的根长百分比(表 7-30)。

7.7.5 根系平均直径

混播比例及其与水分水平和磷处理的交互作用对柳枝稷根系平均直径无显著影响。2016 年，水分水平及其与磷处理交互作用显著影响柳枝稷根系平均直径；2017 年，水分水平和磷处理及二者交互作用显著影响柳枝稷根系平均直径($p<0.05$)。在相同磷处理和混播比例下，HW 水平柳枝稷根系平均直径均显著大于 LW 水平($p<0.05$)(图 7-19、图 7-20)；LW 水平下，施磷降低了柳枝稷根系平均直径；2016 年，与 P_0 处理相比，$P_{0.05}$ 和 $P_{0.1}$ 处理下柳枝稷根系平均直径分别整体降低约 1.0%和 1.6%；2017 年，$P_{0.05}$ 和 $P_{0.1}$ 处理下柳枝稷根系平均直径分别整体降低约 6.0%和 7.0%。在相同水分水平和磷处理下，各混播比例间柳枝稷根系平均直径总体无显著差异($p>0.05$)。

2016 年，除了 P_0 和 $P_{0.05}$ 处理下的单播达乌里胡枝子，HW 水平下其根系平均直径在相同磷处理和混播比例下均小于 LW 水平(图 7-19)。两种水分水平下，与 P_0 处理相比，$P_{0.1}$ 处理了提高达乌里胡枝子根系平均直径。HW 水平下，各施磷处理的达乌里胡枝子根系平均直径随其混播比例提高整体呈降低趋势，且在混播下显著大于单播($p<0.05$)；LW 水平下，P_0 和 $P_{0.05}$ 处理的达乌里胡枝子根系平均直径在混播下显著大于单播，$P_{0.1}$ 处理下其根系平均直径在各混播比例间无显著差异。

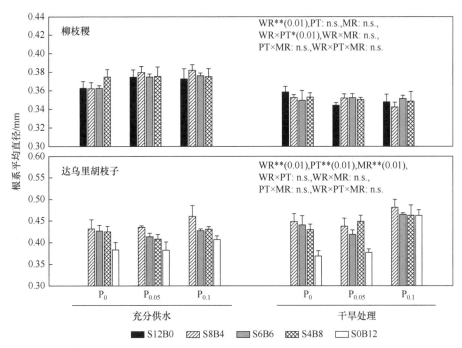

图 7-19　不同水分水平、磷处理和混播比例下柳枝稷和达乌里胡枝子根系平均直径(2016 年)

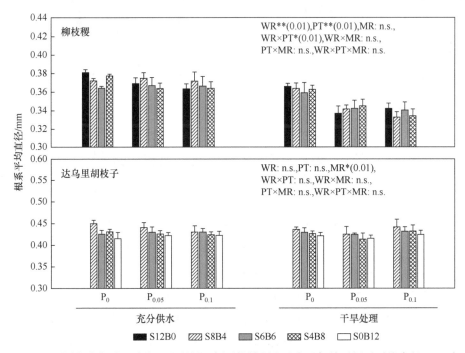

图 7-20　不同水分水平、磷处理和混播比例下柳枝稷和达乌里胡枝子根系平均直径(2017 年)

2017 年，两种水分水平下的达乌里胡枝子根系平均直径整体无显著差异，在各施磷处理间也整体呈现无显著差异($p>0.05$)(图 7-20)。在相同水分水平和磷处理下，达乌里胡枝子的根系平均直径随其在群体中混播比例的提高整体呈降低趋势。2016 年，水分水平、磷处理和混播比例显著影响达乌里胡枝子根系平均直径；2017 年，仅混播比例显著影响达乌里胡枝子根系平均直径。

7.7.6 比根长

2016 年，HW 水平下柳枝稷比根长在相同磷处理和混播比例下均小于 LW 水平(图 7-21)。2017 年，除 P_0 处理，HW 水平下柳枝稷比根长在相同磷处理和混播比例下均小于 LW 水平(图 7-22)；LW 下水平施磷显著提高了柳枝稷的比根长，与 P_0 处理相比，$P_{0.05}$ 和 $P_{0.1}$ 处理平均提高约 13.8%和 15.2%($p<0.05$)。总体来看，水分水平显著影响柳枝稷的比根长；2017 年，磷处理也显著影响柳枝稷的比根长。

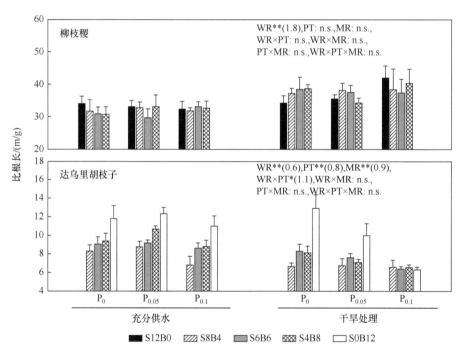

图 7-21　不同水分水平、磷处理和混播比例下柳枝稷和达乌里胡枝子比根长(2016 年)

2016 年，除 P_0 和 $P_{0.05}$ 处理下的单播，HW 水平下达乌里胡枝子的比根长在相同磷处理和混播比例下均大于 LW 水平(图 7-21)。HW 水平下，与 P_0 处理相比，$P_{0.1}$ 处理后达乌里胡枝子比根长降低；LW 下达乌里胡枝子比根长随施磷量提高而降低。HW 水平下，各施磷处理达乌里胡枝子比根长随其混播比例提高而提高；LW 水平下，P_0 和 $P_{0.05}$ 处理的单播达乌里胡枝子比根长分别比混播显著提高了35.6%～48.6%和 24.1%～32.7%($p<0.05$)，$P_{0.1}$ 处理下比根长在各混播比例间无显著差异($p>0.05$)。

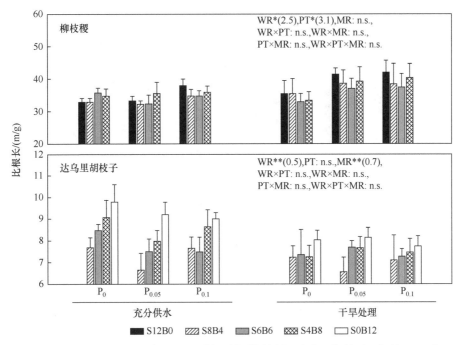

图 7-22　不同水分水平、磷处理和混播比例下柳枝稷和达乌里胡枝子比根长(2017 年)

2017 年，HW 水平下达乌里胡枝子比根长在相同磷处理和混播比例下整体大于 LW 水平。HW 水平下，各磷处理的达乌里胡枝子比根长随其混播比例的提高而提高；LW 水平下，P_0 和 $P_{0.05}$ 处理达乌里胡枝子单播比根长较混播显著提高 8.4%～10.0%和 5.5%～19.0%($p<0.05$)，$P_{0.1}$ 处理下各混播比例间比根长无显著差异($p>0.05$)。2016 年，水分水平、磷处理、混播比例和水分水平×磷处理显著影响达乌里胡枝子比根长；2017 年，水分水平和混播比例显著影响达乌里胡枝子的比根长。

7.7.7　比根面积

2016 年，HW 水平下柳枝稷的比根面积在相同磷处理和混播比例下均小于 LW 水平(图 7-23)。水分供应水平显著影响柳枝稷的比根面积($p<0.05$)(图 7-23)。HW 水平下，与 P_0 处理相比，$P_{0.01}$ 处理下达乌里胡枝子比根面积降低；LW 水平下，随施磷量提高，达乌里胡枝子的比根面积整体呈降低趋势。HW 水平下，各磷处理的达乌里胡枝子比根面积随其混播比例提高而提高；LW 水平下。P_0 和 $P_{0.05}$ 处理的单播达乌里胡枝子的比根面积显著大于混播，$P_{0.1}$ 处理下各混播比例间无显著差异($p>0.05$)。

2017 年，水分水平、磷处理和混播比例及其交互作用对柳枝稷比根面积均无显著影响。水分水平对达乌里胡枝子比根面积的影响整体与 2016 年相似(图 7-23，图 7-24)。

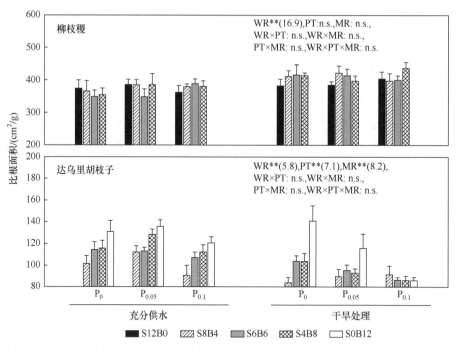

图 7-23 不同水分水平、磷处理和混播比例下柳枝稷和达乌里胡枝子比根面积(2016 年)

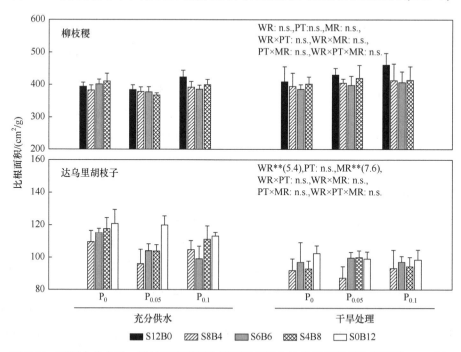

图 7-24 不同水分水平、磷处理和混播比例下柳枝稷和达乌里胡枝子比根面积(2017 年)

HW 水平下，各施磷处理的比根面积在不同混播比例间的变化规律与 2016 年相似；LW 水平下，比根面积在混播例间无明显变化规律。2016 年，水分水平、磷处理和混播比例显著影响达乌里胡枝子比根面积；2017 年，水分水平和混播比例显著影响达乌里胡枝子比根面积。

7.7.8　讨论与结论

HW 水平下，柳枝稷和达乌里胡枝子根系生物量均显著大于 LW 水平，表明水分是影响二者根系生长的重要因素(高志娟，2017；Xu et al.，2012)。水分不仅直接影响植物根系生长，还限制土壤中磷肥有效性，从而影响磷肥对根系生长的作用(唐宏亮等，2016；Suriyagoda et al.，2014；Song et al.，2010)。本节中，施磷显著提高了 HW 水平下柳枝稷和达乌里胡枝子的根系生物量，对 LW 水平下根系生物量无显著影响，表明施磷对根系生长的作用与土壤水分条件密切相关。土壤资源有效性的提高将促进植物根系的生长，从而提高混播植物根系的混合程度并增强根系间的竞争(Ren et al.，2016)。HW 水平下，柳枝稷根系生物量随其混播比例降低而提高，达乌里胡枝子呈相反趋势，表明高比例柳枝稷限制了二者混播下达乌里胡枝子根系的生长，柳枝稷在混播中可能逐渐占据主导地位，这可能是因为高比例柳枝稷具有较大种内竞争强度，达乌里胡枝子具有较强的种间竞争强度(He et al.，2013；Xu et al.，2008a，2008b)。低占比柳枝稷有助于缓解二者种内或种间竞争强度，促进二者根系生长。LW 水平下，柳枝稷和达乌里胡枝子根系生物量在各混播比例间较为稳定，表明柳枝稷对达乌里胡枝子根系生长的影响受到了水分条件的限制，也可能是水分胁迫限制了根系生长和磷对根系生长的积极作用，从而降低混合植物根系的混合程度，削弱了两种植物间的根系竞争强度(Ren et al.，2016；Adiku et al.，2001)。

总根长和根表面积反映植物根系在土壤中的分布空间及其与土壤的接触面积，也在一定程度上反映植物根系吸收能力(Waddell et al.，2017；Li et al.，2014；Lynch and Ho，2005)。柳枝稷总根长和根表面积随其混播比例的降低而显著提高，达乌里胡枝子则呈相反的变化规律，表明混播更利于提高柳枝稷的根系吸收能力。柳枝稷和达乌里胡枝子 0~0.5mm 径级的根长百分比约占 80%，表明细根(0~0.5mm)是二者总根长和根表面积的主要组成部分。研究表明，细根是植物根系中对土壤水分和养分吸收最有效，对土壤环境变化最为敏感的部分(Poorter and Ryser，2015；Li et al.，2014；Mou et al.，2013)。混播后，细根可表现为增加、减少或维持稳定的现象(Shu et al.，2018；Cardinael et al.，2015)。本节中，与柳枝稷混播显著降低达乌里胡枝子细根根长百分比，增加粗根根长百分比，表明混播下达乌里胡枝子总根长和根表面积降低主要源于其细根生长限制(Li et al.，2014)，可能降低其根系吸收能力，但粗根分配比例提高有利于促进根系向深层生长(Cardinael et al.，2015)。

　　比根长是表征根系对水分和养分吸收能力的重要指标，其值增大说明单位根系生物量下根长增加(Lynch，2007)。干旱条件下，比根长的适应性变化表现出较强的种间差异，比根长的提高可体现植物的水分吸收策略，更利于在水分多变的环境中吸收土壤水分；比根长降低反映的是一种水分保存策略，可减少根系的消耗，更适合在长期干旱的环境中维持缓慢生长(Bowsher et al.，2016；de Vries et al.，2016)。比根长的变化与根系平均直径有关，其二者通常呈相反的变化规律(Poorter and Ryser，2015)。本节中，LW 水平下柳枝稷根系平均直径降低，比根长提高，达乌里胡枝子根系平均直径和比根长的变化与柳枝稷相反，说明低水供应条件下柳枝稷具有通过降低根系平均直径以提高比根长的水分吸收型策略(Kadam et al.，2015；Padilla et al.，2013)，达乌里胡枝子倾向于提高根系平均直径以降低比根长的水分保存型策略(Barkaoui et al.，2016；Kadam et al.，2015)，且粗根的生长有助于利用深层土壤水分。比根长提高也是植物对低磷环境的适应策略，但这一形态变化与土壤水分状况有关(Xu et al.，2015，2012)。LW 水平下，施磷显著降低柳枝稷根系平均直径，提高比根长，达乌里胡枝子则相反，表明水分胁迫条件下施磷可进一步促进二者根系形态对低土壤含水量的适应性变化。

　　2017 年，各施磷处理的达乌里胡枝子根系生物量、总根长和根表面积在不同水分水平和混播比例下具有相似的变化规律，说明施磷仅对建植第一年达乌里胡枝子的根系生长产生影响，也可能是因为磷素随地上部的收获而移除，通过追施磷肥可维持磷肥对根系生长的作用(de Graaff et al.，2013)。

　　综上，充分供水下各处理柳枝稷和达乌里胡枝子根系生物量均显著高于干旱处理。柳枝稷根系平均直径在干旱处理下显著低于充分供水，比根长相反；达乌里胡枝子根系平均直径和比根长在干旱处理水平下的变化与柳枝稷相反，表明干旱条件下二者根系生长受限，柳枝稷在干旱处理下通过增加细根长度，达乌里胡枝子表现为减少细根长度。与未施磷相比，施磷对干旱处理下柳枝稷和达乌里胡枝子根系生物量无显著影响，降低了柳枝稷根系平均直径并提高比根长，达乌里胡枝子相反，说明干旱条件下施磷可增加柳枝稷的细根长度，减少达乌里胡枝子细根长度。不论施磷与否，柳枝稷根系生物量整体随其混播比例增加而降低，在柳枝稷与达乌里胡枝子植株比为 4∶8 时最大，且在充分供水水平下混播相对于单播平均提高约 64.9%，干旱处理下平均提高约 24.5%。充分供水条件下，达乌里胡枝子根系生物量整体表现为随其比例增加而增加，干旱处理下达乌里胡枝子根系生物量在各混播比例间整体无显著差异，表明柳枝稷与达乌里胡枝子 4∶8 混播比例有助于二者根系生物量的形成。

7.8 水分和磷对混播下柳枝稷和达乌里胡枝子 根系解剖结构的影响

根系是植物吸收土壤水分和养分的重要器官，根系形态特征反映植物对土壤水分和养分的探索及吸收能力，而植物根系解剖结构则直接决定了营养、水分的运输效率，其中根尖解剖结构与根系吸收能力密切相关，根系基部解剖结构则影响水分和养分的运输效率(Kadam et al.，2015；Wasson et al.，2012)。导管是根系向植物地上部输送水分和无机物质的结构，其形成特征对地上部生长有重要影响(Tombesi et al.，2010；Kulkarni and Phalke，2009)。导管数量和直径影响植物根系对土壤水分和无机物质的输导能力，导管数量越多、直径越大，根系输导能力越强，且导管直径与输导能力呈四次幂关系，导管直径的变化对输导能力的影响远大于导管数量(Tombesi et al.，2010；Singh and Sale，2000)。对单子叶植物来说，根系直径反映根系发育状况，其中中柱直径与水分和无机物的运输能力有关，中柱直径越大，皮层厚度越小，根系输导能力越强，而皮层厚度增大可提高根系透气性(Lynch et al.，2014；Zhu et al.，2010；Lynch，2007)。对于双子叶植物来说，木质部面积反映根系对水分和无机物质的运输能力，与根系的输水能力呈正相关关系，韧皮部面积则与有机物质向根系的输送能力有关(朱天琦等，2016；赵祥等，2011；Kulkarni and Phalke，2009)。

干旱环境条件下，根系解剖结构特征变化将影响植物对土壤水分的输导能力，进而影响植物地上生物量及水分利用效率(Tombesi et al.，2010；Kulkarni and Phalke，2009)。施磷可改变根系解剖结构，从而影响根系的输水能力，提高植物抗旱性(Sarker et al.，2010；Singh and Sale，2000)。根系解剖结构与根系形态特征密切相关，根系直径的变化将导致内部解剖结构的变化，侧根生长、总根长和根表面积的变化也被证明与根系解剖结构有关(Taghiyari and Efhami，2011；Kulkarni and Phalke，2009；Wahl et al.，2001)。因此，外界环境导致的根系形态特征的变化，将影响根系解剖结构。通过分析不同水分水平和磷处理下柳枝稷和达乌里胡枝子混播下的根系形态特征，分析不同水分水平、磷处理和混播比例下柳枝稷和达乌里胡枝子根系解剖结构变化，解析水分和磷供应变化下二者在单播和混播条件下根系结构特征的响应与差异，为解释两种植物混播下的生长和水肥利用特征提供形态学依据。

7.8.1 柳枝稷根系解剖结构

混播比例及其与水分水平和磷处理的两两交互作用，以及混播比例×水分水平×

磷处理三者交互作用对柳枝稷根系的解剖结构特征均无显著影响。因此，这里仅分析水分水平和磷处理对其解剖结构的影响(表 7-31、表 7-32)。

表 7-31 水分水平、磷处理、混播比例及其交互作用对柳枝稷根直径(RD)、中柱直径(SD)和中柱直径比的影响

因子	自由度	根直径/μm		中柱直径/μm		中柱直径比/%	
		F	p	F	p	F	p
水分水平(WR)	1	369.12	<0.001	186.71	<0.001	75.54	<0.001
磷处理(PT)	2	1.59	0.21	5.89	0.01	5.49	0.01
混播比例(MR)	3	0.33	0.80	0.17	0.92	1.03	0.39
WR × PT	2	3.91	0.03	5.49	0.01	0.50	0.61
WR × MR	3	0.25	0.86	0.10	0.96	2.29	0.09
PT × MR	6	0.51	0.80	0.68	0.67	0.26	0.95
WR × PT × MR	6	0.21	0.97	0.65	0.69	0.41	0.87

表 7-32 水分水平、磷处理、混播比例及其交互作用对柳枝稷导管数量、导管直径和导管面积比例的影响

因子	自由度	导管数量		导管直径/μm		导管面积比例/%	
		F	p	F	p	F	p
水分水平(WR)	1	129.75	<0.001	16.27	<0.001	157.91	<0.001
磷处理(PT)	2	1.18	0.32	5.19	0.01	2.95	0.03
混播比例(MR)	3	1.08	0.37	0.32	0.81	0.30	0.82
WR × PT	2	0.02	0.98	6.02	<0.001	2.96	0.06
WR × MR	3	0.30	0.82	0.12	0.95	0.34	0.79
PT × MR	6	0.92	0.49	0.25	0.96	0.20	0.97
WR × PT × MR	6	0.32	0.92	0.45	0.84	0.12	0.99

HW 水平下柳枝稷的根直径和中柱直径均显著大于 LW 水平($p<0.05$)，中柱直径比则显著小于 LW 水平(图 7-25、图 7-26)。HW 水平下，$P_{0.05}$ 处理下柳枝稷的根直径和中柱直径显著大于 P_0 和 $P_{0.1}$ 处理，P_0 和 $P_{0.1}$ 处理间的根直径和中柱直径无显著差异，中柱直径比在不同磷处理间均无显著差异($p>0.05$)。LW 水平下，各磷

处理间的根直径均无显著差异；中柱直径在 $P_{0.1}$ 处理下显著大于 P_0 处理，且均与 $P_{0.05}$ 处理无显著差异；中柱直径比在 $P_{0.05}$ 和 P_0 处理下均显著大于 P_0 处理。水分水平显著影响柳枝稷的根直径、中柱直径和中柱直径比，磷处理显著影响中柱直径和中柱直径比，水分水平和磷处理的交互作用显著影响其根直径和中柱直径(表 7-31)。

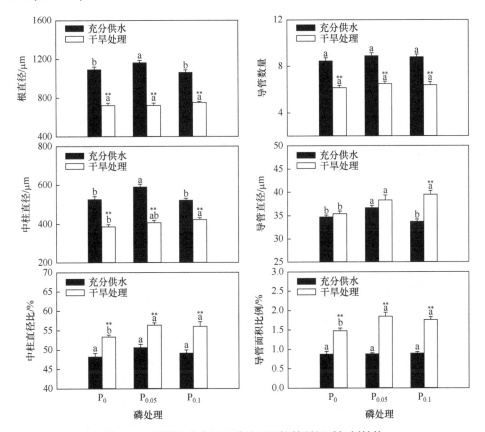

图 7-25　不同水分水平和磷处理下柳枝稷根系解剖结构

HW 水平下柳枝稷的根系导管数量均显著大于 LW 水平($p<0.05$)，导管直径也均大于 LW 水平，但仅在 $P_{0.1}$ 处理下存在显著差异，而导管面积比例均显著小于 LW 水平($p<0.05$)。HW 水平下，柳枝稷导管数量和导管面积比例在各施磷处理间无显著差异($p>0.05$)，$P_{0.05}$ 处理下的导管直径显著大于 P_0 和 $P_{0.01}$ 处理，且 P_0 和 $P_{0.01}$ 处理间的导管直径无显著差异。LW 水平下，柳枝稷的导管数量在各施磷处理间无显著差异，而施磷显著提高了其导管直径和导管面积比例。水分水平显著影响柳枝稷的导管数量、导管直径和导管面积比例，磷处理显著影响其导管直径和导管面积比例，水分水平和磷处理的交互作用对其导管直径影响显著(表 7-32)。

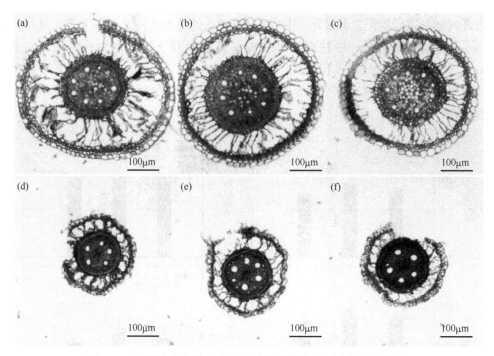

图 7-26　不同水分水平和磷处理下柳枝稷根系解剖形貌(见彩图)

(a) P_0，充分供水；(b) $P_{0.05}$，充分供水；(c) $P_{0.1}$，充分供水；(d) P_0，干旱处理；(e) $P_{0.05}$，干旱处理；(f) $P_{0.1}$，干旱处理

7.8.2　达乌里胡枝子根系解剖结构

水分水平、磷处理、水分水平×磷处理和水分水平×混播比例均显著影响达乌里胡枝子的根横截面积和木质部面积，施磷显著影响其木质部面积比(图 7-27)。在同一磷处理下，达乌里胡枝子的根横截面积和木质部面积表现为在 HW 水平下显著大于 LW 水平($p<0.05$)或与 LW 水平无显著差异($p>0.05$)(图 7-27)；水分水平对达乌里胡枝子木质部面积比则无显著影响。HW 水平下，与 P_0 处理相比，$P_{0.05}$ 处理下各混播比例达乌里胡枝子的根横截面积显著增大，木质部面积无显著差异；$P_{0.1}$ 处理下其根横截面积和木质部面积均显著降低；木质部面积比在 $P_{0.05}$ 和 $P_{0.1}$ 处理下平均显著降低了 7.4%和 24.1%。LW 水平下，施磷降低了达乌里胡枝子的根横截面积、木质部面积和木质部面积比，与 P_0 处理相比，$P_{0.05}$ 和 $P_{0.1}$ 处理下的根横截面积平均显著降低了 21.3%和 36.0%，木质部面积显著降低了 25.4%和 58.4%，木质部面积比显著降低了 4.8%和 33.2%。HW 水平下，各施磷处理的达乌里胡枝子根横截面积和木质部面积随着其混播比例的提高而增大；LW 水平下，各施磷处理的根横截面积和木质部面积均无显著差异。

水分水平显著影响达乌里胡枝子的导管数量和导管直径，磷处理显著影响其导管数量和导管面积比例，水分水平×磷处理显著影响达乌里胡枝子的导管直径。HW 水平下达乌里胡枝子的导管数量和导管直径表现为显著大于 LW 水平($p<0.05$)

或与 LW 水平无显著差异(*p*>0.05)(图 7-28、图 7-29)。HW 水平下，与 P_0 处理相比，$P_{0.05}$ 处理的导管数量在各混播比例下显著增多，$P_{0.1}$ 处理的导管数量在单播下

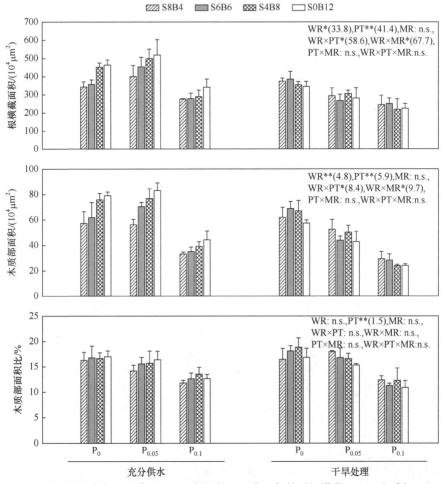

图 7-27　不同水分水平、磷处理和混播比例下达乌里胡枝子根横截面积、木质部面积
和木质部面积比

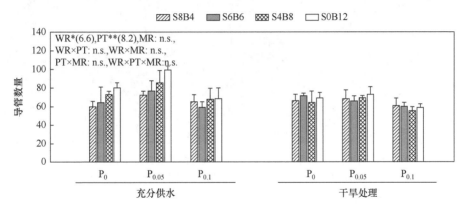

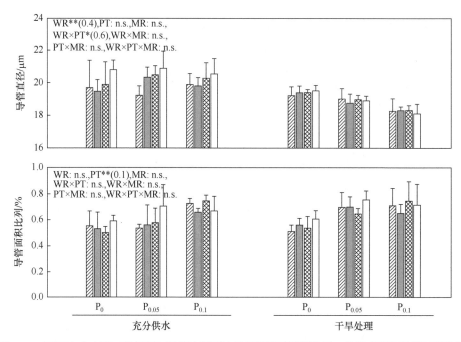

图 7-28　不同水分水平、磷处理和混播比例下达乌里胡枝子导管数量、导管直径和导管面积比例

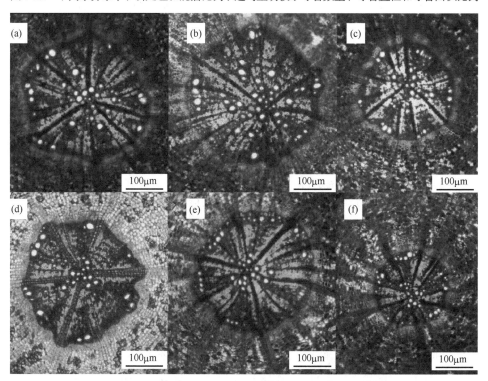

图 7-29　不同水分水平和磷处理下达乌里胡枝子根系解剖形貌(见彩图)

(a) P_0，充分供水；(b) $P_{0.05}$，充分供水；(c) $P_{0.1}$，充分供水；(d) P_0，干旱处理；(e) $P_{0.05}$，干旱处理；(f) $P_{0.1}$，干旱处理

显著降低；P_{0.05}和P_{0.1}处理的导管直径平均提高约1.8%和2.8%，导管面积比例平均提高约9.3%和32.6%。LW水平下，与P₀处理相比，P_{0.1}处理的导管数量平均显著降低约13.1%，P₀和P_{0.05}处理间无显著差异；与P₀处理相比，P_{0.05}和P_{0.1}处理的导管直径平均显著降低约2.5%和5.9%，导管面积比例显著提高26.6%和28.2%。混播比例及其与水分水平和磷处理的交互作用对达乌里胡枝子的导管数量、导管面积和导管面积比例均无显著影响。

7.8.3　讨论与结论

1. 水分水平、磷处理和混播比例对柳枝稷根系解剖结构的影响

混播比例及其与水分水平和磷处理的交互作用对柳枝稷根系解剖结构特征均无显著影响，表明柳枝稷根系解剖结构不受混播比例的影响(表7-31、表7-32)。研究表明，根系解剖结构与根系直径以及侧根的生长发育等有关(Taghiyari and Efhami，2011；Kulkarni and Phalke，2009；Wahl et al.，2001)。本节中，混播对柳枝稷根系平均直径以及各径级根长百分比均无显著影响，表明混播有利于促进柳枝稷根系的整体生长，但对根系统直径和侧根生长无显著影响。

根直径是根系解剖部位的直径，可反映根系的生长发育状况，中柱直径则与根系的输导能力密切相关(Kadam et al.，2015)。本节中，充分供水水平下柳枝稷根直径和中柱直径均显著大于干旱处理，中柱直径比显著小于干旱处理(图7-25)，表明干旱处理下柳枝稷根系的生长发育受到限制，其通过降低皮层厚度以最大程度维持根系的输水能力。施磷可显著提高干旱处理水平下的中柱直径和中柱直径比，表明干旱条件下施磷有助于柳枝稷根系对水分的传输。

导管是根系输送水分和无机物的结构，其形成特征对地上部生长有重要影响。导管数量和直径影响根系对土壤水分和无机物质的输导能力，导管数量越多、直径越大，根系输导能力越强，而导管直径与输导能力呈四次幂关系，直径的变化对输导能力的影响远大于导管数量(Tombesi et al.，2010；Singh and Sale，2000)。本节中，充分供水水平下柳枝稷的导管数量显著大于干旱处理，但导管直径和导管面积比小于干旱处理，说明干旱条件下柳枝稷具有通过增大导管直径以提高水分输导能力的水分吸收型策略(Bowsher et al.，2016；Kadam et al.，2015)。干旱处理下，施磷可显著提高导管直径和导管面积比例，进一步说明干旱条件下施磷可促进柳枝稷对水分和无机物质的输导能力，这与干旱处理下施磷显著降低根系平均直径，提高比根长，促进细根生长有关(Bowsher et al.，2016)。

2. 水分水平、磷处理和混播比例对达乌里胡枝子根系解剖结构的影响

充分供水水平下，达乌里胡枝子的根横截面积和木质部面积大于干旱处理，混播降低了其根横截面积和木质部面积，而水分水平和混播比例对其木质部面积比则无显著影响，表明水分水平和混播比例对达乌里胡枝子根系生长的影响主要表现为木质部和韧皮部的整体下降(Wahl et al., 2001)。施磷处理下达乌里胡枝子的主根直径下降，根系生物量无差异，这可能与侧根和不定根的生长有关(Kulkarni and Phalke, 2009)。本节中，1.5~2.5mm 径级的根长占比显著最大，也是根系生物量的主要组成部分，表明干旱处理下施磷可改变达乌里胡枝子的根系结构，从而影响其根系在土壤中的分布空间。研究表明，施磷会促进植物的地上部生长，从而降低植物的根冠比(Fan et al., 2015)。磷处理降低了达乌里胡枝子木质部面积比，提高了韧皮部面积比，说明施磷促进了达乌里胡枝子的地上部生长，有利于地上部向根系输送养分(朱天琦等，2016；赵祥等，2011)。

干旱环境条件中，导管直径的增大可使植物根系充分吸收并利用土壤水分，是水分吸收型策略的主要特征，而导管直径减小是缓慢吸收的水分保存策略，但可降低导管的输导速率，减少栓塞的风险，并有利于保存土壤水分(Bowsher et al., 2016；Kadam et al., 2015)。本试验中根系采用自来水清洗，此外，虽然制作徒手切片和洗根同时进行，但未对根系进行固定，可能会对干旱处理水平的根系解剖结构特征造成一定影响。实验得出充分供水水平下导管直径大于干旱处理，说明达乌里胡枝子通过降低导管直径适应干旱环境，这有利于保存水分和提高其抗旱性，可能是其长期适应低水分环境所产生的适应机制(Dudley et al., 2013；Murphy and Dudley, 2009)。充分供水条件下，施磷植物木质部面积比降低，导管直径增大，导管数量增大或不变，表明水分供应良好条件下施磷可提高导管对水分和无机养分的运输能力，并提高根系韧皮部面积比例，有助于提高导管向地上部运输水分和无机盐的能力，促进地上部生长和地上部通过韧皮部向根系运输养分的良性循环(朱天琦等，2016)。干旱处理下，施磷显著降低了达乌里胡枝子的根横截面积和木质部面积，但对导管数量影响较小，导管直径降低，说明干旱胁迫下施磷可增强达乌里胡枝子的干旱适应性。

综上，干旱处理下柳枝稷的根系中柱直径比、导管直径和导管面积比均大于充分供水；达乌里胡枝子根系的导管直径显著小于充分供水，表明柳枝稷通过提高导管直径适应干旱条件，达乌里胡枝子则相反。与未施磷相比，施磷显著提高了干旱处理下柳枝稷的中柱直径、中柱直径比和导管直径，显著减小了干旱条件下达乌里胡枝子的根系导管直径。混播比例对柳枝稷根系解剖结构特征无影响。充分供水水平下，达乌里胡枝子根横截面积和木质部面积随其混播比例增加而增加，但混播比例对其木质部面积比无影响；干旱处理下，达乌里胡枝子根横截面积、木质部面积和木质部面积比在各比例间无显著差异，表明混播比例对达乌里胡枝子根系木质部面积的影响源于根直径的变化。

7.9　水磷供应对柳枝稷和达乌里胡枝子种间关系的影响

物种间的竞争与共存是植物种群生态学研究的核心内容之一。由于植物生长通常需要相同的资源,种间竞争总是存在于各种混播体系中(Ren et al., 2016; Avilio et al., 2014)。植物种间竞争强弱取决于物种间资源获取模式在时间和空间上的分离程度,生态位分离有助于混播物种间形成稳定共存的局面,较高的生态位重叠表明物种间存在激烈的竞争,具有相似竞争能力的物种也能够形成共存的局面(朱亚琼等, 2018; 赵成章等, 2013; Shmida and Ellner, 1984)。当竞争不平衡时,具有较高种间竞争能力的物种将占据主导位置,并逐渐取代竞争力较弱的物种(Xu et al., 2008a, 2008b)。若竞争的物种双方均表现出种内竞争对生长限制大于种间竞争,混播条件下能形成共存局面(Shmida and Ellner, 1984)。

土壤水分是影响旱区植物竞争关系的重要因素(Suriyagoda et al., 2010)。干旱条件下植物生长受限,通常会导致种间作用向促进自身生存或减少竞争(生长和繁殖)方向发展,个别情况下种间竞争强度可能不会受干旱胁迫影响,但不会向增加竞争方向转变(Ren et al., 2016; He et al., 2013; Adiku et al., 2001)。侵蚀环境中,土壤有效磷含量低,施磷可缓解磷素不足对植物生长的限制,并将影响物种间的竞争关系,对磷添加响应更为积极的物种将具有更强的竞争能力,从而导致竞争不平衡(Ren et al., 2016; Zhang et al., 2012)。研究认为,单独磷添加对草地群落物种组成有很小的影响,能在保持生物多样性的同时提高牧草产量(Zhou et al., 2017; Avolio et al., 2014)。黄土丘陵区引进种柳枝稷的研究多集中于其对干旱、低温和盐胁迫的适应性,以及育种、苗期管理、种植密度和施氮等农艺措施影响等方面(高志娟, 2017; Cooney et al., 2017),关于其与乡土豆科植物种间关系的研究相对较少。本节主要探究水分和磷素供应水平对柳枝稷和达乌里胡枝子种间关系的影响,以期为黄土丘陵区利用优良禾草柳枝稷进行人工草地建设及其管理提供依据。

7.9.1　相对总生物量

2016 年,水分水平、磷处理和组合比例对二者混播的相对总生物量(RYT)有显著影响,三者间的交互作用对 RYT 均无显著影响($p<0.05$)(表 7-33、表 7-34)。在充分供水下(HW),二者混播的 RYT 值介于 1.01～1.34,干旱处理下(LW)下介于 0.91～1.10。干旱处理下,除了柳枝稷与达乌里胡枝子的组合比例为 8∶4 的 RYT 值小于1.0 外,其余处理下的 RYT 值均大于 1.0。在 LW 水平下,RYT 均值显著低于 HW水平($p<0.05$)。在 P_0 处理下,RYT 介于 0.96～1.34,$P_{0.05}$ 处理下介于 1.07～1.34,

P$_{0.1}$ 处理下介于 0.91～1.14，且不同施磷处理间均有显著差异($p<0.05$)。各施磷处理下的 RYT 均值，以 P$_{0.05}$ 处理下最高，其次为 P$_0$ 处理，P$_{0.1}$ 处理下最低。不同组合比例间比较表明，柳枝稷与达乌里胡枝子组合比例为 4∶8 的 RYT 均值显著高于 6∶6 和 8∶4 组合比例($p<0.05$)，后两者间无显著差异。

表 7-33　水分水平、磷处理、组合比例及交互作用对两草种竞争攻击力系数、相对竞争强度和相对总生物量影响(2016～2017 年)

因子	自由度 (df)	2016 年				2017 年			
		RYT	A	RCI$_S$	RCI$_B$	RYT	A	RCI$_S$	RCI$_B$
水分水平(WR)	1	**(0.05)	**(0.14)	**(0.11)	*(0.07)	**(0.03)	**(0.11)	**(0.08)	**(0.04)
磷处理(PT)	2	**(0.07)	**(0.17)	**(0.14)	NS	**(0.04)	*(0.13)	*(0.10)	*(0.04)
组合比例(MR)	4	**(0.07)	**(0.17)	**(0.14)	**(0.08)	**(0.04)	**(0.13)	**(0.10)	**(0.04)
WR×PT	2	NS	NS	NS	NS	NS	**(0.20)	NS	*(0.05)
WR×MR	4	NS	**(0.24)	**(0.19)	NS	NS	NS	NS	NS
PT×MR	8	NS	NS	NS	NS	NS	NS	NS	NS
WR×PT×MR	8	NS	NS	NS	NS	NS	NS	NS	NS

注：A-柳枝稷竞争攻击力系数；RCI$_S$-柳枝稷相对竞争强度；RCI$_B$-达乌里胡枝子相对竞争强度；RYT-相对总生物量。*表示 $p<0.05$，**表示 $p<0.01$，NS 表示没有显著差异。括号内的数字为最小显著性值(LSD)。

表 7-34　不同水分水平、磷处理和组合比例下的相对总生物量($n=6$) (2016～2017 年)

水分水平 (WR)	组合比例 (MR)	2016 年			2017 年		
		P$_0$	P$_{0.05}$	P$_{0.1}$	P$_0$	P$_{0.05}$	P$_{0.1}$
充分供水 (HW)	S8B4	1.17±0.09	1.32±0.03	1.01±0.04	1.16±0.03	1.21±0.02	1.15±0.02
	S6B6	1.21±0.09	1.27±0.10	1.08±0.04	1.19±0.02	1.18±0.04	1.24±0.03
	S4B8	1.34±0.09	1.34±0.06	1.14±0.04	1.25±0.05	1.30±0.04	1.27±0.03
干旱处理 (LW)	S8B4	0.96±0.03	1.10±0.03	0.91±0.04	0.97±0.08	1.01±0.04	0.92±0.03
	S6B6	1.01±0.04	1.07±0.06	1.01±0.07	1.03±0.04	1.22±0.04	1.10±0.03
	S4B8	1.06±0.02	1.10±0.04	1.08±0.06	1.15±0.06	1.27±0.03	1.14±0.08

2017 年，水分水平、磷处理和组合比例对二者混播 RYT 值均有显著影响，三者间的交互作用对 RYT 均无显著影响($p<0.05$)(表 7-33、表 7-34)。HW 水平下，混播群体的 RYT 值介于 1.15～1.30，LW 水平下介于 0.92～1.27。除干旱处理下柳枝稷与达乌里胡枝子的组合比例为 8∶4 的 RYT 值小于 1.0 外，其余处理下均大于 1.0。与 2016 年相比，干旱处理下的 RYT 值均在 2017 年有所提高，以 4∶8 组合比例下增加最明显。

7.9.2 实际产量损失

2016 年，两草种混播的实际产量损失(AYL)值的变化范围为–0.33～1.22，且 AYL 均值在 LW 水平下显著低于 HW 水平(表 7-35)($p<0.05$)。HW 水平下，AYL 均值在 $P_{0.1}$ 处理下显著低于 P_0 和 $P_{0.05}$ 处理，P_0 和 $P_{0.05}$ 间无显著差异；LW 水平下，AYL 在 $P_{0.05}$ 处理下显著高于 $P_{0.1}$ 和 P_0 处理($p<0.05$)。AYL 整体表现为随柳枝稷在混播群体中的比例降低而显著增加。

表 7-35　不同水分水平、磷处理和组合比例下实际产量损失($n=6$)(2016～2017 年)

水分水平 (WR)	磷处理 (PT)	组合比例 (MR)	2016 年			2017 年		
			AYL	AYL_S	AYL_B	AYL	AYL_S	AYL_B
充分供水 (HW)	P_0	S8B4	0.12±0.18	0.39±0.09	−0.27±0.12	0.26±0.06	0.37±0.07	−0.16±0.12
		S6B6	0.42±0.17	0.83±0.17	−0.41±0.02	0.43±0.02	0.62±0.03	−0.19±0.04
		S4B8	1.22±0.21	1.42±0.17	−0.20±0.08	0.98±0.17	1.16±0.18	−0.18±0.06
	$P_{0.05}$	S8B4	0.36±0.10	0.59±0.04	−0.22±0.11	0.21±0.04	0.31±0.02	−0.10±0.04
		S6B6	0.54±0.20	0.91±0.16	−0.37±0.08	0.37±0.10	0.55±0.09	−0.18±0.02
		S4B8	1.12±0.20	1.21±0.23	−0.09±0.06	0.90±0.07	1.04±0.06	−0.14±0.02
	$P_{0.1}$	S8B4	−0.24±0.10	0.14±0.05	−0.37±0.09	0.28±0.10	0.39±0.09	−0.11±0.10
		S6B6	0.15±0.09	0.45±0.06	−0.30±0.07	0.53±0.03	0.61±0.05	−0.08±0.06
		S4B8	0.65±0.07	0.87±0.11	−0.22±0.08	0.88±0.09	1.00±0.11	−0.12±0.05
干旱处理 (LW)	P_0	S8B4	−0.09±0.07	−0.02±0.04	−0.07±0.07	0.10±0.13	0.17±0.08	−0.07±0.07
		S6B6	−0.29±0.10	0.10±0.09	−0.39±0.06	0.33±0.09	0.37±0.06	−0.04±0.08
		S4B8	0.28±0.10	0.37±0.16	−0.09±0.06	0.82±0.08	0.77±0.10	0.05±0.08
	$P_{0.05}$	S8B4	0.02±0.06	0.28±0.05	−0.26±0.07	−0.01±0.18	−0.01±0.18	0.02±0.12
		S6B6	0.14±0.11	0.51±0.14	−0.36±0.05	0.30±0.08	0.29±0.17	0.00±0.04
		S4B8	0.40±0.12	0.52±0.14	−0.12±0.06	0.62±0.29	0.55±0.27	0.07±0.08
	$P_{0.1}$	S8B4	−0.33±0.06	−0.08±0.07	−0.25±0.06	−0.02±0.11	−0.02±0.03	0.00±0.08
		S6B6	0.02±0.13	0.28±0.09	−0.25±0.07	0.37±0.04	0.32±0.04	0.05±0.03
		S4B8	0.18±0.10	0.13±0.08	0.05±0.09	0.52±0.13	0.46±0.09	0.06±0.07
WR			**(0.12)	**(0.11)	*(0.07)	**(0.09)	**(0.08)	**(0.04)
PT			**(0.15)	**(0.14)	NS	*(0.11)	*(0.10)	*(0.04)
MR			**(0.25)	**(0.14)	**(0.08)	**(0.11)	**(0.10)	*(0.04)
WR × PT			*(0.21)	*(0.19)	NS	NS	NS	*(0.05)
WR × MR			**(0.21)	**(0.19)	NS	NS	NS	NS
PT × MR			NS	NS	NS	NS	NS	NS
WR × PT × MR			NS	NS	NS	NS	NS	NS

注：AYL-实际产量损失；AYL_S-柳枝稷实际产量损失；AYL_B-达乌里胡枝子实际产量损失。*表示 $p<0.05$，**表示 $p<0.01$，NS 表示没有显著差异。括号内的数字为最小显著性值(LSD)。

柳枝稷的实际产量损失分值(AYL_S)的变化范围为–0.08～1.42，且 HW 水平下

的 AYL_S 均值显著大于 LW 水平($p<0.05$)。AYL_S 值在各施磷处理下和组合比例间的变化与 AYL 值相似。达乌里胡枝子实际产量分值(AYL_B)的变化范围为$-0.41\sim$0.05,且 HW 水平下的 AYL_B 均值显著低于 LW 水平。AYL_B 整体表现为随柳枝稷在群体的占比降低而显著增加。磷处理对 AYL_B 无显著影响。2017 年,AYL_S 整体降低而 AYL_B 提高,AYL_B 为$-0.19\sim0.07$,LW 水平施磷处理下 AYL_B 显著提高。

7.9.3 竞争比率

2016 年,水分水平、磷处理和组合比例对柳枝稷的竞争比率(CR_S)有显著影响,但柳枝稷的竞争比率(CR_S)值均大于 1.0,且 CR_S 在 LW 水平下均显著低于 HW 水平($p<0.05$)(表 7-36)。与 P_0 处理相比,CR_S 均值在 $P_{0.1}$ 处理下显著降低($p<0.05$),$P_{0.05}$ 和 P_0 处理间无显著差异。HW 水平下,CR_S 整体表现为随柳枝稷所占比例的降低而提高;LW 水平下,CR_S 在柳枝稷和达乌里胡枝子组合比例为 6:6 时最高。不同处理下,达乌里胡枝子的竞争比率(CR_B)值均小于 1.0,与 CR_S 呈相反的变化规律。2017 年,CR_S 大于 1.0,但整体小于 2016 年。LW 水平下的 CR_S 均值显著低于 HW 水平,施磷处理后显著降低($p<0.05$),CR_B 的变化规律与 CR_S 相反。

表 7-36 不同水分水平、磷处理和组合比例下柳枝稷和达乌里胡枝子的竞争比率 ($n=6$)(2016~2017 年)

水分水平 (WR)	磷处理 (PT)	组合比例 (MR)	2016 年		2017 年	
			CR_S	CR_B	CR_S	CR_B
充分供水 (HW)	P_0	S8B4	2.09±0.29	0.52±0.07	1.71±0.31	0.67±0.10
		S6B6	3.13±0.30	0.33±0.03	2.02±0.10	0.50±0.02
		S4B8	3.18±0.36	0.34±0.04	2.68±0.28	0.40±0.05
	$P_{0.05}$	S8B4	2.36±0.46	0.50±0.08	1.47±0.09	0.69±0.03
		S6B6	3.18±0.38	0.34±0.04	1.89±0.12	0.53±0.02
		S4B8	2.53±0.39	0.44±0.06	2.38±0.09	0.42±0.01
	$P_{0.1}$	S8B4	2.07±0.42	0.55±0.07	1.69±0.24	0.67±0.11
		S6B6	2.15±0.21	0.49±0.05	1.81±0.16	0.58±0.06
		S4B8	2.62±0.41	0.43±0.07	2.33±0.24	0.45±0.05
干旱处理 (LW)	P_0	S8B4	1.07±0.09	0.96±0.08	1.26±0.05	0.80±0.04
		S6B6	1.93±0.36	0.59±0.08	1.48±0.14	0.71±0.06
		S4B8	1.59±0.27	0.75±0.15	1.76±0.21	0.61±0.07
	$P_{0.05}$	S8B4	1.84±0.22	0.59±0.07	1.01±0.47	0.99±0.16
		S6B6	2.48±0.39	0.45±0.07	1.31±0.09	0.79±0.05
		S4B8	1.80±0.25	0.62±0.10	1.49±0.35	0.73±0.11

续表

水分水平 (WR)	磷处理 (PT)	组合比例 (MR)	2016 年		2017 年	
			CR_S	CR_B	CR_S	CR_B
干旱处理 (LW)	$P_{0.1}$	S8B4	1.29±0.17	0.86±0.14	1.01±0.19	0.99±0.14
		S6B6	1.79±0.24	0.60±0.06	1.21±0.07	0.87±0.04
		S4B8	1.13±0.13	0.95±0.11	1.39±0.09	0.73±0.04
	WR		**(0.30)	**(0.08)	**(0.15)	**(0.06)
	PT		*(0.36)	**(0.09)	*(0.19)	*(0.08)
	MR		**(0.36)	**(0.09)	**(0.18)	**(0.08)
	WR×PT		NS	*(0.13)	NS	NS
	WR×MR		NS	NS	NS	NS
	PT×MR		NS	NS	NS	NS
	WR×PT×MR		NS	NS	NS	NS

注：S-柳枝稷；B-达乌里胡枝子；CR_S-柳枝稷的竞争比率；CR_B-达乌里胡枝子的竞争比率。*表示 $p<0.05$，**表示 $p<0.01$，NS 表示没有显著差异。括号内的数字为最小显著性值(LSD)。

7.9.4　柳枝稷竞争攻击力系数

2016 年，不同处理下柳枝稷的竞争攻击力系数 A 均大于 0，且在 HW 水平下均显著大于 LW 水平($p<0.05$)(图 7-30、表 7-33)。与 P_0 处理相比，柳枝稷的 A 值

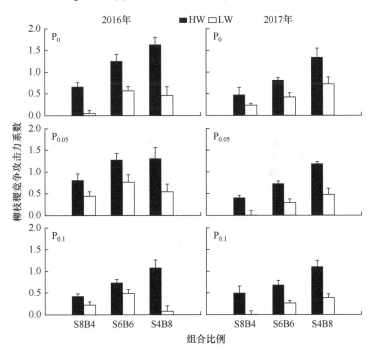

图 7-30　不同水分水平、磷处理和混播比例下柳枝稷竞争攻击力系数($n=6$)(2016～2017 年)

在 $P_{0.1}$ 处理下显著降低($p<0.05$)，$P_{0.05}$ 和 P_0 间无显著差异。HW 水平下，柳枝稷的 A 值表现为随其在混播群体中所占比例的降低而提高；LW 水平下，柳枝稷 A 值在柳枝稷和达乌里胡枝子组合比例为 6∶6 时最高。

2017 年，柳枝稷的 A 值整体大于 0，且显著低于 2016 年。柳枝稷 A 值在 LW 水平下显著低于 HW 水平。两水分水平下，柳枝稷的 A 值均表现为随其所占比例降低而提高，且在 LW 水平的下降低幅度大于 HW 水平；施磷后柳枝稷的 A 值显著降低。

7.9.5　相对竞争强度

2016 年，水分水平、磷处理和组合比例以及水分水平和组合比例的交互作用对柳枝稷的相对竞争强度(RCI_S)值有显著影响($p<0.01$)。RCI_S 值在-1.42～0.08，且 HW 水平下显著低于 LW 水平($p<0.05$)(图 7-31)。在各磷处理间 RCI_S 均值有显著差异($p<0.05$)，其中 RCI_S 均值在 $P_{0.05}$ 处理下最低，其次为 P_0 处理，$P_{0.1}$ 处理下最高。HW 水平下，RCI_S 随柳枝稷比例的降低而显著降低($p<0.05$)；LW 水平下，RCI_S 在柳枝稷与达乌里胡枝子的组合比例为 8∶4 时显著高于其余组合比例($p<0.05$)，而 6∶6 和 4∶8 组合比例间无显著差异。水分水平和组合比例对达乌里胡枝子相对竞争强度(RCI_B)有显著影响($p<0.05$)，磷处理及其与水分水平和组合比例的交互作用对 RCI_B 均无显著影响。RCI_B 在-0.05～0.41，且在 HW 水平下均值显著大于 LW 水平($p<0.05$)。RCI_B 均值在不同组合比例间均有显著差异($p<0.05$)，在柳枝稷与达乌里胡枝子的组合比例为 6∶6 下最高，其次为 8∶4 组合比例，4∶8 组合比例下最低。

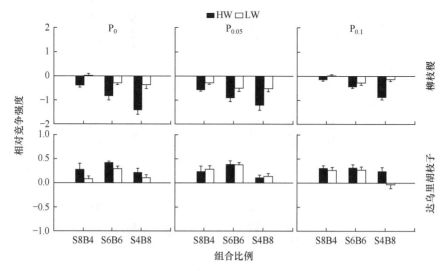

图 7-31　不同水分水平、磷处理和混播比例下柳枝稷和达乌里胡枝子的相对竞争强度

($n=6$)(2016 年)

2017 年，水分水平、磷处理和组合比例对两物种的 RCI 值均影响显著，水分水平和磷处理交互作用对 RCI_B 影响显著。HW 水平下，RCI_S 值介于–1.16～–0.31，LW 水平下介于–0.77～0.02，且 HW 水平显著低于 LW 水平(图 7-32)。RCI_B 变化范围为–0.07～0.19，且 LW 水平下施磷处理下的 RCI_B 显著高于 P_0 处理。2017 年的 RCI_S 整体高于 2016 年，而 RCI_B 相反。

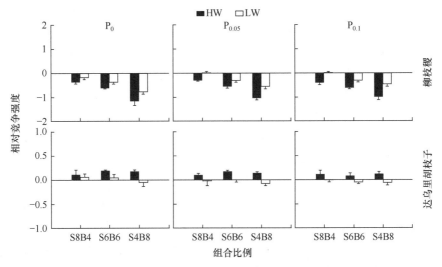

图 7-32　不同水分水平、磷处理和混播比例下柳枝稷和达乌里胡枝子的相对竞争强度

(n=6)(2017 年)

7.9.6　讨论与结论

植物的竞争能力通常与其个体发育能力、适应能力和繁殖能力有关(蒋智林等，2008)。竞争系数可将试验数据简单化和数量化，其中生物量是用来衡量竞争能力的有效指标之一，其能够解释植物竞争能力的 64%(Weigelt and Jolliffe, 2003；Keddy et al., 2002)。相对产量总和(RYT)是反映混播物种间资源利用效率的重要指标(Connolly et al., 2001)。当禾豆混播组合的 RYT 值大于 1.0，说明禾本科和豆科牧草发生了生态位分离，可利用不同环境资源，有助于提高产量并使二者共存于群落中(Xu et al., 2013；Bush and van Auken, 2010)。柳枝稷和达乌里胡枝子混播的 RYT 介于 0.91～1.34，说明若混播群体下的 RYT 值为 1.34，表面单播下需要多利用 34%的土地才能达到与此混播相同的产量，即二者混播具有一定生物量优势，有助于提高土地利用效率(Xu et al., 2013；Bush and van Auken, 2010)。豆禾混播下，不同物种对土壤磷的有效利用差异是减轻环境压力，提高产量的优势之一(柏文恋等，2018；Li et al., 2001)。在两年的试验中，$P_{0.05}$ 处理显著提高了两水分供应水平下的 RYT 值，说明适当施磷($P_{0.05}$ 处理)可增强柳枝稷与达乌里胡枝子混播互惠效应(柏文恋等，2018)。$P_{0.1}$ 处理下的 RYT 值显著低于 $P_{0.05}$ 处理，可能是

因为 $P_{0.1}$ 处理对单播柳枝稷生物量的提升作用大于混播，且混播下柳枝稷生物量累积对磷肥需求较少(柏文恋等，2018)，也可能是因为达乌里胡枝子能通过分泌有机酸提高土壤有效磷含量，$P_{0.1}$ 处理的施磷量减少其根系有机酸分泌(张东梅，2018)，从而降低二者混播的互惠程度，这些表明混播有助于促进柳枝稷对磷素的吸收，减少磷肥施用量，并为混播群体的生物量产出优势奠定基础(Li et al.，2001)。

实际产量损失(AYL)与 RYT 相比，可用来反映不同物种在混播体系中的产量的相对增加或损失(Banik et al.，2006)。研究表明，混播体系中，至少有一个物种的种间互惠或互补作用对产量的积极影响大于种间竞争对产量的消极影响，从而在整体上可提高产量(Ren et al.，2016；Xu et al.，2011)。植物对土壤水分的竞争，或干旱对植物生理过程的影响，将导致植物种间互惠程度降低(Suriyagoda et al.，2011)。本节中，在种植当年，AYL 和柳枝稷实际产量损失(AYLs)整体大于 0，且表现出一致的变化规律，达乌里胡枝子的 AYL 值整体小于 0，表明二者混播的生物量优势主要源于柳枝稷生物量的提高，可能因为柳枝稷具有较强的种内竞争强度，与达乌里胡枝子混播可缓解激烈的种内竞争，提高资源利用效率(高阳等，2016；Xu et al.，2008a，2008b)。干旱处理下，混播群体的 AYL 值和柳枝稷的 AYL 分值均显著低于充分供水，但在种植第二年，干旱处理下群体的 AYL 值和达乌里胡枝子 AYL 分值整体提高，进一步说明随生长时间的推移，与柳枝稷混播对达乌里胡枝子生长的消极影响降低(王平等，2009)，这可能是因为种植第二年，干旱处理下的达乌里胡枝子在开花期和结实期生长旺盛，柳枝稷在分蘖期和拔节期生长旺盛，这有利于两物种在干旱环境中对资源利用的错位动态平衡，从而促进共存并形成混播的资源利用和产量优势。

相对竞争强度(RCI)值可用来衡量混播体系中物种的种内竞争强度和种间竞争强度(王晋萍等，2012)。当混播物种双方的种内竞争强度均维持在种间竞争强度之上，说明双方均能从混播中受益，以达到共存(Shmida and Ellner，1984)。本节中，种植当年柳枝稷的 RCI 分值在多数处理下小于 0，达乌里胡枝子的 RCI 分值大于 0，说明柳枝稷的种内竞争大于种间竞争，而达乌里胡枝子则受到较强种间竞争的限制。因此，降低柳枝稷在混播群体中的比例均有助于降低柳枝稷种内竞争及其和达乌里胡枝子的种间竞争压力，使二者在柳枝稷与达乌里胡枝子的组合比例 4∶8 时具有较高的相对总生物量，并有助于二者达到稳定共存(王平等，2009)。研究表明，达乌里胡枝子在与其他禾本科植物种植当年的种间竞争，会限制其生物量形成，但其在较高的占比下随种植年限增加逐渐表现出混播下的生物量大于单播(王京等，2012；王平等，2009)。本节中，在种植第二年，干旱处理下柳枝稷和达乌里胡枝子的 RCI 值在 4∶8 组合比例下均小于 0，说明该组合比例有助于二者在混播下形成共存格局。

竞争比率(competitive ratio，CR)和竞争攻击力系数(A)可用来衡量混播体系中物种竞争能力(Naveena et al.，2012)。柳枝稷的 CR 值大于 1.0，而 A 值大于 0，说明柳枝稷与达乌里胡枝子相比具有更强竞争能力，在二者混播中为竞争优势种(Xu et al.，2013，2011)。土壤含水量是影响植物竞争关系的重要因素，对干旱具有较强耐受能力的物种通常具有较强竞争能力(Gilgen et al.，2010；Fotelli et al.，2001)。研究认为，本地种由于长期适应较低的土壤资源水平，在该环境条件下的竞争更利于本地种，而外来物种具有更强的可塑性，在土壤水分充足或多变的环境中更具竞争优势(卜祥祺等，2017；Durand and Goldstein，2001)。两年试验结果均表明，柳枝稷的 CR、A 均值及达乌里胡枝子 RCI 分值在干旱处理下均显著低于充分供水，表明充分供水下柳枝稷竞争能力较强，这可能与充分供水下柳枝稷地上部相对达乌里胡枝子生长较快有关(Ren et al.，2016；赵成章等，2013；Meyer et al.，2010)。干旱处理下，柳枝稷相对竞争能力降低，而达乌里胡枝子相对竞争能力提高，表明柳枝稷竞争能力主要受土壤含水量制约，也说明在土壤水分有限的黄土丘陵半干旱区其生态风险性较低(高志娟，2017；Mann et al.，2013；Xu et al.，2013)。

　　磷添加对豆禾混播物种竞争能力影响的研究结论不一致(柏文恋等，2018；Ren et al.，2016)。有研究表明，施磷虽未提高豆科植物的竞争能力，但可降低与其混播物种的竞争能力和对磷素的竞争强度，从而提高混播体系的稳定性(柏文恋等，2018)。也有研究认为，施磷对禾本科植物竞争能力的影响较小，但可促进群体中豆科植物的生长(Ren et al.，2016)。本节中，在种植当年，柳枝稷 A 和 CR 值在施磷处理下显著降低，而达乌胡枝子 RCI 值在各施磷处理间无显著差异，说明达乌里胡枝子在不同磷处理下具有稳定的竞争能力。在种植第二年，柳枝稷的 A 值、CR 值以及达乌里胡枝子 RCI 值在施磷处理下显著低于不施磷处理，且在干旱处理下，达乌里胡枝子 RCI 值在施磷处理下均小于 0，说明施磷处理下柳枝稷的竞争优势地位和对资源的侵占力降低，达乌里胡枝子竞争能力提高可能是施磷增加了种植第二年混播下达乌里胡枝子生殖生长期的光合能力，增加了混播群体对资源的利用，有助于二者在种植第二年达到共同受益的局面(Shmida and Ellner，1984)。

　　竞争研究涉及竞争效果和竞争结果(Weigelt and Jolliffe，2003)。其中竞争结果重点关注竞争对植物生长或生存的影响，常以单株产量表达，竞争效果则提供群落组成随时间的变化规律，可通过竞争系数的变化衡量(王平等，2009；Weigelt and Jolliffe，2003)。竞争结果研究对草地长期发展和评估尤其重要，因为草地的可持续发展与利用依赖于植物种群的动态变化(山仑和徐炳成，2009；Weigelt and Jolliffe，2003)。柳枝稷生物量在种植第二年的增加幅度小于达乌里胡枝子，竞争系数值表明柳枝稷的竞争能力在种植第二年降低，达乌里胡枝子竞争能力提高，且达乌里胡枝子逐步在混播中受益，这可能与达乌里胡枝子的生长特性有关。达乌里胡枝子在建植当年长势较弱，作为忍耐型伴生种，在与柳枝稷混播中表现出降低根冠比，提高光合氮磷利用效率，增强混播下生殖生长期的光合能力等生长、形态和生理特征的调节能力，并且在竞争中具有促进地上部生殖生长以维持特定种群密度的特性(王平等，2009)，较强的种间竞争适应能力有助于其作为伴生种广泛分布并长期存在于群落中(程杰等，2011；王平等，2009)。综上所述，在长期的混播竞争中，柳枝稷虽然处在竞争优势地位，但达乌里胡枝子可持续存在于二者混播的群落中。

柳枝稷和达乌里胡枝子混播 RYT 值在多数处理下大于 1.0，$P_{0.05}$ 处理后两种水分下的 RYT 值较高，表明柳枝稷和达乌里胡枝子混播以及施磷均可提高土地利用效率。柳枝稷的 CR 值在多数处理下大于 1.0，且整体随其在群体中的混播配比增加而降低；干旱处理下，柳枝稷的 CR 值显著低于充分供水，达乌里胡枝子 CR 相反；建植第二年，干旱处理下柳枝稷 CR 值相对于第一年减小，说明柳枝稷竞争能力在干旱处理下和建植第二年降低，达乌里胡枝子 RCI 降低，并且水分水平、磷处理和混播比例对达乌里胡枝子的 RCI 值均无显著影响，说明达乌里胡枝子的种间竞争能力增强，且这种竞争能力不受水分水平、磷处理和混播比例影响。

通过对不同水分和磷素供应下柳枝稷与达乌里胡枝子光合生理和植株生长特征的研究表明，混播可显著提高二者的光合能力，但这种积极作用与土壤水分和磷素供应水平有关。充分供水条件下，混播有助于提高柳枝稷光合能力，而达乌里胡枝子相反，这可能是因为充分供水下柳枝稷生长速率比达乌里胡枝子更快。由于混播体系中个体生长较快或相对较大的植物对环境资源具有更强的获取能力(Ai et al.，2017；Fang et al.，2011)，柳枝稷对达乌里胡枝子生长造成抑制或遮阴，从而限制了达乌里胡枝子的生长。干旱处理下，混播提高了柳枝稷拔节期的光合能力以及达乌里胡枝子生殖生长期光合能力，说明混播后柳枝稷在拔节期对环境资源的利用能力提高，而达乌里胡枝子的竞争能力在生殖生长期相对较高，达乌里胡枝子开花期和结实期的光合能力提高，是其长期适应黄土丘陵区雨热同期环境条件的结果，也表明其该阶段更具竞争能力。

参 考 文 献

柏文恋, 张梦瑶, 任家兵, 等, 2018. 小麦/蚕豆间作作物生长曲线的模拟及种间互作分析 [J]. 应用生态学报, 29(12): 4037-4046.

鲍士旦, 2008. 土壤农化分析(第3版) [M]. 北京: 中国农业出版社.

卜祥祺, 刘琳, 穆亚楠, 等, 2017. 水位波动对南美蟛蜞菊和蟛蜞菊种内及种间关系的影响 [J]. 应用生态学报, 28(3): 797-804.

曹翠玲, 毛圆辉, 曹朋涛, 等, 2010. 低磷胁迫对豇豆幼苗叶片光合特性及根系生理特性的影响 [J]. 植物营养与肥料学报, 16(6): 1373-1378.

曹让, 梁宗锁, 吴洁云, 等, 2013. 干旱胁迫及复水对棉花叶片氮代谢的影响 [J]. 核农学报, 27(2): 231-239.

陈思同, 邹显花, 蔡一冰, 等, 2018. 基于 ^{32}P 示踪的不同供磷环境杉木幼苗磷的分配规律分析 [J]. 植物生态学报,

42(11): 1103-1112.

陈远学, 李汉邦, 周涛, 等, 2013. 施磷对间套作玉米叶面积指数、干物质积累分配及磷肥利用效率的影响 [J]. 应用生态学报, 24(10): 93-100.

程杰, 程积民, 呼天明, 2011. 气候变化对黄土高原达乌里胡枝子种群分布格局的影响 [J]. 应用生态学报, 22(1): 35-40.

丁文利, 舒佳礼, 徐伟洲, 等, 2014. 水分胁迫和组合比例对白羊草与达乌里胡枝子叶绿素荧光参数的影响 [J]. 草地学报, 22(1): 94-100.

冯志威, 杨艳君, 郭平毅, 等, 2016. 谷子光合特性及产量最优的氮磷肥水平与细胞分裂素 6-BA 组合研究 [J]. 植物营养与肥料学报, 22(3): 60-68.

高阳, 安雨, 王志锋, 等, 2016. 柳枝稷与苜蓿混作生长特征及竞争作用研究 [J]. 北方园艺, 354(3): 61-65.

高志娟, 2017. 水氮供应对柳枝稷和白羊草生长及种间关系的影响 [D]. 杨凌: 西北农林科技大学.

蒋智林, 刘万学, 万方浩, 等, 2008. 植物竞争能力测度方法及其应用评价 [J]. 生态学杂志, 27(6): 985-992.

焦念元, 杨萌珂, 宁堂原, 等, 2013. 玉米花生间作和磷肥对间作花生光合特性及产量的影响 [J]. 植物生态学报, 37(11): 1010-1017.

李枫, 邹定辉, 刘兆普, 等, 2009. 氮磷水平对龙须菜生长和光合特性的影响 [J]. 植物生态学报, 33(6): 1140-1147.

李曼, 靳冰洁, 钟全林, 等, 2016. 氮磷添加对刨花楠幼苗叶片 N、P 化学计量特征的影响 [J]. 应用与环境生物学报, 22(2): 285-291.

李新乐, 穆怀彬, 侯向阳, 等, 2014. 水、磷对紫花苜蓿产量及水肥利用效率的影响 [J]. 植物营养与肥料学报, 20(5): 1161-1167.

廉满红, 田宵鸿, 曹翠玲, 2011. 低磷条件下熊猫豆光合特性及碳水化合物累积变化研究 [J]. 干旱地区农业研究, 29(5): 87-93, 99.

梁霞, 张利权, 赵广琦, 2006. 芦苇与外来植物互花米草在不同 CO_2 浓度下的光合特性比较 [J]. 生态学报, 26(3): 842-848.

刘金彪, 2020. 水磷供应对柳枝稷和达乌里胡枝子生理、生长及种间关系的影响 [D]. 杨凌: 西北农林科技大学.

刘梅, 吴广俊, 路笃旭, 等, 2007. 不同年代玉米品种氮素利用效率与其根系特征的关系 [J]. 植物营养与肥料学报, 23(1): 71-82.

刘文兰, 师尚礼, 田福平, 等, 2018. 种植密度对紫花苜蓿不同生育时期叶片 C、N、P 生态化学计量的影响 [J]. 草地学报, 26(1): 114-124.

牛富荣, 徐炳成, 段东平, 等, 2011. 水肥条件对达乌里胡枝子叶绿素荧光参数的影响 [J]. 草地学报, 19(4): 591-595, 606.

山仑, 徐炳成, 2009. 黄土高原半干旱地区建设稳定人工草地的探讨 [J]. 草业学报, 18(2): 1-2.

苏国霞, 丁文利, 刘金彪, 等, 2017. 施氮和供水对混播和单播白羊草叶片叶绿素荧光特性的影响 [J]. 植物资源与环境学报, 26(1): 10-20.

唐宏亮, 马领然, 张春潮, 等, 2016. 水分和磷对苗期玉米根系形态和磷吸收的耦合效应 [J]. 中国生态农业学报, 24(5): 582-589.

唐敬超, 史作民, 罗达, 等, 2017. 遮荫处理对灰木莲幼苗叶片光合氮利用效率的影响 [J]. 生态学报, (22): 7493-7502.

唐克丽, 贺秀斌, 1999. 黄土高原生态环境建设与侵蚀环境调控 [C]// 中国西部生态重建与经济协调发展学术研讨会论文集. 成都: 四川科学技术出版社.

唐美玲, 肖谋良, 袁红朝, 等, 2018. CO_2 倍增条件下不同生育期水稻碳氮磷含量及其计量比特征 [J]. 环境科学, 39(12): 5708-5716.

王晋萍, 董丽佳, 桑卫国, 2012. 不同氮素水平下入侵种豚草与本地种黄花蒿、蒙古蒿的竞争关系 [J]. 生物多样性, 20(1): 3-11.

王京, 徐炳成, 高志娟, 等, 2012. 黄土丘陵区白羊草与达乌里胡枝子混播的光合生理日变化研究 [J]. 草地学报, 20(4): 692-698.

王凯, 沈潮, 孙冰, 等, 2018. 干旱胁迫对科尔沁沙地榆树幼苗 C、N、P 化学计量特征的影响 [J]. 应用生态学报, 29(7): 2286-2294.

王平, 周道玮, 张宝田, 2009. 禾–豆混播草地种间竞争与共存 [J]. 生态学报, 29(5): 2560-2567.

王巧利, 贾燕锋, 王宁, 等, 2012. 黄土丘陵沟壑区自然恢复坡面植物根系的分布特征 [J]. 水土保持研究, 19(5): 16-22.

王世琪. 2019. 水分和磷对混播下柳枝稷和达乌里胡枝子根系生长及形态特征的影响 [D]. 杨凌: 西北农林科技大学.

王松, 蔡艳飞, 李枝林, 等, 2012. 光照条件对高山杜鹃光合生理特性的影响 [J]. 西北植物学报, 32(10): 2095-2101.

王瑜, 宁堂原, 迟淑筠, 等, 2012. 不同施磷水平下灌水量对小麦水分利用特征及产量的影响 [J]. 水土保持学报, 26(3): 234-239.

韦丽军, 卞莹莹, 宋乃平, 2007. 宁夏盐池县草场退化因素分析 [J]. 水土保持通报, 27(1): 122-125, 154.

魏永胜, 梁宗锁, 武永军, 山仑, 2006. 黄土丘陵区基于土壤水分平衡的草地建设策略 [J]. 草业科学, 23(10): 1-7.

徐炳成, 山仑, 李凤民, 2005. 黄土丘陵半干旱区引种禾草柳枝稷的生物量与水分利用效率 [J]. 生态学报, 25(9): 2206-2213.

徐伟洲, 2014. 黄土丘陵区两乡土草种混播下生长与生理对土壤水分变化的响应 [D]. 杨凌: 西北农林科技大学.

徐伟洲, 徐炳成, 段东平, 等, 2011. 不同水肥条件下白羊草光合生理生态特征研究Ⅲ. 叶绿素荧光参数[J]. 草地学报, 19(1): 31-37.

徐伟洲, 徐炳成, 段东平, 等, 2010. 不同水肥条件下白羊草光合生理生态特征研究Ⅰ. 光合生理日变化 [J]. 草地学报, 18(5): 629-635.

张东梅, 2018. 磷素添加对6种灌木磷吸收的影响 [D]. 兰州: 兰州大学.

张岁岐, 山仑, 薛青武, 2000. 氮磷营养对小麦水分关系的影响 [J]. 植物营养与肥料学报, 6(2): 147-151.

张文辉, 刘国彬, 2009. 黄土高原植被恢复与建设策略 [J]. 中国水土保持, 1(8): 24-29.

赵成章, 张静, 盛亚萍, 2013. 高寒山区一年生混播牧草生态位对密度的响应 [J]. 生态学报, 33(17): 5266-5273.

赵海波, 林琪, 刘义国, 等, 2010. 氮磷肥配施对超高产冬小麦灌浆期光合日变化及产量的影响 [J]. 应用生态学报, 21(10): 2545-2550.

赵祥, 董宽虎, 张垚, 等, 2011. 达乌里胡枝子根解剖结构与其抗旱性的关系 [J]. 草地学报, 19(1): 13-19.

朱启林, 向蕊, 汤利, 等, 2018. 间作对氮调控玉米光合速率和光合氮利用效率的影响 [J]. 植物生态学报, 42(6): 672-680.

朱天琦, 刘晓静, 张晓玲, 2016. 氮营养调控对紫花苜蓿根系形态及其解剖结构的影响 [J]. 草地学报, 24(6): 1290-1295.

朱文旭, 张会慧, 许楠, 等, 2012. 间作对桑树和谷子生长和光合日变化的影响 [J]. 应用生态学报, 23(7): 89-96.

朱亚琼, 郑伟, 王祥, 等, 2018. 混播方式对豆禾混播草地植物根系构型特征的影响 [J]. 草业学报, 27(1): 73-85.

Adiku S G K, Ozier-Lafontaine H, Bajazet T, 2001. Patterns of root growth and water uptake of a maize-cowpea mixture grown under greenhouse conditions [J]. Plant and Soil, 235(1): 85-94.

Ai Z, Zhang J, Liu H, et al. , 2017. Soil nutrients influence the photosynthesis and biomass in invasive *Panicum virgatum* on the Loess Plateau in China [J]. Plant and Soil, 418: 153-164.

Amanullah, 2015. Competition among warm season C$_4$-cereals influence water use efficiency and competition ratios [J]. Cogent Food and Agriculture, 1(1): 101-146.

Amy K, Veronica C, Neal B, et al. , 2006. Ecophysiological responses of *Schizachyrium scoparium* to water and nitrogen manipulations [J]. Great Plains Research, 16: 29-36.

Anderson L J, Cipollini D, 2013. Gas exchange, growth, and defense responses of invasive *Alliaria petiolata* (Brassicaceae) and native *Geum vernum* (Rosaceae) to elevated atmospheric CO$_2$ and warm spring temperatures [J]. American Journal of Botany, 100(8): 1544-1554.

Ashraf M, Harris P J C. 2013. Photosynthesis under stressful environments: An overview [J]. Photosynthetica, 51(2): 163-190.

Avolio M L, Koerner S E, La Pierre K J, et al. , 2014. Changes in plant community composition, not diversity, during a decade of nitrogen and phosphorus additions drive above-ground productivity in a tallgrass prairie [J]. Journal of Ecology, 102(6): 1649-1660.

Bai Y F, Han X G, Wu J G, et al. , 2004. Ecosystem stability and compensatory effects in the Inner Mongolia grassland [J]. Nature, 431: 181-184.

Bai Y, Wu J, Xing Q, et al. , 2008. Primary production and rain use efficiency across a precipitation gradient on the Mongolia plateau [J]. Ecology, 89(8): 2140-2153.

Banik P, Midya A, Sarkar B K, et al. , 2006. Wheat and chickpea intercropping systems in an additive series experiment: Advantages and weed smothering [J]. European Journal of Agronomy, 24(4): 325-332.

Banik P, Sasmal T, Ghosal P K, et al. , 2000. Evaluation of mustard (*Brassica compestris* Var. Toria) and legume intercropping under 1∶1 and 2∶1 Row-Replacement series systems [J]. Journal of Agronomy and Crop Science, 185(1): 9-14.

Bargaz A, Isaac M E, Jensen E S, et al. , 2016. Nodulation and root growth increase in lower soil layers of water-limited faba bean intercropped with wheat [J]. Journal of Plant Nutrition and Soil Science, 179(4): 537-546.

Barkaoui K, Roumet C, Volaire F, 2016. Mean root trait more than root trait diversity determines drought resilience in native and cultivated Mediterranean grass mixtures [J]. Agriculture Ecosystems and Environment, 231: 122-132.

Batterman S A, Hedin L O, van Breugel M, et al. , 2013. Key role of symbiotic dinitrogen fixation in tropical forest secondary succession[J]. Nature, 502(7470): 224-227.

Bowsher A W, Mason C M, Goolsby E W, et al. , 2016. Fine root tradeoffs between nitrogen concentration and xylem vessel traits preclude unified whole-plant resource strategies in Helianthus [J]. Ecology and Evolution, 6(4): 1016-1031.

Bush J K, van Auken O W, 2010. Competition between *Schizachyrium scoparium* and *Buchloe dactyloides*: The role of soil nutrients [J]. Journal of Arid Environments, 74(1): 49-53.

Byrd G T, May P A, 2000. Physiological comparisons of switchgrass cultivars differing in transpiration efficiency [J]. Crop Science, 40(5): 1271-1277.

Cardinael R, Mao Z, Prieto I, et al. , 2015. Competition with winter crops induces deeper rooting of walnut trees in a Mediterranean alley cropping agroforestry system [J]. Plant and Soil, 391(1-2): 219-235.

Casper B B, Jackson R B, 1997. Plant competition underground [J]. Annual Review of Ecology and Systematics, 28(4): 545-570.

Cernusak L A, Winter K, Turner B L, 2010. Leaf nitrogen to phosphorus ratios of tropical trees: Experimental assessment of physiological and environmental controls [J]. New Phytologist, 85(3): 770-779.

Chapin F S, Vitousek P M, Vancleve K, 1986. The nature of nutrient limitation in plant communities [J]. The American Naturalist, 127(1): 48-58.

Chaves M, Flexas J, Pinheiro C, 2009. Photosynthesis under drought and salt stress: Regulation mechanisms from whole plant to cell [J]. Annals of Botany, 103(4): 551-560.

Colom M, Vazzana C, 2003. Photosynthesis and PSⅡ functionality of drought-resistant and drought-sensitive weeping lovegrass plants [J]. Environmental and Experimental Botany, 49(2): 135-144.

Comas L H, Becker S R, Cruz V M V, et al. , 2013. Root traits contributing to plant productivity under drought [J]. Frontiers in Plant Science, 4(5): 442.

Connolly J, Wayne P, Bazzaz F A, 2001. Interspecific competition in plants: How well do current methods answer fundamental questions? [J]. The American Naturalist, 157(2): 107-125.

Cooney D, Kim H, Quinn L, et al. , 2017. Switchgrass as a bioenergy crop in the Loess Plateau, China: Potential lignocellulosic feedstock production and environmental conservation [J]. Journal of Integrative Agriculture, 16(6): 1211-1226.

Daehler C C, 2003. Performance comparisons of co-occurring native and alien invasive plants: implications for conservation and restoration [J]. Annual Review of Ecology Evolution and Systematics, 34(1): 183-211.

de Graaff M A, Six J, Jastrow J D, et al. , 2013. Variation in root architecture among switchgrass cultivars impacts root decomposition rates [J]. Soil Biology and Biochemistry, 58: 198-206.

de Vries F T, Brown C, Stevens C J, 2016. Grassland species root response to drought: Consequences for soil carbon and nitrogen availability [J]. Plant and Soil, 409: 297-312.

de Wit C T, van den Bergh J P, 1965. Competition between herbage plants [J]. Netherlands Journal of Agricultural Science, 13(3): 212-221.

Delucia H E H. 1994. Drought-induced nitrogen retranslocation in perennial C$_4$ grasses of tallgrass prairie [J]. Ecology, 75(7): 1877-1886.

Dijkstra F A, Blumenthal D, Morgan J A, et al. , 2010. Elevated CO$_2$ effects on semi-arid grassland plants in relation to water availability and competition [J]. Functional Ecology, 24(5): 1152-1161.

Dudley S A, Murphy G P, File A L, et al. , 2013. Kin recognition and competition in plants [J]. Functional Ecology, 27(4): 898-906.

Dukes J S, Mooney H A, 1999. Does global change increase the success of biological invaders? [J]. Trends in Ecology and Evolution, 14(4): 135-139.

Durand L A, Goldstein G, 2001. Photosynthesis, photoinhibition, and nitrogen use efficiency in native and invasive tree ferns in Hawaii [J]. Oecologia, 126(3): 345-354.

Eissenstat D M, 1991. On the relationship between specific root length and the rate of root proliferation: A field study using citrus rootstocks [J]. New Phytologist, 118: 63-68.

Elser J J, Bracken M E S, Cleland E E, et al. , 2007. Global analysis of nitrogen and phosphorus limitation of primary producers in freshwater, marine and terrestrial ecosystems [J]. Ecology Letters, 10(12): 1135-1142.

Facelli E, Facelli J M, Smith S E, et al. , 1999. Interactive effects of arbuscular mycorrhizal symbiosis, intraspecific competition and resource availability on *Trifolium subterraneum* cv. Mt. Barker [J]. New Phytologist, 141: 535-547.

Fan J W, Du Y L, Turner N C, et al. , 2015. Changes in root morphology and physiology to limited phosphorus and moisture in a locally-selected cultivar and an introduced cultivar of *Medicago sativa* L. growing in alkaline soil [J]. Plant and Soil, 392: 215-226.

Fang S Q, Gao X A, Deng Y, et al. , 2011. Crop root behavior coordinates phosphorus status and neighbors: From field studies to three-dimensional in situ reconstruction of root system architecture [J]. Plant Physiology, 155(3): 1277-1285.

Fang Y, Xiong L, 2015. General mechanisms of drought response and their application in drought resistance improvement in plants [J]. Cellular and Molecular Life Sciences, 72(4): 673-689.

February E C, Allsopp N, Shabane T, et al. , 2011. Coexistence of a C_4 grass and a leaf succulent shrub in an arid ecosystem. The relationship between rooting depth, water and nitrogen [J]. Plant and Soil, 349: 253-260.

Fenta B A, Beebe S E, Kunert K J, et al. , 2014. Field phenotyping of soybean roots for drought stress tolerance [J]. Agronomy, 4(3): 418-435.

Fort F, Jouany C, Cruz P, 2012. Root and leaf functional trait relations in *Poaceae* species: Implications of differing resource-acquisition strategies [J]. Journal of Plant Ecology, 6(3): 211-219.

Fotelli M N, Geßler A, Peuke A D, et al. , 2001. Drought affects the competitive interactions between *Fagus sylvatica* seedlings and an early successional species, *Rubus fruticosus*: Responses of growth, water status and $\delta^{13}C$ composition [J]. New Phytologist, 151(2): 427-435.

Freschet G T, Swart E M, Cornelissen J H C, 2015. Integrated plant phenotypic responses to contrasting above- and below-ground resources: Key roles of specific leaf area and root mass fraction [J]. New Phytologist, 206(4): 1247-1260.

Friday J B, Fownes J H, 2002. Competition for light between hedgerows and maize in an alley cropping system in Hawaii, USA [J]. Agroforestry Systems, 55(2): 125-137.

Fujita M, Fujita Y, Takahashi F, et al. , 2009. Stress Physiology of Higher Plants: Cross-talk between Abiotic and Biotic Stress Signaling [M]. New Jersey: John Wiley & Sons, Ltd.

Funk J L, Vitousek P M. 2007. Resource-use efficiency and plant invasion in low-resource systems [J]. Nature, 446: 1079-1081.

Gálvez D, Pearcy R W, 2003. Petiole twisting in the crowns of *Psychotria limonensis*: Implications for light interception and daily carbon gain [J]. Oecologia, 135(1): 22-29.

Gao Y, Duan A W, Sun J S, et al. , 2009. Crop coefficient and water-use efficiency of winter wheat/spring maize strip intercropping [J]. Field Crops Research, 111(1-2): 60-73.

Gao Z J, Liu J B, An Q Q, et al. , 2017. Photosynthetic performance of *P. virgatum* and its relation to field productivity: A three-year experimental appraisal in semiarid Loess Plateau [J]. Journal of Integrative Agriculture, 16(6): 1227-1235.

Gao Z J, Xu B C, Wang J, et al. , 2016. Diurnal and seasonal variations in photosynthetic characteristics of switchgrass in semiarid region on the Loess Plateau of China [J]. Photosynthetica, 53(4): 489-498.

Garten C T, Brice D J, Castro H F, et al. , 2011. Response of "Alamo" switchgrass tissue chemistry and biomass to nitrogen fertilization in West Tennessee, USA [J]. Agriculture Ecosystems and Environment, 140(1-2): 289-297.

Ghosh P K, 2004. Growth, yield, competition and economics of groundnut/cereal fodder intercropping systems in the semi-arid tropics of India [J]. Field Crops Research, 88: 227-237.

Giannoulis K, Bartzialis D, Skoufogianni E, et al. , 2017. Nutrients use efficiency and uptake characteristics of *Panicum virgatum* for fodder production [J]. Journal of Agricultural Science, 9: 233-244.

Gilgen A K, Signarbieux C, Feller U, et al. , 2010. Competitive advantage of *Rumex obtusifolius* L. might increase in intensively managed temperate grasslands under drier climate [J]. Agriculture Ecosystems and Environment, 135(1): 15-23.

Goedhart C M, Pataki D E, Billings S A, 2010. Seasonal variations in plant nitrogen relations and photosynthesis along a grassland to shrubland gradient in Owens Valley, California [J]. Plant and Soil, 327(1-2): 213-223.

Gu Y J, Han C L, Fan J W, et al. , 2018. Alfalfa forage yield, soil water and P availability in response to plastic film mulch and P fertilization in a semiarid environment [J]. Field Crops Research, 215: 94-103.

Guan X K, Zhang X H, Turner N C, et al. , 2013. Two perennial legumes (*astragalus adsurgens* Pall. and *lespedeza davurica* S.) adapted to semiarid environments are not as productive as lucerne (*medicago sativa* L.), but use less water [J]. Grass and Forage Science, 68(3): 469-478.

Güsewell S, 2004. N：P ratios in terrestrial plants: Variation and functional significance[J]. New Phytologist, 164(2): 243-266.

He H H, Bleby T M, Veneklaas E J, et al. , 2011. Dinitrogen-fixing Acacia species from phosphorus-impoverished soils resorb leaf phosphorus efficiently [J]. Plant, Cell & Environment, 34(12): 2060-2070.

He Q, Bertness M D, Altieri A H, 2013. Global shifts towards positive species interactions with increasing environmental stress [J]. Ecology Letters, 16(5): 695-706.

Hidaka A, Kitayama K, 2009. Divergent patterns of photosynthetic phosphorus-use efficiency versus nitrogen-use efficiency of tree leaves along nutrient-availability gradients [J]. Journal of Ecology, 97(5): 984-991.

Jia Y, Gray V M, 2004. Influence of phosphorus and nitrogen on photosynthetic parameters and growth in *Vicia faba* L. [J]. Photosynthetica, 42(2): 535-542.

Kadam N N, Yin X, Bindraban P S, et al. , 2015. Does morphological and anatomical plasticity during the vegetative stage make wheat more tolerant of water deficit stress than rice? [J]. Plant Physiology, 167(4): 1389-1401.

Keane R M, Crawley M J, 2002. Exotic plant invasions and the enemy release hypothesis [J]. Trends in Ecology and Evolution, 17(4): 164-170.

Keddy P, Nielsen K, Weiher E, et al. , 2002. Relative competitive performance of 63 species of terrestrial herbaceous plants [J]. Journal of Vegetation Science, 13(1): 5-16.

Kooyers N J, 2015. The evolution of drought escape and avoidance in natural herbaceous populations [J]. Plant Science, 234: 155-162.

Kulkarni M, Phalke S, 2009. Evaluating variability of root size system and its constitutive traits in hot pepper (*Capsicum annum*, L.) under water stress [J]. Scientia Horticulturae, 120(2): 159-166.

Lambers H, Finnegan P M, Laliberté E, et al. , 2011. Phosphorus nutrition of proteaceae in severely phosphorus-impoverished soils: Are there lessons to be learned for future crops? [J]. Plant Physiology, 156(3): 1058-1066.

Lambrev P H, Miloslavina, Y, Jahns, P, et al. , 2012. On the relationship between non-photochemical quenching and photoprotection of photosystem Ⅱ [J]. Biochimica et Biophysica Acta, 1817: 760-769.

Li H B, Ma Q H, Li H G, et al. , 2014. Root morphological responses to localized nutrient supply differ among crop species with contrasting root traits [J]. Plant and Soil, 376: 151-163.

Li H, Liu B, McCormack M L, et al. , 2017. Diverse belowground resource strategies underlie plant species coexistence and spatial distribution in three grasslands along a precipitation gradient [J]. New Phytologist, 216: 1140-1150.

Li H, Liu J, Li G, et al. , 2015. Past, present, and future use of phosphorus in Chinese agriculture and its influence on phosphorus losses [J]. AMBIO, 44: 274-285.

Li L, Sun J, Zhang F, et al. , 2001. Wheat/maize or wheat/soybean strip intercropping: Ⅱ. Recovery or compensation of maize and soybean after wheat harvesting [J]. Field Crops Research, 71(3): 173-181.

Li L, Sun J, Zhang F, et al. , 2006. Root distribution and interactions between intercropped species [J]. Oecologia, 147(2): 280-290.

Liu X, Rahman T, Song C, et al. , 2017. Changes in light environment, morphology, growth and yield of soybean in maize-soybean intercropping systems [J]. Field Crops Research, 200: 38-46.

Liu Z P, Shao M A, Wang Y Q, 2013. Spatial patterns of soil total nitrogen and soil total phosphorus across the entire Loess Plateau region of China [J]. Geoderma, 197-198: 67-78.

Lynch J P, Chimungu J G, Brown K M, 2014. Root anatomical phenes associated with water acquisition from drying soil: Targets for crop improvement [J]. Journal of Experimental Botany, 65(21): 6155-6166.

Lynch J P, Ho M D, 2005. Rhizoeconomics: Carbon costs of phosphorus acquisition [J]. Plant and Soil, 269: 45-56.

Lynch J, 2007. Roots of the second green revolution [J]. Australian Journal of Botany, 55(5): 493-512.

Ma Y, An Y, Shui J, et al., 2011. Adaptability evaluation of switchgrass (*Panicum virgatum* L.) cultivars on the Loess Plateau of China [J]. Plant Science, 181(6): 638-643.

Mann J J, Barbey J N, Kyser G B, et al., 2013. Root system dynamics of *Miscanthus × giganteus* and *Panicum virgatum* in response to rainfed and irrigated conditions in California[J]. Bioenegy Research, 6: 678-687.

Mao L L, Zhang L Z, Li W Q, et al., 2012. Yield advantage and water saving in maize/pea intercrop [J]. Field Crops Research, 138: 11-20.

Maricle B R, Adler P B. 2011. Effects of precipitation on photosynthesis and water potential in *Andropogon gerardii* and *Schizachyrium scoparium* in a southern mixed grass prairie [J]. Environmental and Experimental Botany, 72(2): 223-231.

Meyer M H, Paul J, Anderson N O, 2010. Competitive ability of invasive *Miscanthus* biotypes with aggressive switchgrass [J]. Biological Invasions, 12(11): 3809-3816.

Mou P, Jones R H, Tan Z, et al., 2013. Morphological and physiological plasticity of plant roots when nutrients are both spatially and temporally heterogeneous [J]. Plant and Soil, 364: 373-384.

Murphy G P, Dudley S A, 2009. Kin recognition: Competition and cooperation in *Impatiens* (Balsaminaceae) [J]. American Journal of Botany, 96(11): 1990-1996.

Naveena K, Mallikarjuna G, Jayadeva H, et al., 2012. Statistical evaluation for identification of productive row ratio in intercropping system of maize (*Zea mays* L.) urdbean (*Vigna mungo*) using aggressivity index [J]. Editorial Committee, 46(4): 733-737.

Novoplansky A, Goldberg D, 2001. Interactions between neighbour environments and drought resistance [J]. Journal of Arid Environments, 47(1): 11-32.

Oelmann Y, Kreutziger Y, Temperton V M, et al., 2007. Nitrogen and phosphorus budgets in experimental grasslands of variable diversity [J]. Journal of Environment Quality, 36(2): 396-407.

Onoda Y, Hikosaka K, Hirose T, 2004. Allocation of nitrogen to cell walls decreases photosynthetic nitrogen-use efficiency [J]. Functional Ecology, 18(3): 419-425.

Padilla F M, Aarts B H T, Roijendijk Y O A, et al., 2013. Root plasticity maintains growth of temperate grassland species under pulsed water supply [J]. Plant and Soil, 369: 377-386.

Pang J, Zhao H, Bansal R, et al., 2018. Leaf transpiration plays a role in phosphorus acquisition among a large set of chickpea genotypes [J]. Plant Cell and Environment, 41(9): 2069-2079.

Pieters A J, Paul M J, Lawlor D W, 2001. Low sink demand limits photosynthesis under Pi deficiency [J]. Journal of Experimental Botany, 52(358): 1083-1091.

Poorter H, Ryser P, 2015. The limits to leaf and root plasticity: What is so special about specific root length? [J]. New Phytologist, 2015, 206(4): 1188-1190.

Powell G W, Bork E W, 2004. Competition and facilitation in mixtures of aspen seedlings, alfalfa, and marsh reedgrass [J]. Canadian Journal of Forest Research, 34(9): 1858-1869.

Pyšek P, Richardson D M, 2007. Traits associated with invasiveness in alien plants: Where do we stand? [J]. Biological Invasions, 193: 97-125.

Ralph P J, Gademann R, 2005. Rapid light curves: A powerful tool to assess photosynthetic activity [J]. Aquatic Botany, 82(3): 222-237.

Reichmann L G, Schwinning S, Polley H W, et al., 2016. Traits of an invasive grass conferring an early growth advantage over native grasses [J]. Journal of Plant Ecology, 9(6): 672-681.

Ren F, Song W, Chen L, et al., 2017. Phosphorus does not alleviate the negative effect of nitrogen enrichment on legume performance in an alpine grassland [J]. Journal of Plant Ecology, 10(5): 822-830.

Ren Y Y, Wang X L, Zhang S Q, et al., 2016. Influence of spatial arrangement in maize-soybean intercropping on root growth and water use efficiency [J]. Plant and Soil, 415(1-2): 131-144.

Ren Z, Li Q, Chu C, et al. , 2010. Effects of resource additions on species richness and ANPP in an alpine meadow community [J]. Journal of Plant Ecology, 3(1): 25-31.

Ripley B S, Abraham T I, Osborne C P, 2008. Consequences of C_4 photosynthesis for the partitioning of growth: A test using C_3 and C_4 subspecies of *Alloteropsis semialata* under nitrogen-limitation [J]. Journal of Experimental Botany, 59(7): 1705-1714.

Ryan M H, Kirkegaard J A, 2012. The agronomic relevance of arbuscular mycorrhizas in the fertility of Australian extensive cropping systems [J]. Agriculture Ecosystems and Environment, 163(12): 37-53.

Sánchez E, Gil S, AzcónBieto J, et al. , 2016. The response of *Arundo donax* L. (C_3) and *Panicum virgatum* (C_4) to different stresses [J]. Biomass and Bioenergy, 85: 335-345.

Sarker B C, Karmoker J L, Rashid P, 2010. Effects of phosphorus deficiency on anatomical structures in maize (*Zea mays* L.) [J]. Bangladesh Journal of Botany, 39(1): 57-60.

Schachtman D P, Reid R J, Ayling S M, 1998. Phosphorus uptake by plants: From soil to cell [J]. Plant Physiology, 116(2): 447-453.

Schenk H J, 2006. Root competition: Beyond resource depletion [J]. Journal of Ecology, 94(4): 725-739.

Schipanski M E, Drinkwater L E, 2012. Nitrogen fixation in annual and perennial legume-grass mixtures across a fertility gradient [J]. Plant and Soil, 357(1-2): 147-159.

Schreiber U, 2004. Pulse-Amplitude-Modulation (PAM) Fluorometry and Saturation Pulse Method: An Overview [M]. Dordrecht: Springer.

Seabloom E W, Harpole W S, Reichman O, et al. , 2003. Invasion, competitive dominance, and resource use by exotic and native California grassland species [J]. Proceedings of the National Academy of Sciences, 100(23): 13384-13389.

Shmida A, Ellner S, 1984. Coexistence of plant species with similar niches [J]. Vegetation, 58(1): 29-55.

Shu W, Shen X, Lei P, et al. , 2018. Temporal changes of fine root overyielding and foraging strategies in planted monoculture and mixed forests [J]. BMC Ecology, 18(9): 46-56.

Singh D K, Sale P W G, 2000. Growth and potential conductivity of white clover roots in dry soil with increasing phosphorus supply and defoliation frequency [J]. Agronomy Journal, 92(5): 868-874.

Singh D K, Sale P W G, Pallaghy C K, et al. , 2000a. Phosphorus concentrations in the leaves of defoliated white clover affect abscisic acid formation and transpiration in drying soil [J]. New Phytologist, 146(2): 249-259.

Singh D K, Sale P W G, Pallaghy C K, et al. , 2000b. Role of proline and leaf expansion rate in the recovery of stressed white clover leaves with increased phosphorus concentration [J]. New Phytologist, 146(2): 261-269.

Song C J, Ma K M, Qu L Y, et al. , 2010. Interactive effects of water, nitrogen and phosphorus on the growth, biomass partitioning and water-use efficiency of *Bauhinia faberi* seedlings [J]. Journal of Arid Environments, 74(9): 1003-1012.

Song H, Gao J F, Gao X L, et al. , 2012. Relations between photosynthetic parameters and seed yields of adzuki bean cultivars (*Vigna angularis*) [J]. Journal of Integrative Agriculture, 11(9): 1453-1461.

Staley T E, Stout W L, Jung G A, 1991. Nitrogen use by tall fescue and switchgrass on acidic soils of varying water holding capacity [J]. Agronomy Journal, 83(4): 732-738.

Stroup J A, Sanderson M A, Muir J P, et al. , 2003. Comparison of growth and performance in upland and lowland switchgrass types to water and nitrogen stress [J]. Bioresource Technology, 86(1): 65-72.

Suriyagoda L D B, Ryan M H, Renton M, et al. , 2010. Multiple adaptive responses of Australian native perennial legumes with pasture potential to grow in phosphorus-and moisture-limited environments [J]. Annals of Botany, 105(5): 755-767.

Suriyagoda L D B, Ryan M H, Renton M, et al. , 2011. Above- and belowground interactions of grass and pasture legume species when grown together under drought and low phosphorus availability [J]. Plant and Soil, 348(1-2): 281-297.

Suriyagoda L D B, Ryan M H, Renton M, et al. , 2014. Plant responses to limited moisture and phosphorus availability: A meta-analysis [J]. Advances in Agronomy, 124: 143-200.

Taghiyari H R, Efhami D, 2011. Diameter increment response of *Populus nigra var. betulifolia* induced by alfalfa [J]. Austrian Journal of Forest Science, 128(2): 113-127.

Terzi R, Sağlam A, Kutlu N, et al. , 2010. Impact of soil drought stress on photochemical efficiency of photosystem Ⅱ and antioxidant enzyme activities of *Phaseolus vulgaris* cultivars [J]. Turkish Journal of Botany, 34(1): 1-10.

Tessier J T, Raynal D J, 2003. Use of nitrogen to phosphorus ratios in plant tissue as an indicator of nutrient limitation and nitrogen saturation [J]. Journal of Applied Ecology, 40(3): 523-534.

Tombesi S, Johnson R S, Day K R, et al., 2010. Relationships between xylem vessel characteristics, calculated axial hydraulic conductance and size-controlling capacity of peach rootstocks [J]. Annals of Botany, 105(2): 327-331.

Turnbull T L, Warren C R, Adams M A, 2007. Novel mannose-sequestration technique reveals variation in subcellular orthophosphate pools do not explain the effects of phosphorus nutrition on photosynthesis in *Eucalyptus globulus* seedlings [J]. New Phytologist, 176(4): 849-861.

Turner N C, Molyneux N, Yang S, et al., 2011. Climate change in south-west Australia and north-west China: Challenges and opportunities for crop production [J]. Crop and Pasture Science, 62(6): 445-456.

Vitousek P M, Porder S, Houlton B Z, et al., 2010. Terrestrial phosphorus limitation: Mechanisms, implications, and nitrogen-phosphorus interactions [J]. Ecological Applications, 20(1): 5-15.

Vogan P J, Sage R F, 2011. Water-use efficiency and nitrogen-use efficiency of C_3-C_4 intermediate species of *Flaveria Juss*. (Asteraceae) [J]. Plant, Cell & Environment, 34(9): 1415-1430.

Waddell H A, Simpson R J, Ryan M H, et al., 2017. Root morphology and its contribution to a large root system for phosphorus uptake by *Rytidosperma* species (wallaby grass) [J]. Plant and Soil, 412: 7-19.

Wahl S, Ryser P, Edwards P J, 2001. Phenotypic plasticity of grass root anatomy in response to light intensity and nutrient supply [J]. Annals of Botany, 88(6): 1071-1078.

Wasson A P, Richards R A, Chatrath R, et al., 2012. Traits and selection strategies to improve root systems and water uptake in water-limited wheat crops [J]. Journal of Experimental Botany, 63(9): 3485-3498.

Weigelt A, Jolliffe P, 2003. Indices of plant competition [J]. Journal of Ecology, 91(5): 707-720.

Willey R W, Rao M R, 1980. A competitive ratio for quantifying competition between intercrops [J]. Experimental Agriculture, 16(2): 117-125.

Wright I J, Reich P B, Cornelissen J H C, et al., 2005. Assessing the generality of global leaf trait relationships [J]. New Phytologist, 166(2): 485-496.

Wu Z Z, Ying Y Q, Zhang Y B, et al., 2018. Alleviation of drought stress in *Phyllostachys edulis* by N and P application [J]. Scientific Reports, 8: 228.

Xia H Y, Zhao J H, Sun J H, et al., 2013. Dynamics of root length and distribution and shoot biomass of maize as affected by intercropping with different companion crops and phosphorus application rates [J]. Field Crops Research, 150(15): 52-62.

Xiong P, Shu J, Zhang H, et al., 2017. Small rainfall pulses affected leaf photosynthesis rather than biomass production of dominant species in semiarid grassland community on Loess Plateau of China [J]. Functional Plant Biology, 44(12): 1229-1242.

Xu B C, Gichuki P, Shan L, et al., 2006. Aboveground biomass production and soil water dynamics of four leguminous forages in semiarid region, northwest China [J]. South African Journal of Botany, 72(4): 507-516.

Xu B C, Li F M, Shan L, 2008a. Switchgrass and milk vetch intercropping under 2∶1 row-replacement in semiarid region, northwest China: Aboveground biomass and water use efficiency [J]. European Journal of Agronomy, 28(3): 485-492.

Xu B C, Niu F R, Duan D P, et al., 2012. Root morphological characteristics of *Lespedeza davurica* (L.) intercropped with *Bothriochloa ischaemum* (L.) Keng under water stress and P application conditions [J]. Pakistan Journal of Botany, 44(6): 1857-1864.

Xu B C, Xu W Z, Gao Z J, et al., 2013. Biomass production, relative competitive ability and water use efficiency of two dominant species in semiarid Loess Plateau under different water supply and fertilization treatments [J]. Ecological Research, 28(5): 781-792.

Xu B C, Xu W Z, Huang J, et al., 2011. Biomass allocation, relative competitive ability and water use efficiency of two dominant species in semiarid Loess Plateau under water stress [J]. Plant Science, 181(6): 644-651.

Xu B C, Xu W Z, Wang Z, et al., 2018. Accumulation of N and P in the legume *Lespedeza davurica* in controlled mixture with the grass *Bothriochloa ischaemum* under varying water and fertilization conditions [J]. Frontiers in Plant Science, 9: 165.

Xu B, Gao Z, Wang J, et al., 2015. Morphological changes in roots of *Bothriochloa ischaemum* intercropped with *Lespedeza davurica* following phosphorus application and water stress [J]. Plant Biosystems, 149(2): 298-306.

Xu B, Gao Z, Wang J, et al. , 2016. N : P ratio of the grass *Bothriochloa ischaemum* mixed with the legume *Lespedeza davurica* under varying water and fertilizer supplies [J]. Plant and Soil, 400(1-2): 67-79.

Xu B, Shan L, Zhang S, et al. , 2008b. Evaluation of switchgrass and sainfoin intercropping under 2 : 1 row-replacement in semiarid region, northwest China [J]. African Journal of Biotechnology, 7(22): 4056-4067.

Yachi S, Loreau M, 2007. Does complementary resource use enhance ecosystem functioning? A model of light competition in plant communities [J]. Ecology Letters, 10(1): 54-62.

Yan W, Zhong Y, Zheng S, et al. , 2016. Linking plant leaf nutrients/stoichiometry to water use efficiency on the Loess Plateau in China [J]. Ecological Engineering, 87: 124-131.

Yu Y, Stomph T J, Makowski D, et al. , 2016. A meta-analysis of relative crop yields in cereal/legume mixtures suggests options for management [J]. Field Crops Research, 198: 269-279.

Zhang Y K, Chen F J, Li L, et al. , 2012. The role of maize root size in phosphorus uptake and productivity of maize/faba bean and maize/wheat intercropping systems [J]. Science China-Life Sciences, 55(11): 993-1001.

Zhao Y J, Li Z, Zhang J, et al. , 2017. Do shallow soil, low water availability, or their combination increase the competition between grasses with different root systems in karst soil? [J]. Environmental Science and Pollution Research International, 24(11): 10640-10651.

Zhou Q, Daryanto S, Xin Z, et al. , 2017. Soil phosphorus budget in global grasslands and implications for management [J]. Journal of Arid Environments, 144: 224-235.

Zhu J, Brown K M, Lynch J P, 2010. Root cortical aerenchyma improves the drought tolerance of maize (*Zea mays* L.) [J]. Plant Cell Environment, 33(5): 740-749.

彩　　图

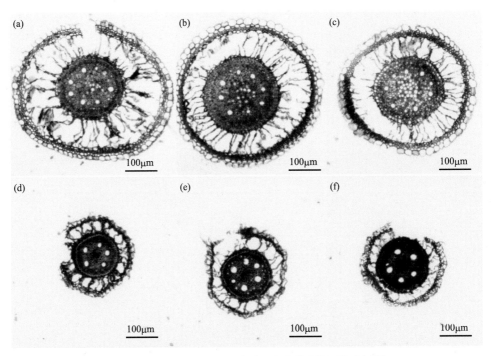

图 7-26　不同水分水平和磷处理下柳枝稷根系解剖形貌
(a) P_0，充分供水；(b) $P_{0.05}$，充分供水；(c) $P_{0.1}$，充分供水；(d) P_0，干旱处理；(e) $P_{0.05}$，干旱处理；(f) $P_{0.1}$，干旱处理

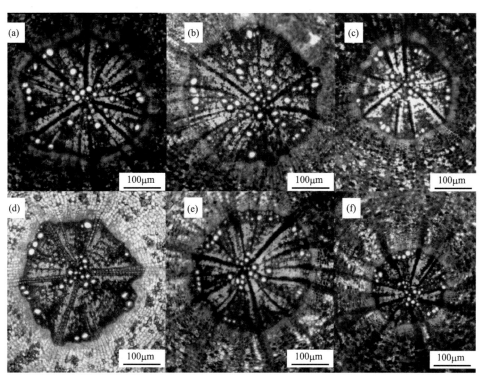

图 7-29　不同水分水平和磷处理下达乌里胡枝子根系解剖形貌

(a) P₀，充分供水；(b) P₀.₀₅，充分供水；(c) P₀.₁，充分供水；(d) P₀，干旱处理；(e) P₀.₀₅，干旱处理；(f) P₀.₁，干旱处理